U0309468

航天科技图书出版基金资助出版

固体火箭推进剂理论与工程

庞爱民　主　编

马新刚　唐承志　副主编

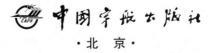

中国宇航出版社

·北　京·

版权所有　侵权必究

图书在版编目（CIP）数据

固体火箭推进剂理论与工程 / 庞爱民主编 . --北京:中国宇航出版社，2014.6（2020.11 重印）

ISBN 978 - 7 - 5159 - 0660 - 7

Ⅰ.①固…　Ⅱ.①庞…　Ⅲ.①固体火箭推进剂—研究　Ⅳ.①V512

中国版本图书馆 CIP 数据核字（2014）第 075403 号

责任编辑　阎　列

责任校对　祝延萍　　　　　　**封面设计**　文道思

出　版
发　行　中国宇航出版社

社　址　北京市阜成路 8 号　　　　　邮　编　100830
　　　　　(010)68768548
网　址　www.caphbook.com
经　销　新华书店
发行部　(010)68371900　　　　　(010)88530478(传真)
　　　　　(010)68768541　　　　　(010)68767294(传真)
零售店　读者服务部　　　　　　　北京宇航文苑
　　　　　(010)68371105　　　　　(010)62529336
承　印　天津画中画印刷有限公司
版　次　2014 年 6 月第 1 版　　　　2020 年 11 月第 2 次印刷
规　格　880×1230　　　　　　　　开　本　1/32
印　张　18.125　　　　　　　　　　字　数　505 千字
书　号　ISBN 978 - 7 - 5159 - 0660 - 7
定　价　128.00 元

本书如有印装质量问题，可与发行部联系调换

航天科技图书出版基金简介

航天科技图书出版基金是由中国航天科技集团公司于2007年设立的,旨在鼓励航天科技人员著书立说,不断积累和传承航天科技知识,为航天事业提供知识储备和技术支持,繁荣航天科技图书出版工作,促进航天事业又好又快地发展。基金资助项目由航天科技图书出版基金评审委员会审定,由中国宇航出版社出版。

申请出版基金资助的项目包括航天基础理论著作,航天工程技术著作,航天科技工具书,航天型号管理经验与管理思想集萃,世界航天各学科前沿技术发展译著以及有代表性的科研生产、经营管理译著,向社会公众普及航天知识、宣传航天文化的优秀读物等。出版基金每年评审1~2次,资助10~20项。

欢迎广大作者积极申请航天科技图书出版基金。可以登录中国宇航出版社网站,点击"出版基金"专栏查询详情并下载基金申请表;也可以通过电话、信函索取申报指南和基金申请表。

网址:http://www.caphbook.com

电话:(010) 68767205,68768904

前　言

　　《固体火箭推进剂理论与工程》不仅包含了复合固体推进剂技术的基础知识、基本理论，而且融入了作者的研制经验，并参考国外本专业技术发展撰写而成。全书力求简明扼要，在概括介绍复合固体推进剂基本知识之际，适时引入最新的进展及前沿研究课题，使读者在掌握复合固体推进剂基本知识的同时，了解本学科最前沿的学术动态。

　　全书共分7章：第1章为绪论，第2章为复合固体推进剂性能与表征，第3章为复合固体推进剂品种及性能，第4章为固体火箭发动机内绝热层与衬层材料，第5章为固体火箭发动机装药制造工艺，第6章为固体火箭发动机装药安全与寿命评估，第7章为复合固体推进剂技术发展趋势。本书不仅可作为固体推进剂专业硕士研究生教材，也可作为固体火箭发动机和固体推进剂专业科研人员、工程技术人员的专业参考书和培训教材。

　　本书编写过程中得到了中国航天科技集团公司第四研究院四十二研究所有关领导及人力资源处的大力支持，得到了航天科技图书出版基金的资助。在编写和定稿过程中，曾先后聘请中国航天科技集团公司第四研究院叶定友研究员、北京理工大学谭惠民教授、西安近代化学研究所赵凤起研究员、南京理工大学周伟良教授审阅，他们提出了许多宝贵意见。

　　参加本书编写的有庞爱民、唐承志、肖金武、汪越、赵孝彬、唐根、潘新洲、彭松、吴京汉、刘学、尹华丽、凌玲等，全书由庞爱民、马新刚统稿。限于编者水平，虽几经易稿和修改，书中错误和疏漏之处在所难免，敬请读者提出宝贵意见。

编　者

2014 年 5 月

缩 略 语

A

ADN	二硝酰胺铵
AFRPL	美国空军火箭推进实验室
AGARD	北约航天研究与发展顾问组
AMMO	3-叠氮甲基-3-甲基氧丁环
AMRAAM	先进中程空空导弹
AN	硝酸铵
AP	高氯酸铵
APP	聚磷酸铵
ARCO	大西洋富田公司
ARDEC	美国陆军军备研究开发和工程中心
ASRM	先进固体火箭发动机
ATBC	乙酰柠檬酸三丁酯

B

BAG-22	一种中性聚合物键合剂
BAG-100	一种中性聚合物键合剂
BAMO	3,3-双叠氮甲基氧丁烷
BDNPA/F	2,2-二硝基丙基缩甲醛/缩乙醛的混合物
BG	硝化甘油与1,2,4-丁三醇三硝酸酯的混合物
BHT	2,6-二特丁基-4-对甲酚
BR	聚丁二烯橡胶

BSF	标准试验发动机
BTTN	1,2,4-丁三醇三硝酸酯
Buna-N	丁钠橡胶
Bu-NENA	丁基硝氧乙基硝胺
Butocene	一种二茂铁类燃速催化剂,俗称皮特辛

C

CARS	激光相干反斯托克斯拉曼光谱
Catocene	一种双核二茂铁燃速催化剂,俗称卡托辛
CB	炭黑
C.C	一种燃速催化剂(氧化铜、氧化铬、亚铬酸铜等混合物)
CDB	复合双基
CMDB	复合改性双基
CR	氯丁橡胶
CSP	低温固体推进剂
CTPB	端羧基聚丁二烯
CTPIB	端羧基聚异丁烯

D

DBTDL	二月桂酸二丁基锡
DCPD	双环戊二烯
DDI	二聚脂肪酸二异氰酸酯
DDS	二氨基二苯砜
DEGDN	二缩二乙二醇二硝酸酯
DLTP	硫代二丙酸二月桂酯
DMA	动态热机械分析
DMP	邻苯二甲酸二甲酯
DMP-30	2,4,6-三[(二甲胺基)甲基]苯酚

DOA	己二酸二辛酯
DOD	美国国防部
DOS	癸二酸二异辛酯
DOT	美国运输部
DOW	美国道化学公司
DR	管道火箭发动机(整体式火箭冲压组合发动机)
DSC	差示扫描量热
DTA	差热分析

E

EB	弹性粘合剂基体
EDB	压伸双基
ENB	乙叉降冰片烯
EMCDB	弹性体改性浇注双基
EPDM	三元乙丙橡胶
E618	双酚 A 型环氧树脂

F

FEFO	双-(氟二硝基乙基)缩甲醛
FF(焰)	扩散火焰
FOX-12	N-脒基脲二硝酰胺盐
FTIR	傅里叶变换红外光谱

G

GAP	缩水甘油叠氮聚醚
GAPA	端叠氮基聚叠氮缩水甘油醚
GPC	凝胶渗透色谱

H

HAN	硝酸羟铵

HASAM	高速反辐射导弹
HD	1,4-己二烯
HDI	六次甲基二异氰酸酯
HEDM	高能量密度材料
HMX	环四次亚甲基四硝胺,俗称奥克托今
HN	硝胺/NEPE 粘合剂
HNF	硝仿肼
HNIW(CL-20)	六硝基六氮杂异伍兹烷
HPLC	高效液相色谱
HTBN	端羟基聚丁二烯丙烯腈
HTCE	端羟基聚酯
HTPB	端羟基聚丁二烯
HTPE	端羟基聚醚
HX-752	间苯二甲酰(2-甲基氮丙啶)
HX-868	1,3,5-苯三甲酰(2-乙基氮丙啶)
HX874	2,4,6-三[1(2-乙基氮丙啶基)]三嗪
HVM	超高速导弹

I

ICC	美国州际商务委员会
ICT	德国法恩霍夫化学技术研究所
IDP	壬酸异癸酯
IHPRPT	综合高性能火箭推进技术计划(美国)
IPDI	异佛尔酮二异氰酸酯
IR	聚异戊二烯橡胶
Isonol-100	N,N′-双-(2-羟丙基)-苯胺

J

JDRADM	联合双任务空中压制导弹

K

KP   高氯酸钾

L

LAB   醇胺类键合剂
LIF   激光诱导荧光光谱

M

MAPO   三(2—甲基)氮丙啶氧化膦
MDI   4,4′-二苯基甲烷二异氰酸酯
MICOM   美国陆军导弹司令部
MT-4   一种氮丙啶类键合剂

N

NASA   美国国家航空航天局
NASP   美国空军固体推进计划
NBF   正丁基二茂铁
NBR   丁腈橡胶
NC   硝化棉
NENA   硝氧乙基硝胺
NEPE   硝酸酯增塑的聚醚
NF   硝仿
NG   硝化甘油
NHC   正己基碳硼烷
NPBA   中性聚合物键合剂
NTO   3-硝基-1,2,4-三唑-5-酮
N-100   多官能团脂肪族异氰酸酯

P

PAO	四官能度环氧乙烷-四氢呋喃共聚醚
PAZ	一种氮丙啶类键合剂
PBAA	聚丁二烯丙烯酸
PBAN	聚丁二烯丙烯腈
PBX	塑料粘接炸药
PCU	多环十一烷
PDMS	聚二甲基硅氧烷
PE	聚酯
PE‑co‑T	环氧乙烷-四氢呋喃共聚醚
PEG	聚乙二醇
PEP	推进与含能材料专家小组
PET	环氧乙烷-四氢呋喃共聚醚
PETN	季四戊醇四硝酸酯,俗称太安
PGA	聚己二酸己二醇酯
PGN	聚缩水甘油硝酸酯
PLN	聚硝基甲基氧杂环丁烷
PMA	聚甲基丙烯酸酯
PNIMMO	聚(3-硝酸酯亚甲基-3-甲基氧杂丁环)
PPG	聚丙二醇
PS	聚硫
PSAN	相稳定硝酸铵
PU	聚氨酯
PVC	聚氯乙烯

R

RDX	环三次甲基三硝酸酯,俗称黑索今

S

SBR	丁苯橡胶
SEM	扫描电子显微镜
SFIRR	整体式固体燃料冲压发动机
SNPE	法国火炸药公司
SRAM	近程攻击导弹
SRB	航天飞机助推器
SSST	超声速掠海靶弹(美国)
STAR	美国聚硫公司宇航固体发动机"星"系列代号

T

TAGN	三氨基胍硝基盐
TBF	叔丁基二茂铁
TDI	甲苯二异氰酸酯
TEA	三乙醇胺
TEGDN	三缩三乙二醇二硝酸酯
TG	热重
THF	四氢呋喃
TLC	薄层色谱
TMETN	三羟甲基乙烷三硝酸酯
TMO	过渡金属氧化物
TMP	三羟甲基丙烷
TNAZ	三硝基氮杂环丁烷
TNT	三硝基甲苯,俗称梯恩梯
TOP	磷酸三(2-乙基己酯)
TPB	三苯基铋
T27	一种二茂铁类燃速催化剂

V

VFDR　　　　　　流量可调冲压发动机

X

XLDB　　　　　　交联双基

防 - H　　　　　　N,N′-二苯基对苯二胺
甲叉 4426 - S　　双-(4-羟基-3,5-二特丁基苄基)-硫化物

目 录

第1章 绪 论

1.1 概述

固体推进剂是一种具有特定性能的含能复合材料，是战略导弹、战术导弹、空间飞行器各类固体发动机及动能拦截弹等武器的动力源。固体推进剂技术是武器装备的共用技术、支撑技术，也是制约技术，其性能优劣直接影响到战略、战术导弹武器的生存能力和作战效能。固体推进剂技术包括固体推进剂配方设计、性能调节及装药技术，绝热层、衬层材料及其相关的加工制造技术，性能检测与分析技术等。固体推进剂是化学推进剂的一种类型，它包括均质推进剂（双基类推进剂）和异质推进剂（即复合固体推进剂及部分改性双基推进剂）。复合固体推进剂主要由氧化剂、粘合剂、燃料、增塑剂和固化剂等组成，类似于颗粒充填复合材料，体系呈多相分布[1-3]。

本书重点介绍复合固体推进剂的基础理论及推进剂配方设计、性能（能量、力学、燃烧、工艺、安全、贮存和特征信号等）的工程调节技术，也介绍了相关的装药技术和配套的绝热层与衬层技术。

1.2 复合固体推进剂技术的发展历程[4-5]

复合固体推进剂产生于20世纪40年代。1942年美国研制出高氯酸铵——沥青复合固体推进剂。第二次世界大战后（1947年），美国加利福尼亚工学院喷气推进实验室研制出了聚硫橡胶固体推进剂。

20世纪50年代中期，出现了PU推进剂。随后，又出现了PBAA推进剂、PBAN推进剂。同时，在双基和复合推进剂的基础上发展了 CMDB 推进剂。

20 世纪 60 年代和 70 年代，随着战略、战术导弹的发展，对固体推进剂提出了新的要求，不仅要求进一步提高能量，而且对综合性能也提出了要求。为此，先后研制出 CTPB 推进剂、HTPB 推进剂和 XLDB 推进剂。

20 世纪 70 年代末、80 年代初，国外研制出使用 HMX 部分取代 AP 的 HTPB 推进剂（俗称丁羟四组元推进剂）。同时，双基和复合固体推进剂进一步结合产生了 NEPE 高能推进剂。苏联在高能物质的开发和应用方面亦取得突破，先后研制成功含 AlH_3 和 ADN 的高能推进剂。

20 世纪 80 年代末，世界范围内掀起了新型高能物质的研制高潮，美国推出了高能量密度材料这一新概念，产生了一系列高能物质，包括氧化剂、粘合剂、增塑剂和添加剂等。有代表性的氧化剂有 CL - 20、TNAZ 等；粘合剂有 GAP、BAMO、AMMO、PGN、PLN 等；增塑剂有 FEFO，以及叠氮增塑剂、叠氮硝胺增塑剂等。这些新材料的研制成功及应用促进了固体推进剂的发展，使固体推进剂不断向高能、钝感（低易损）、低特征信号、洁净、廉价方向发展。复合固体推进剂发展历程如图 1 - 1 所示。

随着科学技术的不断进步，原有的推进剂划分界限逐渐模糊，出现了优势互补推进剂，表现在：双基和复合固体推进剂结合产生了 NEPE 高能推进剂；固体和液体推进剂结合产生了凝胶和膏体推进剂；固体火箭推进剂与冲压火箭推进剂结合产生了复合固体富燃料推进剂等。这些推进剂在能量性能和能量性能管理等方面具有显著的优势，代表着未来推进剂的发展方向。

1.3　复合固体推进剂的组成和组分[6]

复合固体推进剂是以粘合剂为母体并填充含能固体填料的复合材料，其组分包括：氧化剂、粘合剂、金属燃料或其他高能添加剂、

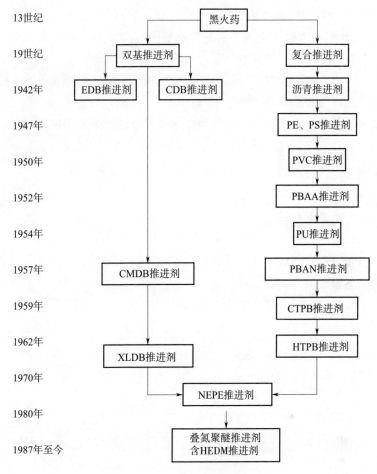

图1-1 固体推进剂的发展历史简图

固化剂和交联剂、增塑剂、燃速催化剂、键合剂、防老剂等。

1.3.1 氧化剂

氧化剂是复合固体推进剂的主要组分之一。为了保证推进剂充分燃烧而获得高的比冲，一般情况下，氧化剂约占推进剂总质量的60%～85%。

1.3.1.1　氧化剂的主要作用

氧化剂在固体推进剂中主要有如下作用：

1）提供推进剂燃烧所需要的氧，以保证能量；

2）作为粘合剂基体的填充物，以提高推进剂的弹性模量和机械强度；

3）作为产生气体的部分来源；

4）通过控制其粒度大小及级配来调节推进剂的燃烧速度。

1.3.1.2　氧化剂的特点

固体推进剂中所使用的氧化剂应具备如下特点：

1）有效氧含量高；

2）生成焓高；

3）密度大；

4）分解、燃烧时气体生成量大；

5）物理、化学安定性好；

6）与粘合剂等组分相容性好。

1.3.1.3　氧化剂的主要品种

目前普遍使用的氧化剂有：AP、AN、HNF、ADN 等。表 1-1 给出了常用氧化剂的理化性能。

表 1-1　常用氧化剂理化性能

化合物代号	AN	AP	ADN	HNF
相对分子质量	80	117.5	124	183
密度/（g/cm³）	1.72	1.95	1.81	1.86
生成焓/（kJ/mol）	−369	−296	−150	−72
氧平衡/％	+20.5	+34	+25.8	+13.1
熔点/分解温度/K	443	403	363	395

1.3.2　粘合剂

现代复合固体推进剂的粘合剂一般为高分子预聚物。

1.3.2.1　粘合剂的主要作用

在固体推进剂中粘合剂主要有如下作用：

1）提供推进剂燃烧所需要的可燃元素，以保证能量；

2）粘结氧化剂和金属燃烧剂等异相粒子，提供连续的粘合剂相成为推进剂的弹性体；

3）作为产生气体的主要来源。

1.3.2.2　粘合剂应具备的条件

在复合固体推进剂中所使用的粘合剂应具备如下条件：

1）生成焓高；

2）密度大；

3）气体生成量大；

4）物理、化学安定性好；

5）使用和工艺性能良好；

6）某些战术导弹中的推进剂还要求粘合剂具有较低的玻璃化温度等。

1.3.2.3　粘合剂的主要品种

目前常用的粘合剂有：CTPB、HTPB、聚醚（如 PPG、PET和 PEG 等）、PE、叠氮聚醚（GAP、AMMO、BAMO 及其与 THF的共聚物等）、PGN 等。表 1-2 给出了常用粘合剂的理化性能。

表 1-2　常用粘合剂理化性能

聚合物代号	化学名称	生成焓/(kJ/mol)	密度/(g/cm³)	$T_g/℃$
CTPB	端羧基聚丁二烯	−1 100	0.91	−77.1
HTPB	端羟基聚丁二烯	−62	0.92	<−65
PEG	聚乙二醇	−1 000	1.21	−41
polyAMMO	聚 3-叠氮甲基-3-甲基氧丁环	180	1.06	−35
poly（BAMO/THF）	（BAMO/四氢呋喃）共聚物	189	1.18	−56
polyBAMO	聚 3，3-双（叠氮甲基）氧丁环	413	1.30	−39
PGN	聚缩水甘油硝酸酯	−284.5	1.39	−35
PLN	聚硝基甲基氧丁环	−334.7	1.26	−25
GAP	聚缩水叠氮甘油醚	117.0	1.30	−50

1.3.3　金属燃料或其他高能添加剂

1.3.3.1　金属燃料或高能添加剂的作用

金属燃料或高能添加剂是现代复合固体推进剂的基本组分之一，其作用为：

1）提高推进剂的燃烧热，进而提高比冲；

2）增大推进剂的密度；

3）增强燃烧的稳定性。

1.3.3.2　金属燃料或高能添加剂应具备的条件

固体推进剂所用的金属燃料或高能添加剂应具备以下条件：

1）燃烧热高；

2）密度大；

3）与其他组分相容性好；

4）含氢量高等。

1.3.3.3　金属燃料或高能添加剂的主要品种

目前广泛应用的金属燃料为铝粉、镁粉和硼粉等，苏联还曾使用了 AlH_3。目前国外正在开发研制的高能添加剂有：C_{60} 及其改性物，N_5、N_8 或 N_{60} 等非金属燃料。

1.3.4　固化剂和交联剂

1.3.4.1　固化剂和交联剂的作用

固化剂的作用是通过与粘合剂体系中的各种活性官能团反应生成高分子网络结构，赋予推进剂一定的形状和力学性能。交联剂的主要作用是交联未固化的预聚物，防止塑性流动。

1.3.4.2　对固化剂和交联剂的要求

不同预聚物的结构与化学性质不同，所需固化剂或交联剂也不相同，而且往往是一种物质兼具固化和交联两种作用。它们应满足以下要求：

1) 固化剂必须是两官能度或两官能度以上的化合物，而交联剂则必须是三官能度或三官能度以上的化合物；

2) 与粘合剂反应时，不放热或放热量小；

3) 在一定的温度下（一般不高于 70 ℃）能与粘合剂发生化学反应，且反应完全，没有明显的后固化现象；

4) 固化剂与粘合剂的反应速率适当，以保证药浆有一定的适用期。

1.3.4.3 固化剂和交联剂的主要品种

不同的粘合剂（预聚物）所需的固化剂或交联剂亦不同。如聚硫橡胶的固化剂主要有：过氧化铅、环氧树脂和顺丁烯二酸酐等；二官能度或三官能度羟基聚合物的固化剂为二异氰酸酯或多异氰酸酯等，包括 TDI、IPDI、N - 100 等。

1.3.5 增塑剂

增塑剂是固体推进剂的主要组分之一，如双基推进剂、聚乙烯推进剂等均应用了大量的增塑剂。增塑剂分为含能增塑剂和惰性增塑剂两种。

1.3.5.1 增塑剂的作用

固体推进剂中所使用的增塑剂主要有如下作用：

1) 降低粘度，以改善推进剂药浆的流变性能；

2) 降低玻璃化温度，以改善推进剂的低温力学性能；

3) 加入大量含能增塑剂可以提高推进剂的能量。

1.3.5.2 对增塑剂的要求

固体推进剂对所使用的增塑剂的要求为：

1) 沸点高、蒸汽压低、挥发性小；

2) 与粘合剂有良好的互溶性；

3) 化学稳定性良好；

4）不影响固化反应。

1.3.5.3 增塑剂的品种

复合固体推进剂中常用的增塑剂有：邻苯二甲酸二丁酯、邻苯二甲酸二辛酯、癸二酸二辛酯、己二酸二辛酯等；含能增塑剂有：NG、BTTN、TEGDN 和 GAPA 等。

复合固体推进剂除有上述主要组分外，为了满足固体火箭发动机对推进剂的不同性能要求，还需加入各种性能调节剂：调节燃速和压强指数的燃速调节剂；改善复合固体推进剂力学性能的键合剂、网络调节剂和补强剂等；改善推进剂化学安定性和贮存老化性能的安定剂和防老剂；调节推进剂固化速度的固化调节剂；改善推进剂工艺性能的工艺助剂等。

1.4 固体火箭发动机对复合固体推进剂技术的要求

复合固体推进剂作为固体导弹或火箭的动力源，应满足如下要求：

1）具有较高的能量，即高的比冲和密度；

2）具有良好的燃烧性能，即具有燃速可调范围宽、压强指数低和燃速温度敏感系数低等特性；

3）在使用条件下具有良好的力学性能；

4）具有良好的物理、化学安定性，贮存寿命满足要求；

5）对热、机械作用敏感度尽量低，以保证推进剂在生产、运输、使用和贮存过程中的安全；

6）原材料来源丰富，生产工艺简单，成本费用低等。

一些特殊的固体导弹或动力源对推进剂还有以下特殊要求：

1）低特征信号推进剂要求推进剂的排气羽流特征信号（可见光、红外、微波衰减等）要尽可能地低；

2）固体火箭冲压发动机用高能富燃料推进剂，要求推进剂燃速和压强指数都高；

3）燃气发生器用燃气发生剂，要求推进剂燃温低、残渣少等；

4）钝感和低易损推进剂要求推进剂的安全性能满足特殊的七项试验（快速烤燃、慢速烤燃、子弹撞击、碎片撞击、聚能射流冲击、热碎片撞击、殉爆试验）要求等。

参 考 文 献

[1]   戴健钧. 导弹概论. 长沙：国防科学技术大学出版社，1987.

[2]   5th International Symposium. Propulsion in space transportation. France，1996.

[3]   CHAN M L，et al. Advances in solid propellant formulations. Progress in Astronautics and Aeronautics，2000：185.

[4]   DAVENAS A. Development of modern solid propellants. Journal of Propulsion Power，2003，19（6）.

[5]   NAIR U R，et al. Advances in high energy materials. Defense Science Journal，2010，60（2）：137 – 151.

[6]   侯林法. 复合固体推进剂. 北京：宇航出版社，1994.

第 2 章　复合固体推进剂性能与表征

2.1　概述

复合固体推进剂的基本性能是其可靠实现化学储能到燃气动能的平稳转换功能、满足各类固体火箭发动机应用要求的基础。从满足导弹武器和航天运载动力系统的功能要求、技战术技术指标要求以及使用环境要求等角度出发，复合固体推进剂的基本性能可分为以下 7 类。

（1）能量性能

推进剂的能量性能包括推进剂的比冲、密度等，是复合固体推进剂应用于导弹武器和航天动力系统的核心基础性能，直接决定着导弹和航天系统的射程及运载能力。根据火箭、导弹飞行任务的不同，对复合固体推进剂能量的具体要求亦不同。为提高武器的射程、运载能力、机动能力，战略导弹一般要求推进剂具有尽可能高的比冲，当今战略导弹使用的推进剂实际比冲最高可达 2 500 N·s/kg 以上。战术导弹由于作战功能、使用条件和环境条件的多样性，为了实现适用性强、综合性能均衡的目的，固体推进剂实际所达到的能量水平要略低于战略导弹。航天技术中使用的固体推进剂以性能可靠、稳定优先，不一定追求过高的能量指标。

（2）燃烧性能

固体火箭发动机是通过固体推进剂燃烧释放能量的形式工作，产生喷气推进的反作用力，所以固体推进剂的稳态燃烧性能是发挥固体推进剂能源作用的基础。推进剂在发动机中的燃烧应具有满足设计要求的规律性，即具有一定的燃烧速度、燃速压强指数和燃速温度敏感系数等，以满足火箭发动机对能量稳定释放的要求。火箭、导弹推进剂使用条件的不同，要求固体推进剂具有较宽的燃速调节范围，通常可达到 2～200 mm/s，目前研制的极高燃速推进剂，燃速甚至高达数千毫米每秒；同时要求推进剂的燃速受温度、压强、气流速度及加速度等环境条件的影响越小越好，要求其能够在很宽的压强和温度范围内稳定燃烧，可靠满足固体火箭发动机正常工作的要求。

（3）力学性能

固体推进剂的力学性能是确保固体火箭发动机的结构完整性，保证其正常工作、可靠履行使命的关键基础性能。作为固体火箭发动机的关键结构组件之一，固体推进剂在制造、使用、贮存及服役环境条件下承受着各种复杂的力学载荷作用。良好的力学性能可使发动机能够承受在点火发射和运输过程中所产生的巨大应力、在生产和长期贮存期间温度变化所产生的热应力，不至于产生过大形变甚至出现裂纹、裂缝等，避免造成发动机结构损伤、点火燃烧异常和发动机出现破坏失效现象。另外，现代战术导弹发动机的使用环境非常复杂，为了保证各种环境条件下的良好使用性能，一般要求固体推进剂在整个使用温度范围内具有良好的强度、伸长率、模量和较低的玻璃化温度等。

（4）安全性能

固体推进剂的安全性能是保证火箭发动机在生产、贮存、运输、使用、销毁等全寿命周期过程中安全性的基础。复合固体推进剂及其主要组分均为易燃易爆物质，在各种外界激发能源（撞击、摩擦、静电、热、冲击波等）的作用下具有发生着火甚至爆炸的危险性。改善固体推进剂的安全性能，降低推进剂对外界激发能源的敏感性，是保障固体推进剂制造、贮存、运输和使用过程安全的必要手段，也是确保导弹武器作战效能的安全发挥、提高现代战术导弹武器战场生存能力的基础技术。

（5）贮存性能

由于复合固体推进剂具有一次性使用、不可更换/维修的特点，所以贮存性能是决定各种火箭发动机及导弹武器装备使用寿命、可靠性和保障能力的关键性能。战术导弹要求推进剂的寿命至少达到5~8年；战略导弹则要求推进剂的贮存寿命达到12~15年，甚至更高。所以推进剂必须具备优良的贮存性能，在长期贮存后物理及化学变化小，能够保证火箭发动机安全可靠使用，精度满足要求。

（6）工艺性能

复合固体推进剂应用于固体火箭发动机的一大关键是其可以实现各种复杂药型发动机的贴壁式浇注装药，即复合推进剂混合均匀后的药浆必须具有良好的流动性和流平性，能够按要求浇注到燃烧室壳体或规定形状的模具中，保证制成致密无孔、特定形状的装药产品。由于使用目的的多样化要求，现代固体火箭发动机在尺寸、药型方面的设计非常复杂，推进剂必须具有良好的工艺性能和足够的工艺适用期，才能够保证浇注推进剂药柱的质量。

（7）羽流特性

推进剂的羽流特性是决定现代导弹武器隐身能力、引导控制能力和生存能力的关键性能。火箭发动机中复合固体推进剂燃烧后的产物通过发动机喷管排入大气中，通常导致在导弹的尾端产生严重的辐射和烟的羽流（火焰和浓烟等），不仅会暴露导弹的发射地点和导弹飞行轨迹，对采用光学、雷达、红外等制导方式的导弹也可能会使其引导信号大幅度衰减，从而使导弹失控；还可能对飞机、舰船等发射平台的表面造成破坏性侵蚀作用。因此，具有低特征信号性能的高性能微烟推进剂成为当前各类战术导弹武器领域的研发重点。

复合固体推进剂在各类战略、战术武器及航天领域已得到广泛的应用，多样化的应用背景对推进剂的各项性能提出了复杂的新要求[1]。此外，固体推进剂技术本身涉及众多的学科领域，深入了解推进剂各种性能，掌握提升、调节推进剂各项性能的新途径、新手段，是掌握复合固体推进剂科学设计方法的关键，亦是复合固体推进剂科研工作者所需解决的核心问题，同时也是进一步拓展固体推进剂性能水平和应用范围的关键。

2.2　复合固体推进剂的能量性能

能量性能是复合固体推进剂的重要性能，是决定导弹武器和航天推进系统射程及运载能力的基础参数。表征推进剂能量特性的主要参数有燃烧热、燃气比容、燃气平均相对分子质量、比冲、特征速度、密度和密度比冲等。其中，比冲和密度是固体火箭发动机最重要、最常用的能量特性参数。

为了获得高能量特性的推进剂，满足发动机对固体推进剂能量性能的要求，必须在固体推进剂能量特性设计中分析推进剂组分及其燃烧产物的热力学性能对能量特性的贡献，从而选择具有高能量的组分。在配方综合设计中，必须充分考虑到各种含能组分的匹配性，使燃烧过程中的氧化—还原反应能够充分进行，推进剂的燃烧效率能够充分发挥。即：首先通过含能组分种类及含量的选择，使推进剂具有高的理论比冲；其次，需要对选定推进剂组分在配方中的含量进行进一步的优化设计，使推进剂在发动机工作过程中能够获得较高的比冲效率。

能量性能的理论计算是选择高能量推进剂配方的重要工作。能量性能的计算关键在于求解固体火箭发动机燃烧室中的燃气平衡成分，通常采用平衡常数法和最小自由能法进行求解。目前评价固体推进剂能量水平的常用试验方法主要是通过静止试车台法获得推进剂的实测比冲。

2.2.1　复合固体推进剂能量性能的表征参数

在固体火箭发动机工作过程中，固体推进剂通过燃烧化学反应在发动机燃烧室中产生高温、高压燃气，并以高速气流的方式从喷管排出，所产生的反作用力即为发动机推力（F）。复合固体推进剂在给定燃烧条件下燃烧释放出的热效应越大、燃气相对分子质量越小，则越能够增大单位时间内喷管的燃气排出速率，提高发动机的能量水平。

推进剂能量性能的常用表征参数主要包括以下几项。

（1）总冲

火箭发动机的总冲（I）是指发动机整个工作时间内推力对时间的积分。实际上，总冲是表征火箭发动机能量性能的参数，而不是表征推进剂能量性能的参数，因为相同的推进剂用于不同结构的发动机中总冲是不同的。总冲不仅与推进剂有关，也与发动机装药设计和喷管结构有关。总冲的计算公式如式（2-1）所示

$$I_n = \int_0^{tb} F dt \qquad (2-1)$$

式中 I ——发动机的总冲量（N·s）；

　　F ——发动机工作时产生的推力（N）；

　　t ——发动机工作时间（s）。

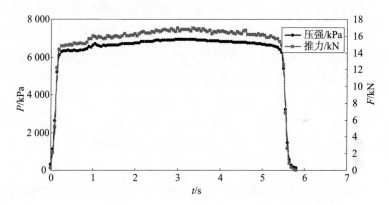

图 2-1　燃烧室工作压强及发动机推力随时间的变化曲线

（2）比冲

比冲的定义是火箭发动机产生的总冲量与推进剂燃气质量流率之比，即单位流量推进剂产生的推力

$$I_{SP} = F / \dot{m} \qquad (2-2)$$

式中 I_{SP} ——推进剂在火箭发动机中的比冲（N·s·kg^{-1}）；

$\dot{m}$ ——推进剂质量流率（$kg \cdot s^{-1}$）。

式（2-1）和式（2-2）是实测推进剂比冲的基本关系式。

比冲作为最重要的能量特性参数，常用来衡量推进剂的能量性能水平。根据发动机工作过程的基本假设，可推导出比冲的计算式

$$I_{SP} = \sqrt{\frac{2}{g} \frac{k}{k-1} \frac{R}{\overline{M}_g} T_c \left[1 - \left(\frac{P_e}{P_c} \right)^{\frac{k-1}{k}} \right]} \qquad (2-3)$$

式中　T_c ——燃烧室温度（K）；

P_e ——喷管出口燃气压强（MPa）；

P_c ——燃烧室内燃气压强（MPa）；

$\overline{M}_g$ ——燃气平均相对分子质量；

k ——定熵指数（比热比）；

R ——气体常数；

g ——重力加速度（$m \cdot s^{-2}$）。

由计算比冲的式（2-3）可知，与推进剂有关的 T_c、$\overline{M}_g$ 和 k 是影响比冲的主要因素。要提高推进剂比冲，应提高 T_c、降低 $\overline{M}_g$，即要求推进剂的原材料生成焓高、燃气产物平均相对分子质量低，并且燃烧时能够产生更高的燃温；这是固体推进剂能量性能设计时选择组分的基本原则。由式（2-3）还可以看出，比冲的大小还与 P_e 和 P_c 有关。因此，比冲与总冲一样，实际上也是表征固体发动机能量性能的参数。

（3）特征速度

特征速度主要反映推进剂的作功能力，是与燃烧室工作效能直接相关而与发动机喷管效率无关的参数，故在测试、评价推进剂能量特性方面具有重要作用。其基本定义是燃烧室压强和喷管喉部截面积与质量流量之比，即

$$C^* = \frac{A_t \cdot P_c}{\dot{m}} = \frac{\sqrt{\frac{gRT_c}{\overline{M}_g}}}{\sqrt{k} \left(\frac{2}{k+1} \right)^{\frac{k+1}{2(k-1)}}} \qquad (2-4)$$

式中　C^*——推进剂的特征速度（$m^2 \cdot MPa \cdot s \cdot kg^{-1}$）；

　　　A_t——喷管喉部截面积（m^2）。

特征速度与比冲和发动机推力系数（C_F）存在如下关系

$$I_{SP} = C^* \times C_F \tag{2-5}$$

即比冲是反映推进剂作功能力的特征速度与反映喷管效率的推力系数的乘积。说明只有当发动机喷管特性保持不变时，比冲才能作为固体推进剂能量性能的表征参数。

（4）密度及密度比冲

密度是衡量推进剂能量的指标之一，其定义为单位体积物质的质量。当燃烧室容积与药柱装填系数确定后，推进剂密度直接决定着发动机的装药量。密度越大，装药量越大，总冲增大，则导弹的射程增加；当推进剂比冲一定时，为了减轻发动机的消极质量，提高发动机质量比，推进剂的密度越大越好。所以，密度比冲可用于全面评价推进剂的能量特性

$$I_\rho = I_{SP} \cdot \rho \tag{2-6}$$

式中　I_ρ——推进剂密度比冲（$N \cdot s \cdot m^{-3}$）；

　　　ρ——推进剂密度（$kg \cdot m^{-3}$）。

对于采用单级固体发动机的战术导弹来说，提高密度比冲有利于提高固体发动机的质量比，对提高导弹射程有利。对于采用多级固体发动机的战略导弹来说，上面级固体发动机是下面级固体发动机的载荷，提高下面级发动机的密度比冲对提高射程有利；但对上面级发动机来说，提高比冲对提高射程更有利。

（5）氧系数

由于固体推进剂自身包含氧化剂和燃料，因此在固体火箭发动机工作过程中固体推进剂能够自持燃烧，而完全不依赖空气中的氧气。所以，固体推进剂中氧化性元素与还原性元素（即氧化剂与燃料）的相对比值，决定了推进剂组分是否可得到充分燃烧，是决定推进剂燃烧效率的重要因素之一；其表征参数有氧系数、氧平衡、氧含量等。

严格地说，氧系数并不是直接反映固体推进剂能量水平的参数，但其与推进剂能量特性的发挥，即推进剂燃烧效率或发动机比冲效率直接相关，是推进剂配方能量特性优化设计所需的重要参数。

氧系数定义为推进剂中氧化性元素量与推进剂中可燃元素完全氧化所需氧化元素量之比，即

$$\alpha = \frac{\sum[\text{氧化性元素的物质的量} \times \text{原子价数}]}{\sum[\text{可燃元素完全氧化所需氧化性元素的物质的量} \times \text{原子价数}]}$$

$$(2-7)$$

（6）理论比冲与比冲效率

比冲不仅取决于推进剂本身的特性，还与发动机的结构性能有关。通常把根据推进剂热力学性质计算得到的比冲称为理论比冲，通过发动机在实际工况下测得的比冲称为实测比冲。

为了比较不同推进剂体系的能量性能，可用规定条件下的理论比冲或实测比冲来表征。在工程应用及理论计算中常用的标准条件是指：

1）燃烧室工作压强为 6.86 MPa；

2）环境压强为 1.013×10^5 Pa（即 1 个标准大气压）；

3）喷管面积膨胀比 ε 为最佳，即膨胀到喷管出口燃气压强与环境压强相等（$p_e = p_a$）；

4）喷管出口扩张半角 α 为 0°；

5）喷管排出物组成达到平衡。

根据这些标准条件计算得到的理论比冲，称为推进剂的标准理论比冲，以 I_{SP}^t 表示；满足上述标准条件测试得到的比冲，称为标准发动机测试比冲，用 I_{SP} 表示（本书中如无特殊注明，所给出的比冲值均为标准条件下的计算值或实测结果）。

理论比冲是在标准状态下通过热力学状态方程计算得到的结果，只考虑燃烧化学反应的起始和终了状态，而不考虑化学反应的动力学过程。因此，实测比冲通常比理论比冲要低。将实测比冲与理论比冲之比定义为比冲效率（η），该参数常用来衡量发动机实际工作

过程中推进剂能量的发挥效率。

2.2.2　复合固体推进剂的能量水平

固体推进剂的能量水平直接决定着各种导弹武器的射程及携带载荷的能力，所以提高比冲始终是固体推进剂技术发展及更新换代的主要目标。在保持推进剂基本性能满足使用要求的条件下，推进剂的能量越高，射程越远。例如，美国 ICBM 洲际导弹（9 260 km）所用的推进剂的比冲增加 1％，射程可增加 7.3％（676 km）；当推进剂的比冲增加 5％时，射程可增加 45％（4 167 km）。所以，持续发展能量更高、技术基础成熟的高能固体推进剂，对于显著提升战略、战术导弹的综合性能水平具有重要意义。

在固体推进剂技术的发展历程中，粘合剂技术的进步是复合固体推进剂技术不断创新及能量更新换代的主线。每一种新型粘合剂的应用都带来一代固体推进剂的能量提升，也是导弹武器系统更新换代的重要标志。常用固体推进剂体系的典型能量性能见表 2-1。

表 2-1　典型固体推进剂配方体系的能量性能

推进剂种类	理论比冲/ $(N \cdot s \cdot kg^{-1})$	燃烧 温度/K	密度/ $(g \cdot cm^{-3})$	金属 含量/％
双基（硝化棉/硝化甘油）(DB)	1 960~2 250	2 533	1.60	0
双基/高氯酸铵/奥克托今/铝（CMDB）	2 550~2 650	3 866	1.79	20
聚氯乙烯/高氯酸铵（PVC）	2 250~2 350	2 811	1.69	0
聚氯乙烯/高氯酸铵/铝（PVC）	2 550~2 600	3 366	1.77	21
聚硫/高氯酸铵/铝（PS）	2 350~2 450	3 033	1.72	3
聚氨酯/高氯酸铵/铝（PU）	2 550~2 600	3 255~3 588	1.77	16~20
聚丁二基丙烯腈/高氯酸铵/铝（PBAN）	2 550~2 580	3 477	1.77	16
端羧基聚丁二烯/高氯酸铵/铝（CTPB）	2 550~2 600	3 366~3 477	1.79	15~17
端羟基聚丁二烯/高氯酸铵/铝（HTPB）	2 550~2 600	3 366~3 477	1.79	4~17
硝酸酯增塑聚醚推进剂（NEPE）	2 640~2 670	3 600~3 900	1.85	16~20
叠氮聚醚推进剂（GAP 等）	2 650~2 690	3 800~4 100	1.88	16~20

2.2.3　能量性能设计的基本方法

要使固体推进剂获得较高的能量特性，其所使用的组分必须具有高的化学潜能和较高的密度。因此，固体推进剂的组分选择和组分含量综合优化设计，是固体推进剂能量性能设计的主要内容。固体推进剂能量性能设计的主要手段是推进剂配方能量特性理论计算及筛选。

2.2.3.1　能量特性理论计算方法[2]

热力学最小自由能法是固体推进剂能量特性理论计算方法的核心。能量性能计算原理框图见图 2-2。

推进剂能量理论计算是进行推进剂组分筛选及配方能量性能优化设计的基础方法。大致可分为 4 个步骤：

1）计算出 1 kg 推进剂的假定化学式和初始总焓。

2）燃烧室中燃烧过程的热力学计算。在给定的推进剂组成、初温和燃烧室压强条件下，等焓的燃烧成为高温工作流体，使该工作流体中燃烧产物达到热平衡和化学平衡；根据平衡时系统的自由能函数最小的原理，计算燃烧产物的平衡组分、绝热燃烧温度及其他热力学函数。

3）燃烧产物在喷管膨胀过程中的热力学计算。燃烧室内高温工作流体所具有的压力可以使它通过喷管膨胀到出口压力，进而可以算出喷管出口处的温度、平衡组成及其他热力学函数。

4）计算推进剂的理论比冲、特征速度、燃烧温度、燃烧产物、燃烧产物的平均相对分子质量、比热比等能量参数。

2.2.3.2　推进剂配方能量设计的组分选择原则

推进剂要获得高比冲，首先要求推进剂燃烧能释放出最大的热量，以提高发动机燃烧室内的燃烧温度；其二要求推进剂燃烧的气体产物具有更小的平均相对分子质量，并且燃烧产物应有一定的稳定性，在膨胀过程中尽量减少复合反应。要获得高密度，应选用密

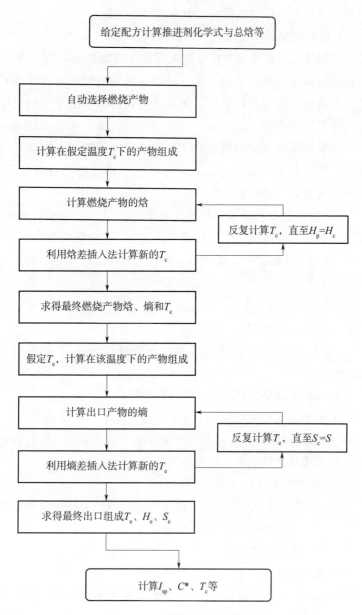

图 2-2　能量特性计算简要原理框图

度高的推进剂组分或增加推进剂配方的固体含量。

(1) 提高燃烧温度的方法

燃烧温度与单位质量推进剂燃烧后放出的热量（Q）有关，Q 越大，则燃烧温度越高。因此，为了增加推进剂的能量，通常选择生成焓高的组分。从键能的角度，燃烧反应使反应物分子中的化学键断裂，生成燃烧产物中的新键；键断裂需要能量，生成新键又放出热量。如果推进剂组分的键能越小，燃烧产物的新键能越大，则燃烧反应产生的热量就越高。因此，选择生成焓高的组分或吸热性、含弱键的化合物，便可提高燃烧温度。常用的方法包括：

1）将含有弱键结合的基团引入推进剂组分，如硝基、硝胺基、亚硝基、肼基、羟胺基、二氟胺基、叠氮基、硝酸酯基等；

2）选用高热值的轻金属（Li、Be、B、Al 等）和轻金属氢化物（AlH_3 等）；

3）加入具有高生成焓、不含氯元素、燃气产物相对分子质量小的硝胺类炸药，如 RDX、HMX 等；

4）提高氧化剂的有效氧含量，保证推进剂组分适当充分的燃烧。

(2) 减小燃气平均相对分子质量的途径

为了减小燃气平均相对分子质量，可从以下几点着手：

1）组成燃烧产物各元素要有较小的相对原子质量；密度满足要求后，尽量选择含轻元素多的推进剂组分；

2）选择含氢量多的组分；

3）选择成气性好的化合物，许多含弱键结合基团的化合物和含 H、N、F 量大的化合物都具有此特点。

(3) 增加密度的途径

增加密度可考虑以下几点：

1）选用密度大的组分。Al 显著增加推进剂的密度，若需更大密度，还可选用金属锆等。

2）选择合适的粘合剂，提高固体含量，从而增加推进剂密度。

HTPB 推进剂，固体含量可达到 90％；硝酸酯增塑的叠氮推进剂，粘合剂密度比 HTPB 高近 50％，在较低固含量的水平下同样可使推进剂具有较大的密度。

　　3）选用具有高能量密度的物质。高能量密度物质的发展是固体推进剂能量提升的主要推动力。RDX 和 HMX 是当前普遍应用于固体推进剂的主要高能物质。含能材料性能的提升将直接促进武器的升级换代，因此，寻求能量密度更大的高能物质研究始终是高能固体推进剂研发的热点问题。

2.2.3.3　推进剂的燃烧效率与比冲效率

　　为了获得高的实测比冲，推进剂除了应具有高的化学潜能外，还必须要提高燃烧效率和发动机喷管效率，以充分发挥推进剂的化学潜能。

　　推进剂的燃烧效率取决于燃烧室中金属燃烧的完全程度，以及燃烧产物间达到化学平衡的程度。燃烧室中金属及燃气的停留时间、燃烧室压强、燃烧室温度、推进剂氧平衡和燃烧金属滴的粒径等都影响推进剂的燃烧效率。其中，从推进剂配方优化设计的角度，可通过调节氧化剂含量或含能增塑剂组成，使推进剂具有适宜的氧平衡；通过降低氧化剂粒度、优化选择铝粉粒度，可减小燃烧凝聚铝滴的直径，增加铝滴燃烧速率，从而提高燃烧效率。固体推进剂的燃烧效率在实验室中可利用真空定容爆热及残渣活性铝含量等手段进行表征和分析。

　　推进剂能量性能优化时除了需要考虑如何提高燃烧效率以外，同样需要考虑对喷管效率的影响。喷管损失包括热损失、低膨胀损失、动力学滞后损失、边界层摩擦损失和二相流损失等，这些损失都在一定程度上与推进剂组成有关；其中二相流损失随推进剂中铝粉含量的不同而有较大差别。这些损失主要归因于凝聚颗粒在喷管喉部的速度滞后，以及排出燃气流达不到热平衡。一方面，喷管损失会随着排气中凝聚相含量的增加迅速增加，推进剂中铝粉的含量通常在 1％～19％，如果再增加，喷管损失往往超过比冲增益；另一方面，氧化剂及铝粉粒度、配方氧平衡、含能粘合剂体系的含能程度等因素，均会影响铝粉在燃烧过程中的凝聚状况（包括未燃铝的含量、颗粒凝聚粒径等），从而影响发动机喷管效率。

提高铝粉燃烧效率、降低凝聚颗粒尺寸、减少二相流损失，是提高比冲效率的关键，也是固体推进剂配方能量性能优化设计所要考虑的重要方面。

2.2.3.4　固体推进剂能量性能的设计优化

固体推进剂能量性能设计优化，首先需根据能量性能指标要求，利用能量性能理论计算程序进行设计与筛选，确定推进剂配方组分的主要种类和含量范围；同时根据提高燃烧效率的需要对体系氧平衡、固体组分粒度等进行进一步的选择设计，确定主要组分的规格选择范围；为推进剂其他性能的设计提供能量性能满足要求的可用配方选择范围。固体推进剂能量性能设计的主要流程见图 2-3。

2.2.4　能量性能的测试方法

目前，常用的测定推进剂能量特性的方法是静止试车台法。为了比较不同推进剂的能量特性，一般采用 BSFΦ165 和 BSFΦ315 作为评价推进剂能量的标准试验发动机。

将装有一定质量待测推进剂的发动机固定在试车台上进行点火，发动机燃烧时所产生的推力作用于推力传感器，推力传感器的电信号输出，经放大后，由数模转换器转换成数字讯号。用示波器和计算机可同时记录推力-时间曲线（$F-t$）和压强—时间曲线（$P-t$），由推力在整个工作时间内积分可得到总冲；根据式（2-2）即可得到工作时间内实测比冲的平均值；对 $P-t$ 曲线进行积分处理，可计算出相应的特征速度

$$C^* = \left[\int_0^{ta} P(t)\mathrm{d}t \right] At / \dot{m} \qquad (2-8)$$

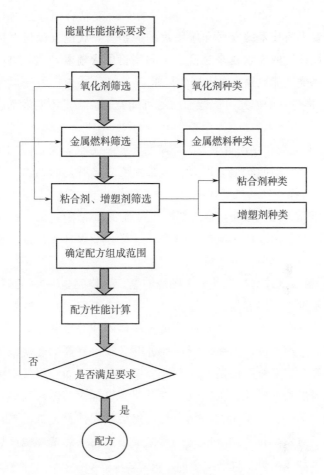

图 2-3　固体推进剂能量性能设计流程

2.3　复合固体推进剂的燃烧性能

固体推进剂的燃烧性能直接影响火箭发动机的弹道性能，燃速的高低决定着发动机的工作时间和飞行速度；推进剂燃速受外界压力和温度影响的大小，将直接影响发动机工作性能的稳定性。因此，控制和调节推进剂的燃烧性能对于满足各种火箭武器的需求是十分重要的。

随着火箭技术的发展和应用范围的扩大，火箭发动机对固体推进剂燃烧性能的要求越来越高。不同用途的火箭发动机，对固体推进剂的燃烧性能也提出了不同的要求。

1）推进剂的燃速可调范围应尽可能宽，以满足不同发动机的使用要求。

2）推进剂在发动机中必须燃烧稳定。一方面，需按照预定的规律进行燃烧，不能转变为爆轰，即必须要求推进剂的燃速压强指数小于1，这样在发动机工作中偶然发生的压强扰动，将自动回复到平衡工作压强；另一方面，推进剂燃烧过程受环境条件如压强、温度、气流速度及加速度的影响越小越好，这样才能保证火箭发动机按预定的弹道飞行，保证设计精度。

3）要求推进剂在发动机中燃烧完全。燃烧完全一方面是指正常燃烧，不发生无焰燃烧、中途熄火、喘动或振荡燃烧，这些不正常燃烧都使燃烧反应不完全，推进剂的能量不能完全释放出来，达不到预定的弹道性能。另一方面，推进剂必须具有高的燃烧效率。由于铝粉等金属颗粒的使用而导致的金属氧化物液滴在燃气羽流中速度和热滞后的两相流损失问题，以及超高燃速火药的对流燃烧，解离成较大的颗粒而发生的两相燃烧，均会使固体推进剂的能量不能完全用于对发动机作功。因此，确保推进剂完全燃烧，提高燃烧效率，可增加发动机系统的作功能力。

4）要求推进剂燃烧时少烟或无烟。推进剂燃烧时产生的烟雾将影响对导弹飞行的制导，破坏武器的隐身能力，易于暴露发射阵地。因此根据实战的需要，对固体推进剂的发展提出了高能化、少烟或无烟化的要求。

5）要求固体推进剂在生产过程中各批次间的燃烧性能波动小。在推进剂生产制造过程中，由于每批次投放原材料规格、组分含量等的偏差，以及制造工艺方面的因素等都可造成推进剂批次间燃速的波动，而固体火箭发动机要求这一波动尽量小，以减小推力偏差，确保武器的射击精度。

固体推进剂的燃烧性能调控，就是确保固体推进剂能够实现导弹武器、固体火箭发动机对其燃烧性能的上述要求。

固体推进剂的燃烧性能包括许多方面，如点火性能、稳态燃烧、声学不稳定燃烧、侵蚀燃烧、燃烧效率以及熄火性能等；而稳态燃烧是固体发动机工作的核心过程，稳态燃烧性能是研究固体推进剂其他燃烧特性的基础。复合固体推进剂的燃烧过程是一个复杂的强化学流体力学的过程，它是由一组在气相、液相、固相及其界面上同时发生的化学反应过程及传热、传质和动量传递等物理过程所组成[3-5]。

本书主要以复合固体推进剂的稳态燃烧性能为核心，重点介绍燃烧性能的表征参数、影响因素、基本设计方法（调节手段与公差控制），同时简要概述固体推进剂稳态燃烧过程及性能的研究方法。

2.3.1　稳态燃烧性能参数及影响因素

固体推进剂稳态燃烧性能参数主要有燃速（r）、燃速压强指数（n）、燃速温度敏感系数（σ_p、π_K）和侵蚀燃烧的侵蚀比（ε）等。

2.3.1.1　推进剂的燃速及其主要影响因素

（1）燃速分类

固体推进剂的燃速通常有两种表示方法，即线性燃速 r 和质量燃速 $\dot{m}$。线性燃速是指推进剂燃烧时单位时间内燃面沿法线方向的位移；质量燃速是指单位时间内单位燃面上沿法线方向燃烧的推进剂的质量。

线性燃速的计算公式为

$$r = \frac{\mathrm{d}l}{\mathrm{d}t} \qquad (2-9)$$

式中　r——推进剂线性燃速（$\mathrm{mm} \cdot \mathrm{s}^{-1}$）；

　　　t——推进剂燃烧时间（s）；

　　　l——推进剂药条长度（mm 或 cm）。

r 和 $\dot{m}$ 的关系为

$$\dot{m} = \rho_p A_b r \qquad\qquad (2-10)$$

式中　A_b——推进剂燃烧面积（cm^2）；

　　　ρ_p——推进剂密度（$g \cdot cm^{-3}$）。

通常根据燃速的大小将固体推进剂分为低燃速、中燃速、高燃速以及超高燃速等几类，但燃速范围的划分视推进剂的品种及应用环境而有所不同。按照标准工作压强（20 ℃，6.86 MPa）下对应的燃速，在工程应用上一般可分为：

1）小于 6 mm·s^{-1} 为低燃速。主要用于燃气发生器，导弹及空间飞行器的姿轨控发动机、伺服机构等。

2）6～25 mm·s^{-1} 范围为中燃速。主要用于弹道导弹、航天运载发动机主装药，战术续航发动机，卫星远地点发动机等。

3）25～100 mm·s^{-1} 范围为高燃速。主要用于战术导弹助推发动机、旋转发动机、发动机级间分离机构、航天救生弹射发动机等。

4）大于 100 mm·s^{-1} 为超高燃速。主要用于特种助推器、旋转发动机、空间飞行器、反导姿控发动机等。

（2）影响推进剂燃速的主要因素及调控方法

影响推进剂燃速的因素包括推进剂配方组成（如粘合剂、氧化剂、金属燃料、燃速调节剂等的种类、含量及规格）、推进剂制造工艺和燃烧条件（如燃烧室工作压强、药柱初温、燃烧表面横向气流速度、加速度）等几个方面。其中常利用推进剂配方组成对燃速的影响来进行固体推进剂配方的燃速调节。

①氧化剂的种类、含量和规格[6-9]

氧化剂的种类对推进剂燃速特性影响较大。以 AP 为氧化剂的推进剂具有中等燃速、中等燃速压强指数；而含 KP 的推进剂具有高燃速、高压强指数；含硝胺的推进剂通常具有低燃速、高压强指数的特点。氧化剂类型不同对推进剂燃速特性的影响与氧化剂热分解活化能、分解产物的氧化能力及化学反应活性等有关。

在发动机工作压强范围内，当氧化剂含量小于化学计量比时，燃速随氧化剂含量的增加而增加。一般来说，使用或增加细粒度的AP 可使推进剂的燃速增加，氧化剂粒度对燃速的这种影响随压强的升高而更加显著。采用氧化剂粒度的合理级配，是工程应用中调节推进剂燃速的常用方法。

②粘合剂的类型

不同粘合剂类型的推进剂，即使氧化剂、铝粉的含量和粒度相同，燃速和燃速压强指数仍有相当大的差异。在非含能粘合剂体系推进剂中，PS 推进剂的燃速＞PU 推进剂的燃速＞聚丁二烯（PBAA、CTPB、HTPB）推进剂的燃速；在含能粘合剂体系推进剂中，同等增塑条件下叠氮聚醚（GAP、BAMO、AMMO 等）推进剂的燃速最高，PEG 推进剂次之，PET 推进剂相对较低，如图 2 - 4所示。一般而言，增塑粘合剂体系的含能程度越高、粘合剂分解温度越低、粘合剂分解释放热量越大，推进剂的燃速相应越高[10-12]。

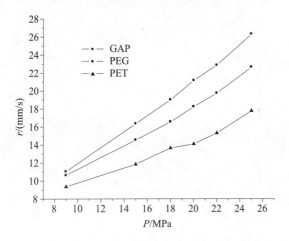

图 2 - 4　粘合剂种类对 NEPE 类推进剂燃烧性能的影响

粘合剂含能程度影响推进剂燃速的另一方面，是 NEPE 类固体推进剂中含能增塑剂对推进剂配方燃烧性能的影响。在 NEPE 类高能推进剂中，硝酸酯增塑剂的种类及含量的不同，均将影响到推进剂含能粘合剂体系的整体富能程度，从而导致配方燃烧性能的差异，如图 2-5 和图 2-6 所示。

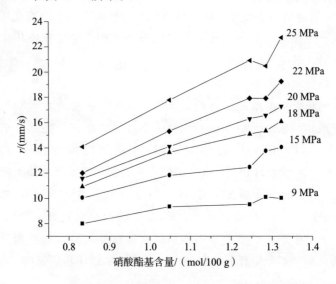

图 2-5　不同硝酸酯含量 NEPE 类推进剂在同一压强下的燃速变化规律

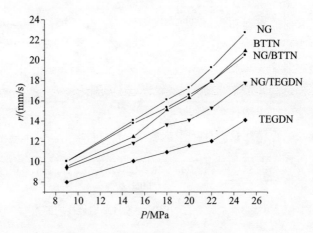

图 2-6　含不同硝酸酯 NEPE 类推进剂的 r-P 曲线

③铝粉的影响

在固体推进剂中添加铝粉不仅能提高能量，抑制不稳定燃烧，而且会影响燃速特性。虽然铝粉含量及粒度对复合固体推进剂燃速的影响程度远不如 AP 显著，但其影响规律十分复杂。对于不同含能程度粘合剂种类和不同固体组分含量的配方体系，铝粉对燃速的影响特征是不同的。一般来说，由于铝粒子在推进剂中的燃烧条件是必须达到铝的汽化温度（2 320 K 左右）以上，从而导致表面氧化膜的破裂，所以其点火燃烧发生在远离燃烧表面的气相区，燃烧放热反应对燃速的影响小。其影响燃速的行为主要取决于两个方面：增加推进剂的导热系数而使单位时间内推进剂内部接受的热量反馈增大；当表面反应区温度大于铝粉熔点时（900 K），铝粒子在燃烧表面反应区的团聚过程吸附燃面热量[4]。当前者为主导因素时，表现出增加推进剂燃速的效果；而后者为主导因素时，则将降低推进剂的燃速。通常不采用铝粉粒度作为推进剂燃速调控的手段，但铝粉的燃烧对调节推进剂的燃速压强指数和燃烧效率具有较大的作用。

近年来，纳米铝粉在推进剂中的作用效果成为研究热点。纳米铝粉对部分种类推进剂的燃烧性能表现出异于普通铝粉的作用效果和规律。

④调节剂的类型和含量

燃速调节剂是影响推进剂燃烧综合性能的重要因素，目前常用的燃速调节剂主要包括过渡金属氧化物、二茂铁及其衍生物、硼氢化物及复合燃速调节剂等。燃速调节剂包括燃速催化剂和燃速抑制剂，根据推进剂燃烧性能调节的需要可以选择适当种类的燃速调节剂来增加或减小燃速及燃速压强指数。

一般而言，推进剂燃速调节效果随调节剂含量的增大而提高，但存在一个饱和加入量。超过饱和加入量，调节效果不再明显增加。饱和加入量与氧化剂的粒度及含量相关，氧化剂粒度越小、含量越高，调节剂的饱和加入量越高。图 2-7、图 2-8 为不同类型燃速调节剂对推进剂燃烧性能的影响规律。

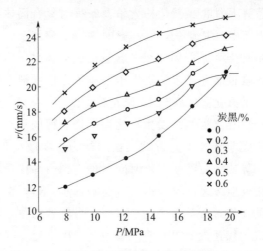

图 2-7　炭黑含量对硝胺复合推进剂燃速的影响

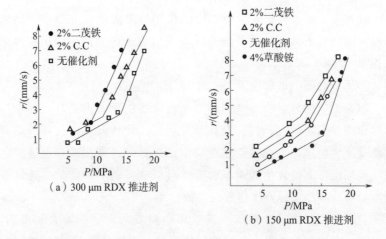

图 2-8　燃速调节剂对 RDX-聚酯推进剂燃烧性能的影响

⑤推进剂加工制造工艺

　　氧化剂在混合过程中的不同破碎程度，以及推进剂药浆真空浇注过程中残存空气所导致的孔隙等都将显著影响燃速。因此，制造工艺过程中推进剂燃速重现性的控制，是工程应用阶段推进剂性能稳定控制所需解决的重要问题之一。

⑥燃烧表面横向气流速度、发动机旋转加速度

推进剂在火箭发动机燃烧过程中产生的燃烧表面横向气流速度，将影响燃烧火焰对推进剂燃面的传热作用。燃气流速越大，传热作用也越强，燃速相应越高。

发动机围绕轴线方向的旋转加速度对推进剂燃速也存在一定的影响。HTPB 推进剂燃速随着发动机旋转加速度增大而增大，过载条件为 200 g 以下时，燃速增加幅度较大；过载超过 300 g 以上时，燃速增加幅度较小。这是因为燃烧过程中产生的铝液态凝团，在过载条件下会影响燃烧表面的形状，产生不同程度的凹坑而导致燃速出现差异。

2.3.1.2　燃速压强指数及其主要影响因素

固体推进剂的燃速与燃烧的环境压强条件密切相关。在发动机的工作压强范围内，通常采用维耶里（Vieille）经验公式表示

$$r = bP^n \tag{2-11}$$

式中　b——推进剂燃速系数，是推进剂初始温度的函数，即 $b = b(T_0)$；

　　　P——工作压强（MPa）；

　　　n——燃速压强指数，是压强和推进剂初温的函数，即 $n = n(P, T_0)$。

燃速压强指数是表征固体推进剂燃烧稳定性的一个重要参数，反映燃速对工作压强变化的敏感程度。

固体推进剂的燃速压强指数 n 的数值通常在 0～1 之间。n 接近于 0（一般在 0～0.2 之间），通常称为平台推进剂（燃速基本上不随压强而改变）；若 n 小于 0，则称为负压强指数推进剂或麦撒（Mesa）效应（燃速随压强升高反而减小）。

HTPB/AP/Al 复合推进剂的燃速压强指数一般在 0.2～0.65 之间；含硝胺的复合推进剂燃速压强指数一般高于单一 AP 氧化剂的复合推进剂；双基推进剂不含催化剂时的压强指数大约在 0.4～0.85

之间；含催化剂的双基推进剂、AP 聚醚聚氨酯推进剂等，可以实现零压强指数或负压强指数，即呈现平台或麦撒效应燃烧特征。图 2 - 9 为 NE/PET/RDX/AP/Al 配方体系的动态燃速压强指数曲线。

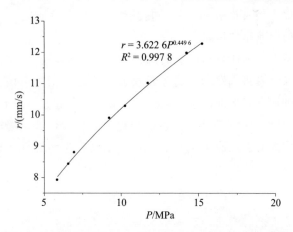

图 2 - 9　NEPE/RDX/AP/Al 配方体系的动态燃速压强指数

（1）低燃速压强指数推进剂

为了保证工作过程中燃烧室内工作压强的稳定性及发动机壳体的安全裕度，固体火箭发动机一般要求推进剂具有尽可能低的燃速压强指数，因为低燃速压强指数推进剂可以使固体火箭发动机获得整体更优良的性能。

1）推进剂燃速压强指数小，对发动机的喷管尺寸公差要求低，发动机工作状态受温度变化和压力波动的影响小，有利于减小弹道偏差，提高导弹的射击精度和密集度；

2）推进剂具有较低的燃速压强指数，发动机工作压强对面喉比变化不敏感，有利于增大发动机工作压强，从而提高导弹射程及机动能力；

3）当燃烧室工作压强一定时，低燃速压强指数可使火箭发动机燃烧时的平衡压力波动小，能够实现发动机壳体质量减轻，获得 5% 以上的比冲增益。

现代各种高性能战术导弹对固体推进剂的高压燃烧稳定性提出

了更新的要求，要求固体推进剂在更宽压强范围内（30 MPa，甚至更高压强范围以内）具有稳定且较低的燃速压强指数。因此，减小固体推进剂的燃速压强指数，是固体推进剂燃烧性能研究的重要工作内容。

（2）高燃速压强指数推进剂

在推力可调固体火箭发动机应用领域，通过燃面设计和喷管喉径的主动变化以实现发动机推力及工作压强能够在较大的范围内可控调节，则通常要求推进剂具有较高的燃速压强指数（0.6～0.9 之间）。具有高燃速压强指数的固体推进剂可使发动机的推力调节范围更大。采用大的正燃速压强指数（$0.5 < n < 1$）的固体推进剂，喷管截面只要有较小的变化，燃烧室压强变化就会很大[13]。采用高燃速压强指数的推进剂和喉栓调节技术，固体火箭发动机的推力调节比可大于 10，甚至可达 100。该类推进剂燃烧性能的调节难点是要在很宽的工作压强范围内稳定控制燃速压强指数，消除燃速压强指数拐点，如图 2 - 10 所示。

（3）平台及麦撒推进剂

固体火箭发动机推力调节对负燃速压强指数推进剂也有一定的技术要求。高燃速负燃速压强指数推进剂药芯法是由美国学者研究的一种较新型的控制推进剂质量燃速的方法，其特点是推力变化比较大而燃烧压强变化很小，推力控制响应速度较快。当用可变化喷管截面来改变燃烧室压强时，使用该方法可使整个药柱具有强烈的负燃速压强指数特性，并且基本不会降低发动机的内弹道性能[14]。该方法在降低结构质量和体积、减少对外加能源的依赖等方面具有显著的优势。

目前，普通平台双基推进剂已实现燃速和压强范围的系列化，但推进剂的能量水平较低；RDX - CMDB 改性双基平台推进剂存在平台燃烧压强区域较窄、燃速调节剂含量高、燃速调节相对困难等缺点，在一定程度上限制了其应用范围。复合固体推进剂最早在聚酯和聚醚粘合剂体系中发现平台及麦撒燃烧效应。20 世纪 90 年代初，国内开始研究硝胺/AP/HTPB 平台推进剂，在 4～14 MPa 压强

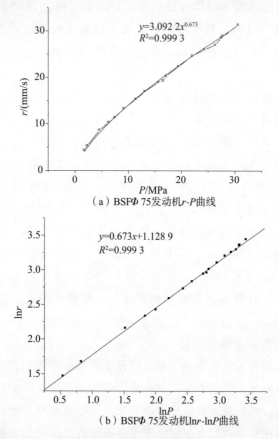

（a）BSFΦ 75发动机r-P曲线

（b）BSFΦ 75发动机$\ln r$-$\ln P$曲线

图 2-10 高燃速压强指数推进剂 BSFΦ75 动态燃烧性能

范围内实现了平台燃烧，燃速压强指数可以达到 0.03。近年来，国内外在硝酸酯增塑聚醚及叠氮聚醚等含能粘合剂配方体系中也逐步探索出了实现高燃速负压强指数的技术途径，可进一步提高平台燃烧性能的调节范围及配方的能量水平（见图 2-11）。

（4）影响复合固体推进剂燃速压强指数的因素

影响复合固体推进剂燃速压强指数的因素与燃速类似，包括：

1）氧化剂的种类、含量、粒度和粒度级配；

2）粘合剂的种类；

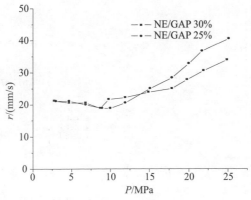

图 2-11 GAP 含能粘合剂推进剂配方的平台/麦撒燃烧现象

3）燃速调节剂；

4）金属燃料含量、规格、粒径；

5）燃烧的初始温度和压强。

上述因素对推进剂燃速压强指数的影响规律非常复杂，随推进剂配方种类而异，没有统一的影响方式。在进行推进剂燃速压强指数调节时，必须结合各类推进剂的配方特点，在粘合剂、燃速催化剂的选择，氧化剂及铝粉的用量与粒度级配等方面进行综合优化设计。表 2-2 为调节剂对 RDX/AP/HTPB/Al 推进剂燃速及燃速压强指数的影响规律，图 2-12 为催化剂对 GAP 高燃速推进剂燃速压强指数的影响规律。

表 2-2 调节剂对 RDX/AP/HTPB/Al 推进剂燃速及燃速压强指数的影响[15]

燃速/(mm·s⁻¹)　＼　试样 压强/MPa	不含调节剂的推进剂	含 1% 叔丁基二茂铁的推进剂	含 0.5% 叔丁基二茂铁和 0.5% 铬酸铅的推进剂
2.94	3.57	4.04	4.00
4.90	4.30	5.14	5.26
5.88	4.50	5.27	5.43
6.86	4.93	5.58	5.62
7.84	5.05	5.68	5.71
燃速压强指数	0.36	0.32	0.37

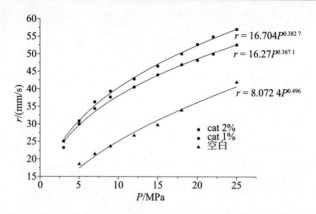

图 2 - 12　催化剂对 GAP 高燃速推进剂燃速压强指数的影响

2.3.1.3　燃速温度敏感系数及其主要影响因素

（1）燃速温度敏感系数表征方法

温度敏感系数是指推进剂药柱初始温度变化对推进剂燃速和发动机性能的影响，通常用以下参数对温度敏感系数进行表征和描述。

①恒定压强下推进剂的燃速温度敏感系数 σ_p

$$\sigma_p = \left| \frac{\partial \ln r}{\partial T_0} \right|_p \qquad (2-12)$$

②恒定 K 值（燃烧表面积与喷管喉部面积之比值）下固体火箭发动机的燃速温度敏感系数 σ_K

$$\sigma_K = \left| \frac{\partial \ln r}{\partial T_0} \right|_K \qquad (2-13)$$

③推进剂或发动机在恒定 K 值条件下的压强温度敏感系数 π_K

$$\pi_K = \left| \frac{\partial \ln P}{\partial T_0} \right|_K \qquad (2-14)$$

Gaunce 和 Osborn 推导了 π_K 的完全表达式

$$\pi_K^{-1} = 1 - n\{ |\partial \ln b/\partial T_0|_K + \pi_0 + |\partial \ln(\rho_p - \rho_g)/\partial T_0|_K + |\partial n/\partial T_0|_K / |\partial n/\partial T_0|_p |\sigma_p - |\partial \ln b/\partial T_0|_p | \} \qquad (2-15)$$

式中　ρ_g ——燃气密度（kg/m^3）；

π_0 ——特定条件的压强温度敏感系数，即 $\pi_0 = \left| \dfrac{\partial \ln C^*}{\partial T_0} \right|_K$。

当不考虑 n，C^*，ρ_p 和 ρ_g 随推进剂初温的变化时，上式可简化为

$$\pi_K = \frac{\sigma_p}{1-n} \qquad (2-16)$$

从式（2-16）可见，初始温度对发动机工作压强的影响大于对燃速的影响。压强指数越高，这种影响也越大。要使发动机内弹道性能受初始环境影响小，具有更佳的设计精度，发动机必须具有小的 π_K 值，推进剂则不仅要具有较低的压强指数，还必须具有较低的燃速温度敏感系数。

（2）影响燃速温度敏感系数的主要因素

影响燃速温度敏感系数的主要因素有工作压强和环境温度、氧化剂粒度级配及含量、粘合剂种类、催化剂含量、铝粉粒度及含量等。

①压强和温度

压强和温度对固体推进剂燃速温度敏感系数的影响是复杂的。一般而言，低温段的 σ_p 比高温段的 σ_p 大。AP/HTPB 推进剂的 σ_p 随压强增加而降低，并与 AP 粒度分布有关。但 AP/HTPB/Fe_2O_3 推进剂的 σ_p 随压强增加而增大，与 AP 粒度分布关系很小。

②氧化剂粒度分布及含量

HTPB 推进剂中，σ_p 一般随 AP 粒度分布宽度减小而降低，AP 粒度越粗，此种趋势越明显。推进剂中有 Fe_2O_3 催化剂存在时，将减小这种影响趋势。另外，推进剂的 σ_p 随着配方中氧化剂含量的降低而增大。

③铝粉的影响

在 HTPB 推进剂中，σ_p 随铝粉含量增加而增大，铝粉含量的影响与 AP 粒度分布存在着密切的关系。另一方面，细粒度铝粉比粗粒度铝粉降低 σ_p 更为有效。

④粘合剂的影响

粘合剂种类是影响推进剂燃速温度敏感系数的关键因素。一般而言，聚氨酯推进剂的 σ_p 比 HTPB 推进剂的 σ_p 低；CTPB 推进剂的

σ_p 与 PBAA 推进剂的 σ_p 相当，低于 HTPB 推进剂的 σ_p；GAP 及叠氮粘合剂推进剂则具有相对较高的 σ_p。表 2 - 3 为不同粘合剂体系/AP/Al 推进剂的 r_b 和 σ_p。

表 2 - 3　不同粘合剂体系/AP/Al 推进剂的燃速和 σ_p

粘合剂体系	$\sigma_p / (10^{-4}\,K^{-1})$	$r_b / (mm \cdot s^{-1})$
HTPB/IPDI	23.7	6.84
HTPB/DDI	19.9	5.54
CTPIB	11.0	7.10
CTPIB/DOA	16.2	6.72
PDMS	25.0	14.9
GAP	40.0	18.0
GAP/TEGDN	37.5	18.0
PGA	12.6	6.75
PMA	8.8	2.99
HTPB/IPDI/DOA		
P＝10.5 MPa	23.3	9.66
P＝6.9 MPa	22.1	7.69
P＝3.5 MPa	32.3	5.99

⑤燃速调节剂的影响

选择不同的调节剂种类是降低固体推进剂 σ_p 的另一重要调控手段。三氧化二铁、烷基二茂铁、聚卡硼烷硅氧烷等燃速调节剂以及无定形硼、氧化硼等，对降低推进剂的 σ_p 非常有效。

2.3.2　复合固体推进剂稳态燃烧性能的设计/调节方法

在影响推进剂燃速和压强指数的所有因素中，部分因素（特别是工作压强、温度等）受使用条件和火箭发动机技战性能要求的限制，实际上不可能作为实际应用中的调节手段；工程上常用的固体推进剂燃烧性能调控途径，主要还是调节推进剂配方组成和装药结构。

2.3.2.1　固体推进剂燃速调节的技术途径

扩大固体推进剂燃速可调范围，是满足固体火箭发动机对推力—燃烧时间控制范围的基本需要。当推进剂工作压强、初温和药柱形状确定后，调节燃速的主要途径包括：

1）改变推进剂的组分（主要是氧化剂和粘合剂的种类），调节推进剂配方基础燃速；

2）调节氧化剂用量、粒度及其级配，或采用多孔氧化剂；

3）选择合适的燃速调节剂；

4）嵌入金属丝或金属纤维；

5）以上途径的合理组合。

固体推进剂配方燃速可调范围的极限，在很大程度上依赖于推进剂系统本身，即依赖于推进剂基础配方的燃速，如 NEPE 推进剂比 HTPB 推进剂的基础配方燃速要高，燃速可调下限相对较窄，而依靠配方调整实现中、高燃速调节相对更容易。为了将特定的推进剂配方体系的燃速进行大幅度调节，必须将采用大比例、宽粒度范围氧化剂与一定含量的燃速调节剂等手段充分结合，以实现推进剂燃速范围扩大，并保持工艺、力学性能的基本工程应用要求。

2.3.2.2　降低固体推进剂燃速压强指数的技术途径[16-22]

降低固体推进剂燃速压强指数的技术途径包括以下方面。

（1）改变或增加氧化剂的种类

氧化剂的类型不同，引起的相关物理化学特性的差异会对推进剂燃速压强指数产生一定的影响。复合固体推进剂中，AP 作为氧化剂，其燃速压强指数通常要比用 KP、硝胺（HMX 或 RDX）作为氧化剂的配方要低得多。

（2）改变氧化剂的含量、粒度和级配

采用改变氧化剂的含量方法调节推进剂的压强指数，必须考虑其对推进剂能量特性和力学性能的影响，只能在一定范围内变动。氧化剂粒度及级配的变化对推进剂能量特性的影响不大，而燃速调节范围相对较大，但必须考虑氧化剂粒度变化对推进剂工艺性能的影响。

（3）粘合剂和固化剂种类的调节

在复合固体推进剂中，粘合剂和固化剂种类的变化能够引起燃速压强指数的显著变化。对于异氰酸酯固化剂，DDI 比 IPDI 能够使推进剂获得更低的燃速和燃速压强指数。

粘合剂的热分解、熔融流动特性等对推进剂的燃速压强指数也具有显著的影响。相同配方条件下，环氧乙（丙）烷-四氢呋喃共聚醚比聚丁二烯类推进剂具有较低的燃速压强指数。聚醚聚氨酯类粘合剂在燃烧过程中的熔化液流动性较好，而聚丁二烯粘合剂在 417 ℃左右成为高粘性液体，497 ℃完全热解；相比之下，前者更容易流到推进剂燃烧表面的 AP 晶体上，造成局部熄火，而使推进剂具有较低的燃速压强指数。

（4）金属燃料的组分调节

为了提高复合固体推进剂的能量，通常需加入一定量的金属粉（如铝粉等），其含量及粒度等会对推进剂燃速压强指数造成一定影响。在聚丁二烯复合推进剂中，适当增加铝粉含量和粒度可在一定程度上降低燃速压强指数。而添加一定量的硼粉，可降低推进剂的燃速压强指数，并保持推进剂在 6.86 MPa 下的燃速基本不变。

（5）燃速调节剂的影响

为了满足各种不同弹道性能的要求，常常在推进剂配方中加入少量的燃速调节剂。燃速调节剂的种类不仅对燃速的影响幅度大小不同，而且对燃速压强指数的影响也不同。在聚醚和聚酯型的聚氨酯推进剂中，添加适量的硫酸铵可以得到负的压强指数；在 AP/HTPB 复合固体推进剂中，添加少量的卡托辛或平均粒度为 4.3 μm 的硫化铜，可以在显著提高燃速的同时降低压强指数；季铵盐、碳酸盐等催化剂单独或组合使用，可同时降低燃速和燃速压强指数。

由于温度敏感系数小的推进剂通常压强指数也比较低，所以，可采用降低温度敏感系数的方法降低推进剂的燃速压强指数，如在推进剂组分中加入少量的稀土金属化合物可以起到这种效果。

2.3.2.3　复合固体推进剂常用的燃速调节剂品种[11,15]

（1）过渡金属氧化物

由于 TMO 具有不挥发、不迁移、价格便宜、来源广泛的优点，因此成为 AP 复合推进剂常用的中等燃速调节剂。在提高推进剂的燃速或降低压强指数方面应用较多的过渡金属氧化物有 Fe_2O_3、CuO、C.C 等。TMO 的不足主要在于对推进剂工艺及力学性能具有一定影响，提高燃速的程度相对有限。

（2）无机盐类

FeF_3、CuF_2、CuS 等无机盐可以促进氧化剂 AP 分解，对 AP/HTPB 推进剂具有明显的提高燃速和降低压强指数的效果。

（3）有机金属化合物

有机金属化合物通常包括 Cr、Mn、Fe、Co、Ni、Tl、Pb、Bi 等金属的化合物。这些化合物一般为液体，易与推进剂混合，易稳定燃速。但部分品种存在易挥发、易迁移、价格较高、对推进剂固化催化活性大等缺点。

（4）二茂铁及其衍生物

二茂铁即双环戊二烯铁，为液体，易挥发。由于二茂铁在推进剂中升华、迁移比较严重，目前已很少应用。常用的二茂铁的衍生物分为增塑剂型、粘合剂型、共固化型、键合剂型等，如 TBF、正丁基二茂铁、卡托辛、皮特辛等。该类催化剂能够大幅度提高推进剂燃速，并降低燃速压强指数。

（5）有机硼和硼氢化物

在推进剂中添加少量有机硼或硼氢化物（如各类碳硼烷、多面体硼氢酸盐等），可大幅度提高推进剂燃速。碳硼烷类催化剂在推进剂中的含量一般为 4%～13%，燃速调节范围为 50～500 mm/s 或更高。多面体硼氢酸盐可以与氧化剂共晶或共沉淀的方式加入，用量较大，燃速调节范围在 1～1 000 mm/s 之间，是超高燃速调节剂。但多面体硼氢酸盐感度较大，影响推进剂安全特性。

（6）金属络合物

金属络合物包括过渡金属复盐络合物、四吡啶络铜重铬酸盐、有机过渡金属螯合物等。

2.3.3　稳态燃烧性能的表征方法

2.3.3.1　燃速测试方法

燃速测试技术包括固体推进剂药条静态燃速及固体发动机动态燃速测试两类。燃速测试直接为固体推进剂燃烧性能调节及固体发动机装药的燃速控制提供技术支撑。

（1）静态燃速测试方法——燃速仪法

燃速仪法通常用于测试固体推进剂药条的静态燃速、燃速压强指数及温度敏感系数等，主要特点是试验简便、成本较低、精度较高、试验子样数多，可用于固体推进剂配方性能研究与调试。燃速仪法主要是通过获取推进剂药条燃烧产生的光电、声音等信号反馈，经处理得到设定压强下推进剂的实际燃烧时间，从而得出推进剂的燃速及一定压强范围内的燃速压强指数。采用燃速仪法测得的燃速统称为药条燃速。常用的燃速仪法包括靶线法、声发射法、光电法、密闭爆发器法等。

对于特种燃速（特低、特高）推进剂或特殊配方推进剂，进行燃速测试时燃烧室所选用的介质（氮气、水）以及样品处理方法（样品规格、包覆工艺等）可能有所不同，但该类方法均能获得准确反映燃烧规律的试验结果，对固体推进剂燃烧性能调节具有重要的指导作用。

（2）动态燃速测试方法——发动机法

发动机法测定的推进剂动态燃速更接近发动机的实际工作状态，效果比燃速仪法测定的药条燃速好，但是试验成本较高，试验次数受限制。该类方法分直接测速法和间接测速法两种：直接法有终止燃烧法、预埋探头法和透明窗法，前者用于侵蚀燃烧研究，后两者主要用于燃烧机理研究；间接法有标准燃速发动机法和单发发动机测压强指数法。

1）标准燃速发动机法。利用标准发动机试车所获得的压强—时间曲线，求出燃烧时间和平均压强，再由药柱肉厚除以燃烧时间求出此平均压强下的燃速。通常采用该方法测定推进剂动态燃速和燃速压强指数。

2）单发发动机测压强指数法。采用燃速发动机法测压强指数至少要进行十次以上的发动机试验才能获得较宽范围内的燃速—压强关系。单发发动机测压强指数的方法是基于用减面或增面燃烧规律的药柱，通过单发发动机试验便能得到递减或递增的压强—时间关系曲线。再依照一定的数学模式和计算程序可求出不同时间和不同压强下的燃速，从而得出燃速—压强关系，求得燃速压强指数。该方法的准确度和测试精度对试验条件（工作压强、燃面结构）和数据处理方法存在较高的要求。

同一批推进剂样品，当采用不同测试方法进行燃速测试时，测试结果存在着一定的系统误差。为满足固体推进剂研制或批生产阶段燃速控制的需要，必须建立不同燃速测试方法之间测试结果的相关性。表 2-4 为某 HTPB 推进剂配方不同燃速测试方法的测试结果。

表 2-4　某 HTPB 推进剂配方不同燃速测试方法的测试结果

测试方法	燃速/（mm·s^{-1}）	子样标准偏差/（mm·s^{-1}）	子样数
水下声发射法，药浆药条	7.61	±0.11	18
水下声发射法，固化药条	6.94	±0.04	13
氮气靶线法	6.75	±0.15	16
BSFΦ118 发动机	7.48	±0.06	6

2.3.3.2　燃烧诊断技术

研究固体推进剂的燃烧，需要通过燃烧诊断技术手段，从推进剂配方组成及物质结构等角度，确定燃烧性能的主要影响因素及其影响程度，为燃烧机理分析和燃烧模型构建提供必要的实验依据。

分析固体推进剂燃烧波影响因素的作用机理，确定燃烧过程的关键控制步骤，为确立燃烧性能设计调节方法提供理论基础。

常用的燃烧分析诊断技术包括火焰结构、燃烧波温度结构、燃烧区内化学组分测定、热分析技术等。现代燃烧分析研究常通过以上手段的联用技术，获得固体推进剂燃烧区域的物理、化学综合信息，即整个燃烧波的结构信息。

燃烧波是指燃烧反应在介质内预热、分解、点火、扩展、传播整个发展过程的温度和物种浓度的变化过程，涉及推进剂燃烧的预热区、凝聚相反应区、气相反应区、火焰区在内的整个燃烧区域。燃烧波的结构主要是指整个燃烧区由哪几个区域组成，各区的物理、化学变化，有关各区的参数变化等。不同种类的推进剂由于组成有很大不同，物理、化学性质相差很大，其燃烧波结构也有显著差异。通过燃烧诊断技术分析固体推进剂的燃烧波结构，对掌握固体推进剂燃烧机理，确定固体推进剂燃烧性能调控方法，实现固体推进剂燃烧性能模拟计算等均具有重要的理论指导意义。

（1）推进剂及组分的热分析

推进剂及组分的热分解性能分析是固体推进剂燃烧性能研究的第一步，组分在特定条件下的热分解特性（如反应放热条件、放热量、特征反应的分解活化能）在分析固体推进剂燃烧反应条件及控制方法、催化剂的筛选等方面具有重要作用[23-26]。

常用的热分析手段包括 TG、DSC 等。通常在常压及高压（模拟推进剂燃烧实际环境压强）惰性气体气氛（N_2 或 Ar）条件下，以一定升温速率（如 10 ℃·min^{-1}）至推进剂或组分完全分解，获得组分及推进剂的吸/放热分解温度、放热量、质量损失等相关信息，采用 Kissinger 等方法处理并可得到放热分解反应的活化能等动力学参数，可用于对比分析固体推进剂及组分的预热、分解等燃烧起始过程，判断组分相互间的影响和作用，对于指导固体推进剂燃烧性能调节具有重要作用。图 2-13～图 2-15 即是三种粘合剂的典型热分析曲线（升温速率 10 ℃·min^{-1}，常压，氮气环境），从中可以比较得出粘合剂在初始分解温度、分解热及失重行为等方面的差异，结合固体推进剂燃速测试数据，可直观得出粘合剂主要特种结构对推进剂燃烧性能的影响。

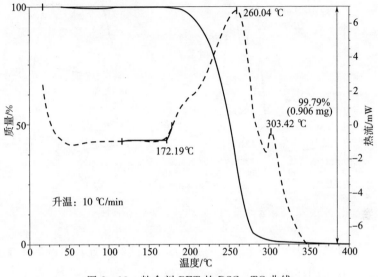

图 2-13　粘合剂 PET 的 DSC-TG 曲线

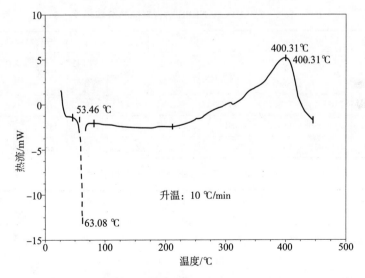

图 2-14　粘合剂 PEG 的 DSC 曲线

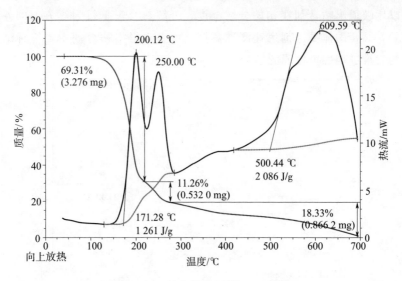

图 2-15　粘合剂 GAP 的 DSC 曲线

　　表 2-5、表 2-6 给出了通过 DSC 测试结果计算出的固体推进剂组分在不同环境压强条件下的反应活化能等动力学数据。

表 2-5　RDX 和 NEPE 粘合剂的热分解特性

压强	E_a / (kJ · mol^{-1})		指前因子		反应热/(kJ · g^{-1})		分解峰温/℃	
	RDX	NEPE 粘合剂	RDX	NEPE 粘合剂	RDX	NEPE 粘合剂	RDX	NEPE 粘合剂
常压	140.264	136.182	1.71E+15	1.21E+16	0.477	0.856	242.0	197.66
2 MPa	184.090	144.300	5.76E+19	6.14E+16	2.229	1.910	237.6	202.49
6 MPa	169.019	139.433	1.83E+18	1.69E+16	2.514	3.084	238.2	206.0

表 2-6　Ⅰ类、Ⅱ类 AP 的热分解特性

实验 压强	E_a / (kJ · mol^{-1})		指前因子		分解峰温/℃（10 ℃/min）	
	AP（Ⅰ）	AP（Ⅱ）	AP（Ⅰ）	AP（Ⅱ）	AP（Ⅰ）	AP（Ⅱ）
常压	139.391	130.347	4.69E+13	2.72E+12	301.38	320.65
2 MPa	133.902	106.304	1.28E+13	2.02E+10	304.33	323.68
6 MPa	160.330	129.762	3.49E+15	7.66E+11	303.35	327.77

　　图 2-16 为Ⅲ类 AP 在常压下的 DSC 曲线。AP 的热分解主要分为以下几个阶段：温度达到 244 ℃左右时，发生晶型转变；温度达到 304 ℃左右时，发生部分分解放热，属于 AP 的低温分解；温度达到 371 ℃时，发生完全分解，属于 AP 的高温分解。

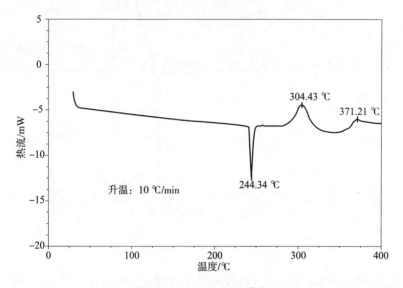

图 2-16　AP 的 DSC 曲线

　　图 2-17 为 RDX 的常压 DSC 曲线。温度达到 206 ℃时，RDX 吸热熔化，随后发生液相分解，到 240 ℃左右分解最为剧烈。

　　图 2-18 为 AP（Ⅲ类）/RDX 混合物（1∶1）的 DSC 曲线。RDX 分解峰温从 240 ℃提前到 207 ℃，说明 AP 对 RDX 的热分解有较强的催化作用；AP 分解产生的 NH_3 可与 RDX 分解生成的 NO_2 发生反应，从而加速了 RDX 的分解。

　　图 2-19 是某 NEPE 推进剂配方的 DSC 曲线，当温度达到 193 ℃时推进剂发生爆燃。222 ℃时的放热峰为 RDX 的分解峰，245 ℃时的吸热峰为 AP 晶格转变的吸热峰。

　　（2）燃烧波温度分布测试

　　燃烧区的温度分布是研究稳态燃烧过程的重要参数之一。根据

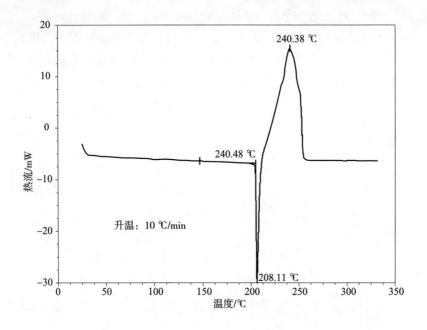

图 2 - 17   RDX 的 DSC 曲线

稳态燃烧区的温度分布可以看出燃烧区的各段热量变化情况，并由此推断各段中发生的物理和化学变化[17,23]。常用的固体推进剂燃烧波温度测试方法包括热电偶测温法和光学测温法等。

以热电偶测温法为例说明燃烧波温度测试方法。将"Π"形带状双钨铼微热电偶（$\Phi25\ \mu m$）埋设在 $\Phi7\ mm\times20\ mm$ 的推进剂药柱中间，然后用聚乙烯醇溶液包覆侧面数次，晾干待用。将嵌入热电偶的推进剂试样垂直装在点火架上，置于专用的四视窗透明燃烧室内，充氮气使燃烧室内达到预定压强。采用 20 V 直流电源作为点火源，通过程序控制器采用 $\Phi0.15\ mm$ 的镍铬合金丝从样品上端点燃试样。推进剂试样燃烧后自动触发采集系统，记录热电偶的输出信号。随着推进剂的燃烧，热电偶逐渐接近燃烧表面，然后到达燃烧表面并通过表面进入气相，最后通过火焰区，得到推进剂从凝聚相升温到气相火焰区整个燃烧波的温度分布曲线。

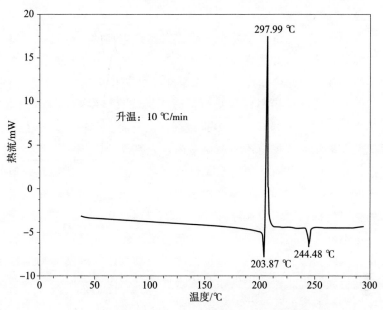

图 2 - 18　AP/RDX（1：1混合物）的 DSC 曲线

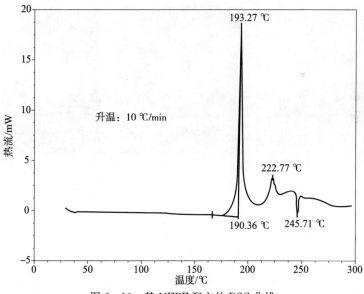

图 2 - 19　某 NEPE 配方的 DSC 曲线

（3）燃烧火焰结构

燃烧火焰结构研究主要用于研究固体推进剂的燃烧过程，以及推进剂组分的点火与燃烧稳定性等[27-28]，主要研究手段包括显微高速照相技术、激光纹影技术、激光全息摄影技术等。

以燃烧火焰单幅摄影实验为例说明燃烧火焰结构的测试方法。将 1.5 mm×5 mm×15 mm 的推进剂样品垂直安装在点火架上，然后把点火架放入四视窗透明燃烧室内，充氮气使燃烧室内达到预定压强，并形成自上而下的流动氮气气氛，以保证样品燃烧时火焰的清晰度。用 Φ0.15 mm 的镍铬丝从上端点燃推进剂试样，在适当时候启动照相机拍照，即可得到推进剂稳定燃烧时的火焰结构照片。

从燃烧火焰结构照片中，可以直接得到各类推进剂配方的燃烧气相区域的物理结构信息，可以为燃烧机理推断、燃烧添加剂作用机制分析、燃烧建模等提供相关的指导信息。图 2-20 是含铝复合固体推进剂典型的火焰结构照片。图 2-21、图 2-22 是硝酸酯增塑聚醚体系推进剂（无铝）典型的两类燃烧火焰结构照片。

1 MPa　　　　　　　3 MPa　　　　　　　5 MPa

图 2-20　含铝复合固体推进剂的燃烧火焰结构

（4）燃烧熄火表面分析

测定和观察推进剂的熄火表面状况，可以了解固体推进剂燃烧时固体凝相区和初始反应区的物理结构，主要组分在燃烧过程中的聚集状态，金属燃料颗粒在燃烧过程中的物理状态变化等，并通过燃烧表面元素分布的测试结果可以对燃烧区域内的关键化学反

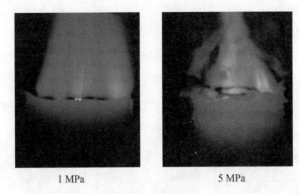

图 2 - 21 硝胺＋NE 混合物的燃烧火焰结构

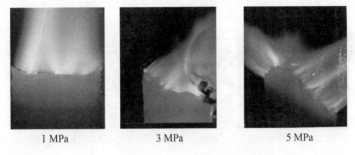

图 2 - 22 硝胺＋AP＋NE 混合物的火焰结构

应进行推断。燃烧熄火表面分析的手段主要有三类：扫描电子显微镜，可提供较高的空间分辨率，可用来推断燃烧过程中推进剂燃烧表面上的变化情况；X 射线光电子能谱法，可测定燃烧熄火表面的化学成分，分析催化剂对燃烧过程的催化作用；显微图像分析技术，可定量分析燃烧熄火表面微观区域的有关参数（颗粒分布、孔径分布等）。

以扫描电子显微镜观察为例说明终止燃烧及熄火表面的分析。将推进剂制备成 7 mm×7 mm×10 mm 的样品，粘结在用来熄火的特制铜台上，放入四视窗透明燃烧室内，充氮气使燃烧室内达到预定的压强，推进剂点火燃烧至铜台时发生熄火，可得到推进剂在不同压强下的熄火表面。采用扫描电子显微镜，将熄火后的推进剂样品置于不同倍率显微镜下观察。NEPE 类推进剂配方燃烧前和燃烧熄火（5 MPa）后的典型扫描电镜照片如图 2 - 23 所示，聚醚复合固体推进剂的典型熄火表面照片如图 2 - 24 所示。

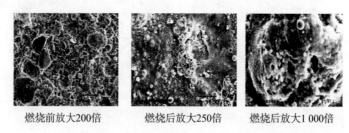

燃烧前放大200倍　　　燃烧后放大250倍　　　燃烧后放大1 000倍

图 2 - 23　NEPE 类推进剂配方燃烧前及熄火表面的扫描电镜照片

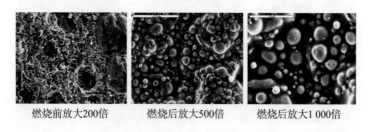

燃烧前放大200倍　　　燃烧后放大500倍　　　燃烧后放大1 000倍

图 2 - 24　聚醚复合固体推进剂燃烧前及熄火表面的扫描电镜照片

（5）燃烧气相区域化学组分分析

燃烧区内中间产物化学组分的测定，对于阐明燃烧过程中的化学反应历程是很重要的。可通过了解燃烧区内各阶段的化学组成及其变化，探索燃烧过程中化学反应的本质[12,26]。由于燃烧区域空间尺寸薄、化学反应速度快、中间产物难于冻结，因此气相区域化学组分的分析是较困难的。目前的分析手段主要包括：

1）质谱仪法、原位红外光谱法、库仑池法。可测定推进剂分解过程的初始产物。

2）LIF。可用于检测固体推进剂燃气成分的浓度和温度，以及燃烧表面温度，特别适用于检测燃烧过程中产生的一些重要中间产物甚至微量自由基的浓度,以推断推进剂火焰的重要化学反应历程。

3) CARS。具有很强的抗背景光干扰能力,适于跟踪检测固体推进剂燃烧过程中高速变化的中间产物状态,是火焰、等离子体、超声流等探测的有效工具。

4) 利用气体分析器、发生光谱仪等分析催化剂对推进剂燃烧产物影响的其他研究手段。

燃烧诊断手段在固体推进剂燃烧研究中的作用见图 2 - 25 所示。

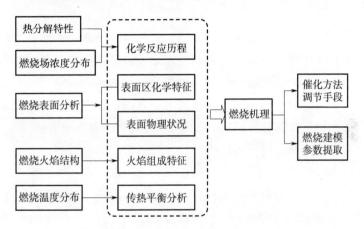

图 2 - 25　固体推进剂燃烧特性及机理研究的结构简图

通过各种燃烧诊断技术的综合应用,可以对燃烧区域的主要物理及化学反应结构信息进行分析和推断,通过分析描述、典型提取、简化模拟、数学化表达等手段,建立相应的燃烧模型,进行燃烧性能模拟计算,或有针对性地建立相应的燃烧性能催化调控手段。

复合固体推进剂的燃烧,包括点火、稳定燃烧、熄火三个阶段,涉及到固相、液相和气相的化学反应及能量和质量的输运过程,燃烧机理相当复杂,不同种类含能粘合剂在燃烧过程中的反应机理和相互作用差异较大。50 年来,针对各类固体推进剂的燃烧机理,以燃烧区域的传热结构及化学反应动力学表征和分析为基础,国外在各类双基和复合固体推进剂的燃烧机理分析、燃烧模型构建和燃烧过程仿真计算等方面取得了大量的成果,固体推进剂燃烧基础理论逐步发展成熟，为新型固体推进剂的燃烧性能设计提供了技术基础。K. K. Kuo 和 Beackstead 等近年来的燃烧专著已就基础理论问题进行了详细的分析，可为固体推进剂设计人员提供有效参考。

2.4　复合固体推进剂的力学性能

2.4.1　概述

复合固体推进剂力学性能是其七大关键性能之一，而且力学性能又是其他性能得以发挥的基础性能之一。良好的力学性能有助于保证推进剂燃烧性能稳定，充分释放推进剂的潜在能量；且有助于拓宽导弹武器的使用范围，发挥更大的效能；还有助于保证推进剂具有良好的抗破坏能力，从而提高导弹武器的生存能力等。

复合固体推进剂是由氧化剂、金属燃料、粘合剂等组分组成的含能复合材料。粘合剂将固体颗粒固定在一起，并形成以粘合剂基体为连续相的复合材料，在构成上属多相多尺度结构体系，其特点是存在三种相态，即由粘合剂基体构成的连续相，由硝胺炸药（HMX 或 RDX）、AP 和金属添加剂等组成的分散相，以及粘合剂与固体填料形成的界面相。复合固体推进剂这种粘弹性复合材料特征，决定了其力学性能的复杂性。复合固体推进剂在制造、贮存、运输、点火和飞行过程中，要承受热应力、冲击、振动、加速等载荷作用[29-30]。在上述载荷作用下，固体推进剂药柱的任何破坏，都可能引起发动机工作性能的严重恶化，如压力骤增、烧穿，甚至爆炸。因此，在力学行为特性上，复合固体推进剂是一种不同于其他含能材料的复合材料。

不同的固体发动机装药药形其危险部位不同，对推进剂力学性能参数临界值的具体要求亦不同。一般星孔装药对于复合固体推进剂的力学性能可提出下列基本要求：

1) 固体推进剂在使用过程及使用条件下具有良好的抗拉强度、

伸长率和模量，以保证在贮存和使用过程中不产生裂纹、不"脱粘"，不发生过大的变形；

2）在发动机工作温度（$-60\sim70\ ℃$）下，通常复合固体推进剂的伸长率（ε_m）应大于 30%；在室温条件下，抗拉强度（σ_m）一般应大于 0.70 MPa；

3）为保证药柱在发动机工作温度范围内有良好的应变能力，一般要求复合固体推进剂的玻璃化温度（T_g）低于 $-50\ ℃$。

长期以来，推进剂研究工作者非常重视推进剂的力学性能研究和性能调控，主要侧重于研究测试方法及改善力学性能的技术途径等问题，其研究过程大致如图 2-26 所示。

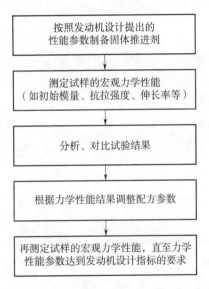

图 2-26　传统的复合固体推进剂力学性能研究过程

传统的复合固体推进剂力学性能研究主要局限于宏观力学性能方面，这种研究方法不仅需要制备大量的固体推进剂试样，而且研制周期长、成本高。随着导弹技术的发展，对复合固体推进剂力学性能提出了更高的要求，传统的"炒菜法"或"尝试法"研究材料力学性能已不能满足要求[31]，需要研究者根据复合固体推进剂用途、力学性能要求、制造方法与工艺要求，在较短的时间内研制出满足性能要求的复合固体推进剂。因此，复合固体推进剂力学性能设计方法应运而生。复合固体推进剂力学性能设计是指通过理论与计算预示复合固体推进剂的组分、结构与力学性能，换言之，通过理论设计来"定做"具有特定力学性能的固体推进剂。推进剂配方性能设计是新技术发展的必然要求和现代科学技术发展的必然结果。

　　首先，当代导弹技术的迅速发展对复合固体推进剂性能提出了更高的要求，使新型复合固体推进剂的开发面临着严峻的挑战。其次，传统的"炒菜法"、"尝试法"等经验或半经验式的研究方法，造成了资源、人力和时间的极大浪费，已不能满足未来导弹快速发展的要求。与此同时，材料力学、结构力学、分子动力学、细观力学等理论的发展，为复合固体推进剂力学性能设计和应用提供了一定的理论依据和基础。尽管目前这些理论还不是非常完善，甚至有些粗糙，但近年来的研究证实，这些理论已经为复合固体推进剂力学性能设计提供了新概念和新思路。计算机信息处理技术的发展，特别是数据库、模式识别、人工智能、计算机模拟和辅助设计等新技术的发展，亦为复合固体推进剂力学性能设计提供了强有力的技术支持。

2.4.2　复合固体推进剂力学性能的特征及其描述

2.4.2.1　复合固体推进剂的粘弹性

　　对理想弹性体，应力（σ）和应变（ε）有如下关系

$$\sigma = E \cdot \varepsilon \qquad (2-17)$$

固体推进剂粘弹性的应力和应变的关系可用类似的公式表示

$$\sigma(t, T) = E(t, T) \cdot \varepsilon(t, T) \qquad (2-18)$$

式中　$\sigma(t, T)$——应力（MPa）；

　　　$E(t, T)$——弹性模量（MPa）；

　　　$\varepsilon(t, T)$——应变（mm/mm）。

　　固体推进剂的粘弹性与理想弹性体所不同的是：σ、E、ε 都是时

间（t）和温度（T）的函数，即固体推进剂对加载的响应是加载历史、加载速率及温度的函数。固体推进剂应力或应变对加载的响应与理想弹性体不同，固体推进剂的响应与加载的作用时间有关。固体推进剂的力学行为同时兼备弹性材料和粘性流体的性质，亦即为粘弹特性。固体推进剂典型的粘弹力学行为归纳起来，可分为以下 3 种情况：

　　1）当应力固定时，形变随时间增长而增加的蠕变现象；

　　2）当应变固定时，应力随时间增长而衰减的应力松弛现象；

　　3）在循环应力（交变应力）的作用下，观察到的应变落后于应力的滞后现象。

　　蠕变和应力松弛常称为静态粘弹性质，而滞后现象则称为动态粘弹性质。这些粘弹现象的本质是固体推进剂基体高分子链段的松弛。

　　聚合物的粘弹性是一种既重要而又复杂的行为，因此，在研究固体推进剂这一新型粘弹材料时，需引用和借鉴聚合物粘弹性的研究方法和成果。

2.4.2.2　时间-温度等效原理

　　复合固体推进剂力学性能的表征量是温度和时间的函数。在性能-温度-时间三维空间中，可在恒定时间条件下，把性能作为温度的函数来测量。也可以在恒定温度条件下，把性能作为时间的函数来测量，例如应力松弛或蠕变试验。降低温度和缩短作用力的作用时间，对推进剂所起的作用是等效的。例如，在低温下，推进剂呈现高模量并表现出脆性；在较高温度和非常快速的冲击力作用下，推进剂可以呈现与低温下同样的性能。也就是说，低温或快速短时间作用都可使推进剂的模量增大，进入高模量玻璃平台区。同样，在较高温度下，推进剂呈现高弹特性，即橡胶态，而在较低温度下，如果观测时间足够长，推进剂也会呈现橡胶态。在推进剂动态力学性能研究中，也会遇到低温相当于高频作用、高温相当于低频作用的情况。在推进剂的力学性能—温度—时间关系中，增加温度和降低作用力速率等效，降低温度和增加作用力速率等效，这种时间和温度等效的现象称为时间—温度等效原理。

2.4.3　复合固体推进剂力学性能的影响因素

复合固体推进剂力学性能的影响因素是一个多变量的复杂函数。基体网络结构形态、固体填料物化性质以及基体/填料界面特性等都是影响力学性能的主要因素。一般将复合固体推进剂力学性能的影响因素分为 4 类[32]。

2.4.3.1　粘合剂基体网络结构的影响

从本质上讲，复合固体推进剂的力学性能是由粘合剂基体提供的。而粘合剂基体是由粘合剂预聚物、交联剂、固化剂、键合剂、增塑剂等组分，在混合、浇注、固化等工艺过程中，经交联固化反应形成的热固性弹性体。这种热固性弹性体的性能与粘合剂的相对分子质量及其分布、官能度及其分布、粘合剂主链柔顺性、侧链基团大小、固化剂的种类和含量、扩链剂和交联剂的官能度及含量、三维弹性网络结构、键合剂的种类及官能度含量和分布、增塑剂的种类和含量，推进剂中溶胶和凝胶含量及其组成等因素密切相关。因此，粘合剂基体本身粘弹性能的优劣，对推进剂的力学性能起着决定性的作用。

（1）粘合剂分子链结构的影响

高聚物复合材料的力学行为，实质上是构成材料的处于不断运动状态的分子，在外力作用下，从一种状态过渡到另一种状态的过程的行为。因此，影响大分子运动的各种因素都对这个过程产生影响。粘合剂分子链结构单元的组成，链的长短，分子间作用力的大小，取代基团的极性，分子链内醚键、双键的含量等，都会影响粘合剂分子链的柔顺性。粘合剂分子链越柔顺，其玻璃化温度越低，其伸长率也越高。所以，影响粘合剂分子柔顺性的上述这些结构因素，在很大程度上必然影响粘合剂基体的力学性质。若在粘合剂高分子的主链或侧链上含有较大或极性较强的基团，分子链的运动就会受到限制。另外，增链和交联固化反应中形成的新化学键（如—NH—COO—）对网络链柔顺性和分子间作用力也有较大影响，新键往往使玻璃化温度（T_g）升高。

（2）粘合剂相对分子质量及分布的影响

橡胶态材料的粘弹性是以其聚合物链的柔顺性和分子链的足够长度为结构基础的。相对分子质量小的刚性分子的特性为硬而脆。粘合剂的相对分子质量只有达到某一数值后才能显示出力学强度。随着聚合度的增加，力学强度亦相应增加。粘合剂的相对分子质量是极其重要的参数，它对粘合剂基体的力学性能，如强度、弹性起着决定性的作用。相对分子质量的影响主要表现在，随着相对分子质量增加，分子链更加蜷曲，分子间的范德华力增大，分子间不易滑移，相当于分子间形成了物理交联点。正是粘合剂预聚物的高相对分子质量才赋予复合固体推进剂的粘弹力学性质。

粘合剂相对分子质量通常是多分散性的，其分布通常用分散性指数或分散度（D）来表示。D 为粘合剂的重均相对分子质量（$\overline{M_w}$）与数均相对分子质量（$\overline{M_n}$）的比值。D 值偏离 1 越大，粘合剂相对分子质量分散性越大。相对分子质量分散性指数 D 较小、平均相对分子质量较高的预聚物，将具有较好的力学性能。

（3）粘合剂官能团及其分布的影响

粘合剂的官能度定义为粘合剂相对分子质量与其官能团摩尔质量的比值，它是决定粘合剂基体网络性能最重要的参数之一。在理想情况下，适用于固体推进剂的粘合剂应具有末端官能团（—OH或—COOH），一般其官能度在理论上应为 2。但是，由于粘合剂制备过程中，对于链增长和链终止等反应不能很好地加以控制，因此，不是所有的粘合剂链都具有期待的末端官能团。粘合剂通常具有官能团分布，既包括双官能度粘合剂，也有零官能度、单官能度和官能度大于 2 的粘合剂。

由于粘合剂相对分子质量及其分布、官能度及其分布的复杂性，以及粘合剂官能度分布分析技术和粘合剂制备方法的局限性，粘合剂官能度及其分布对推进剂力学性能的影响研究得尚不充分。其中，两官能度的化合物可用于链增长；三官能度组分可用于形成固化交联；单官能度粘合剂在固化过程中起着链终止的作用，形成"悬吊链"，对固体推进剂交联密度和力学性能起着负面作用。

（4）固化交联网络结构参数的影响

固化参数（R）是反应初始时总固化剂基团的物质的量与粘合剂基团的物质的量之比。固体推进剂的网络结构就是通过具有活性官能团的组分间反应形成三维网络结构的大分子，网络结构形成过程是交联反应或固化反应的结果[33]。固化参数是影响固体推进剂力学性能的重要因素之一，也是调节和控制力学性能的重要手段。

描述网络结构最重要的参数是交联密度（N_0）和交联点间网络链的平均相对分子质量（或有效网络链的平均相对分子质量）$\overline{M}_c$。交联密度是交联程度的定量描述，定义为单位体积热固性弹性体中所包含的有效网络链数（mol/cm^3）。有效网络链是指在交联点间的链段。

在聚醚聚氨酯推进剂中，固化剂与粘合剂反应形成固化交联网络，在配方设计的工程实践中两个参数对网络结构起决定性作用

$$R = N_{NCO}/N_{OH} \qquad (2-19)$$

式中　R ——固化参数；

N_{NCO} ——异氰酸根的物质的量（mol）；

N_{OH} ——羟基的物质的量（mol）。

$$\rho_T = N_{TOH}/N_{POH} \qquad (2-20)$$

式中　ρ_T ——配方设计参数；

N_{TOH} ——三官能团羟基化合物的物质的量（mol）；

N_{POH} ——二官能团羟基化合物的物质的量（mol）。

R 值是能否固化交联的决定因素，ρ_T 值决定着网络中交联密度。ρ_T 值增加，交联密度增大。

根据橡胶粘弹性统计理论，交联橡胶在单向拉伸下的弹性应力（σ）与交联密度（N_0）成正比

$$\sigma = N_0 RT(\lambda - \lambda^{-2}) \tag{2-21}$$

式中　R——摩尔气体常数（$8.314\ \mathrm{J\cdot K^{-1}mol^{-1}}$）；

　　　T——绝对温度（K）；

　　　λ——拉伸比（$\mathrm{mm\cdot mm^{-1}}$）；

　　　N_0——交联密度（$\mathrm{mol\cdot cm^{-3}}$）。

其中

$$\lambda = L/L_0 = 1 + \varepsilon \tag{2-22}$$

式中　L——拉伸后的长度（cm）；

　　　L_0——拉伸前的初始长度（cm）。

（5）固化剂的影响

固化剂是通过交联反应形成交联网络的必备组分，复合固体推进剂常用固化剂的官能度为 2 及 2 以上。为了形成预期的粘合剂交联网络，对固化剂和固化反应有如下要求：

1）固化反应的放热量应小，固化时的收缩量要小；

2）固化反应的副反应尽量少，以保持设计的化学的计量比；

3）固化反应受体系中其他组分的干扰程度小；

4）固化反应速率可控。

在聚氨酯推进剂中常用的固化剂有 TDI、HDI、MDI、IPDI 等。这些固化剂对羟基（预聚物活性官能团）的反应活性大小，有如下顺序：

$$\mathrm{TDI} > \mathrm{MDI} > \mathrm{HDI} > \mathrm{IPDI}$$

其中，常用的 IPDI 和 TDI 中都存在两个不同活性的—NCO基团。

（6）增塑剂的影响

复合固体推进剂中，增塑剂不仅起着降低药浆粘度、改善药浆流变性能的作用，而且可以减小模量和降低玻璃化温度，起到调节弹性体力学性能的作用。

粘合剂在增塑剂中的溶解度主要取决于其分子结构。一般规则为：结构相似有利于溶解，也就是说，假若给定的增塑剂和粘合剂溶度参数相近，则此粘合剂在此增塑剂中易于溶解。增塑剂的分子结构中大多数具有极性和非极性两个部分。极性部分常由极性基团构成，非极性部分是具有一定长度的烷基。例如，DMP 和 NG 的极性和非极性部分如图 2-27 所示。

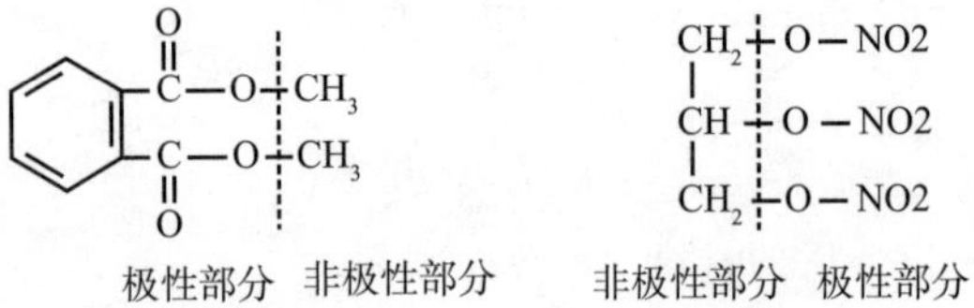

（a）DMP　　　　　　　　（b）NG

图 2-27　增塑剂的分子结构

除分子结构外，粘合剂的物理状态对其溶解性质也同样重要。表 2-7 为常用增塑剂的溶度参数。

表 2-7　常用增塑剂的溶度参数

名称	$\sum E_{coh}/$ （J/g）	$\sum V/$ （J/cm³）	$\delta/$ （J^{1/2}/cm^{3/2}）
硝化甘油	115 570	114.6	31.76
1，2，4-丁三醇硝酸酯	119 760	130.7	30.27
邻苯二甲酸二甲酯	77 100	155.4	22.27
邻苯二甲酸二乙酯	85 480	187.6	21.34
邻苯二甲酸二丁酯	102 240	252.0	20.14
癸二酸二辛酯	79 620	231.8	18.53

增塑剂的作用机理较为复杂，研究得较多，但争论也多，并形成了润滑理论、凝胶理论、自由体积理论等[34]。这些理论对固体推进剂的某些现象给予了较好的解释，但都有其局限性。目前，在复合固体推进剂中普遍认可的理论认为：复合固体推进剂的增塑，是由于推进剂中粘合剂分子链间聚集作用的削弱而造成的；增塑剂分子插入到粘合剂分子链之间，削弱了粘合剂分子链间的引力，其结果增大了粘合剂分子链的移动性，从而使粘合剂塑性增加。

2.4.3.2　固体填料的影响

复合固体推进剂中所称的固体填料是指大量固体粒子的集合体，具有固定的属性。在使用时并非是一个粒子，而是若干粒子的聚集体。所以考虑固体填料特性的同时还要考虑填料的集合性质。固体填料的特性有粒子的大小、粒子的形状、粒子的晶型、粒子表面的电荷和畸变区等。固体填料的集合性质有粒子比表面积、堆砌密度、填料堆积角度、粒度分布等。在填料种类确定以后，填料的比表面积、粒子形状和尺寸就显得尤为重要。粒子尺寸越小，比表面积越大，表面活性就越高，表面能就越大。

复合推进剂中固体填料主要包括氧化剂（AP、KP 等）、炸药（HMX、RDX）和铝粉等。固体填料的特性如颗粒粒径的几何尺寸、表面酸碱性、非球形或球形粒子的形状因子、粒度分布及固体含量等对推进剂力学性能均有一定影响[35]。而影响其力学性能的主要因素是固体填料的体积分数、填料粒度大小和分布，以及固体填料与基体之间的相互作用。一般来说，固体填料和大分子之间的作用主要是次价力[36-37]。两者亲合性好，则结合力大，反之则结合力小。

（1）固体填料体积含量的影响

将复合固体推进剂的抗拉强度和未填充的粘合剂基体的抗拉强度相比较，几乎经常可见推进剂的抗拉强度要比粘合剂基体大好多倍。一般而言，固体体积分数增大时，推进剂的初始模量 E_0 和抗拉强度 σ_m 随之增加，伸长率 ε_m 则随之降低。

对于高填充的复合固体推进剂而言，填料体积分数与弹性模量的关系，可用下式表示

$$\frac{E_f}{E_0} = [1 + KV_f/(1 - S'V_f)]^2 \qquad (2-23)$$

式中　K，S'——经验常数；

　　　V_f——填料的体积分数；

　　　E_f——填充体的模量（MPa）；

　　　E_0——未填充粘合剂母体的模量（MPa）。

（2）固体填料粒度的影响

弹性体的强度或其模量正比于单位体积中有效网络链数目，而固体填料颗粒的大小影响总的活性表面和"附加交联点"的数量。在填料含量相同的条件下，固体填料粒度不同，推进剂的抗拉强度也不同。固体填料的粒度越小，则推进剂的抗拉强度越大；固体填料的粒度越大，则推进剂的抗拉强度越小。

（3）"脱湿"的影响

固体填料对粘合剂母体力学性能影响的重要原因是两者之间的相互作用。固体填料与粘合剂的混合过程，是粘合剂在固体颗粒表面的涂布、"润湿"过程。由于物理化学吸附作用，使填料表面处于一种"润湿"状态。但是，这种靠吸附而产生的作用力是较小的。在一定载荷作用下，粘合剂与填料表面之间很容易分离，吸附作用力受到破坏，通常把这种现象称为"脱湿"。随着"脱湿"的发生，分散相和连续相之间的作用力降低，附加交联点破坏，应力在整个体系内的传递大大削弱；于是，填料的增强作用很快下降。在"脱湿"过程中，推进剂的力学性能将产生显著的变化：推进剂的抗拉强度、拉伸模量和伸长率都随之下降，导致不能得到期望的力学性能。具体表现为：

1）应力的增加落后于应变的增加，致使模量逐渐减小；

2）推进剂应力—应变曲线出现屈服区；

3）随着"脱湿"增加和屈服倾向的发展，材料的体积膨胀急剧增大；

4）泊松比随着"脱湿"过程逐渐降低。

如果设法增强粘合剂母体与固体填料间的相互作用，在填料周围建立一个高模量的粘合剂层，那么在外力作用下，推进剂的"脱湿"将不易发生，固体填料将在更大程度上分担负荷，从而显著地提高推进剂的力学性能。

2.4.3.3　两相界面间相互作用的影响

为了增强固体填料与粘合剂基体的界面连接，改进推进剂力学性能，固体推进剂中常需使用键合剂。键合剂是一种具有多种官能团的物质，其中某些官能团与氧化剂反应形成化合键，或产生极性吸附形成氢键，其他活性基团（两个以上）能与粘合剂进行反应，进入交联网络。因此，键合剂必须具备的条件是[38-39]：它必须具有能与氧化剂起反应或者具有能比粘合剂其他组分所谓基团更强的极性，以便与氧化剂分子形成化学键或产生极性吸引力；它必须能转变成聚合物以形成高模量层；它必须能与粘合剂母体形成化学键，成为交联聚合物相的一部分，即进入粘合剂交联网络。

（1）氮丙啶类键合剂对推进剂力学性能的影响

MAPO 及其衍生物是固体推进剂常用键合剂，其键合机理认为：氮丙啶及其衍生物中的 $\equiv P \rightarrow O$ 基团具有较强的极性[40-42]，这种极性使得 MAPO 分子优先地向 AP 颗粒表面移动，与 AP 表面发生相互作用。活性氮丙啶在酸性条件下能开环自聚[43-44]，AP 是一种强酸弱碱盐，它可以引发氮丙啶自聚反应。当 MAPO 分子与 AP 颗粒表面接触时，MAPO 的氮丙啶基团便会在该表面上发生开环自聚反应，形成高模量的抗撕裂层。每个 MAPO 分子中含有三个氮丙啶基团，一旦有一个氮丙啶基团发生了反应，则会降低剩下的氮丙啶基团的反应活性。所以，凡是在 AP 表面上发生了自聚反应的 MAPO 分子，还会剩下一些氮丙啶基团。其反应可以表示如下：

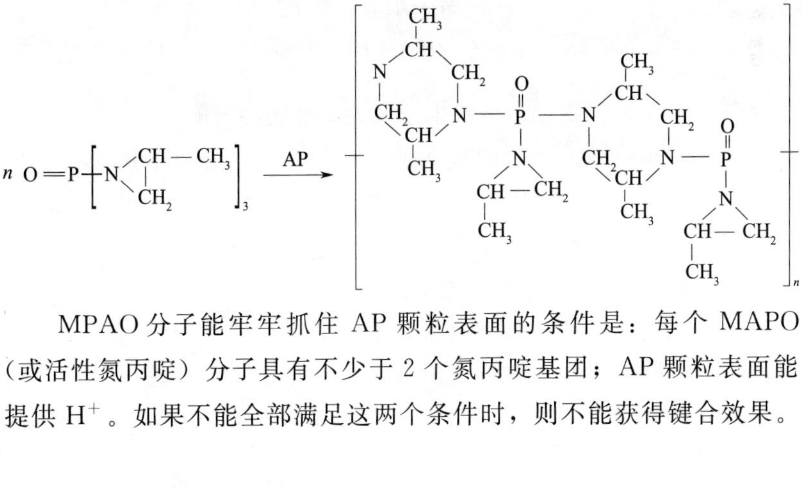

MPAO 分子能牢牢抓住 AP 颗粒表面的条件是：每个 MAPO（或活性氮丙啶）分子具有不少于 2 个氮丙啶基团；AP 颗粒表面能提供 H^+。如果不能全部满足这两个条件时，则不能获得键合效果。

　　若两物质间能够形成氢键，则氢键强弱通常根据形成氢键的两个原子之间的距离来判断：氢键键长大于2Å的为弱氢键作用，小于2Å的为强氢键作用。AP 和 MAPO 分子形成最稳定状态的分子距离为 1.551Å，说明 AP 中的氢与 MAPO 中≡P→O 上的氧之间形成了较强的氢键作用。图 2 - 28 为采用量子化学计算方法得到的 AP 与 MAPO 作用的结果。

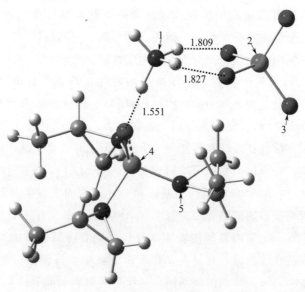

图 2 - 28　AP 与 MAPO 的量化计算结果

1—N 原子；2—d 原子；3—O 原子；4—P 原子；5—N 原子

（2）中性聚合物键合剂对推进剂力学性能的影响

　　对于高能固体推进剂的极性粘合剂体系，含能增塑剂不仅与键合剂争夺固体表面的吸附，而且还大范围地溶解键合剂[45-47]，使其难以与粘合剂基体间形成牢固的粘接，导致推进剂在较低应力和应变水平上发生"脱湿"，力学性能变差。

　　当硝胺固体颗粒分散于由粘合剂、增塑剂和键合剂组成的液体浆料中时，浆料中的不同分子间存在吸附竞争。为使键合剂更有效地发挥其效能，可以选择与硝胺的亲合性远大于增塑剂和聚合物的键合剂。然而，由于在该体系中浆料极性与硝胺接近，实际上难以实现。使用碱性或酸性键合剂也可以增强吸附程度，但其不适于含有硝基、硝酸酯基或叠氮基的粘合剂体系，因为酸、碱性物质对推进剂的固化和化学安定性将产生极为不利影响。

为了解决高能固体推进剂界面问题，人们设计合成了许多类型的键合剂，其中较为有效的是 NPBA。NPBA 键合剂的应用使硝胺类高能推进剂的力学性能得到明显的改善。

使用大分子物质作为键合剂有下列优点[48]：

1）大分子的表面活性远大于小分子。

2）长的大分子链上可以形成更多的吸附点，这样显著增加了每个分子在界面上的界面能。换言之，一个大分子可以形成更大程度的吸附。

3）大分子与浆料（相当于溶剂）混合的熵变值明显低于小分子。

4）调节大分子在浆料中的溶解特性可以有很大的灵活性。

在进行键合剂合成时，可以借助于 Flory-Huggins 高分子溶液理论和 Hildbrand 的溶度参数理论，进行 NPBA 的亲合性和溶解性调节。NPBA 的溶度参数应该接近于固体颗粒，而与浆料有足够的差异。NPBA 与浆料的溶度参数差依据下述原则

$$(\delta_{NPBA} - \delta_{浆料})^2 = 0.5RT_C/V \tag{2-24}$$

式中　δ_{NPBA} ——NPBA 的溶度参数；

　　　$\delta_{浆料}$ ——浆料的溶度参数；

　　　T_C ——临界温度（K）；

　　　V ——浆料的摩尔体积（mol·cm^{-3}）。

NPBA 与浆料发生相分离的温度，即临界温度 T_C 与 NPBA 的相对分子质量之间存在着关联

$$1/T_C = 1/\Theta[1 + (1/\sqrt{x} + 1/2x)/\varphi] \tag{2-25}$$

式中　Θ ——西塔（THETA）温度（K）；

　　　φ ——残余熵（J·mol^{-1}·K^{-1}）；

x ——NPBA 的聚合度。

通过改变 NPBA 的单元组成和相对分子质量，高于药浆混合温度时 NPBA 能溶解在浆料中，当药浆中加入硝胺颗粒并均匀分散后，把温度降低到药浆混合温度时，NPBA 与浆料发生相分离并吸附到硝胺颗粒表面。

2.4.3.4 其他因素的影响

（1）工艺因素的影响

复合固体推进剂是在一定的环境温度、湿度条件下，经过混合、浇注和固化等工艺过程制造而成的。环境温度、湿度、工艺温度和时间、加料顺序等工艺因素对推进剂的力学性能都有不同程度的影响[49]。由于 PU 类推进剂对水的敏感性强，在高温高湿季节，达到最佳力学性能的最佳固化参数的控制将是比较困难的；对于高填充并加有少量键合剂的固体推进剂，混合机的效率和混合工艺时间将影响组分的分散均匀性，也给力学性能带来影响；因粘合剂和固化剂中存在不同活性的官能团及粘合剂官能度分布的复杂性，混合、固化等工艺温度将对推进剂力学性能有较大的影响。

（2）固化反应动力学和副反应的影响

由于粘合剂固化体系中各组分官能团反应活性存在较大的差异，固化反应速度对最终推进剂网络结构的影响显得更加突出。在 PU 体系中，由于存在氨基甲酸酯键（—NHCOO—），这一新生的反应基团以及推进剂对水分具有较大的敏感性，使得固化反应动力学更加复杂。

固化反应速率是粘合剂化学性质的函数。由二异氰酸酯与二醇反应生成聚氨酯的速率是非常快的，应用固化催化剂不仅可以调节固化反应速率、降低固化反应温度，还可以抑制副反应发生。

固体推进剂的固化反应是极其复杂的，因为体系中不仅存在着大量的氧化剂和金属添加剂，同时还存在着增塑剂、工艺助剂和燃速调节剂等。因此，在研究不同推进剂体系的粘合剂—固化剂固化反应时，需要考虑上述因素的影响。

（3）水分的影响

一方面，水分可与固体推进剂中异氰酸根发生反应，释放出二氧化碳，从而影响到固体推进剂的力学性能，使得固体推进剂的抗拉强度、伸长率和模量急剧下降；另一方面，由于水分子可积累在氧化剂晶体表面，从而建立起一个包围粒子的低模量液层[50]，使氧化剂和粘合剂间的粘结被破坏，致使"脱湿"在低应力水平和相应的力学损耗下就开始了。通常吸收少量水分（0.1%或更低）就会引起这些效应。

2.4.4　复合固体推进剂力学性能调控手段

通常，复合固体推进剂力学性能调节主要从以下几方面入手。

（1）调节粘合剂基体相的网络和形态结构

1）提高粘合剂相对分子质量；

2）改变粘合剂主链结构；

3）应用双模或多模理论，即使用长、短链粘合剂；

4）引入可诱发微相分离的添加剂，增强体系的物理相互作用；

5）充分增塑基体，调节基体模量。

（2）调节填料/粘合剂基体的相互作用

1）引入键合剂；

2）调节中间相的模量，在保证填料/粘合剂相粘结良好的情况下，尽量降低中间相模量（如提高键合剂相对分子质量等）。

2.4.5　基体/填料界面特性表征方法

基体/填料界面是一个不均匀的体系，具有多相性。一般认为，界面是一个相到另一个相的过渡区域[51]。过去人们曾把复合材料界面设想成一层没有厚度的面，而实际上复合材料界面是具有纳米以上尺寸厚度的，并且与基体和固体填料在结构上有明显差别的新相，称之为界面相或界面层。固体推进剂中的界面可分为微观界面和宏观面[52]。微观界面是指固体推进剂中分散的固体填料与基体之间的接触区域，即填充和增强复合材料中的界面称为微观界面[53]。宏观界面是指两种材料间的较大接触面。长期以来，人们致力于研究复合固体推进剂界面表征，建立了多种表征固体推进剂界面特性及其作用效果的手段和方法，如：接触角和润湿热法、表面张力和自由能法、电子能谱法、单向拉伸法等，这些方法大部分仅给出一种可能性的推测，或一种定性描述。如何用简明的方法对界面做出定量或半定量评价，乃是推进剂工作者的一大研究课题。

2.4.5.1　红外光谱法

傅里叶变换红外光谱（FTIR）技术发展迅速，不仅具有快速扫描等特点，而且信噪比、分辨率和检测灵敏度都大大提高，因而能够用于能量很低、信号微弱的物质的特征信息检测，为在微观水平研究界面作用提供了手段。采用红外光谱技术可以方便地确定分子中某些官能团或化学键是否存在，根据红外光谱的变化，即某些特征频谱峰的减弱或消失、新的特征频谱峰的出现等，可以说明物质化学结构的变化。所以，利用红外光谱技术，可以研究界面的相互作用[54-55]。

红外光谱定量分析的基础为 Lambert-Beer 定律[56]，用下式表示

$$A = abc = \lg_{10}(I_0/I) \qquad (2-26)$$

式中　A——吸光度；

　　　a——吸收系数（$L \cdot g^{-1} \cdot cm^{-1}$）；

　　　c——吸收物质的浓度（$g \cdot mL^{-1}$）；

　　　b——试样的厚度（cm）；

　　　I_0——入射光的强度（cd）；

　　　I——透过光的强度（cd）。

采用红外光谱技术可以研究推进剂组分的相互作用，如 HMX 和 RDX 与硝化纤维素作用[57]，RDX 与三乙醇胺[58]、AP 与 MAPO 的作用[59]，NPBA 与 HMX 作用等[60]。

2.4.5.2　表面（界面）自由能法

粘合剂基体与固体填料间的良好粘附，是固体推进剂许多重要

功能得以实现的基础，而粘附的状况又依赖于推进剂各组分的表面性能。表面自由能法是表征固体物质表面性能的一种较好的方法[61-62]。

当物质表面具有 Lewis 酸碱性时，可用 γ^+ 表示酸性表面的表面能参数，γ^- 表示碱性表面的表面能参数。两者与表面自由能酸碱分量 γ^{AB} 的关系可用下式表示

$$\gamma^{AB} = 2\sqrt{\gamma^+ \cdot \gamma^-} \qquad (2-27)$$

表面自由能的色散部分贡献为 γ^{LW}，当两种物质的表面接触形成界面时，总的表面粘附自由能为粘附能的色散作用成分与酸碱作用成分之和，即

$$\gamma_{12} = \gamma_{12}^{LW} + \gamma_{12}^{AB} \qquad (2-28)$$

其中，色散作用成分贡献

$$\gamma_{12}^{LW} = -2\sqrt{\gamma_1^{LW} \cdot \gamma_2^{LW}} \qquad (2-29)$$

酸碱作用成分贡献

$$\gamma_{12}^{AB} = -2\left(\sqrt{\gamma_1^+ \cdot \gamma_2^-} + \sqrt{\gamma_1^- \cdot \gamma_2^+}\right) \qquad (2-30)$$

总的表面粘附自由能为

$$\gamma_{12} = -2\left(\sqrt{\gamma_1^{LW} \cdot \gamma_2^{LW}} + \sqrt{\gamma_1^+ \cdot \gamma_2^-} + \sqrt{\gamma_1^- \cdot \gamma_2^+}\right) \qquad (2-31)$$

当一种液体（L）在固体（S）表面形成具有一定接触角（θ）的液滴，由 Young's 方程和 Dupre 粘附公式可得

$$(1+\cos\theta) \cdot \gamma_L = -\gamma_{12} \qquad (2-32)$$

于是有

$$(1+\cos\theta) \cdot \gamma_L = 2\left(\sqrt{\gamma_L^{LW} \cdot \gamma_S^{LW}} + \sqrt{\gamma_S^+ \cdot \gamma_L^-} + \sqrt{\gamma_S^- \cdot \gamma_L^+}\right) \qquad (2-33)$$

对于液固体系，由式（2-32）和式（2-33）可得式（2-34）

$$\gamma_{SL}^{AB} = (1+\cos\theta) \cdot \gamma_L - 2\sqrt{\gamma_L^{LW} \cdot \gamma_S^{LW}} \qquad (2-34)$$

式（2-34）是表面粘附功能的酸碱作用成分贡献的计算公式。根据 γ_{SL}^{AB} 的值，可知酸碱作用成分对粘接的贡献。

在式（2-34）中，固体表面能的色散成分 γ_S^{LW} 可通过测定已知

表面张力 γ'_L 的非极性液体在固体表面的接触角 θ'，并通过下式计算得到

$$\gamma_S^{LW} = \frac{\gamma'_L}{4} \ (1+\cos\theta')^2 \qquad\qquad (2-35)$$

对于某一给定的聚合物材料，通过测定某种已知 γ_L 和 γ_L^{LW} 的参考液体及某种已知 γ'_L 非极性参考液体在该聚合物材料表面的接触角 θ 和 θ'，根据式（2-34）、式（2-35）就可以算出固体表面粘附自由能的酸碱作用成分大小。而通过测定三种已知表面能参数（γ_L，γ_L^{LW}，γ_L^+，γ_L^-）的不同参考液体在该固体表面的接触角，代入式（2-33），即可求出该固体材料表面能参数 γ_S^{LW}，γ_S^+，γ_S^-，从而表征该聚合物材料固体表面的表面能及酸碱性[63-66]。

2.4.5.3　酸碱参数法

Lewis 酸碱理论是有机化学中的一个重要理论，在有机化学的发展过程中起着重要作用。聚合物基复合材料中的基体与固体填料可视为广义的酸碱，人们在研究复合材料界面性能时提出了酸碱作用理论[67-68]

$$\Delta H = Q_A Q_B + C_A C_B \qquad\qquad (2-36)$$

式中　A，B——两种物质；

　　　ΔH ——A，B 相互作用的焓变；

　　　C，Q——表征物质表面酸碱性能的参数，C 为碱性参数，Q 为酸性参数。

根据式（2-36），用已知酸碱参数的参照液与被测物作用，通过测定两种物质相互作用的焓变，即可计算出被测物表面的 C，Q 值。

焓变的测量一般有两种方法：量热计法和反气相色谱法。反气相色谱法被认为是一种较精确的方法，具体方法为：将被测固体材料作为固定相，装填在色谱柱中，用已知 C，Q 值的溶剂作为探针分子——流动相，测定不同温度下的比保留体积 V_g^0，根据式（2—37）可求得 ΔH

$$\partial \left(\ln V_{g}^{0} \right) / \partial \left(1/T \right) = -\left(\Delta H - \Delta H_{v} \right)/R \qquad (2-37)$$

式中　ΔH_{v}——探针分子的汽化热（J/mol）；

　　　ΔH——固定相与流动相相互作用的焓变（J/mol）；

　　　T——测试温度（K）；

　　　V_{g}^{0}——比保留体积。

用两种已知 C，Q 值的探针分子进行试验，并测出其与固定相的 ΔH，由式（2-37）即可求得被测物表面的酸碱参数 C，Q 值。

2.4.5.4　复合材料界面层厚度的估算

界面层厚度与聚合物玻璃化转变时比热值的变化有关，并可根据下式估算复合材料界面层厚度[69]

$$\lambda = 1 - \frac{\Delta C_{p}^{f}}{\Delta C_{p}^{0}} \qquad (2-38)$$

$$\frac{(R + \Delta R)^{3}}{R^{3}} - 1 = \frac{\lambda V_{f}}{1 - V_{f}} \qquad (2-39)$$

式中　λ——界面层体积分数的质量常数；

　　　ΔC_{p}^{f}——填充复合材料比热值的变化 [J/（K·mol）]；

　　　ΔC_{p}^{0}——未填充复合材料比热值的变化 [J/（K·mol）]；

　　　R——填料粒子的半径（nm）；

　　　ΔR——界面层厚度（nm）。

2.4.5.5　庞氏 A 值法[70]

庞氏 A 值法是基于微观模型键合剂作用效率的评价方法。复合固体推进剂的微观模型（过渡相或中间相模型）认为推进剂的性能在三相间存在分配，即

$$E_{c} = E_{f} \cdot V_{f} + E_{i} \cdot V_{i} + E_{m} \cdot V_{m} \qquad (2-40)$$

$$\tan \delta_{c} = \tan \delta_{f} \cdot V_{f} + \tan \delta_{i} \cdot V_{i} + \tan \delta_{m} \cdot V_{m} \qquad (2-41)$$

式中　m，i，f——分别代表粘合剂基体、中间相和固体填料；

　　　V——相应 m，i 和 f 的体积分数。

假定固体填料被基体均匀分散，则 $\tan \delta_{f} = 0$，式（2-41）变为

$$\tan \delta_{c} = \tan \delta_{i} \cdot V_{i} + \tan \delta_{m} \cdot V_{m} \qquad (2-42)$$

　　由于 $\tan\delta$ 可反映材料微观作用，则 $\tan\delta_i$ 值的变化，可表征中间相的结构变化。

　　在复合固体推进剂中加入键合剂主要是改变了中间相的结构，因此定义

$$A = \frac{V_i \cdot \tan\delta_i}{V_m \cdot \tan\delta_m} \qquad (2-43)$$

　　将式（2-43）代入式（2-42）得

$$A = \frac{\tan\delta_c}{V_m \cdot \tan\delta_m} - 1 \qquad (2-44)$$

　　因为 $V_m + V_i + V_f = 1$，并且 V_i 与 $(V_m + V_f)$ 相比非常小，则 $V_m \approx 1 - V_f$，因此式（2-44）变为

$$A = \frac{\tan\delta_c}{(1 - V_f) \cdot \tan\delta_m} - 1 \qquad (2-45)$$

　　通过测定基体和固体推进剂的 $\tan\delta$，并代入固体填料的体积分数，即可计算出 A 值。

　　A 值可作为键合剂作用效果的表征参数，较低的 A 值表明强的相互作用或相间的粘结强度。

2.4.5.6　庞氏 k_v 值法

　　庞氏 k_v 值法是基于宏观模型的填料/粘合剂基体相互作用的评价方法。

　　根据宏观模型[71]，有

$$\sigma = V_e RT(\lambda - \lambda^{-2})$$

$$\sigma = V_e(1 + k\rho_f S_f \Phi_f)RT(\lambda - \lambda^{-2})$$

　　粘合剂基体的应力可表示为

$$\sigma_m = V_e RT(\lambda - \lambda^{-2}) \qquad (2-46)$$

则：$\sigma = V_e(1 + k\rho_f S_f \Phi_f)RT(\lambda - \lambda^{-2})$ 可变为

$$\sigma = (1 + k\rho_f S_f \Phi_f)\sigma_m$$

进一步可变为

$$k = \frac{1}{\rho_f \Phi_f S_f} \cdot \frac{\sigma - \sigma_m}{\sigma_m} \qquad (2-47)$$

令 $V_f = \rho_f S_f \Phi_f$ ，则有

$$k = \frac{1}{V_f}(\frac{\sigma}{\sigma_m} - 1) \qquad (2-48)$$

若填料特性（粒度、密度和体积分数）不变，则有

$$k \cdot V_f = k_v = \frac{\sigma}{\sigma_m} - 1 \qquad (2-49)$$

式中 k——固体填料对抗拉强度的增强系数，即 k 为固体填料/粘合剂基体相互作用程度系数。

固体填料/粘合剂基体的相互作用越强，固体填料对粘合剂相的增强作用就越强，材料的抗拉强度就越强。k 或 $k_v > 0$，固体填料增强；k 或 $k_v < 0$，固体填料/基体粘结不良；k 或 k_v 值越大，固体填料增强越显著。当固体填料种类和比表面不变时，k_v 可以作为评价界面粘接性能的判据。

2.4.6 复合固体推进剂力学性能测试方法

2.4.6.1 拉伸试验

（1）单轴拉伸试验

单轴拉伸试验是在规定的试验温度、湿度和应变速率条件下，在试件上沿纵轴方向施加拉伸载荷直至试件破坏，以观测试件承受的应力与应变响应函数关系的试验。由于方法简单实用，单轴拉伸试验是推进剂研究领域中应用最广泛的力学性能测试方法。利用这种恒定应变速率试验可确定材料的物理机械性质和极限性质。

测试试样一般制成 JANAF 拉伸试件（哑铃形试件）。通过单轴拉伸试验测得的应力—应变曲线可求得固体推进剂的初始模量（E）、最大抗拉强度（σ_m）、最大伸长率（ε_m）和断裂强度（σ_b）、断裂伸长率（ε_b）。根据需要可进行不同温度和不同应变速率条件下的测试。例如高温 70 ℃，常温 25 ℃，低温 -20 ~ -40 ℃；单轴拉伸试验的拉伸速度一般采用 100 mm/min，低速常采用 1.5 ~ 2 mm/min。

　　单轴拉伸试验广泛应用于推进剂配方研究、筛选试验及质量控制等。当需提供准确数据时，需对试件的加工方法和尺寸精度严加控制，同时应对拉伸挤出现象和拉伸过程中截面积的改变进行必要的修正。

　　为消除拉伸挤出现象的影响，对拉伸试件提出了改进方案：一是在试件的末端粘结金属或木质条板来固定试件，消除挤出现象；二是在试件中间划上两条标线，用光学或其他方法在拉伸过程中跟踪这两条标线，以两条标线间距离的变化来计算试件的应变量。目前，一些较为先进的材料试验机都带有测试附件，如引伸计等。这些改进都能提高应变测量精度。因此，常被采用用于研究推进剂不同力学性能参量之间的关系，或为推进剂药柱结构完整性分析提供精确测量数据。

　　（2）双轴拉伸试验

　　试样在 z 方向上受拉伸力，其应力 σ_z 等于 σ；在 x 方向上试样可以自由收缩，其应力 σ_x 等于 0；在 y 方向上，由于试样受到长粘结边缘的限制不能变形，即 ε_y 为 0。根据小应变弹性理论，在板条试样的中心部位，其应力—应变有如下关系

$$\sigma_z = \sigma_y/\upsilon \quad \sigma_z = 0$$
$$\varepsilon_y = -2\upsilon\varepsilon_z \quad \varepsilon_y = 0$$

式中　υ——推进剂的泊松比。

　　双轴拉伸试验是在两个轴向上加有不同应力的试验，在固体推进剂结构完整性以及受力破坏等研究中得到了广泛的应用。

　　（3）三轴拉伸试验

　　三轴拉伸试验需要比单轴和双轴拉伸试验具有更为精细的测试设备和更为准确的测试技术。通常，推进剂试样制成圆形薄片，且试样的半径与厚度之比大于 10。试样的上下两面均粘结在刚性的测试柱上，并在测试柱的轴向上拉伸。因推进剂试样的半径比厚度大10 倍，在垂直于拉伸的方向上不能收缩，这样推进剂试样内产生了三轴应力。应力和应变的表达式为

$$\sigma_3 = F/A = \sigma , \varepsilon_1 = \varepsilon_2 = 0$$
$$\sigma_1 = \sigma_2 = \upsilon/(1-\upsilon)$$

式中　F——拉伸力（kN）；

　　　A——圆形薄片的面积（cm^2）。

2.4.6.2　应力松弛和蠕变试验

（1）应力松弛试验

使推进剂试样迅速产生一形变，试样内则产生一定的应力；此应力随时间而逐渐衰减的现象称为应力松弛。应力松弛试验是研究推进剂固化过程、交联固化网络完整性和老化降解的有效手段。

由应力松弛曲线可得到应力、应变和应力松弛模量之间的关系

$$\sigma(t) = E(t) \cdot \varepsilon_0$$

式中　$\sigma(t)$——应力（MPa）；

　　　$E(t)$——应力松弛模量（MPa）；

　　　ε_0——恒定应变。

一般的应力松弛试验可以在拉伸机上进行。实现这一测量的方法是把恒温的试件夹在试验机的十字头上，以定速把试样拉到预定长度后，停止拉伸；然后，测定试件在该拉伸长度下的应力随时间的衰减关系。

（2）蠕变试验

蠕变是指在恒定的外力作用下，推进剂试样的形变（或应变）随时间而不断发展的现象。蠕变试验是在某一瞬间在推进剂试样上施加一应力，并保持其应力不变，即 $d\sigma/dt$ 为 0，测定应变随时间变化的曲线。其应变和应力之间的关系为

$$\varepsilon(t) = D(t) \cdot \sigma_0$$

式中　$D(t)$——蠕变柔量（1/MPa）；

　　　σ_0——恒定应力（MPa）。

在蠕变试验中，要保持应力恒定必须满足两个条件：一是所施加的力不变；二是试件的横截面积随着伸长而减小，所施加的应力将随之而逐渐增大。通常能使所加应力逐渐减小的最简单方法是在

试验装置中串联一个补偿弹簧。

2.4.6.3　动态力学性能试验

复合固体推进剂动态力学行为是指材料在交变载荷作用下产生的响应。动态测试是研究复合固体推进剂粘弹性材料转变、内耗、界面粘结、"脱湿"现象、固体内部缺陷、粘合剂形态结构的重要方法，已成为研究固体推进剂力学性能的重要手段之一。在动态力学研究中，正确解析动态响应谱图中松弛转变的物理本质可了解材料内部微观结构，建立微观力学性能与宏观力学性能的关系。动态力学分析在测定复合材料的玻璃化转变和次级转变方面，灵敏度比传统的热分析技术如 DTA、DSC 等高很多[72]，因而在研究复合固体推进剂中的界面特性和高分子的运动机理等方面具有非常重要的实用与理论意义。

复合固体推进剂基体网络链结构是由柔性良好的长链分子组成。柔性高分子链在热运动时是分子的一部分，可以相对于另一部分作动力运动。在柔性高分子的热运动中，不仅能以整个分子链为单元发生重心迁移，还可以在链重心基本不变的前提下实现链段之间的相对运动。任何物质的性能都是该物质内分子运动的反映。当运动状态不同时，物质表现出不同的宏观性能。对于复合固体推进剂来说，当链段运动被冻结时，这种复合材料表现为刚硬的玻璃态，弹性模量高而弹性形变小；当链段能自由运动时，复合材料表现为柔性而富有高弹性的橡胶态，弹性模量低而弹性形变大。在动态力学分析中，固定频率就相当于固定观察时间，改变温度就可以改变链段运动的松弛时间[73]。

由动态力学性能试验可以测得储能模量、损耗模量和损耗因子。储能模量可以反映复合固体推进剂形变时的回弹能力；损耗模量能反映复合固体推进剂形变时内耗程度；损耗因子可表示内耗的大小。

对于按正弦函数变化的应力（N_s）和应变（l_s）的复数表达式可写成

$$N_s = N_{s0}\, \mathrm{exp}\, \mathrm{i}\omega t$$

（2-50）

$$l_s = l_{s0} \exp i(\omega t + \beta) \tag{2-51}$$

式中　N_{s0}——应力增幅（N）；

　　　l_{s0}——应变增幅（mm）；

　　　ω——角频率（1/s）；

　　　β——滞后相角（°）。

则复数模量为

$$E^* = \frac{N_s}{l_s} = \frac{N_{s0}}{l_{s0}} e^{i\beta} = \frac{N_{s0}}{l_{s0}}(\cos\beta + i\sin\beta) = E' + iE''$$

$$\tag{2-52}$$

那么

$$\tan\beta = \frac{E''}{E'} \tag{2-53}$$

式中　E'——储能模量（MPa）；

　　　E''——损耗模量（MPa）；

　　　$\tan\beta$——力学损耗因子。

2.4.7　复合固体推进剂细观力学行为及破坏失效机理

2.4.7.1　复合固体推进剂细观力学行为的特点

复合固体推进剂在外力作用下具有如下特点[74-84]：

1) 从细观力学行为来看，其损伤破坏是复合固体推进剂组分固体颗粒与基体之间滑移、微孔洞、微裂纹等微观缺陷形成和发展的结果；

2) 从宏观力学行为来看，是复合固体推进剂内部微观结构状态的一种不可逆、耗能的演变过程；

3) 复合固体推进剂损伤机制较复杂，其裂纹传播不像金属材料那样以预想的方式发生，而总是变向进行；

4) 固体颗粒尺寸效应对微孔洞和微裂纹的形成有明显影响，大于平均尺寸的固体颗粒附近容易产生界面开裂；

5) 复合固体推进剂单向拉伸过程中微孔洞或微裂纹成核有两种

机制，如图 2-29 所示，一个是固体填料作为应力集中体所引发基体的微孔洞或微裂纹的成核，另一个是固体填料与基体"脱湿"机制所形成的微孔洞或微裂纹的成核；

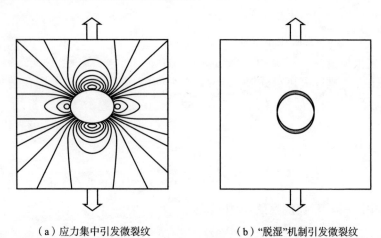

（a）应力集中引发微裂纹　　　　　（b）"脱湿"机制引发微裂纹

图 2-29　复合固体推进剂单向拉伸过程引发微裂纹的两种机制

6）在单向拉伸过程中，由于基体的粘弹性，通常复合固体推进剂整体表现出典型的延性断裂特征，其损伤破坏形式主要为固体填料"脱湿"、"脱湿"形成的孔洞扩张以及基体的开裂，复合固体推进剂中的微损伤成核的形式是固体填料与基体之间界面"脱湿"形成微裂纹或微孔洞；

7）复合固体推进剂裂纹扩展过程为：裂纹尖端呈现一个"钝化—锐化—钝化"的循环扩展过程。

2.4.7.2　复合固体推进剂拉伸破坏失效机理

损伤是材料结构组织在外界因素作用下发生的力学性能劣化并导致体积单元破坏的现象。由于不同类型的复合固体推进剂其破坏失效模式不同，说明复合固体推进剂内部微观缺陷的产生和发展所引起的宏观力学效应及最终导致复合固体推进剂破坏的过程和规律不同。

　　在低应变率下，由于粘合剂基体的粘弹性，复合固体推进剂整体表现出典型的延性断裂特征，其损伤破坏模式主要为固相颗粒脱粘，脱粘形成的孔洞膨胀，以及基体网络的开裂。在高应变率下，复合固体推进剂表现出典型的脆性断裂特征，其损伤破坏形式主要为微裂纹的成核、生长和聚合。损伤会对复合固体推进剂的力学性能产生影响。复合固体推进剂中存在的损伤会引起结构强度和模量的下降，这些损伤在载荷、温度等的作用下进一步生长、聚合，并最终导致固体推进剂结构的破坏。

　　对于复合固体推进剂，其"脱湿"过程分为两步。第一步是填料颗粒表面附近的粘合剂基体中应力高度集中区域形成微小空洞；第二步是随着进一步形变，微小空洞扩展成环绕颗粒的剥离，导致填料与粘合剂基体完全脱离（即"脱湿"）。如果填料颗粒周围是松软的界面层，那么推进剂将在非常低的应力下发生"脱湿"，使得模量和强度大幅度降低。加入键合剂后，如果在固体颗粒周围形成坚韧的包覆壳体，粘合剂基体中的微小空洞也就不会扩展到颗粒表面，从而防止了推进剂"脱湿"，模量和强度得到大幅度提高。

　　"脱湿"起始是形成微小空洞，继而是环绕颗粒的剥离过程。若颗粒周围是松软层，那么"脱湿"主要取决于前一过程，"脱湿"发生时临界应力应不受粒度影响。在高能推进剂中加入 NPBA 后，"脱湿"形状和位置随粒度显著变化，说明这时"脱湿"的控制步骤变为后一过程，因为使粘合剂从固体表面脱粘所需的外加应力 σ_a 强烈地依赖于固体粒度[85]

$$\sigma_a^2 = 4\pi G_a E / 3r \qquad (2-54)$$

式中　G_a——单位面积上键的断裂能（J/cm²）；

　　　E——杨氏模量（MPa）；

　　　r——颗粒半径（cm）。

　　键合剂的加入使固体填料周围形成高模量层，使"脱湿"延迟或不易发生；即使发生了"脱湿"，也能获得足够的应变能。

　　复合固体推进剂在外力作用下发生破坏的过程可分成两个阶段：

第一阶段是在固体填料颗粒周围的聚合物母体相内首先发生内扯离，从而产生空穴，即所谓内聚力失效；空穴的形成所需要的临界应力依赖于材料的弹性模量，弹性模量越高，则产生空穴所需的临界应力就越高。第二阶段是粘合剂母体相中这些空穴不断扩展，最后到达了填料颗粒表面；于是，在固体表面发生剥离过程，颗粒表面被暴露出来，即所谓的粘附失效或"脱湿"。显然，粘合剂母体与填料表面的粘结强度越高，则"脱湿"越困难。键合剂的作用在于提高固体颗粒周围粘合剂母体相的弹性模量，增强聚合物母体相与固体填料表面的粘结强度。

复合固体推进剂损伤大致可分为固体填料损伤、基体材料损伤、固体填料与基体之间的界面损伤[86-88]。这三种损伤往往相互影响、相互耦合，形成复杂的非线性现象。固体填料损伤的形式较为简单，主要以粒子脆断为主。但是基体材料微损伤的形式要复杂得多，有微裂纹、微孔洞、银纹等[89-91]。对于以刚度较大的粒子填充的高聚物，复合材料中的微损伤一般以固体填料与基体之间界面脱粘形成微孔洞或微裂纹为主。由于固体填料与基体的变形不协调，导致在固体填料附近产生应力集中。当界面张力达到某一临界值时，界面就会脱粘形成微孔洞。微孔洞的演化包括微孔洞成核、长大和汇合。

复合固体推进剂在拉伸过程中，微孔洞的成核和长大都是连续的过程。由于固体推进剂的微细观结构和组分的不均匀性，使单个缺陷（包括微裂纹和微孔洞等）的成核和长大表现出较强的随机性，难以逐个考察。当微缺陷数目足够大时，可以对它们进行统计描述，找出其统计平均行为的规律。目前的研究结果表明，在演化初期，微孔洞的成核起着较显著的作用：随着时间的推移，不仅微孔洞数密度的分布曲线向大尺度方向移动，而且分布曲线的峰值也在提高；由于成核渐趋饱和，成核孔洞的数目越来越少，作为成核与长大两者之间的竞争结果，微孔洞的长大逐渐成为影响演化规律的主导因素，因而孔洞数密度的演化曲线向大尺度方向推移。

2.4.8　复合固体推进剂力学模型和理论

2.4.8.1　复合材料的粘弹性理论

（1）线性弹性理论[92]

对于线性粘弹性复合材料，Boltzman 线性叠加原理成立，积分型粘弹本构方程可表示为

$$\sigma_{ij}(t) = \int_{-\infty}^{t} E_{ijkl}(t-\tau) \frac{\partial}{\partial \tau} \varepsilon_{kl}(\tau) \mathrm{d}\tau \qquad (2-55)$$

$$\varepsilon_{ij}(t) = \int_{-\infty}^{t} J_{ijkl}(t-\tau) \frac{\partial}{\partial \tau} \sigma_{kl}(\tau) \mathrm{d}\tau \qquad (2-56)$$

式中　$\sigma_{ij}(t)$——应力张量分量（MPa）；

$\varepsilon_{ij}(t)$——应变张量分量（mm/mm）；

$E_{ijkl}(t)$——松弛模量张量分量（MPa）；

$J_{ijkl}(t)$——蠕变柔量张量分量 $\left[（MPa）^{-1}\right]$。

由于线性粘弹理论形式简单，不仅易于在时域内直接离散建立有限元方程，而且也易于应用对应性原理将粘弹性问题转化为 Laplace 变化域内的弹性问题直接求解，因此线性粘弹理论已被广泛地应用于固体推进剂药柱结构完整性分析，同时它也是各种积分型非线性粘弹本构方程的重要基础。

（2）非线性弹性理论

①有限变形线粘弹理论

粘弹性结构在外载荷作用下常常伴有大变形。其有限变形线粘弹本构方程可用下式描述

$$\sigma_{ij}(t) = \sigma_{ij}^{\infty}(C) + x_{i,k} x_{j,l} \int_{-\infty}^{t} E_{klmn}(C, t-\tau) \frac{\partial}{\partial \tau} G_{mn}(\tau) \mathrm{d}\tau \qquad (2-57)$$

其中

$$x_{i,k} = \frac{\partial x_i(t)}{\partial X_k}$$

$$G_{mn}(\tau) = \frac{\partial x_m(\tau)}{\partial x_m(t)} \cdot \frac{\partial x_k(\tau)}{\partial x_k(t)} - \delta_{mn}$$

式中　　C——关于参考位形的 Cauchy-Green 变形张量；

　　　　$x_{i,k}$——关于参考位形的变形梯度；

　　　　G_{mn}——关于现时位形的变形张量；

　　　　σ_{ij}^{∞}——持久（稳态）应力。

②Schapery 非线性本构关系

Schapery 根据不可逆热力学，采用广义坐标和假定自由能及熵生成的一些简单形式，导出了含折减时间的本构关系。用松弛函数表示的单轴本构关系为

$$\sigma(t) = h_0 E_0 \varepsilon(t) + h_1 \int_{-\infty}^{t} E(\Gamma - \Gamma') \frac{\partial}{\partial \tau} [h_2 \varepsilon(\tau)] d\tau \quad (2-58)$$

式中　　Γ——折减时间。定义为

$$\Gamma = \Gamma(t) = \int_0^t \frac{dt'}{a_e}[\varepsilon(t')] , \ \Gamma' = \Gamma(\tau) = \int_0^\tau \frac{dt'}{a_e}[\varepsilon(t')] , \ a_e > 0$$

$$(2-59)$$

从连续介质力学角度建立的典型的固体推进剂粘弹本构关系在处理实际问题时具有重要意义，为建立适于固体推进剂的本构非线性关系奠定了基础。由于固体推进剂的本构非线性主要是由"脱湿"损伤引起的，因此在建立本构方程时需要考虑"脱湿"损伤和微裂纹损伤的影响。

2.4.8.2　固体推进剂的力学性能调节理论

（1）网络形态结构—微相分离理论[93-94]

由于在聚氨酯弹性体中有两类极性不同的链段微区—非极性或弱极性软段（聚合物主链）和强极性硬段（氨基甲酸乙酯链段），这两种链段的极性差异，在适当的条件下将形成一定程度的微相分离：硬段靠分子间作用力聚集成一定尺寸大小的微区，这些微区在弹性体受力状态下，可以变形、耗能，起到增强弹性体的作用。这是聚氨酯弹性体具有优良力学性能的根本原因。

（2）粘合剂相对分子质量多重分布—网络非均匀形变理论

粘合剂相对分子质量多重分布—网络非均匀形变理论亦可称为

粘合剂相对分子质量双模或多模理论。在粘合剂网络中引入一定比例的长链和短链，可使弹性体的力学性能大大改善；若在这两种链段中再嵌入中等长度的链，则弹性体力学性能更佳。

利用双模或多模可以显著改善推进剂力学性能的机理是：相对分子质量的多分布和柔性交联点的引入使弹性体在受力状态下将发生深度不均匀的形变，从而使推进剂力学性能提高。

（3）中性聚合物键合剂理论[95]

在含大量含能极性增塑剂的硝胺推进剂中，由于硝胺微溶于增塑剂中，在硝胺表面形成松软层，导致填料/基体粘结不好。加之，含能增塑剂遇酸、碱不稳定，因而常用的键合剂普遍失效。

利用降温"沉积相分离"原理，在硝胺表面包覆一层中性聚合物键合剂，成功地解决了 NEPE 推进剂力学性能差的难题。其中，中性聚合物键合剂——一种含有多官能团的聚合物，其中一些官能团能与氧化剂形成氢键包覆在氧化剂表面，另一些官能团能与粘合剂反应进入弹性体网络。

（4）填料/粘合剂相间的中间相模量调节理论

改善推进剂力学性能的最有效的键合剂是能够在氧化剂（填料）表面形成一个硬的抗撕裂的高模量层，从该理论分析，似乎该层模量越高越好。然而，研究发现即使使用键合作用最强的键合剂（内聚能大、溶解度参数更接近于填料），推进剂的力学性能也并未达到最佳。

复合固体推进剂中间相力学模型认为：在保证推进剂强度满足要求时，应尽量降低中间相模量，即要求键合剂在基本满足界面粘接强度要求后，尽量降低其极性，扩大其柔性。

2.4.8.3　固体推进剂力学模型

（1）半经验交联—缠结—非高斯链三相网络模型[96]

根据橡胶弹性的唯象理论，橡胶形变时的储能函数 W 具有如下形式

$$W(I_1, I_2, I_3) = \sum_{i,j,k=0}^{\infty} C_{i,j,k}(I_1 - 3)^i (I_2 - 3)^j (I_3 - 3)^k \quad (2-60)$$

$$\begin{cases} I_1(\alpha) = \alpha_1^2 + \alpha_2^2 + \alpha_3^2 \\ I_2(\alpha) = \alpha_2^1 \alpha_2^2 + \alpha_2^2 \alpha_3^2 + \alpha_3^2 \alpha_1^2 \\ I_3(\alpha) = \alpha_2^1 \alpha_2^2 \alpha_3^2 \end{cases} \qquad (2-61)$$

式中　　$\alpha_1, \alpha_2, \alpha_3$ ——主轴拉伸比。

　　对各向同性不同压缩弹性体，I_3 为常数。故取式（2-60）前两项得

$$W = C_{01}(I_1 - 3) + C_{02}(I_2 - 3) \qquad (2-62)$$

　　单轴拉伸时，$\alpha_1 = \alpha, \alpha_2 = \alpha_3 = \alpha^{-1/2}$，其中 α 是单轴拉伸比，故有

$$f = \mathrm{d}W/\mathrm{d}\alpha = 2[(C_{01} + C_{02})/\alpha](\alpha - \alpha^{-2}) \qquad (2-63)$$

式中　　f ——拉伸时的应力；

　　　　C_{01} ——与交联链有关的常数；

　　　　C_{02} ——与缠结链有关的常数。

　　对非高斯链，根据自由能与弹性的关系，可知

$$A(\alpha) = -k_B T \int \mathrm{d}^3 R \ln F(\alpha \cdot R) F(R) \qquad (2-64)$$

式中　　A ——形变时的自由能；

　　　　k_B ——玻耳兹曼常数；

　　　　$F(\alpha)$ ——链末端距的分布函数。

　　由此可得到非高斯链单轴拉伸时的应力-应变公式

$$f = (\rho RT/M_c)[A + B(3\alpha^2 + 4\alpha^{-1})](\alpha - \alpha^{-2}) \qquad (2-65)$$

式中　　A, B ——与高分子链末端距有关的参数。

　　由此可得到如下形式的填充弹性体单轴拉伸的应力-应变公式

$$f/2(\alpha - \alpha^{-2}) = C_1 + C_2/\alpha + C_3(3\alpha^2 + 4/\alpha) \qquad (2-66)$$

$$C_1 = C_{01} + (\rho RT/M_c)(A/2)$$

$$C_2 = C_{02}; \ C_3 = (\rho RT/M_c)(B/2)$$

　　令 $f/2(\alpha - \alpha^{-2}) = [f]$，则式（2-66）简化为

$$[f] = C_1 + C_2/\alpha + C_3(3\alpha^2 + 4/\alpha) \qquad (2-67)$$

　　式（2-67）即为交联-缠结-非高斯链三相网络模型单轴拉伸的应力-应变计算模型。该模型虽然未考虑界面及其他因素对力学性能

的影响，但它较好地将粘合剂基体、颗粒含量与固体推进剂力学性能建立了联系。

（2）复合固体推进剂单向拉伸力学模型[97-98]

一块固化好的固体推进剂可看作是氧化剂（AP）和铝粉均匀地分散在 EB 中，固体推进剂药块具有确定的密实系数（C）。假定：AP、EB 和 Al 分别向左、中和右移靠，形成致密无气孔的三个均一体，它们的界面由一定厚度（L_m）的粘结层（或称高模量层）粘结，得到重排推进剂长方体，其单向拉伸力学可用下式表示

$$\varepsilon_P = \varepsilon_{EB} \times C[1 - \varphi_{AP} - \varphi_{Al} - 3L_m(\frac{\varphi_{AP}}{D_{AP}} + \frac{\varphi_{Al}}{D_{Al}})] \qquad (2-68)$$

式中　φ——体积分数（％）；

　　　D——平均粒子直径（μm）；

　　　P、EB——分别为推进剂和粘合剂基体；

　　　L_m——粘结层厚度（μm）。

由该模型可知，推进剂的伸长率不仅与粘结体的伸长率和固体填料体积分数有关，而且与界面粘结层厚度和固体粒子的直径有关。

（3）复合固体推进剂过渡相（中间相）模型

①物理模型

根据典型的复合固体推进剂（HTPB/AP，PU/AP 或 NEPE等）的化学组成特点，作如下假设：

1）填料（氧化剂和金属粉）颗粒为球形，且均匀分散于基体中，无结团或聚集现象；

2）对于非极性或弱极性基体的复合推进剂（如 PU，HTPB等），过渡相的组成为推进剂组分中极性添加剂（如键合剂、防老剂、扩链剂等）的富集区；对于强极性粘合剂体系如 NEPE、CMDB 推进剂等，该相组成为键合剂、部分添加剂（扩链剂、防老剂、固化剂和增塑剂等）的富集区；

3）在分析力学行为时，各相单独考虑，不考虑相间协同作用；

4）取单颗粒体积元考虑复合物的形变行为时，其各相同性，则

可简化为三层板模型，如图 2-30 所示。

图 2-30　简化的物理模型

②数学模型

在上述三层板简化物理模型的基础上，再作如下假设：

1）填料为虎克体，满足 $\sigma = \varepsilon \cdot E$；

2）过渡相和粘合剂相为线性粘弹体：满足 $\sigma = \varepsilon \cdot E(t)$ [为简化起见，以下 $E_i(t)$、$E_m(t)$ 简化为 E_i 和 E_m]。

因而从力学角度看，可视为串联结构，有：$\Delta l = \Delta l_f + \Delta l_i + \Delta l_m$，即

$$\varepsilon = \frac{V_f \cdot \sigma_f}{E_f} + \frac{V_i \cdot \sigma_i}{E_i} + \frac{V_m \cdot \sigma_m}{E_m}，\ \text{其中}\ \sigma_f = \sigma_i = \sigma_m$$

式中　V_f——填料的体积分数；

　　　V_i——中间相的体积分数；

　　　V_m——基体的体积分数。

设 σ_m^s 为基体破坏强度，则

$$\sigma_m^s = (E_m + p)/c \tag{2-69}$$

设 σ_i^s 为过渡相破坏强度，则

$$\sigma_i^s = (E_i + p)/c \tag{2-70}$$

设 σ_{if}^s 为填料与过渡相界面粘接强度，则

$$\sigma_{if}^s = \left[(4\pi \cdot C_{Ta} \cdot E_i)/(3r) \right]^{0.5} \tag{2-71}$$

式中　p——环境压力（MPa）；

　　　C——应力集中系数；

　　　C_{Ta}——单位表面的破坏能（J/cm²）；

　　　r——填料颗粒半径（μm）。

则推进剂破坏强度为 min $\{\sigma_m^s, \sigma_i^s, \sigma_{if}^s\}$，讨论如下：

1）若 min $\{\sigma_m^s, \sigma_i^s, \sigma_{if}^s\} = \sigma_m^s$，则

$$\varepsilon = \frac{V_f \cdot \sigma_m^s}{E_f} + \frac{V_i \cdot \sigma_m^s}{E_i} + \frac{V_m \cdot \sigma_m^s}{E_m}$$

此时要使 ε 最大，有

$$\max \varepsilon = \max \left\{ \frac{V_f \cdot \sigma_m^s}{E_f} + \frac{V_i \cdot \sigma_m^s}{E_i} + \frac{V_m \cdot \sigma_m^s}{E_m} \right\}$$

将 σ_m^s 表达式代入，有

$$\max \varepsilon = \max \left\{ \frac{V_f \cdot \sigma_m^s}{E_f} + \frac{V_i \cdot E_m}{C \cdot E_i} + \frac{V_i \cdot P}{C \cdot E_i} + \frac{V_m}{C} + \frac{V_m \cdot P}{C \cdot E_m} \right\}$$

由于 E_f 相当大，故式中第一项可近似为零。研究表明，在高填充复合物中 V_i 可高于 V_m 的四分之一，因而，此时 V_i 不可忽略。所以此时：

（a）要提高强度应提高 E_m，p，降低 C；

（b）要提高伸长率应降低 C，E_i 和 E_m，且（E_m / E_i）越大越好。

2）若 $\min \{ \sigma_m^s, \sigma_i^s, \sigma_{if}^s \} = \sigma_i^s$，则

$$\varepsilon = \frac{V_f \cdot \sigma_i^s}{E_f} + \frac{V_i \cdot \sigma_i^s}{E_i} + \frac{V_m \cdot \sigma_i^s}{E_m}$$

此时要使 ε 最大，有

$$\max \varepsilon = \max \left\{ \frac{V_f \cdot \sigma_i^s}{E_f} + \frac{V_i \cdot \sigma_i^s}{E_i} + \frac{V_m \cdot \sigma_i^s}{E_m} \right\}$$

将 σ_i^s 表达式代入，有

$$\max \varepsilon = \max \left\{ \frac{V_f \cdot \sigma_i^s}{E_f} + \frac{V_i \cdot P}{C \cdot E_i} + \frac{V_i}{C} + \frac{V_m \cdot E_i}{C \cdot E_m} + \frac{V_m \cdot P}{C \cdot E_m} \right\}$$

因此：

（a）要提高强度应提高 E_i，p，降低 C；

（b）要提高伸长率应降低 C，E_i 和 E_m，且（E_i / E_m）越大越好。

3）若 $\min \{ \sigma_m^s, \sigma_i^s, \sigma_{if}^s \} = \sigma_{if}^s$，则

$$\varepsilon = \frac{V_f \cdot \sigma_{if}^s}{E_f} + \frac{V_i \cdot \sigma_{if}^s}{E_i} + \frac{V_m \cdot \sigma_{if}^s}{E_m}$$

此时要使 ε 最大，有

$$\max \varepsilon = \max\left\{\frac{V_{\mathrm{f}} \cdot \sigma_{\mathrm{if}}^{\mathrm{s}}}{E_{\mathrm{f}}} + \frac{V_{\mathrm{i}} \cdot \sigma_{\mathrm{if}}^{\mathrm{s}}}{E_{\mathrm{i}}} + \frac{V_{\mathrm{m}} \cdot \sigma_{\mathrm{if}}^{\mathrm{s}}}{E_{\mathrm{m}}}\right\}$$

将 $\sigma_{\mathrm{if}}^{\mathrm{s}}$ 表达式代入，有

$$\max \varepsilon = \max\left\{\frac{V_{\mathrm{f}} \cdot \sigma_{\mathrm{if}}^{\mathrm{s}}}{E_{\mathrm{f}}} + \frac{V_{\mathrm{i}} \cdot k}{E_{\mathrm{i}}^{0.5}} + \frac{k \cdot V_{\mathrm{m}} \cdot E_{\mathrm{i}}^{0.5}}{E_{\mathrm{m}}}\right\}$$

因此：

（a）要提高强度，应根据式（2-71）提高 E_{i} 和 C_{Ta}，降低 r；

（b）要提高伸长率应降低 E_{i} 和 E_{m}，提高（$E_{\mathrm{i}}/E_{\mathrm{m}}$）和 k（提高 C_{Ta}，降低 r）。

综合上述三种情况，若破坏发生在基体内，则应通过提高 E_{m} 和减少 C 来提高强度；通过降低 C，E_{i} 和 E_{m}，提高（$E_{\mathrm{m}}/E_{\mathrm{i}}$）来提高伸长率。若破坏发生在过渡相内，则应通过提高 E_{i} 和减少 C 来提高强度；通过降低 C，E_{i} 和 E_{m}，提高（$E_{\mathrm{i}}/E_{\mathrm{m}}$）来提高伸长率。若破坏发生在填料与过渡相的界面，则应通过提高 E_{i} 和 C_{Ta}，减少 r 来提高强度；通过降低 r，E_{i} 和 E_{m}，提高（$E_{\mathrm{i}}/E_{\mathrm{m}}$）和 C_{Ta} 来提高伸长率。

（4）广义交联点模型[99]

抗拉强度和弹性形变可认为由粘合剂基体化学交联链、缠结链和附加交联链等三种结构提供。化学交联链是预聚物与固化剂反应形成的交联网络，它在抗拉强度和伸长率的贡献中起主导作用。附加交联是由交联链通过键合剂在填料颗粒表面生成化学键而形成的附加交联点，它对抗拉强度和伸长率也有较大贡献，特别是当填料高度充填时，这种作用非常显著。而缠结链的影响相对较小，可以忽略不计。图 2-31 为复合固体推进剂宏观（广义交联点）模型。

交联弹性体的抗拉应力—应变方程为

$$\sigma = V_{\mathrm{e}}RT(\lambda - \lambda^{-2}) \tag{2-72}$$

假设附加交联点及其他交联点与弹性体交联点对拉伸应力的贡献相近，则式（2-72）变为

$$\sigma = V_{\mathrm{e}}(1 + k\rho_{\mathrm{f}}S_{\mathrm{f}}\Phi_{\mathrm{f}})RT(\lambda - \lambda^{-2}) \tag{2-73}$$

式中　σ ——推进剂单向拉伸抗拉强度（MPa）；

　　　V_e ——推进剂交联网络的有效交联密度（mol·cm^{-3}）；

　　　λ ——推进剂拉伸比；

　　　k ——填料对抗拉强度的增强系数（cm）；

　　　ρ_f ——填料密度（g·cm^{-3}）；

　　　S_f ——填料比表面积（cm^2·g^{-1}）；

　　　Φ_f ——填料体积分数。

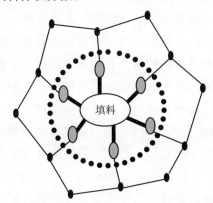

图 2-31　复合固体推进剂宏观（广义交联点）模型

●—键合剂；●—化学交联点；——化学键；——键合剂与填料的相互作用

　　式（2-73）即为复合固体推进剂的单向拉伸力学行为广义的交联点模型数学表达式。该模型是以 HTPB 推进剂为研究对象，未考虑增塑剂对粘弹性本构方程的影响，同时修正参数的方法也较为粗略。

2.5　复合固体推进剂的工艺性能

2.5.1　概述

　　复合固体推进剂作为各种火箭和导弹武器的动力源，其生产工艺是一个十分复杂的系统工程，包括称量、混合、浇注、固化、脱模及整形等工序。在这些工序中混合、浇注过程与推进剂药浆的工艺性能最为密切。复合固体推进剂药浆是由高分子粘合剂、固化剂和增塑剂等液体组分为连续相，氧化剂和金属燃料等固体组分为分散相所组成的多相、多组分、多尺度的浓悬浮体系。如果药浆工艺性能差往往会造成推进剂各组分之间混合不均匀，粘度过高，浇注缓慢，严重时甚至不能浇注；即使浇注，在推进剂药柱中也易产生孔洞、裂纹等缺陷，在燃烧时会使燃面增大，导致火箭发动机燃烧室压力升高，偏离预期的内弹道性能。

美国国家航空航天局在 20 世纪 70 年代曾对三台大型固体火箭发动机浇注过程进行了研究。第一台和第二台发动机采用具有良好工艺性能的推进剂药浆进行浇注，所制得药柱没有缺陷，并成功进行了热试车；而第三台发动机采用工艺性能稍差的高燃速推进剂配方进行浇注，在固化和脱模后，药柱内部出现孔洞，热试车时出现弹道异常[100]。由此可见，药浆工艺性能的好坏直接影响到固体推进剂的可加工性和药柱完整性，只有工艺性能良好的推进剂才能更好地制备出结构完整、燃烧稳定的药柱，满足使用要求。

目前国内外在推进剂工艺性能研究方面虽然取得了许多可喜的研究成果，但与推进剂其他性能研究相比，所开展的工作还远远不够，尤其是对复合固体推进剂工艺性能的定量研究工作甚少。这主要是由于复合固体推进剂工艺性能研究涉及到流变学、高分子化学、流体力学、张量数学和材料学等诸多研究领域，范围广、难度大。因此，对固体推进剂配方研制人员而言，有关推进剂工艺性能的可设计性研究仍将是一项难度很大且很复杂的理论工作，但这也代表了未来复合固体推进剂药浆流变学的发展方向。

2.5.2　复合固体推进剂药浆的流变特性

在牛顿流体的介质中加入较高含量的固体填料，分散体系一般呈非牛顿流体行为；如果连续相为非牛顿流体介质时，所得分散体系的流变性会更为复杂。复合固体推进剂药浆作为一种高填充、多相、多组分的复杂流体，不同种类的固体填料和多尺度的粒度级配，使推进剂药浆中的固—液界面和分散的固相流结构具有多重性[101]。同时，随固化剂与粘合剂进行的固化反应，药浆具有时—温可变的热固性；而且推进剂中常加入各种功能组分，对药浆界面特性或固化反应动力学产生影响，进一步增加了药浆流体的复杂性。

2.5.2.1　流体的分类

从广义上讲，流体可分为牛顿流体和非牛顿流体，而非牛顿流体又可分为塑性流体、假塑性（拟塑性）流体和胀塑性流体等。

（1）牛顿流体

要想保持流体的剪切流动，必须施加一定的应力以克服各层流体流动时的摩擦阻力，不同的流体流动阻力不同。牛顿流体的定义是在两相邻流体层之间的单位面积上的剪切应力与剪切速率成正比，可用式（2-74）表示为

$$\tau = \eta \dot{\gamma} \qquad\qquad (2-74)$$

式中　τ——剪切应力（Pa）；

　　　$\dot{\gamma}$——剪切速率（s^{-1}）；

　　　η——流体粘度（Pa·s）。

牛顿流体的粘度往往与环境温度和压力有关，而与作用时间无关。牛顿流体也称线性粘性流体。所有的气体，大部分低相对分子质量液体、溶液或少数球形颗粒填充的稀悬浮液均属于牛顿流体[102]。国外研究人员采用动态旋转流变仪研究了以硝基甲烷为燃料、SiO_2 纳米颗粒作为胶凝剂的凝胶推进剂流变性能，研究表明：在以硝基甲烷为燃料、SiO_2 纳米颗粒作为胶凝剂的凝胶推进剂中，当 SiO_2 含量在 4%～8% 范围内时悬浮液呈牛顿流体特性[103]。实际上，固体含量更高的复合固体推进剂药浆往往呈现非牛顿流体特征。如果药浆表现出牛顿流体行为，那将十分有利于推进剂药柱的成型与加工。

（2）假塑性流体

假塑性流体是工业生产中较常见的一种非牛顿流体，主要特征是粘度随剪切速率的增大而降低，通常称为剪切变稀的流体。假塑性流体的流动曲线为非线性，不存在屈服应力。

从微观角度上看，悬浮体系中构成假塑性流体的粒子间存在着某种联系，有些粒子由于颗粒与颗粒或颗粒与基体界面的相互作用而形成了粒子团或三维网状结构。当悬浮体受到外力的剪切时，这种松散的联系开始遭到破坏，形成粒子数较少的粒子团。剪切应力的进一步增加使得粒子团变得越来越小，这样一来，宏观表现在悬浮体粘度随剪切应力增大而减小[104]。因此，假塑性流体处于静止状态时应比流动状态时具有更高的聚集结构，颗粒的聚集会使流体流动变得相对困难，导致其粘度高于流动状态时的粘度。

有一种流体的流变行为与假塑性流体相反，其特征是随剪切速率的增加粘度升高，这种流体称为胀塑性流体，亦称剪切增稠的流体。胀塑性流体通常需要分散相含量较高，且颗粒必须是分散的，而不是聚集的。当剪切应力不大时，颗粒是分散的，粘度较小；而在较高剪切速率下，颗粒被搅在一起，增大了流动阻力，粘度升高。虽然这种行为主要发生于固体含量较高的悬浮体系，但该现象在推进剂药浆中较少见。

假塑性和胀塑性流体的本构方程用 Ostwald-de Wale 幂律公式表述

$$\tau = K\dot{\gamma}^n \tag{2-75}$$

式中　K ——表征流体粘性大小的系数；

　　　n ——流动指数或非牛顿指数。

K 值越大，流体愈粘稠。n 可用来判断流体与牛顿流体的差异程度，n 值离 1 越远，流体呈非牛顿性越明显；对于假塑性流体，$n<1$；而对于胀塑性流体，$n>1$；牛顿流体可看成 $n=1$ 的特殊情况，此时 K 相当于牛顿粘度，如图 2-32 所示。

（3）塑性流体

塑性流体的主要特征是存在屈服应力（τ_y），当剪切应力低于一定的临界值时该类流体不会发生流动，只有外界施加应力超过该临界值时，流体才会流动，此临界应力称为屈服应力（工程应用领域亦称屈服值），图 2-33 为塑性流体的流动曲线。

在流变学上通常可采用以下几种方法来确定塑性流体屈服应力

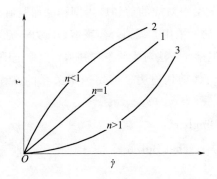

图 2-32　几种典型流体的流动曲线
1—牛顿液体；2—假塑性流体；3—胀塑性流体

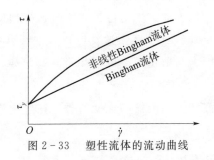

图 2-33　塑性流体的流动曲线

的大小[105]。

1）应力扫描法。应力扫描法有两种：一种是用粘度与剪切速率作图，取粘度最大时对应的应力为屈服应力；另一种是用剪切速率和剪切应力作图，如在双对数曲线上存在明显的转折点，则此点对应的应力为屈服应力。应力扫描法适于测试具有较低屈服应力的样品。

2）振荡应力扫描。该方法可以用来确定试样的线性粘弹性范围，同时也可以给出一定的屈服应力信息，即有高临界应力的试样会表现出高的屈服值。

3）蠕变试验。通过进行一系列的蠕变测试可以较精确地确定试样的屈服应力，该方法的缺点是费时。

4）外推法。将所测试样的剪切应力—剪切速率曲线外推至与剪切应力轴相交，该交点对应的剪切应力即样品屈服值。

5）模型拟合法。采用方程拟合药浆剪切应力—剪切速率关系曲线得到屈服应力，但是此方法对实验条件和剪切速率范围的依赖性较大。

在描述塑性流体剪切应力—剪切速率关系的方程中，应用最广泛的有以下三种

$$\text{Bingham：} \qquad \tau - \tau_y = \eta\dot{\gamma} \qquad (2-76)$$

$$\text{Herschel-Bulkley：} \quad \tau - \tau_y = K\dot{\gamma}^n \qquad (2-77)$$

$$\text{Casson：} \qquad \sqrt{\tau} - \sqrt{\tau_y} = \sqrt{\eta\dot{\gamma}} \qquad (2-78)$$

对于某些塑性流体，在所施加应力超过屈服应力开始流动时，剪切应力与剪切速率呈线性关系，这类流体称 Bingham 流体；而另一些塑性流体，一旦流动，流动行为并不遵循牛顿粘度定律，剪切应力与剪切速率呈非线性关系，这类流体称非线性 Bingham 流体；如果流动后剪切应力与剪切速率的规律遵从幂定律，则称该类流体为 Herschel-Bulkley 流体。Casson 方程是一个两参数模型，可用于描述悬浮液、血液和生物液体的流变特性，在生物流变学和血液流变学中应用较广。

2.5.2.2　固体推进剂药浆的流变特性

在推进剂生产过程中，药浆的流变类型及其特点是研究推进剂工艺性能的基础。固体推进剂药浆通常呈现塑性、触变性、粘弹性及热固性等特征。

（1）塑性

推进剂药浆往往表现出非线性 Bingham 流体特征：当剪切应力低于某极限值时体系不流动，而高于该极限值时体系呈假塑性流体。图 2-34 为某固含量 88％的 HTPB 推进剂配方和某固含量 73％的 NEPE 推进剂配方药浆的流动曲线，两种推进剂药浆均呈现明显的屈服，粘度随剪切速率的增加而降低。两种推进剂药浆的流动指数（n）和屈服应力（τ_y）分别为：HTPB 推进剂为 0.64 Pa 和 47.1 Pa，NEPE 推进剂为 0.43 Pa 和 58.5 Pa。

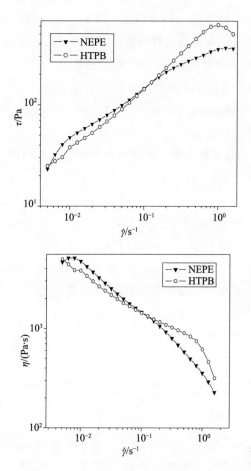

图 2-34　NEPE 推进剂与 HTPB 推进剂药浆的 $\tau-\dot{\gamma}$ 和 $\eta-\dot{\gamma}$ 曲线

　　两种推进剂药浆的流动指数和屈服应力的差异主要与推进剂配方的特性有关。在推进剂加工过程中常用屈服应力大小作为药浆流平性优劣的判据，如果屈服应力过大，易导致浇注过程中药浆堆积不易流平，所以通常希望推进剂药浆屈服应力越小越好。

　　（2）触变性

　　流体的触变性与假塑性之间的差别主要在于流体结构破坏到结构恢复所需的时间。对于假塑性流体，这种恢复所需时间很短，难以检测；而对于触变流体，则需经历较长时间，可以检测。还有一类流体，其结构仅在受剪切时形成，当其处于静止时又能渐渐破坏，这种流体称之为震凝流体，这种流变行为在推进剂药浆中不常见。触变性流体往往具有如下特征：

1）结构可逆变化，即当流体受到外界施加的力时结构发生变化，而此力消除后，结构又能逐渐恢复；

2）从静置的物料开始剪切或从低到高改变剪切速率时，物料的粘度随时间而降低；

3）在循环剪切下，阶梯上升过程的平衡粘度高于阶梯下降过程的平衡粘度，触变性与剪切历史有关。

触变性的测试过程为：先以恒定剪切速率从零上升至最大值，再以同样速率从最大值降至零，上升和下降时的应力—应变曲线并不重合，形成滞后线。触变性流体粘度不仅与剪切速率有关，而且随受剪切的持续时间而变化。

触变流体的本构方程可用下式表示[106]

$$\tau = \tau(\dot{\gamma}, \lambda) \qquad (2-79)$$

$$\frac{d\lambda}{dt} = f(\lambda, \dot{\gamma}) \qquad (2-80)$$

式中　　λ ——触变流体结构特征参数。

式（2-79）可认为是一个状态方程，将剪切应力和剪切速率及流体内部结构参数联系起来；而式（2-80）是一个动态方程，描述流体结构变化规律。这两个方程能定性地描述触变流体的剪切应力、剪切速率、结构参数变化和时间之间的函数关系。

流体的触变性主要由其内部结构所决定，当体系在外力和内力的作用下，内部的悬浮粒子发生聚集或分散，最终成为分散的单体。外力撤销后，单体之间又相互作用，最终又形成三维网络结构，这种结构—单体—结构之间的相互转换是呈现触变性的基础，如图2-35所示。

触变现象一般发生于较高浓度的悬浮体系，起源于体系内颗粒／

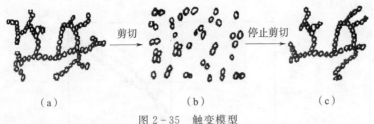

图 2-35　触变模型

颗粒、颗粒/粘合剂体系间的相互作用形成的网络结构。填料粒度的减小、含量的增大、形状的不规则及基体/颗粒界面作用增强等均会导致悬浮液触变性的增大。

　　复合固体推进剂药浆由于含有含量较高的固体、大量形状不规则颗粒和细小颗粒，通常会呈现出一定的触变性。按图 2-36 所示试验条件对 HTPB 推进剂和某固含量 73% 的 NEPE 两种推进剂药浆

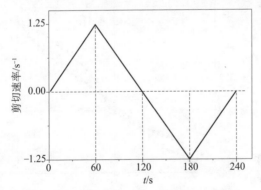

图 2-36　推进剂触变试验条件设置示意图

的触变性进行测试，条件设置由四个连续的剪切过程组成：1）剪切速率在 $0 \sim 1.25\ \mathrm{s}^{-1}$，顺时针，60 s；2）剪切速率在 $1.25 \sim 0\ \mathrm{s}^{-1}$，顺时针，60 s；3）剪切速率在 $0 \sim 1.25\ \mathrm{s}^{-1}$，逆时针，60 s；4）剪切速率在 $1.25 \sim 0\ \mathrm{s}^{-1}$，逆时针，60 s。

　　图 2-37 和图 2-38 分别为 NEPE 推进剂与 HTPB 推进剂药浆的双向触变环，两种推进剂药浆在顺时剪切和逆时剪切时均表现出

明显的滞后性。

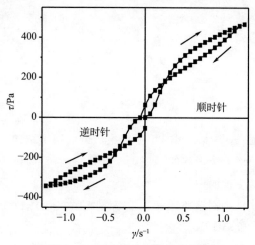

图 2 - 37　NEPE 推进剂药浆的触变性

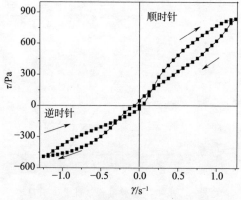

图 2 - 38　HTPB 推进剂药浆的触变性

（3）粘弹性

粘弹性流体是指兼具粘性和弹性效应的流体，其特性表现在对形变的响应强烈依赖于时间。严格讲，任何非牛顿流体均具粘弹性，只是作用于物料外力的大小和作用时间的长短不同其表现亦不同而已。在短时间尺度上，它们的变形相应于弹性固体，形变后表现出部分弹性恢复；而在长时间尺度上，它们能像通常的液体一样流动。

粘弹性体可分为线性粘弹性体和非线性粘弹性体。线性粘弹体的主要特征是在给定时刻的应力决定于时刻 t 之前的全部应变史，而不决定于此时刻的应变。根据线性粘弹理论，在频率 $\omega \to 0$ 的末端区域，动态粘弹函数存在如下关系[107]

$$G'(\omega) \mid_{\omega \to 0} = \omega^2 \int_{-\infty}^{+\infty} H(\tau) \tau^2 \mathrm{d} \ln \tau = J_e^0 \eta_0^2 \omega^2 \qquad (2-81)$$

$$G''(\omega) \mid_{\omega \to 0} = \omega^2 \int_{-\infty}^{+\infty} H(\tau) \tau^2 \mathrm{d} \ln \tau = \eta_0 \omega \qquad (2-82)$$

式中　G'' ——损耗模量；

　　　G' ——储能模量；

　　　$H(\tau)$ ——松弛时间谱；

　　　τ ——松弛时间；

　　　J_e^0 ——稳态柔量；

　　　η_0 ——零剪切粘度。

由式（2-81）和式（2-82）可得到如下流变参数

$$\eta = \lim_{\omega \to 0} G'' \omega^{-1} \qquad (2-83)$$

$$J_e^0 = \lim_{\omega \to 0} G' \eta_0^{-2} \omega^{-2} = \lim_{\omega \to 0} A_G \eta_0^{-2} \qquad (2-84)$$

式中　A_G ——弹性系数，与法向应力差成正比。

$G'(\omega)$ 与 $G''(\omega)$ 的关系为

$$\lg G'(\omega) = 2 \lg G''(\omega) + \lg J_e^0 \qquad (2-85)$$

稳态柔量 J_e^0 可根据 Doi 和 Edwards 的蠕动管模型给出，最终可得如下关系式

$$\lg G'(\omega) = 2 \lg \omega + \lg(J_e^0 \eta_0^2) \qquad (2-86)$$

$$\lg G''(\omega) = \lg \omega + \lg \eta_0 \qquad (2-87)$$

由式（2-86）和式（2-87）可得出：$\lg G' \propto 2 \lg \omega$、$\lg G'' \propto \lg \omega$ 和 $\lg G' \propto 2 \lg G''$。对于出现偏离此线性关系的情况，称之为末端区效应。

大多数粘弹性流体，如悬浮液和聚合物溶液，其应力与应变速率之间的关系均呈非线性。这主要是因为：与均相流体相比，非均

相的存在使其流变行为变得复杂。工程应用中较常见的非线性粘弹模型为

$$\tau_{ij} = \int_{-\infty}^{t} M(t,t')(\phi_1 C_t + \phi_2 C_t^{-1}) \mathrm{d}t' \qquad (2-88)$$

$$\tau + \lambda_1 \frac{\partial}{\partial t}\tau = \eta_0\left[\dot{\gamma} + \lambda_2 \frac{\partial}{\partial t}\dot{\gamma}\right] \qquad (2-89)$$

式中　$M(t,t')$——记忆函数；

　　　ϕ_1，ϕ_2——应变不变量的函数；

　　　C_t——Cauchy-Green 张量；

　　　C_t^{-1}——Finger 张量；

　　　λ_1——松弛时间；

　　　λ_2——推迟时间。

对于流体粘弹性的研究，主要采用以下 4 种方法[108]：

1）在恒定应变速率下考察应力随时间的变化，响应函数为粘度（η）；

2）在恒定应变下，考察应力随时间的变化，响应函数为松弛模量（G）；

3）在控制应变或应力的条件下，观察流体对周期性负荷的响应，响应函数为复数模量（G^*）；

4）在恒定应力下，考察形变随时间的变化，响应函数为蠕变柔量（J）。

图 2-39 和图 2-40 分别为 NEPE 推进剂和 HTPB 推进剂药浆的储能模量和损耗模量在角频率分别为 5 rad/s、6.28 rad/s 时随应变 γ 变化的关系曲线。在这两个角频率下，应力响应均为正弦应变输出。图 2-41 和图 2-42 为两种推进剂药浆的储能模量、损耗模量及复合粘度（η^*）在应变（γ）为 0.1% 时随 ω 变化的关系曲线。

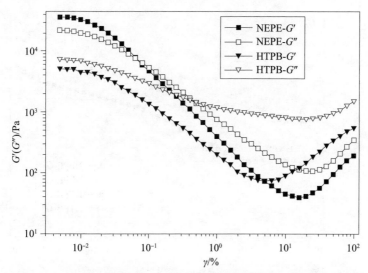

图 2 - 39 NEPE 推进剂与 HTPB 推进剂的应变扫描（$\omega = 5$ rad/s）

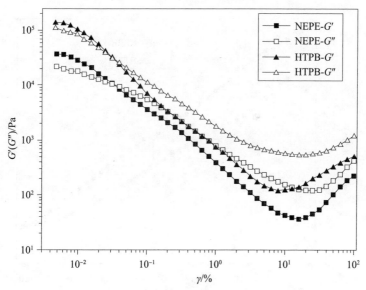

图 2 - 40 NEPE 推进剂与 HTPB 推进剂的应变扫描（$\omega = 6.28$ rad/s）

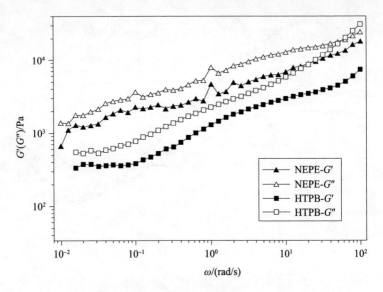

图 2-41　NEPE 推进剂与 HTPB 推进剂的粘弹谱图 （γ=0.1%）

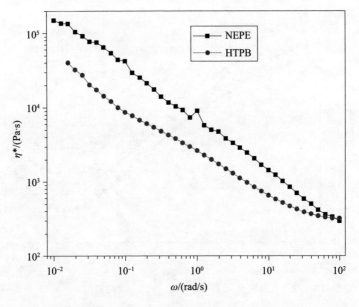

图 2-42　NEPE 推进剂与 HTPB 推进剂的复合粘度 （γ=0.1%）

（4）热固性

复合固体推进剂药浆不仅是高固含量的悬浮体，而且还是一种热固性材料。热固性材料的流变行为比较复杂，大致可分为三个阶段：粘流态、凝胶态和固态，其经历过程的时间与固化体系有关。由于不同固化体系的固化反应速率存在差异，因此其三种状态的转变亦随体系而改变。

热固性材料的加工流动过程在粘流态，当达到凝胶点便成弹性凝胶体，理论上认为其粘度趋于无穷大。通常在凝胶前的流变参量以粘度表征，凝胶点后的流变参量以复数模量表征。有关凝胶时间的判断有多种方法：将储能模量与损耗模量相等（即 $G' = G''$）时的时间作为凝胶时间；将损耗角正切（$\tan \delta$）达到最大值的时间作为凝胶时间；也有以时间的对数为横坐标、粘度为纵坐标作图，曲线中的拐点所对应时间作为凝胶时间。

图 2-43 和图 2-44 为以 TDI 为固化剂、PET/NG 为粘合剂体系的高能固体推进剂药浆储能模量、损耗模量和复合粘度随时间变化规律。随固化反应的进行，药浆储能模量、损耗模量和复合粘度随时间增加而增大，在680 min左右表现出储能模量等于损耗模量。

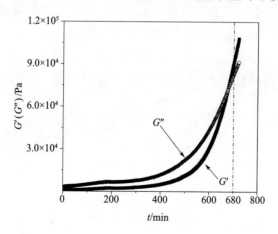

图 2-43　时间对药浆粘弹性的影响

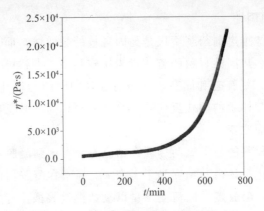

图 2 - 44　时间对药浆复合粘度的影响

通常，聚合物熔体或溶液的流变特性为粘度随温度升高而降低，复合固体推进剂药浆流变性随温度变化的规律则不同于此（如图 2 - 45 所示）：初始阶段粘度随温度升高而降低，但经历一定时间后，粘度并不完全随温度升高而降低。这是因为在初始阶段药浆固化交联程度不高，随温度升高药浆连续相分子运动加剧，分子间相互作用减弱，从而增强了药浆的流动性（粘度降低），此时温度占主导作用。随固化反应的进行，连续相分子增大，形成交联网络结构，粘度增加阻碍了药浆的流动性，此时固化时间占主导作用。

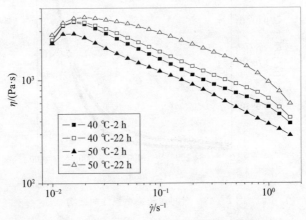

图 2 - 45　温度和时间对药浆粘度的影响

　　热固性流体流变特性是时间和温度的函数，这种流变行为是物理和化学反应表现的结果，对其流变性能的研究属化学流变学的范畴。目前，在热固性材料的流变行为研究中，研究建立了一些有价值的数学模型，其中应用较多的数学模型包括 Arrhenius 方程、双Arrhenius 方程和 WLF 方程等。

2.5.3　复合固体推进剂工艺性能的影响因素

　　影响复合固体推进剂工艺性能的因素很多，可大致概括为内部因素和外部因素。内部因素指推进剂配方组分对工艺性能的影响，外部因素是指工艺条件的影响，其中配方组成是主要影响因素。复合固体推进剂配方组成对工艺性能的影响包括粘合剂体系、填料特性及组分之间界面作用等，如图 2-46 所示。工艺条件的影响主要包括混合机的形状、尺寸、混合时间、混合温度、加料顺序和真空条件等。由于固体推进剂配方一般包括十几种组分，制造工艺涉及多步工序，因此导致了药浆工艺性能研究的复杂性。

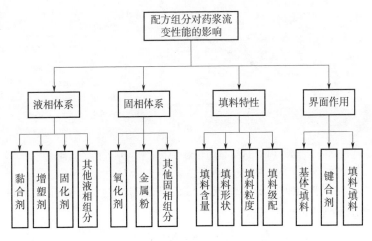

图 2-46　配方组分对药浆流变性能的影响因素

2.5.3.1　粘合剂体系的影响

粘合剂体系是指推进剂的连续相，包括高分子粘合剂、增塑剂、固化剂和液态的功能组分等，其中粘合剂、增塑剂和固化剂是影响推进剂药浆流变性能最主要的因素。

（1）粘合剂的影响

高分子聚合物的流变性能主要取决于分子结构，如相对分子质量及其分布、官能团、官能度及其分布、链支化及链的柔顺性等因素。

通常相对分子质量的大小是决定聚合物熔体或溶液流变性能最重要的结构因素，聚合物熔体或溶液粘度随聚合物相对分子质量的升高而增加，如图 2-47 所示。

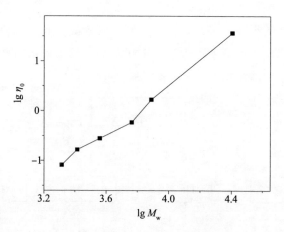

图 2-47　PEG 熔体重均相对分子质量与粘度的关系曲线

线性柔性链高分子熔体或溶液的粘度与相对分子质量之间的关系可用 Fox-Flory 公式表述

$$\eta_0 = K M_w^{\alpha} \tag{2-90}$$

式中　K ——聚合物和溶剂的特性常数；

　　　a ——聚合物分子的形状特性常数；

　　　M_w ——聚合物的重均相对分子质量。

K 和 a 还受温度的影响。

对于大多数聚合物熔体，其剪切粘度表现出相同的与相对分子质量的依赖规律：当聚合物相对分子质量小于某一临界值（M_c）时，粘度随 a 变化而变化，a 值在 $1.0\sim2.5$ 间；相对分子质量大于 M_c 时，粘度随相对分子质量增加而急剧增大，a 值约为 3.4。因此，式（2-90）又可用如下形式表述

$$\eta_0 = \begin{cases} K_1 M_w^a \to M_w < M_c, a = 1.0 \sim 2.5 \\ K_2 M_w^{3.4} \to M_w > M_c \end{cases} \quad (2-91)$$

聚合物相对分子质量大于 M_c 后，其粘度急剧增加的原因一般认为是由于聚合物分子链缠结作用引起流动单元变大的结果，当相对分子质量小于 M_c 时，分子间相互作用较弱，未能形成有效的拟网状结构；而随相对分子质量增加，链的长度增大，一旦相对分子质量大到分子链间发生相互缠结，分子链间的相互作用则因缠结而增强，使流动阻力增大，导致粘度急剧增加。

从推进剂加工成型角度来讲，在保证力学性能的前提下，通过降低粘合剂相对分子质量，尤其是选用小于 M_c 的相对分子质量，可有效改善推进剂药浆的流变性能。

大多数聚合物的临界相对分子质量一般在 $4\,000\sim40\,000$ 之间，表 2-8 为一些典型聚合物 M_c 的参考值。

表 2-8　几种聚合物临界相对分子质量（M_c）的参考值

聚合物种类	M_c
端羟基聚丁二稀	5 700
线性聚乙稀	3 800～4 000
聚丙稀	7 000
聚乙稀醇	7 500
聚二甲基硅氧烷	24 000～35 000
聚丁二稀	5 600
聚乙二醇	5 800

　　HTPB、聚醚粘合剂（PET 与 PEG）和叠氮粘合剂（GAP）代表了复合固体推进剂粘合剂发展的三个阶段。作为固体推进剂常用的粘合剂，HTPB、PET、PEG 和 GAP 既是固体推进剂的基体，又是具有一定能量的碳氢燃料，不仅影响着推进剂的力学性能和燃烧性能，还影响着药浆的工艺性能。图 2-48 为相对数均相对分子质量为 3 000～4 000 的 HTPB、PET 和 GAP 三种粘合剂的粘度曲线。

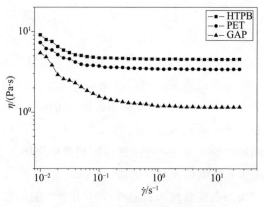

图 2-48　三种粘合剂的 η-$\dot{\gamma}$ 曲线

　　三种高分子粘合剂均为假塑性流体，粘度不仅与剪切速率有关，同时还是温度的函数，图 2-49 为粘合剂 HTPB、PET 和 GAP 表观粘度与温度的关系曲线。

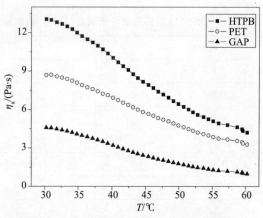

图 2-49　温度对粘合剂表观粘度的影响

粘合剂的粘度与温度关系符合阿累尼乌斯方程

$$\eta = A\exp\left(\frac{E_\eta}{RT}\right) \qquad (2-92)$$

聚合物粘度对温度变化的敏感程度可用粘流活化能表示。一般分子链刚性愈强,分子间作用力愈大,则流动活化能愈高,聚合物对温度的敏感性越大。表 2-9 给出了复合固体推进剂常用的三种粘合剂的粘流活化能。

表 2-9　粘合剂 GAP、HTPB 和 PET 的粘流活化能

粘合剂	HTPB	PET	GAP
$E_\eta/(\text{kJ/mol})$	33.99	29.18	45.85
R^2	0.988 9	0.986 0	0.987 5

(2) 增塑剂的影响

增塑剂不仅能改善推进剂的低温力学性能,而且可有效降低药浆粘度,改善推进剂工艺性能。复合固体推进剂中常用的增塑剂有:DOS、DMP、NG、BTTN 和 TEGDN 等。

增塑剂种类和增塑剂含量对推进剂药浆流变性能有明显的影响。图 2-50 为在相同增塑比(增塑剂的质量与粘合剂质量的比值)时增塑剂种类对推进剂药浆流变性能影响的曲线。

增塑剂可增大粘合剂分子链间的间距,并可起到稀释和屏蔽大分子极性基团作用,减少分子链间的相互作用力。因此,在固体推进剂中加入增塑剂可降低药浆粘度,改善药浆的流动性;且随增塑剂含量的增加,推进剂药浆表观粘度明显降低。图 2-51 为增塑比变化对 NEPE 推进剂工艺性能影响的曲线。

(3) 固化剂的影响

固化剂的作用是与粘合剂及其他组分中的某些活性基团反应形成三维网络结构,赋予推进剂一定的形状和力学性能。固化剂不仅影响推进剂的力学性能,而且影响推进剂药浆的工艺性能;其主要原因是由于固化剂品种不同,其分子结构中活性基团的反应活性存在差异,如复合固体推进剂中常用的固化剂 IPDI、N-100 和 TDI

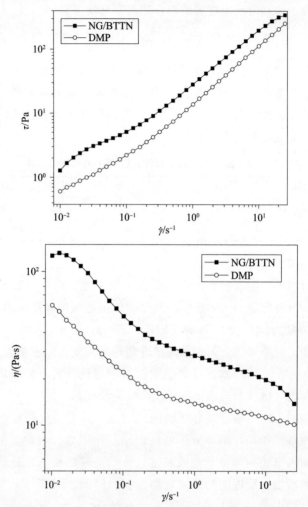

图 2－50　增塑剂种类对推进剂药浆流变性能影响的曲线

引起药浆粘度增长的速率是依次增加的。

　　不仅固化剂种类对推进剂工艺性能有影响，固化参数对药浆流变性能也有一定影响。在推进剂固化时间小于某一临界值时，药浆的储能模量、损耗模量、表观粘度和屈服应力随固化参数的改变其变化不明显；而当固化时间大于临界值时，药浆流变性能受固化参

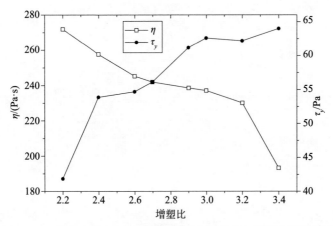

图 2-51　增塑比对 NEPE 推进剂药浆表观粘度和屈服应力的影响

数的影响则较大。对于不同的固化体系，固化速率越快，这种固化时间的临界值越小。图 2-52 为固化参数（$R = 1.1$，1.4，1.6）对以 N-100 为固化剂、PEG 为粘合剂的 NEPE 推进剂药浆流变性能的影响曲线。

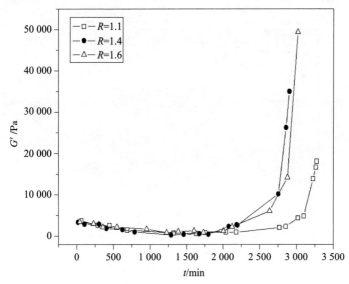

图 2-52　固化参数对 NEPE 推进剂药浆流变性能的影响

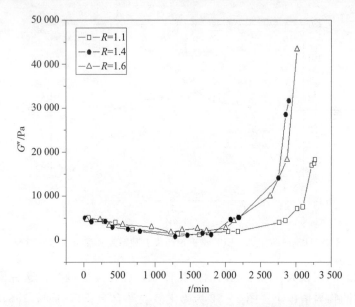

图 2-52　固化参数对 NEPE 推进剂药浆流变性能的影响（续）

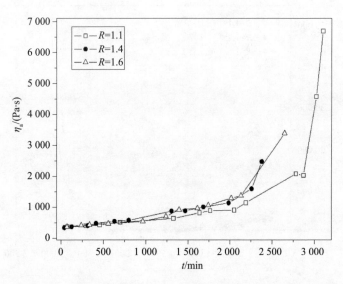

图 2-52　固化参数对 NEPE 推进剂药浆流变性能的影响（续）

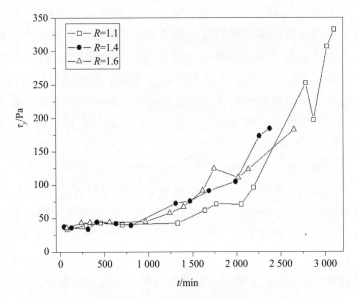

图 2-52　固化参数对 NEPE 推进剂药浆流变性能的影响（续）

2.5.3.2　填料的影响

在粘合剂体系中加入填料后形成了一个多相系统，分散在粘合剂体系中的颗粒为分散相。填料的颗粒特性如粒度、含量、级配和形状等，显著地影响推进剂药浆的流变性能。

（1）填料粒度的影响

当推进剂固体含量一定时，填料粒度增大，药浆的表观粘度和屈服应力降低，有利于改善推进剂工艺性能，如表 2-10 所示。

表 2-10　填料粒度对 NEPE 推进剂药浆工艺性能的影响

填料	$D_{50}/\mu\text{m}$	$\eta_a/(\text{Pa}\cdot\text{s})$	τ_y/Pa
HMX	13	300.3	41.5
	118	193.3	15.2
	336	111.2	5.0
Al	15	437.9	51.2
	30	337.4	38.1

填料粒度对药浆流变性能影响的作用机理主要体现在两方面：一是填料比表面积随粒度的减小而增大；二是填料粒度越小表面能越大。通常填料的固体颗粒表面能愈大，粒子间愈易形成团聚体；颗粒间的团聚，使运动单元体积增大，提高了流体动力学阻力。此外，对于粒子间相互作用较强的悬浮体系，粒子间的聚集会包裹部分基体，造成体系内局部粒子浓度升高，从而引起体系粘度的进一步增大。

（2）填料含量的影响

在流变学中表示填料含量的参数是固体颗粒占悬浮体的体积，即体积分数，而非质量分数；因为悬浮液的流变性质主要依赖于与颗粒表面有关的颗粒聚集、流体动力等，而与颗粒密度关系不大。

假定悬浮颗粒是刚性，尺寸比介质分子大得多，且悬浮体的流动是较慢而稳定的，则稀悬浮液粘度与悬浮颗粒浓度关系为

$$\eta = \eta_0 (1 + 2.5\Phi) \tag{2-93}$$

式中　η_0——连续相的粘度；

　　　Φ——悬浮液粒子的体积分数，等于填料体积与悬浮液总体积（连续相体积与填料体积之和）的比值。

在推进剂中一般随固体含量增加，药浆粘度增大，如式（2-93）和表 2-11 所示。这主要是因为在药浆中，随固含量的增加，连续相体积和颗粒间距均减小，使颗粒间的相互作用几率增大，颗粒易聚集形成某种附加结构，导致药浆粘度增加，流动性降低。尤其是填料体积分数接近临界体积分数时，粘度和屈服应力急剧上升，这是由于接近这一临界值时，颗粒间的距离大大缩小，甚至直接接触，使药浆流动受到很大阻碍，形成突变点。

表 2-11　固体含量对 HTPB 推进剂药浆工艺性能的影响

固含量/%	η_a/(Pa·s)	τ_y/Pa
73	218.7	57.3
76	227.3	81.2
78	305.9	141.8

　　图 2 - 53、图 2 - 54 为 RDX（$D_{50} = 8.7\ \mu\text{m}$）在硝酸酯增塑的 PEG 粘合剂体系中体积分数变化时对悬浮液粘度和屈服应力的影响，该悬浮液体系临界体积分数为 0.35。当悬浮液体积分数小于 0.35 时，粘度和屈服应力增加缓慢；当悬浮液体积分数大于 0.35 时，粘度和屈服应力急剧增加。

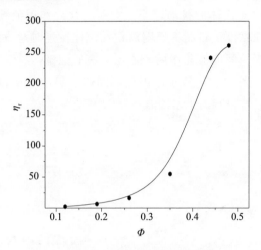

图 2 - 53　相对粘度与体积分数的关系

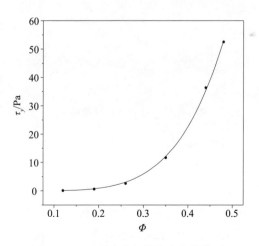

图 2 - 54　屈服应力与体积分数的关系

（3）填料形状的影响

不同种类的固体填料，其粒子形状差异较大，有较理想的球形状（如玻璃珠），以及类球状（如球形铝粉）、薄片状（如云母）、片状（如石墨）、丝状（如植物纤维）等。

粒子的形状不同，在悬浮液中的流变行为也不同。球形颗粒在流体中运动时对流体的扰动较小，颗粒间彼此作用消耗的能量少，则悬浮液体系粘度低；而不规则颗粒在液体流过时对流线的扰动会较大，增加颗粒间的彼此作用，消耗更多的能量，导致悬浮液体系粘度增加，如图 2 - 55 所示。因此，固体填料粒子愈接近于球形，愈有利于改善推进剂的工艺性能。

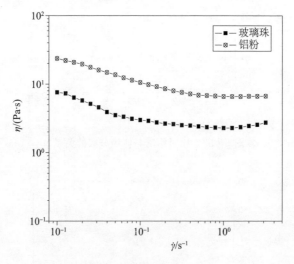

图 2 - 55　铝粉与玻璃珠悬浮液的 $\eta\text{-}\dot{\gamma}$ 曲线

在复合固体推进剂研究中，当固含量一定时，应尽量选择粒子接近于球形的固体填料。

（4）填料种类的影响

复合固体推进剂常用的固体填料包括 Al、AP、RDX 和 HMX 等，这些填料对推进剂药浆流变性能的影响存在较大差异。表 2 - 12 为 Al、AP、RDX 和 HMX 四种填料在硝酸酯增塑的 PEG 粘合剂体系中的流变性能（体积分数均为 0.44 时）。

表 2 - 12　填料种类对药浆流变特性的影响

填料		Al	AP	RDX	HMX
$D_{50}/\mu m$		15.2	8.8	8.7	13.5
$\eta_a/(Pa \cdot s)$	1 s^{-1}	6.94	473.75	98.52	42.37
	10 s^{-1}	6.58	201.03	31.34	12.85
τ_y/Pa		—	49.06	23.88	12.01

（5）填料级配的影响

填料的适当级配在固体推进剂中不仅可用来提高固含量、增加比冲，而且还可改善推进剂药浆的流变性能。通常，填料的粒度级配是影响推进剂药浆流变性能主要因素，即填料级配有利于降低药浆粘度和屈服值。表 2 - 13 为填料级配对 HTPB 推进剂工艺性能的影响。

表 2 - 13　填料级配对推进剂工艺性能的影响

固填料	配比	$\eta_a/(Pa \cdot s)$	τ_y/Pa
AP（D_{50}）142 μm/7.8 μm	5/10	1 023.0	548.2
	6/9	689.0	190.9
	9/6	554.4	135.5
	10/5	452.0	
	12/3	458.4	107.6

颗粒填充体系的级配模型和滚动模型较好地解释了填料级配对推进剂药浆流变性能影响的机理。通常推进剂药浆粘度大小与流动形变过程中的能量耗散有关，单位体积内药浆有效流动相体积分数（Φ_{eff}）越大，体系能量耗散速率就越快，药浆粘度（η）就越小，即 η 与 Φ_{eff} 成反比。在药浆受外力作用发生形变时，颗粒间存在不易流动的液体区［如图 2 - 56（a）中颗粒间的阴影部分］，这部分不易流动的液体体积分数也称动力学粒子空隙体积分数。动力学粒子空隙体积分数的存在相当于减小了 Φ_{eff}，增大了固相体积分数，因此导致药浆粘度增加。

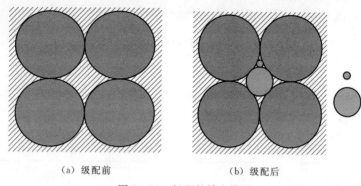

（a）级配前　　　　　　　　（b）级配后

图 2-56　级配的填充模型

　　在相同固体体积分数下，将较小颗粒的填料依次填充到大粒径的空隙中，这样一方面可使药浆中动力学粒子空隙体积分数减小，有效流动相体积分数增大［如图 2-56（b）所示］，体系粘度降低。另一方面，级配后当药浆受外部作用引起颗粒间发生相对位移时，小颗粒能起到类似"滚珠轴承"的作用[109]。单一颗粒受剪切力作用时在体系中运动状态以滑动为主［如图 2-57（a）所示］，摩擦阻力较大，尤其颗粒形状越不规则表现越明显。如果在颗粒间加入一小颗粒，在施加同样力时，就变成以滚动为主［（如图 2-57（b）所示）］，摩擦阻力较前者小得多，可有效改善体系的流变性能。在这两种模式的作用下，级配降低了药浆中粒子聚集结构的强度，表现为药浆粘度和屈服应力明显降低。

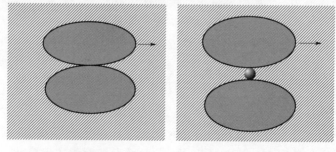

（a）级配前　　　　　　　　（b）级配后

图 2-57　级配的滚动模型

2.5.3.3　功能助剂的影响

在复合固体推进剂中为了改善推进剂的燃烧、力学、安全和老化等性能，常加入一定量的功能组分，如燃速调节剂、键合剂、安定剂和防老剂等。这些功能组分的加入会对推进剂工艺性能产生一定的影响。

除工艺助剂外，一般燃速调节剂、键合剂、安定剂和防老剂等功能助剂对推进剂的工艺性能影响较小；但对于某些推进剂配方，键合剂种类及其含量对推进剂药浆的工艺性能影响较显著；如 NEPE 推进剂加入中性键合剂，使药浆粘度和屈服应力显著增加（如图 2-58 所示）。

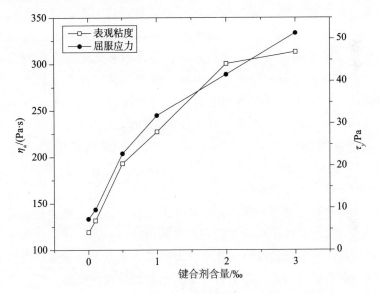

图 2-58　键合剂含量对 NEPE 推进剂药浆表粘度和屈服应力的影响

NPBA 键合剂影响 NEPE 推进剂药浆流变性能的主要原因是：NPBA 分子中的极性基团间有较强的次价力，易吸附在硝铵表面，形成大分子的包覆结构，增加了流体的结构强度和流动单元，从而导致药浆粘度和屈服应力的急剧增大。

添加中性聚合物键合剂 NPBA 虽然可改善 NEPE 推进剂的力学性能，但过量加入会影响药浆的可浇注性，需要综合设计。

2.5.3.4　工艺条件的影响

在推进剂配方已确定的情况下，影响推进剂药浆流变性能的因素还有工艺条件，如混合机尺寸、混合转速、真空度、混合时间和温度等。通过调控工艺条件，不仅可改善推进剂工艺性能，而且在一定程度上还会改善推进剂力学和燃烧等性能。

（1）混合机类型和尺寸的影响

在固体推进剂制备过程中混合工序的主要目的是将推进剂中各种固体组分均匀分散到液相组分中，制成均匀的悬浮液。常使用的混合机主要有卧式混合机和立式混合机，其中立式混合机又包括二桨式和三桨式等。制备固体推进剂药浆采用不同的混合机机型和尺寸，所得药浆流变性能存在差异。通常立式混合机混合效率比卧式混合机高。另外，由于固体推进剂药浆通常呈假塑性流体特征，对于同一种类型的混合机，在相同转速下，大尺寸混合机可产生较大的剪切速率，有利于提高药浆混合效果。所以，在其他条件相同的情况下，尺寸大的混合机所制得的药浆粘度低[110]，流动、流平性能好。

（2）转速和真空度的影响

从混合机的角度，通常提高推进剂混合效率有三种途径，即增大混合机尺寸、减小混合桨间隙、提高混合机转速。在其他条件相同的情况下，混合过程中的真空度对药浆表观粘度和屈服应力影响不明显，而混合机行星桨的转速对药浆初始粘度有影响。桨叶转速增加，可降低推进剂药浆表观粘度与屈服应力。表 2-14 为混合机行星桨转速与混合过程中的真空度对 NEPE 推进剂出料药浆表观粘度和屈服应力的影响结果。

表 2 - 14 转速与真空度对 NEPE 推进剂药浆流变性能的影响

序号	转速/ (r/min)	真空度/kPa	η_a/(Pa·s)	τ_y/Pa
1	14	6	291.1	81.0
2	14	10	291.9	79.4
3	20	6	285.0	73.5
4	20	10	264.9	—

在推进剂生产中抽真空的目的是除去药浆内部气体，防止药柱在固化成型中产生孔洞，影响推进剂弹道性能；但真空混合也还需注意真空度大小对推进剂中某些挥发性液体组分的影响。提高浆叶的转速和减小间隙虽可改善混合效率，但同时也会影响推进剂的安全性能。因此，首先应在确保安全的前提下，合理选择浆叶的转速和间隙。

（3）加料次序的影响

推进剂药浆的制备过程中，需要考虑组分的加入次序与方式。这主要从两方面来考虑：一是安全角度，推进剂中某些组分的直接接触是十分危险的，必须分开加料，如部分氧化剂与金属还原剂，两者混合后的感度要比单一组分高得多。二是工艺角度，合适的加料顺序可调节浆料粘稠度，提高混合效率，改善药浆流变性能。

（4）混合时间和温度的影响

延长药浆的混合时间虽然可使推进剂中固体组分充分润湿，促进固液组分的分散均匀性，降低药浆粘度和屈服应力，如表 2 - 15 所示；但对于固化速率较快的推进剂配方体系，通过延长混合时间药浆粘度和屈服应力并不一定会降低，而且还会影响到药浆的适用期。

表 2 - 15 混合时间对 NEPE 推进剂药浆工艺性能的影响

t /min	90	123	145
η_a/(Pa·s)	385.3	367.8	329.0
τ_y /Pa	126.5	121.7	81.4

　　虽然升高混合温度可降低药浆粘度和屈服应力，有利于改善药浆的流变性能（如图 2-59 所示）；但由于复合固体推进剂药浆具有热固性特征，对于固化反应速率快的体系，混合温度升高，并不一定会降低出料药浆的粘度和屈服应力[111]；而且从固体推进剂安全性能角度考虑，以提高混合温度来改善推进剂工艺性能的方法并不可取。

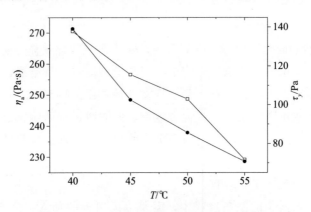

图 2-59　混合温度对 NEPE 推进剂药浆工艺性能的影响

2.5.4　复合固体推进剂工艺性能的判定

　　复合固体推进剂工艺性能的好坏直接关系到固体火箭发动机装药的质量和力学性能，进而影响装药的结构完整性。一般认为，要想制得无缺陷药柱需先进行如下工作：

　　1）分析未固化推进剂药浆的流变特性；

　　2）选择适应药浆流变性特点的测量技术；

　　3）研究和了解浇注过程中药浆在发动机中的流动情况；

　　4）确定配方和工艺的变化与推进剂药浆流动特性的关系。

2.5.4.1　推进剂药浆的流动特性

　　推进剂药浆的流动性主要指在规定的浇注设备和工艺条件下，药浆能否在规定时间按所设计的下料速率顺利流入发动机燃烧室。推进剂药浆的流动特性依赖于剪切应力（或剪切速率）、时间和温度，浇注工艺参数（真空度、插管、高度等）的选择也会影响浇入发动机的推进剂的流动性[112]。目前复合固体推进剂浇注方法主要有三种：底部浇注、插管浇注和真空花板浇注，其中真空花板浇注应用最为广泛。

图 2-60 是一次真空花板浇注装置的示意图。药浆从装入浇注罐到在发动机中的流平过程共呈现几种流动状态：1）在浇注罐中的流动；2）从花板中自由落入发动机的流动；3）在发动机燃烧室中的流动。

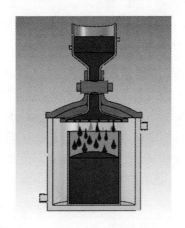

图 2-60　推进剂药浆浇注装置的示意图

对于推进剂药浆在发动机燃烧室中的流动，还可将其细分为：刚浇入发动机中的推进剂与停滞药浆的混合，药浆在芯模和发动机壳体壁周围的流动。复合固体推进剂药浆流动性的好坏通常要与在同一温度、同一剪切速率下药浆表观粘度的大小进行对比，也可用粘度（η）的倒数（$1/\eta$）表示。推进剂药浆粘度越大，$f(f = 1/\eta)$ 值越小，流动性往往越差。

2.5.4.2　推进剂药浆的流平性

推进剂药浆的流平性是一个比较直观的概念，系指药浆浇注结束后，药面能否在固化定型前缓慢流平而不堆积。虽然至今还不能用一个明晰的数学表达式来定量描述药浆的流平性，但一种半定量

的方法可粗略估计药浆流动流平性的好坏：在一个 5 cm × 5 cm ×
15 cm的方盒内装满药浆，然后将盒子放倒，观察药浆在给定的时间
内从盒中流出的情况。工艺性能好的推进剂在药浆表面微小高度差
引起的压力作用下，可流成面积较大的一摊；而工艺性能差的药浆
往往流成面积很小的一摊；由其面积大小及堆积高度可粗略估计药
浆流动流平性的好坏。

　　复合固体推进剂药浆往往表现出非线性 Bingham 流体特征，对
于流平性差的药浆，往往呈现出一定塑性。因此，工程应用上常采
用屈服应力的大小来判断药浆流平性的好坏。

2.5.4.3　推进剂药浆的适用期

　　推进剂的适用期其实就是考察药浆在一定时间范围内的流动流
平性问题，一般指在一定温度下从混合完毕到浇注结束允许的时间
期限。推进剂适用期主要由所使用的固化体系和加工温度决定，温
度越高、反应速度越快的固化体系，药浆适用期越短。调节药浆适
用期，可采用调节粘合剂和固化剂含量，选取合适催化剂品种和含
量，改变工艺温度，添加某些工艺助剂等措施。图 2 - 61 为分别采
用 N - 100、TDI 和双元固化剂（N - 100/TDI）的三种固体推进剂
配方的适用期。

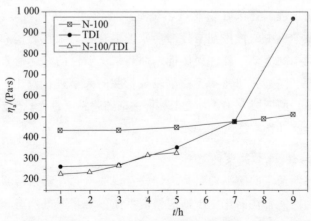

图 2 - 61　三种采用不同固化体系的高能推进剂药浆适用期

2.6　复合固体推进剂的老化性能

2.6.1　概述

复合固体推进剂在贮存和使用过程中，由于受到复杂的物理、化学等因素的综合作用，其性能逐渐发生变化而达不到使用指标要求，从而失去使用价值，这种现象即为老化。

推进剂的贮存寿命，通常是指可满足固体火箭发动机对推进剂燃烧性能和力学性能等要求的贮存时间。推进剂的贮存寿命是由其贮存性能决定的，而其贮存寿命的长短决定着固体火箭发动机的贮存期限。因此，推进剂除满足发动机设计要求的能量、力学性能和内弹道性能外，还必须要有良好的贮存性能。

复合固体推进剂可分为两类，一类为不含含能增塑剂的推进剂（如 HTPB 推进剂、CTPB 推进剂等），另一类为含能增塑剂增塑的推进剂（如硝酸酯增塑的 PEG、PET、GAP 等推进剂）。由于两类推进剂的老化性能差异较大，因此需分别进行讨论。为讨论方便，本书将第一类推进剂简称为 A 类推进剂，第二类推进剂简称为 C 类推进剂。

2.6.2　推进剂老化的一般规律及其影响因素[29-30,32]

2.6.2.1　A 类推进剂

A 类推进剂的老化主要表现在推进剂力学性能的变化。影响推进剂老化的因素较多，而且由于推进剂组分及特性的差异，其影响的程度和范围也不同，概括起来主要包括以下几个方面。

（1）粘合剂

①预聚物的化学结构

粘合剂预聚物化学结构上的薄弱点受到强环境因素（如氧、热等）的作用后，将会发生化学变化，从而导致推进剂性能的变化。聚硫橡胶中的 C—S 键、S—S 键，聚醚聚氨酯预聚体中的—C—O—C—键和交联网络中氨基甲酸酯官能团，CTPB、HTPB 中的碳碳双键等都是粘合剂预聚物化学结构上的薄弱环节。

②预聚物的链结构

预聚物老化性能的稳定性与其相对分子质量、相对分子质量分布和支化度有关。一般而言，相对分子质量越大，其老化性能稳定性越好；支化度越大，老化性能稳定性越差；相对分子质量分布过宽，往往影响其老化性能。

③预聚物的物理结构

预聚物的物理结构主要是指其聚集态，包括结晶度、晶体结构和晶粒大小等。某些预聚物在低温或应力作用下很容易结晶，使得预聚物极度刚化，进而影响推进剂的性能。

（2）氧化剂

氧化剂是复合固体推进剂的重要组分之一。不同的氧化剂，因其稳定性和特性不同，对推进剂老化性能的影响亦不同。此外，推进剂中氧化剂含量、纯度、粒度、表面特性等对推进剂老化性能也有影响。

固体推进剂中常用氧化剂包括 AP、AN 等。AP 发生热解和水解作用时，将产生酸性以及氧化能力极强的物质（如高氯酸、初生态氧等），这些物质在推进剂内部通过扩散与粘合剂网络接触，促进粘合剂发生老化反应。AN 对推进剂老化性能的影响主要是由其吸湿和晶型转变引起的。

（3）固化剂

推进剂的老化性能与固化剂种类密切相关，固化剂种类不同，对推进剂老化性能的影响亦不同。CTPB 推进剂常用的固化剂有MAPO、环氧 - 618 等；HTPB 推进剂常用固化剂为 TDI、IPDI、MDI、DDI 等。

（4）功能添加剂

功能添加剂包括增塑剂、燃速调节剂、力学性能调节剂等。

①增塑剂

推进剂使用的增塑剂通常为小分子酯类物质，如 DOS、DOA、IDP 等。在推进剂贮存过程中，它们会缓慢地迁移到衬层（绝热层）中，致使推进剂与衬层（绝热层）界面粘接强度降低，严重的会导致界面脱粘。由于增塑剂向衬层迁移可使衬层溶胀和变软，而推进剂则变硬和收缩，从而导致在推进剂/衬层界面产生较高的局部应力和应变，破坏界面粘接；当衬层中的增塑剂含量较高时，增塑剂还会向推进剂迁移，使推进剂变软。

增塑剂的迁移对推进剂、衬层、绝热层性能以及相应粘接性能的影响和程度与增塑剂使用量有关。

②燃速调节剂

推进剂常用的燃速调节剂为二茂铁类物质，如 TBF、正辛基二茂铁、γ-二茂铁丁酸丁酯和辛基二茂铁等。这些物质不仅易挥发，而且由于极性或浓度梯度问题易于迁移。在推进剂贮存过程中，它们会缓慢地迁移到衬层（绝热层）中，致使推进剂与衬层（绝热层）界面粘接强度下降，严重的会导致界面脱粘。二茂铁类物质的迁移还可使界面附近推进剂药柱燃速增大，导致推进剂药柱径向燃速出现差异。同时，由于向衬层迁移可使衬层溶胀和变软，而推进剂则变硬和收缩，从而导致在推进剂/衬层界面产生较高的局部应力和应变，破坏界面粘接。

③力学性能调节剂

力学性能调节剂包括网络调节剂、键合剂等，其对推进剂老化性能的优劣起着非常重要的作用。优良的键合剂可显著改善推进剂的老化性能，其作用机理主要是降低 AP 的热分解速率，控制热分解产物的扩散，提高粘合剂基体与 AP 界面的粘接性能。

（5）环境因素

①温度

推进剂老化性能与贮存环境温度密切相关。一般，高温可使化学反应加速，低温可使物理老化加速，如高温下氧化剂加速分解，高分子网络交联/降解速率增大，小分子组分迁移速率加快；低温下物质的结晶或晶析速率增大等。

②湿度

湿度（或水分）是引起推进剂性能劣化的另一重要原因[113]。通常认为，吸湿通过两种作用对推进剂力学性能产生影响：一是水分渗透到填料/基体界面，破坏界面粘接，从而降低推进剂力学性能；二是吸湿使 AP、HMX 等发生晶析，生成更细微的颗粒，增大填料比表面，从而降低推进剂力学性能。

A 类推进剂的湿老化具有以下特点[114]：

1）吸湿严重影响推进剂力学性能，尤其是高温力学性能。在高湿环境下，不管是常温、高温还是低温力学性能都随贮存时间的延长而大幅度（可达 50%）下降，尤其是推进剂强度的降低最为明显，其中高温力学性能所受影响最大。

2）环境湿度大小是影响固体推进剂吸湿的因素。对每种推进剂均存在一个临界或平衡湿度点，或临界湿度域。在平衡吸湿点/域，固体推进剂保持湿含量平衡，力学性能不发生显著变化。环境湿度偏离临界湿度越大，推进剂性能变化越快、越显著。

3）吸湿对应力/应变状态固体推进剂的影响大于非应变状态固体推进剂。

4）吸湿对推进剂力学性能的影响在一定程度上是可逆的。固体推进剂短期吸湿引起的常温、低温力学性能下降可以通过干燥法恢复，但高温力学性能难以恢复。

5）试件比表面积影响推进剂湿老化的速度。在相同的湿度环境下，哑铃形推进剂的性能变化较快，小方坯推进剂的性能变化相对较慢。

6）吸湿对燃速无显著影响。

7）通过表面处理，可减缓固体推进剂因吸湿所引起的力学性能下降速率。

（6）机械应力

在外加载荷作用下，固体推进剂发生应力松弛（或蠕变）、损伤，影响推进剂的力学性能。

①定应变/载荷

与零应变老化推进剂相比，应变老化使短期内的松弛模量降低，但是随着时间延长，二者的松弛模量逐渐接近[115]。当定应变大于 5% 时，则定应变对推进剂网络与固体填料粒子的作用产生不利影响，对推进剂宏观力学性能劣化起促进作用[116]。

温度对推进剂性能的影响与定应变的影响不同[117-120]：在高温下，化学老化占主导地位，较低温度下则定应变产生的老化作用更突出。定应变状态的推进剂存在一个最佳的贮存温度，约为 30～50 ℃，在此温度范围内化学老化和定应变产生的老化作用综合影响最小。

②周期机械载荷/疲劳

应变循环（或称应变疲劳）可加速推进剂老化，如某丁二烯-丙烯酸共聚物（PBAA）推进剂经过 20 次应变循环后，其应变能力下降了 37%。CTPB、HTPB 推进剂模拟发动机经受高温、低温循环试验时，由于应变疲劳和高温老化的综合影响，推进剂性能严重劣化。

2.6.2.2　C 类推进剂

推进剂的老化主要表现在化学安定性（稳定性）、抗裂纹性能以及力学性能。由于影响老化的因素很多，影响程度和影响范围各异，需要针对具体情况进行分析和讨论。

（1）化学安定性

影响推进剂化学安定性的主要因素包括粘合剂种类、固化剂种类、硝酸酯增塑剂种类、增塑比、填料性质、功能添加剂等。

①粘合剂/固化剂

粘合剂预聚物的特性直接影响推进剂的化学安定性。通常，含能硝酸酯增塑的聚氨酯粘合剂的化学安定性要低于硝化纤维素粘合剂，富醚基团预聚物（如 PEG）的化学安定性亦较差。

不同固化剂对推进剂的化学安定性的影响差异不十分明显，一般采用芳香族多异氰酸酯时推进剂化学安定性稍优。

②硝酸酯增塑剂种类及增塑比

不同种类的硝酸酯增塑剂其分解速率存在明显差异，分解速率快，则稳定剂消耗速率亦快，推进剂的化学安定性越差。增塑比越大，即粘合剂体系中硝酸酯含量越高，推进剂中稳定剂消耗速率越快，推进剂的化学安定性越差。

③填料

推进剂使用的主要填料包括 AP、硝胺（RDX、HMX）和铝粉等，由于各种填料的性质不同，其对推进剂化学安定性的影响亦不同。

AP 参与高分子网络的降解反应。AP 的存在影响或改变了硝酸酯分解机理、氮氧化物与稳定剂反应机理，其效果是降低了稳定剂消耗速率，减少了气体产生量。

硝胺（RDX、HMX）具有较好的化学安定性，它们对推进剂网络降解反应没有明显作用。由于目前生产的 HMX 和 RDX 的固体颗粒表面特性存在差异，采用 HMX 的推进剂化学安定性稍好于采用 RDX 的推进剂。

铝粉具有较好的化学安定性，它对推进剂网络降解反应没有明显作用。

④添加剂

推进剂中的添加剂包括稳定剂、燃速调节剂、力学性能调节剂等，它们在推进剂中的作用不同，对推进剂老化性能的影响亦不同。

高效稳定剂是决定推进剂是否具有良好的化学安定性的关键，也是决定推进剂是否具有良好的抗体积开裂性能和力学性能稳定性的关键。一般，稳定剂的分子结构由芳族苯环组成，这些芳族苯环化合物要能与硝酸酯分解的氮氧化物反应，且反应速率要适中。

虽然燃速调节剂的主要作用是调节推进剂的燃烧性能，但由于其可显著改变硝酸酯的分解动力学行为，即使用量很少也将影响推进剂的化学安定性。常用的燃速调节剂包括铅盐、碱性氧化铅（PbO）、中性氧化铅（Pb_3O_4）、氧化铁、含铜化合物等。燃速调节剂（铅盐、铜盐）的作用取决于盐的种类，一般芳香酸盐有利于推进剂的化学安定性，钾盐通常对推进剂的化学安定性不利。难熔添加剂对推进剂的化学安定性无影响。

某些小分子力学性能调节剂（有机物或无机物）不仅对推进剂的力学性能劣化规律有明显作用，而且可能对推进剂化学安定性产生影响。

（2）裂纹老化

推进剂药柱的裂纹老化主要是由硝酸酯引起的。硝酸酯分解所产生的气体产物可溶于推进剂中，通过推进剂再扩散到大气中。当产生气体的速度大于扩散速度时，所生成的气体就产生了拉应力，从而可以引起材料的物理碎裂（裂纹、针孔孔洞），特别是在推进剂药柱较厚的情况下更为突出[121]。

一定尺寸的推进剂药柱产生裂纹的可能性既与其化学性质和物理化学性质有关，亦与其力学性能有关[122]。如果两种推进剂的配方和力学性能相似，它们对老化产生裂纹的抵御能力主要取决于所添加稳定剂的性质及含量。

（3）力学性能老化

对推进剂而言，只要环境条件能保证维持推进剂的化学稳定性，则其力学性能就不会发生显著的变化。但硝酸酯大量迁移会使推进剂变硬。影响推进剂力学性能的主要因素有：硝酸酯的分解、交联体系后固化、增塑剂的迁移以及环境因素等。

①硝酸酯的分解

硝酸酯分解逸出的氧化氮可以与聚合物链直接反应，或者与推进剂中的微量水分反应生成对聚合物侵蚀性特别强的化学成分（如 HNO_3），从而导致聚合物降解，材料弹性模量降低。但这种老化可以通过加入有效的化学稳定剂而使其最大限度得到抑制。

②交联体系后固化

推进剂按照规定的工艺条件进行固化后，其力学性能达到设计的技术指标要求，但其交联作用可能并未完全结束，在贮存过程中可能将继续进行，使力学性能发生变化。此外，由于存在微量水分等因素使交联期间形成二次产物，这些二次产物可能影响硝酸酯的分解动力学，进而影响推进剂的力学性能。

③增塑剂的迁移

在推进剂贮存过程中增塑剂可能向与推进剂接触的材料（如阻燃层、衬层）中迁移，增塑剂局部消耗可引起推进剂硬化。

④环境因素

1）温度。在常温下推进剂力学性能劣化过程是非常缓慢的，提高其贮存温度，老化动力学过程就将加快，老化动力学过程可用阿累尼乌斯方程描述。

2）湿度。硝酸酯分解与湿度密切相关，如湿度可以加速聚酯和聚醚的酸解，湿度亦影响粘合剂与固体粒子的粘结。

3）空气（氧气）。在含氧气氛中（例如暴露于空气中），可加速推进剂力学性能下降。为防止这种情况发生，可将推进剂药柱贮存在惰性气氛（如氮气）中。

⑤机械应力

在外加载荷作用下，C 类推进剂同 A 类推进剂一样会发生应力松弛（或蠕变）、损伤，这对固体推进剂的力学性能有明显影响。

静力损伤与载荷水平及时间的关系如下：

1）定应变水平和定应变时间对推进剂的力学性能有着不同程度的影响，最大抗拉强度、初始弹性模量以及总应变能均随着定应变时间的增加而降低，伸长率则随着定应变时间的增加先增大后减小；

2）在应变水平下，推进剂试样最大抗拉强度随时间变化的表达式为

$$\sigma_m^i = \sigma_m^0 - k\ln t_i \qquad (2-94)$$

$$k = A + B\exp(C \cdot \varepsilon_a) \qquad (2-95)$$

3）根据定应变后推进剂试样最大抗拉强度的衰减，定义其损伤因子表达式为

$$D = 1 - \sigma_m^i / \sigma_m^0 \qquad (2-96)$$

式中　　σ_m^i——推进剂样品在松弛时间 t_i 时的最大抗拉强度（MPa）；

σ_m^0 ——推进剂样品在松弛时间 t_0 时的最大抗拉强度（MPa）；

k ——推进剂样品最大抗拉强度随松弛时间的变化率；

t_i ——推进剂样品松弛时间（s）；

ε_a ——施加于推进剂样品的定应变（%）；

A, B, C ——常数。

（4）内弹道性能老化

一般，推进剂内弹道性能并不随时间的推移而发生明显变化。推进剂组分的变化可对内弹道性能产生某些影响，如增塑剂损失（扩散到阻燃层中或挥发损失）、燃速调节剂的化学变化等。

2.6.3　推进剂的老化与防老化技术

2.6.3.1　老化机理

（1）A 类推进剂

一般来说，化学老化对 A 类推进剂内弹道性能没有明显影响，主要影响推进剂的力学性能。

推进剂中粘合剂基体是一种高分子材料，其网络会发生进一步交联或降解，导致推进剂力学性能变化，同时推进剂中粘合剂基体与固体填料的粘结界面也会发生变化，导致推进剂力学性能变化。

A 类推进剂老化的主要模式是氧化交联、降解或这两种模式的组合。氧化交联在 HTPB 推进剂中特别显著，它既可由推进剂周围环境中的氧气引起，也可由推进剂中大量使用的氧化剂引起。降解老化主要发生在 PU 推进剂、PS 推进剂以及 CTPB 等推进剂中。

（2）C 类推进剂

对 C 类推进剂而言，化学老化主要影响其力学性能、化学安定性和抗体积开裂性能。

与 A 类推进剂一样，推进剂中粘合剂基体的化学老化会使其网络发生进一步降解或交联，导致推进剂力学性能改变[123-124]，推进剂中粘合剂基体与固体填料的粘结界面也会发生变化，导致推进剂力学性能改变。硝酸酯的分解与自催化产生气体和热积聚，当热积聚和产生的气体达到一定程度时会造成推进剂自燃或内部出现孔洞/裂纹。

由于 C 类推进剂兼具双基和复合固体推进剂特点，因此其贮存老化性能表现出两类推进剂的特点。C 类推进剂中 PEG 型推进剂的老化表现为"两段式"——大致可以用推进剂中稳定剂含量是否耗尽作为分界点，稳定剂完全消耗前为 I 阶段，稳定剂完全消耗后为 II 阶段。I 阶段推进剂强度基本不变，II 阶段推进剂强度会迅速下降。温度对老化的两个阶段都有很大的影响，但第 II 阶段受温度的影响远远大于第 I 阶段。第 I 阶段和第 II 阶段的表观活化能分别约为 86.2 kJ/mol 和 166.3 kJ/mol。C 类推进剂中其他粘合剂型推进剂在老化过程中，其力学性能变化规律虽与 PEG 型推进剂有差异，但亦可以用推进剂中稳定剂消耗到某一程度作为分界点。

2.6.3.2　防老化技术

引起推进剂老化的因素虽然很复杂，但可归纳为内因和外因。内因主要是推进剂使用的粘合剂、氧化剂、增塑剂等；外因主要是周围环境中氧气、水分以及其他一些可引起或加速老化的因素。因此，防老化技术也应从推进剂内、外影响因素着手，通常是提高所使用氧化剂的稳定性，以及提高粘合剂体系的抗老化能力。

（1）内因

①A 类推进剂

A 类推进剂通常加入防老剂（抗氧剂），典型的防老剂包括：BHT、N -苯基- N′-环己基-对苯二胺、2，2′-甲撑-双（4 -甲基- 6 -特丁基苯酚）等，这些防老剂的加入可有效改善推进剂的老化性能。

②C 类推进剂

C 类推进剂通常加入稳定剂（安定剂），典型的稳定剂包括：N -甲基对硝基苯胺、2 -硝基二苯胺、间苯二酚、2 -甲氧基萘、三甲氧基苯等，这些稳定剂的作用主要是抑制硝酸酯的自催化分解，从而改善推进剂的老化性能。

（2）外因

固体推进剂配方研制过程中，推进剂方坯不可避免要暴露于空气中；固体火箭发动机中固体推进剂从硫化降温至发动机总装、发动机检修和零部件更换等过程中固体推进剂均暴露于空气中。在这些过程中推进剂将吸收空气中水分，造成固体推进剂力学性能下降。因此，需要寻找有效技术手段解决上述研制、生产和使用过程中遇到的问题。

对于 A 类推进剂，由于吸湿将导致其力学性能下降，超过一定的时间和达到一定程度后其力学性能无法恢复。

对于 C 类推进剂，部分配方推进剂平衡吸湿点很低，湿老化速度与时间、尺寸、表面状态和表面积等有密切关系，但吸湿引起的推进剂力学性能下降可通过干燥恢复；而另一部分配方推进剂的平衡吸湿点与 A 类推进剂相似，吸湿规律相似。在高温下，湿气加速推进剂的化学老化。

2.6.4　推进剂老化性能评估方法

2.6.4.1　推进剂老化性能评定参数及其测试方法

复合固体推进剂老化性能评定参数较多（见表 2-16），需针对不同类型的推进剂选择合适的参数。通常，A 类推进剂以力学性能、内弹道性能等参数为主，C 类推进剂以稳定剂含量、力学性能、内弹道性能等参数为主。

表 2-16　常用的复合固体推进剂老化性能评定参数及其测试方法

评定参数	测定方法
稳定剂含量	高效液相色谱法、红外光谱法、显微红外光谱法
增塑剂含量	高效液相色谱法、气相色谱法、红外光谱法
燃速调节剂含量	高效液相色谱法、气相色谱法、原子吸收光谱法、原子发射光谱法
质量损失	质量法、热重分析法
热流率变化	微量量热法
能量性能	差示扫描量热法、氧弹量热法
力学性能	单向拉伸法

续表

评定参数	测定方法
弹性模量、剪切模量、玻璃化温度	动态力学分析法
凝胶分数	化学法
交联密度	溶胀压缩模量法
内弹道性能	药条静态燃速测试法

2.6.4.2　推进剂老化试验方法与表征技术

（1）老化试验方法

复合固体推进剂老化试验方法包括：监测试验、加速老化试验。监测试验是指对在自然环境或人工控制条件下贮存的推进剂试样（方坯、药柱、燃烧室装药等）进行定期跟踪监测，并对推进剂性能作出评价；加速老化试验通常指对推进剂施加高于正常状态的恒定/交变应力（温度、应变、载荷等）及组合进行的老化试验，在较短时间内获得推进剂性能变化规律和速率，结合一定的理论/公式，外推常态下推进剂性能变化速率，获得推进剂常态下达到规定性能状态/水平的时间。

（2）表征技术

复合固体推进剂老化表征技术较多，通过这些技术可以获得推进剂不同的信息特征。在实际应用中，需针对具体推进剂的类型和实际具备的条件进行选择。这些表征技术包括：差热分析技术、高效液相色谱分析技术、核磁共振技术、红外光谱技术、凝胶渗透色谱技术、无损检测技术、动态热力学分析技术、微量量热技术、空穴率测定技术、凝胶分数测定技术、硬度测定技术、吸氧交联测定技术、激光超声波技术等。

2.6.4.3　化学安定性评估方法

目前，国内外已形成一系列评估推进剂化学安定性的方法和标准[125]，需根据推进剂类型进行选择。这些方法包括阿贝尔试验、甲基紫试验、自燃/爆燃温度试验、B&J试验、真空稳定性试验、

Taliani 试验、Hanzen 试验、Dutch 试验、Woolwich 试验、TLC、HPLC、DTA、TG、DSC 等。

2.6.4.4　体积开裂性能评估方法

评估体积开裂性能或生成气体效应的试验方法主要有英式法、罗梭法、华德法等。

英式法：将 4 个边长为 51 mm 的立方体药块置于密闭的 0.8 mm 厚的铝盒内，在 80 ℃±0.5 ℃的恒温箱内贮存，定期用 X 射线检查立方体药块破裂/开裂情况。

罗梭法：将高 114 mm、直径 106 mm 的药柱夹在两钢板间，于 60 ℃温度下贮存，测定 6～10 周内最大压力和放气速率，并通过计算得到假设稳态情况下药柱产生的最大压力。

华德法：根据给定温度下单位质量推进剂在单位时间内生成气体质量，结合菲克扩散定律计算不同形状推进剂（块状、管状和壳体粘接管状）的压力增长速率及推进剂中心气体的最大浓度，给出推进剂破裂时间、形状尺寸、临界温度、临界压力、气体生成速率等关系。

2.6.5　恒定高温加速老化稳定性评估准则

在复合固体推进剂配方研制的不同阶段，首先需要对其贮存性能和寿命进行快速评估，以确定推进剂配方是否具有良好的抗老化性能，是否满足设计寿命技术要求。通常采用推进剂安定性评估方法（也称稳定性评估方法）评估推进剂安定性/稳定性。

对于 A 类推进剂，一般仅评估其加速老化过程中力学性能稳定性；对于 C 类推进剂，不仅要评估其力学性能稳定性，而且还要评估其化学安定性和体积开裂性能。

2.6.5.1　安定性评估准则

（1）化学安定性评估

1）对于每一个贮存温度下的推进剂试样，相应地存在一个临界直径，亦即，对于一定尺寸的推进剂药柱/块，都有一个临界贮存温度，超过该贮存温度临界值，推进剂试样有发生自燃的危险；

2）当推进剂体积大于临界尺寸之后，热自燃时间与体积几乎无关；

3）对于体积大于 90 ℃贮存温度下临界尺寸的推进剂试样，如果在该温度且半密闭条件下 16 天不发生自燃，则其化学安定性为合格。

自燃时间与老化温度的关系

$$\frac{t_{\min,1}}{t_{\min,2}} = \frac{T_1^2}{T_2^2}\exp\left(\frac{E_a}{RT_1} - \frac{E_a}{RT_2}\right) \tag{2-97}$$

式中　$t_{\min,i}$——最小自燃时间（d）；

　　　T_i——老化温度（K）；

　　　E_a——活化能（J·mol^{-1}）；

　　　R——气体常数（J·mol^{-1}·K^{-1}）。

（2）体积开裂性能稳定性评估

1）推进剂体积开裂时间与推进剂试样体积无关；

2）推进剂试样在90 ℃敞开条件下发生体积开裂的时间超过 6 天，其体积开裂性能为合格。

对于无芯孔推进剂药柱，体积开裂时间、内压、热失重率有如下关系

$$t_{b,2} = \left(\frac{p_{m,2}}{p_{m,1}}\right)\cdot\left(\frac{R_{w,t_1}}{R_{w,t_2}}\right)\cdot\left(\frac{t_{R,2}}{t_{R,1}}\right)\cdot t_{b,1} \tag{2-98}$$

$$t_{b,2} = \left(\frac{\sigma_{m,2}}{\sigma_{m,1}}\right)\cdot\left(\frac{R_{w,t_1}}{R_{w,t_2}}\right)\cdot\left(\frac{t_{R,2}}{t_{R,1}}\right)\cdot t_{b,1} \tag{2-99}$$

式中　$t_{b,i}$——温度为 T_i 时，样品发生体积开裂所需时间（d）；

　　　$p_{m,i}$——温度为 T_i 时，经过时间 t_i 后推进剂内部分解气体产生的内压（MPa）；

　　　$\sigma_{m,i}$——温度为 T_i 时，经过时间 t_i 后推进剂受到的拉应力达到或超过推进剂最大抗拉强度（MPa）；

　　　R_{w,t_i}——温度为 T_i 时，样品经过 t_i 时间的失重率（%）；

$t_{R,i}$ ——温度为为 T_i 时，样品失重率达到 R_{w,t_i} 所经历的时间（d）；

T_i ——样品的贮存老化温度（K）。

对于有芯孔的发动机，在计算推进剂内压力时必须考虑推进剂芯孔的体积。

（3）力学性能稳定性评估

由阿累尼乌斯方程有

$$\gamma_{T_{i+1}/T_i} = \exp\left[B\left(\frac{1}{T_i} - \frac{1}{T_{i+1}}\right)\right] \qquad (2-100)$$

$$\tau_{T_i} = \tau_{T_{i+1}} \gamma_{T_{i+1}/T_i} \qquad (2-101)$$

式中　B —— E/R（K）；

E ——活化能（J·mol^{-1}）；

R ——气体常数（J·mol^{-1}·K^{-1}）；

τ_{T_i} ——老化温度 T_i 下推进剂试样力学性能满足设计技术指标（ξ）或不失效的时间（d）；

γ_{T_{i+1}/T_i} ——温度 T_{i+1} 相对于温度 T_i 的加速系数。

当温度 T_{i+1} 给定为70 ℃加速老化，若老化时间 $\tau_{70℃}$ 为90 d时推进剂性能参数满足 ξ 或不失效，对应温度 T_i 给定为25 ℃性能变化参数满足 ξ 或不失效对应的时间 $\tau_{25℃}$ 即为贮存寿命，代入式（2-101）有

$$\tau_{25℃} = 90\exp\left[B\left(\frac{1}{343.15} - \frac{1}{298.15}\right)\right] \qquad (2-102)$$

若70 ℃下老化力学性能变化到 ξ 或不失效所需要时间为90 d，25 ℃温度下力学性能变化到 ξ 或不失效需要时间 $\tau_{25℃} = L$ 年，代入式（2-102）则得到对应的 $B_{理论值}$。表明只要推进剂试样的 B 值小于对应的 $B_{理论值}$，则贮存寿命大于对应的 L 年。

$B_{试验值}$ 可根据不同老化温度下力学性能变化/退化数据求得。由 $B_{试验值}$ 即可计算出 99％置信度下固体推进剂最短贮存寿命。

（4）内弹道性能稳定性评估

为保证固体火箭发动机正常燃烧，相对于力学性能，静态燃速

允许的变化很小。相应的，固体推进剂贮存过程中静态燃速变化不能超过设计要求。

根据复合固体推进剂加速试验方法进行内弹道性能稳定性评估。

内弹道性能加速老化评估原理与力学性能老化评估基本相同。所不同的是，由于燃速变化允许范围较力学性能参数要小许多，低于或高于给定燃速值，则均认为推进剂失效。

目前，不同类型固体推进剂在加速老化试验时间范围内，静态燃速基本不变，即高温加速老化试验时间范围内可不考虑推进剂内弹道性能。

2.6.5.2　推进剂安定性/稳定性评估的表征参数、临界值及判据

推进剂安定性/稳定性评估的表征参数一般包括自燃时间（t_f）、体积开裂时间（t_v）、推进剂性能参数和静态燃速变化率（$\Delta r_{ti}/r_{t0}$）。表 2-17 给出了评估复合固体推进剂稳定性的表征参数、临界值及判据。

表 2-17　复合固体推进剂稳定性表征参数、临界值和判据

表征参数	临界值	判据
t_f	$t_f \geqslant 16$ d	推进剂化学安定性合格
t_v	$t_v \geqslant 6$ d	推进剂体积开裂性能合格
性能参数	70 ℃贮存 90 d，性能参数满足 ξ 或不失效	推进剂性能参数稳定性合格
Δr_{ti} 或 $\dfrac{\Delta r_{ti}}{r_{t0}}$	70 ℃贮存 90 d，$\Delta r_{ti} \leqslant \mid b \mid$ 或 $\dfrac{\Delta r_{ti}}{r_{t0}} \leqslant \mid b/r_{t0} \mid$	推进剂静态燃速稳定性合格

注：t_f 为自燃时间（d）；t_v 为体积开裂时间（d）；r_{ti} 为老化时间 t_i 时试样静态燃速（mm/s）；r_{t0} 为未老化试样静态燃速（mm/s）；Δr_{ti} 为老化时间 t_i 时试样燃速变化（mm/s），即 $\Delta r_{ti} = r_{ti} - r_{t0}$；$\dfrac{\Delta r_{ti}}{r_{t0}}$ 为老化时间 t_i 时试样相对于未老化试样静态燃速的变化率（%）；$\mid b \mid$ 为静态燃速允许变化值（mm/s）。

2.6.6　贮存寿命评估方法

20 世纪 70 年代以来，人们对推进剂的老化和贮存寿命进行了一

系列的研究[126-132]，提出通过高温加速老化预测推进剂长期贮存力学性能，并建立了多个推进剂的老化动力学模型。其中 EWR 127 - 1[133]、DOD - E - 83578A、MIL - HDBK - 83578 等文件规定，航天飞行器用含能材料（组分）在约 71 ℃、50%RH 环境下贮存 30 天后，若检验合格，可延寿 3 年。

式（2 - 103）为 28 天高温加速延寿试验方法的寿命计算数学模型[134]

$$H = H_{\mathrm{t}} \cdot A \cdot \frac{T_1 - T_2}{20} \qquad (2 - 103)$$

式中　H——贮存寿命（a）；

　　　H_{t}——试验时间（d）；

　　　T_1——试验温度（℃）；

　　　T_2——贮存温度（℃）；

　　　A——老化速率因子。

式（2 - 103）中的老化速率因子需要根据不同的试验对象（含能材料和器件）进行调整，一般其取值在 2~4。

2.6.6.1　复合固体推进剂贮存老化试验方法

复合固体推进剂贮存老化试验方法为恒定高温加速老化试验方法。该方法采用恒应力加速试验，能够给出依赖于置信概率的寿命下限预估值，广泛用于评估固体推进剂贮存性能，指导复合固体推进剂配方的研制以及固体火箭发动机用推进剂贮存寿命的预估与延寿。

2.6.6.2　复合固体推进剂恒定高温加速寿命试验及预估寿命可靠性表征方法

复合固体推进剂恒定高温加速寿命试验及预估寿命可靠性的表征主要包括以下方法。

（1）加速老化试验方法

恒定高温加速寿命试验方法。

（2）老化失效的表征方法

1）稳定剂含量法；

2）抗拉强度或/和最大延伸率法；

3）其他方法。

（3）寿命预估及预估寿命可靠性表征方法

1）异常样本寿命数据检验；

2）寿命数据统计分布符合度检验；

3）最佳分布检验；

4）分布参数估计及检验；

5）建立加速模型。

2.6.6.3 复合固体推进剂非破坏性寿命评估技术

贮存寿命预估是复合固体推进剂贮存性能研究的重要组成部分。用非破坏性方法评估固体推进剂的力学性能寿命，是推进剂寿命评估技术的发展趋势。

非破坏性寿命评估技术[135-138]包括特征参数监测法、动态力学性能主曲线监测法、预测残留寿命延寿法和贮存性能动态力学表征方法等。

（1）特征参数监测法

用特征参数评估推进剂寿命的方法是一种非破坏性评估方法。该方法首先考察推进剂微观结构参数与宏观力学性能参数之间是否存在相同或近似的变化规律，然后建立微观结构参数与宏观力学性能参数的关系，这样可以通过仪器检测获得推进剂的微观结构参数，并间接得到宏观力学性能数据，以达到监测推进剂力学性能、评估推进剂寿命的目的。

建立以特征参数评估推进剂寿命的方法首先要解决以下 3 个技术难题：

1）特征参数与力学性能参数是否存在相关性（对应关系）；

2）如果存在相关性，这种相关性是否是与试验温度无关的单一相关性；

3）如果存在单一相关性，如何由不同老化温度得到的对应关系方程建立总对应关系方程。

研究表明，固体推进剂的力学性能参数与凝胶分数和交联密度存在线性相关性；同时独立性检验也证明，这种相关性与老化温度无关。由不同老化温度得到的对应关系方程而建立的总对应关系方程式如式（2-104）～式（2-107）所示。

$$\sigma_{\mathrm{m}} = A_1 + B_1 G_{\mathrm{gel}} \qquad (2-104)$$

$$E_0 = A_2 + B_2 G_{\mathrm{gel}} \qquad (2-105)$$

$$\sigma_{\mathrm{m}} = A_3 + B_3 \upsilon_{\mathrm{e}} \qquad (2-106)$$

$$E_0 = A_4 + B_4 \upsilon_{\mathrm{e}} \qquad (2-107)$$

式中　σ_{m}——最大抗拉强度（MPa）；

　　　E_0——初始模量（MPa）；

　　　G_{gel}——凝胶分数（%）；

　　　υ_{e}——交联密度（mol·cm^{-3}）；

　　　A_1，A_2，A_3，A_4，B_1，B_2，B_3，B_4——回归常数。

因此，可以将凝胶分数、交联密度作为特征参数来表征推进剂在贮存过程中的力学性能状态，用于推进剂寿命的非破坏性监测。

（2）动态力学性能主曲线监测法

目前，对固体火箭发动机贮存性能的检测，必须通过解剖发动机才能获得推进剂药柱的准确静态力学性能数据。解剖发动机是一种高成本、高危险性的破坏性检测方法。因此，若能建立推进剂药柱动态和静态力学性能的关系，则可通过少量试样的动态力学分析（非破坏性的方法）获得静态力学性能数据，对推进剂的力学性能等状态进行评估。

建立动态和静态力学性能关系的可行途径是建立两者主曲线的对应关系。固体推进剂动态力学性能和静态力学性能之间存在对应关系。根据这种对应关系，可以利用动态储能模量主曲线得到静态松弛模量和静态强度。该方法能够较好地评估推进剂药柱力学性能状态。

（3）预测残留寿命延寿法

预测残留寿命的目的是为了固体火箭发动机燃烧室装药的延寿，这是固体推进剂寿命评估方法研究的重要内容之一。根据建立的力学性能和特征参数的关系，结合动力学公式，就可以用非破坏性方法预估固体火箭发动机燃烧室装药中固体推进剂的力学性能状态，这种非破坏性方法的优势更体现在预估推进剂残留寿命，使那些即将到期的固体火箭发动机装药延寿。

在预测推进剂残留寿命时，必然涉及到推进剂老化速率、活化能与老化温度、应力、应变的关系问题。材料的反应活化能是老化温度的函数，活化能对老化温度存在线性依赖关系。因此，可以将影响推进剂寿命的应力问题转化为动力学问题来处理。根据式（2－108）～式（2－111）预测到期发动机装药残余寿命。

四参数（A_0、m、E_0、γ）、三个变量（k、T、σ）动力学公式为

$$k_1 = A_0 T^m \exp\left(-\frac{E_0 - \gamma\sigma}{RT}\right) \qquad (2-108)$$

式中　k_1——特征参数 P 在温度 T_i 和应力/载荷下随时间的变化速率（$P \cdot d^{-1}$）；

　　　T——温度（K）；

　　　σ——应力/载荷（MPa）；

　　　A_0——与指前因子有关的常数；

　　　m——参数；

　　　E_0——与温度无关的活化能（$J \cdot mol^{-1}$）；

　　　γ——应力/载荷作用效果系数（$J \cdot mol^{-1} \cdot MPa^{-1}$）；

　　　E_a——特征参数 P 变化的表观活化能（$J \cdot mol^{-1}$）；

　　　R——气体常数（$J \cdot mol^{-1} \cdot K^{-1}$）。

根据式（2－109）可以求出 m，E_0

$$E_a = E_0 + mRT \qquad (2-109)$$

根据式（2－110）可以求出 A_0

$$k_2 = A_0 T^m \exp\left(-\frac{E_0}{RT}\right) \qquad (2-110)$$

式中　k_2——特征参数 P 在温度 T_i 下随时间的变化速率（$P \cdot d^{-1}$）。

根据式（2－111）可以求出 γ

$$\ln k_3 = C + \frac{\gamma}{RT} \cdot \sigma \qquad (2-111)$$

式中　k_3 ——应力/载荷作用下蠕变速率（mm·d^{-1}）。

（4）贮存性能动态力学表征方法

①动态力学转变峰法

与常用的拉伸法相比，动态力学法排除了分子链滑移的物理因素，能真实反映热氧老化的本质。同时，采用动态力学法进行测试时试样可反复使用，消耗小。

通过动态力学试验可以获得推进剂动态力学谱[118,139]：α 转变峰，损耗因子 tan δ。通过单项拉伸测试可以获得推进剂的静态力学性能。将推进剂的动态力学谱与其静态力学性能关联，可以找到它们之间的关系。对于 A 类（HTPB）推进剂 α 峰高、相对 α 峰高与 σ_m、ε_m 之间有很好的线性关系（如图 2-62 和表 2-18 所示）。

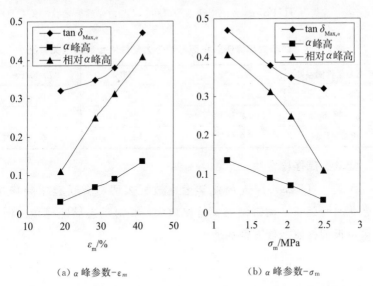

(a) α 峰参数-ε_m　　　　(b) α 峰参数-σ_m

图 2-62　A 类（HTPB）推进剂损耗因子谱和 α 峰与力学性能参数的关系

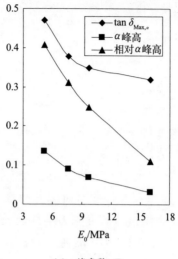

（c）α 峰参数-E_0

图 2-62　A 类（HTPB）推进剂损耗因子谱和 α 峰与力学性能参数的关系（续）

表 2-18　动态力学谱相关参数与静态力学性能参数的相关系数

动态力学性能参数	ε_m / %	σ_m /MPa	E_0 /MPa
$\tan \delta_{max,\alpha}$	−0.814 9	0.737 4	−0.602 6
α 峰高	−0.999 8	0.993 2	−0.957 3
相对 α 峰高	−0.985 7	0.998 7	−0.990 4

②动态储能模量法

A 类（HTPB）推进剂化学老化过程表明，交联起主导作用，即老化时间延长，动态储能模量将增大。相对动态储能模量与时间关系可近似按照指数方程处理

$$\frac{E'_t}{E'_0} = A e^{kt} \qquad (2-112)$$

将式（2-112）进行转换，得到如下关系式

$$\ln\left(\frac{E'_t}{E'_0}\right) = \ln A + kt \qquad (2-113)$$

根据式（2-113），可由储能模量求出各温度下老化速率常数

k，然后按照阿累尼乌斯方程进行寿命评估。

图 2 - 63 为某 HTPB 推进剂配方的 $\dfrac{E'_t}{E'_0} - t$ 关系曲线。表 2 - 19 为以动态储能模量作为表征参数评估的几种防老剂的作用结果[140]。A、C 两个配方的 E' 值增长速度比较接近，B 配方的 E' 值增长速度较快，说明 B 配方耐老化性能要差（表 2 - 20 为相应三个推进剂配方的力学性能测试结果）。

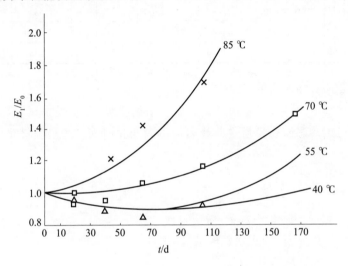

图 2 - 63 某推进剂配方 $\dfrac{E'_t}{E'_0} - t$ 关系

表 2 - 19 含不同防老剂 A 类（HTPB）推进剂 70 ℃ 老化动态储能模量变化

贮存时间/	A		B		C	
d	E'/MPa	$(\Delta E'/E')/\%$	E'/MPa	$(\Delta E'/E')/\%$	E'/MPa	$(\Delta E'/E')/\%$
0	12.6	0	11.8	0	10.6	0
18	14.1	12	16.8	42	13.0	23
45	17.1	36	20.2	71	14.9	41
77	23.1	83	25.1	113	19.1	80
114	26.6	111	29.3	148	22.6	113

表 2 - 20　含不同防老剂 A 类（HTPB）推进剂70 ℃老化常温力性能变化

贮存时间/d	A				B				C			
	σ_m/MPa	$(\Delta\sigma_m/\sigma_m)$/%	E_m/%	$(\Delta E_m/E_m)$/%	σ_m/MPa	$(\Delta\sigma_m/\sigma_m)$/%	E_m/%	$(\Delta E_m/E_m)$/%	σ_m/MPa	$(\Delta\sigma_m/\sigma_m)$/%	E_m/%	$(\Delta E_m/E_m)$/%
0	1.06	0	43.3	0	0.82	0	45.2	0	0.97	0	44.4	0
29	1.00	−7	38.3	−10	0.89	9	39.7	−12	0.96	−1	36.9	−17
79	1.41	32	29.9	−31	1.36	66	32.1	−29	1.49	54	31.8	−28
120	1.54	45	27.7	−36	1.57	91	29.8	−34	1.67	72	28.9	−35
160	1.59	49	24.2	−44	1.61	96	28.5	−37	1.70	75	27.9	−37

③动态储能模量主曲线法[141]

传统应力松弛模量的理论式中，平衡模量 E_e 不易由试验得到，因此可用动态储能模量主曲线表征不同老化时间应力松弛模量。为避开 E_e，定义了一个函数

$$E(t) - E_e + \frac{2}{\pi}\int_0^\infty \frac{E_e}{\omega}\sin\omega t\,\mathrm{d}\omega = E'(t) \qquad (2-114)$$

式中　$E(t)$——松弛模量（MPa）；

　　　$E'(t)$——修正松弛模量（MPa）；

　　　ω——角频率（Hz）。

$E'(t)$ 可由式（2-115）表示

$$E'(t) = \frac{2}{\pi}\int_0^\infty \frac{E'(\omega)}{\omega}\sin\omega t\,\mathrm{d}\omega，f(\omega,t) = \frac{E'(\omega)}{\omega}\sin\omega t \quad (2-115)$$

式（2-115）理论上是一个收敛函数，因此它的值可以按式（2-116）近似估算

$$\begin{cases} E'(t) = \dfrac{2}{\pi}\int_0^\infty f(\omega,t)\,\mathrm{d}\omega = \dfrac{2}{\pi}S_t \\ S_t = \sum_{i=1}^n \left[f(\omega_i,t) + f(\omega_i + \Delta\omega_i,t)\right]\dfrac{\Delta\omega_i}{2} \end{cases} \qquad (2-116)$$

式中　S_t——时间 t 时，函数 $f(\omega,t)$ 的值与 ω 表示的 X 轴围成的面积。

根据式（2-115）和式（2-116），利用测试得到的固体推进剂在参考温度（T_S）下的动态储能模量主曲线 $E'(\omega)$，即可计算 $E'(t)$。

修正松弛模量与松弛模量的比值 $E'(t)/E(t)$ 具有如下特点：

1）随时间增大而趋于定值；

2）与松弛时间 t 的关系与老化无关。

因此，由初始态的 $E'(t)/E(t)-t$ 曲线和老化过程中的储能模量主曲线，即可得到老化过程中的松弛模量主曲线。

2.6.6.4　C 类固体推进剂湿热双应力老化试验和理论

目前，对推进剂在单应力（如高温、湿度、振动等）下加速老化的研究相对较多，而对双应力或多应力下的加速老化试验方法及理论研究较少。实际上，环境湿度是影响复合固体推进剂性能的重要因素。

由于 C 类推进剂对环境湿度的敏感性以及组成的复杂性，目前的研究方法对该推进剂而言均显得过于简单，而且这些研究对可能存在的温度和湿度的协同效应缺少深入的考虑，不能完全反映 C 类推进剂的湿热双应力老化规律。因此，需要根据 C 类推进剂的特点，建立适合的温度和湿度双应力老化研究和表征方法。

本节是以 PEG 型高能推进剂为例予以说明，其他类型推进剂可能有所差异。

（1）推进剂湿热双应力老化基本规律

推进剂湿热双应力老化体现为强度与模量下降，伸长率增大。整个湿热双应力老化过程可以分为三个阶段：前期速降段、平台段和后期速降段，如图 2-64 所示。

推进剂湿热双应力老化的特点为：平台段以前力学性能变化规律与湿老化相似，平台段以后力学性能变化规律与热老化相似。整个湿热双应力老化力学性能变化的过程可以分解成表现为湿老化特征的前期老化和表现为热老化特征的后期老化的加和，如图 2-65 所示。

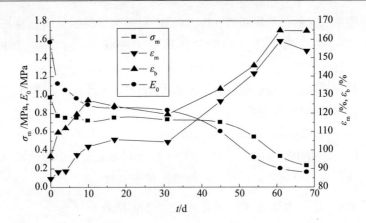

图 2-64　70 ℃、30%RH 条件下推进剂力学性能随老化时间变化规律

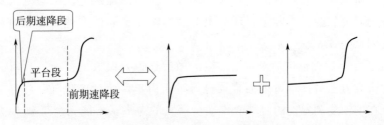

图 2-65　推进剂抗拉强度变化率-时间曲线分解示意图

（2）湿热双应力老化动力学模型

将推进剂湿热双应力老化过程分解为前期老化与后期老化两部分进行分析，便可得到以温度、相对湿度、试样尺寸和时间为自变量的湿热双应力老化动力学方程

$$R_\sigma = \frac{R_{\sigma,p} - L_2}{1 + \exp\left(\dfrac{t - \tau'}{k'}\right)} + L_2 \qquad (2-117)$$

式中　R_σ——抗拉强度变化率（%）；

　　　$R_{\sigma,p}$——湿老化抗拉强度变化率（%）；

　　　L_2——R_σ 的极限值，一般小于 1，是 S 形曲线上限，老化的终点；一般，L_2 取 0.8（%）；

τ' ——化学老化特征时间（d）；

k' ——决定 R_σ 曲线上升段斜率的参数（d）；

t ——老化时间（d）。

利用式（2-117）可以较准确地预测推进剂老化过程中力学性能的变化，如图 2-66 所示。

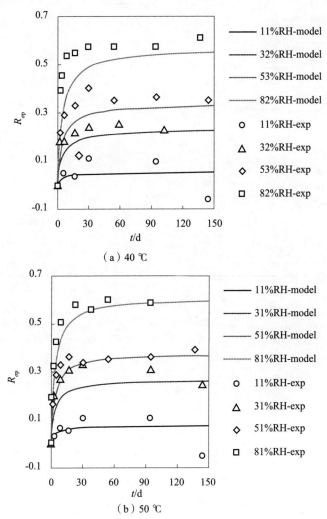

（a）40 ℃

（b）50 ℃

图 2-66　推进剂湿热老化试验数据与模型计算数据对比

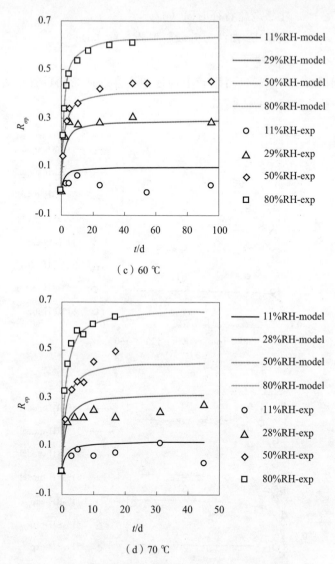

（c）60 ℃

（d）70 ℃

图 2-66　推进剂湿热老化试验数据与模型计算数据对比（续）

2.6.6.5　环境湿度与 A 类推进剂老化性能的关系

（1）固体推进剂平衡湿度

表征固体推进剂临界湿度有两种方法：吸湿增重法和力学性能

下降法。吸湿增重法是通过测试一定环境湿度下贮存推进剂质量的变化，对数据线性回归求得质量变化为 0 处的湿度，定为临界湿度。力学性能下降法是通过测试一定环境湿度下贮存推进剂力学性能的变化，以力学性能变化外推至 0 处的湿度，定为临界湿度。

环境湿度小于推进剂临界湿度，其力学性能变化不大；当环境湿度大于推进剂临界湿度时，推进剂的力学性能将下降。

（2）推进剂湿老化动力学

推进剂湿老化速率与环境湿度的关系为

$$P(t) = P_0 + (k_0 - k_h) \cdot t \qquad (2-118)$$

$$k_0 = K_0 \exp(-\Delta E/RT) \qquad (2-119)$$

$$k_h = K_h \exp(\alpha \Delta H) \qquad (2-120)$$

$$\Delta H = H - H_c \qquad (2-121)$$

式中　$P(t)$ ——湿老化试样性能参量 t 时刻值；

　　　P_0 ——湿老化试样性能参量初始时刻值；

　　　k_0 ——热老化速率常数；

　　　k_h ——湿老化速率常数；

　　　H ——环境相对湿度；

　　　H_C——临界相对湿度。

2.6.6.6　复合固体推进剂持久承载能力试验与表征

（1）定应变测试方法

定应变测试方法即通过将固体推进剂试片预先拉伸至一定的长度（定应变），在给定的条件下（通常恒温、恒湿）观察推进剂试片发生破坏的时间，并判断恒定温湿度环境、定应变条件下承载一定时间后是否破坏，或承载一定时间后力学性能的变化[142]。

（2）定载荷试验与平衡模量测定方法

定载荷试验与平衡模量测定方法即通过对固体推进剂试片或粘接试件施加一定的载荷，观察试片或试件在恒定温湿度环境、定载荷下发生破坏的时间，并判断恒定温湿度环境、定载荷下承载一定时间后是否破坏，或承载一定时间后力学性能的变化并给出平衡模量。

2.6.6.7 复合固体推进剂机械载荷-温度双因素老化

因为固化降温将引起推进剂收缩，同时壳体粘结式固体火箭发动机内的推进剂贮存时处于类似定应变的状态下[138,143]，因此，研究推进剂贮存性能不仅要考虑温度的影响，还要考虑定应变的作用。

在一定温度下，定应力、定应变与老化速率常数 k 有如下关系

$$\begin{cases} \ln k_\sigma = A + B\sigma_a \\ \ln k_\varepsilon = C + D\varepsilon'_a \end{cases} \tag{2-122}$$

式中 A，B，C，D——常数；

$\quad k_\sigma$——定应力下老化速率常数；

$\quad k_\varepsilon$——定应变下老化速率常数；

$\quad \sigma_a$——定应力（MPa）；

$\quad \varepsilon'_a$——定应变 ε_a 的函数，$\varepsilon'_a = (1+\varepsilon_a) - (1+\varepsilon_a)^{-2}$。

2.6.6.8 提高寿命预估精度的方法

（1）线性活化能法[144]

进行寿命预估时，一般假定老化表观活化能为定值，与温度无关。实际上，由于老化反应的复杂性，老化表观活化能往往是温度的函数。

为了进行推进剂贮存寿命预估，定义了修正阿累尼乌斯方程和线性活化能。

由阿累尼乌斯方程可知，活化能的计算式为

$$E_a = RT^2 \frac{\mathrm{d}\ln k}{\mathrm{d}T} \tag{2-123}$$

修正阿累尼乌斯方程为

$$k = AT^m \exp\left(-\frac{E}{RT}\right) \tag{2-124}$$

式（2-124）可表示为

$$E_a = E + mRT \tag{2-125}$$

式中 E_a——特征参数 P 变化的表观活化能（J·mol^{-1}）；

E——与温度无关的活化能（J·mol⁻¹）；

m——参数，无量纲；

R——气体常数（J·mol⁻¹·K⁻¹）；

T——温度（K）。

由相邻温度点加速试验数据求出该温度区间的老化活化能（在该温度区间内视为定值），以该温度区间某特征温度（如中值温度）为代表，得到老化活化能与老化温度的关系，并以式（2-125）拟合，求出 m。通过式（2-125）可求出自然贮存温度下推进剂老化速率常数，从而预估常温贮存寿命。

（2）逐日性能变化叠加法

自然温度并不是一个定值（图 2-67 为某地区一年温度变化曲线）。对于自然贮存的推进剂，采用一个恒定温度作为贮存温度进行寿命评估有其不足之处。因此，采用逐日性能叠加法预估固体推进剂寿命其结果更合理。

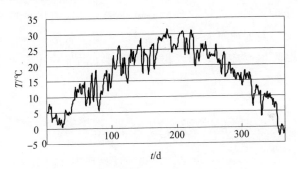

图 2-67　某地区某年 1 月 1 日—12 月 31 日平均气温图

在温度随时间变化的情况下，性能变化的积分方程为

$$\varepsilon_t = \iint K(T)\mathrm{d}T(t)\mathrm{d}t \qquad (2-126)$$

在自然贮存条件下，由于将来若干年内温度随时间的变化是无法精确预测的，用式（2-126）进行计算是非常困难的。式（2-126）可变为

$$\varepsilon_t = \varepsilon_0 + \sum_{i=1}^{n} \int K(T) dT(t) \cdot t_i \qquad (2-127)$$

$$\Delta\varepsilon_t = \int K(T) dT(t) \cdot t_i = \sum_{i=1}^{365} k_i \cdot t_i \qquad (2-128)$$

如果以年为周期，气候条件的变化通常是相对稳定的，因此式（2-128）可以改写成

$$\varepsilon_t = \varepsilon_0 + \Delta\varepsilon_t \cdot t_n \qquad (2-129)$$

式中　ε_t——贮存 n 年后的最大伸长率（%）；

　　　ε_0——起始最大伸长率（%）；

　　　$\Delta\varepsilon_t$——最大伸长率每年的变化值（%/a）；

　　　t_n——自然温度贮存时间（a）。

2.6.6.9　试验配方贮存性能和贮存寿命的快速评估方法

在固体推进剂配方研制过程中，需要在较短时间内获得配方贮存寿命信息，但传统的多温度加速老化方法耗时过长[145]。快速方法的基本过程是：利用先进的分析测试方法，快速测出推进剂老化活化能；根据高温加速试验，求出高温反应速率常数；结合活化能数据便可按照阿累尼乌斯方程求出使用温度下的反应速率常数，进而预测推进剂的贮存寿命。

2.7　复合固体推进剂的安全性能

2.7.1　概述

在研制、生产、贮存、运输和使用过程中，固体推进剂或装有固体推进剂的火箭发动机都有可能遇到意外的外界作用，如环境加热、火焰或火星点火、重物或飞行物体的撞击、机械摩擦、冲击波冲击、炸药诱爆、静电放电、电火花，以及光或核辐射等。当外界作用达到一定强度，固体推进剂就有可能发生不希望的燃烧或爆炸，因此固体推进剂是具有燃烧或爆炸危险性的物质。

固体推进剂的危险性主要包括两个方面[32]：一是在外界刺激作用下发生意外燃烧或爆炸的难易程度或敏感程度；二是发生燃烧或爆炸后可能产生的危害程度。

固体推进剂在外界刺激作用下发生燃烧或爆炸的难易程度可以用固体推进剂对外界刺激作用的敏感程度即感度来表征，如撞击感度、摩擦感度、静电火花感度、火焰感度、局部热感度、冲击波感度等。引起固体推进剂燃烧或爆炸的最小激发冲量（外界刺激作用）越小，固体推进剂的感度越高。

固体推进剂燃烧或爆炸后产生的危害程度称为破坏效应，主要指固体推进剂或装有固体推进剂的火箭发动机发生意外事故时具有造成破坏作用的能力和破坏程度，其破坏效应主要包括冲击波、爆炸破片和热辐射。

2.7.2 固体推进剂的感度

2.7.2.1 机械感度

机械作用是固体推进剂在研制、生产、运输、使用过程中可能遇到的主要外界激源之一，因此机械感度是表征固体推进剂安全性的重要指标。固体推进剂的机械感度是指其在机械作用下发生分解、燃烧或爆炸的敏感程度，主要包括撞击感度和摩擦感度。撞击感度根据撞击速度的不同又可以分为撞击感度（低速）和冲击感度（高速）。对于成型的固体推进剂，冲击感度更具有针对性。

（1）撞击感度

撞击感度也称为落锤感度或落锤撞击感度，其测试仪器的种类较多，但形式基本相同，都是以一定质量的落锤在一定的落高下自由落体撞击固体推进剂试样，观察其是否发生分解、燃烧或爆炸。国内主要采用 WL 型落锤感度仪测试固体推进剂及原材料的撞击感度，落锤通过滑轨自由落体撞击固体推进剂试样，落锤质量一般为 2 kg，5 kg，10 kg。根据特殊需要，也可采用"12 型工具"进行撞击感度测试，其不同之处在于撞击过程中同时也存在摩擦作用。除

WL 型落锤感度仪以外，传爆药撞击感度试验采用小型落球试验，其落锤为球形，撞击装置也略有不同。国外落锤感度仪的形式较多，与 WL 型落锤感度仪的主要区别是撞击装置的结构较为复杂。此外，国外也有 30 kg 的落锤感度仪。

撞击感度的表征方法包括特性落高法（临界撞击能法）、爆炸概率法、上下限法等。特性落高法可以给出固体推进剂 50% 爆发的临界落高和临界撞击能，是目前固体推进剂安全性研究与测试过程中广泛采用的方法。爆炸概率法，即在固定落锤的质量和高度条件下，给出多次（一般为 25 次）重复撞击的爆发百分数；对于固体推进剂，通常锤重质量为 10 kg，落高为 50 cm。上下限法，即把 100% 爆发的最小落高定义为爆发上限，把 100% 不爆发的最大落高定义为爆发下限，采用上下限表示固体推进剂的撞击感度。从安全角度而言，一般只考虑爆发下限，通常采用 10 kg 落锤，每个落高条件下重复试验 10 次以上。

（2）冲击感度

固体推进剂的冲击感度试验主要包括枪击试验、临界冲击速度试验等。枪击试验也称为子弹冲击试验，通过子弹（如 7.62 mm，12.7 mm 子弹）冲击固体推进剂或制品，主要用于评价固体推进剂在受到高速剪切载荷作用后发生碎裂、燃烧或爆炸的难易程度。12.7 mm 子弹冲击试验也是固体推进剂或火箭发动机低易损性的重要考核项目之一。

临界冲击速度试验一般是通过专用发射器（一般为 18 mm，25 mm 或更大口径）使固体推进剂试样以一定的速度冲击钢质靶板，考察固体推进剂试样在冲击作用下发生碎裂、燃烧或爆炸的难易程度。临界冲击速度试验分为两种形式，一种是将不同速度下冲击靶板后的固体推进剂试样放入密闭爆发器中点火，通过燃烧压力随时间的变化率评价固体推进剂的易碎性或结构完整性；一种是通过改变固体推进剂试样冲击靶板的速度，给出固体推进剂发生燃烧或爆炸的临界冲击速度。临界冲击速度试验在国外也称为苏珊试验、猎枪试验。

通过临界冲击速度试验，可以给出固体推进剂试样质量与冲击速度的关系曲线，进而给出固体推进剂对冲击速度的惰性区、爆炸区和爆轰区。在惰性区，固体推进剂在冲击作用下不会发生化学反应，火箭发动机或导弹武器的使用条件应最好限制在这一范围内。

（3）摩擦感度

摩擦感度表征固体推进剂在外界摩擦作用下发生分解、燃烧或爆炸的难易程度。摩擦感度测试设备的形式较多，如摆锤摩擦试验、滑块或滑轨摩擦试验、ABL 摩擦试验、BAM 摩擦试验、旋转摩擦试验等，国内主要采用 WM 型摩擦感度仪测试固体推进剂及原材料的摩擦感度。WM 型摩擦感度仪主要由液压系统和打击系统两部分组成，液压系统对固体推进剂试样施加一定的压力，压力大小可以通过表压来显示；打击系统通过驱动摩擦偶的上滑柱使固体推进剂试样在摩擦偶之间产生摩擦；摩擦速度由摆锤下落的角度来控制。

固体推进剂的摩擦感度测试通常是在一定表压（如2.5 MPa，4.0 MPa）和摆角（如66°，90°）条件下进行 25 次试验，以爆发百分数来表示固体推进剂的摩擦感度。与撞击感度相比，摩擦感度对于固体推进剂，尤其是未固化固体推进剂药浆的处理或操作更为重要，如混合过程。

2.7.2.2　静电火花感度

固体推进剂的静电火花感度即为固体推进剂在静电火花作用下发生燃烧或爆炸的难易程度，通常采用 50% 爆发的激发电压和点火能来表征。固体推进剂静电火花感度测试设备的原理基本相同，但测试设备的形式较多。根据试样室是否敞开，可以分为敞开式和密闭式设备；根据放电过程电极状态的不同，可以分为固定电极式和渐进电极式设备；根据放电电极形状的不同，可以分为针-板型、球-板型设备等多种形式。

静电火花感度测试通常利用高压电源对电容器进行充电，电容器的充电电压可以通过电压表测定。国内固体推进剂静电火花感度测试一般采用密闭式静电火花感度仪、固定电极、针-板式放电,将与密闭试样室连通的毛细管水柱的上升高度作为判定固体推进剂试样是否爆发的依据。

固体推进剂的静电火花感度依据式(2-130)进行计算

$$E = \frac{1}{2}CV^2 \qquad\qquad (2-130)$$

式中 E ——50%爆发的点火能(J);

　　　C ——放电电容(F);

　　　V ——50%爆发的放电电压(V)。

固体推进剂的静电火花感度也可以通过测试放电瞬间的电压和电流,给出真实的放电能量,进而计算出固体推进剂的真实静电火花感度。由于放电过程存在能量损耗,真实静电放电能量要比理论计算的放电能量低得多。

2.7.2.3　火焰感度

固体推进剂的火焰感度即固体推进剂在火焰作用下发生点火燃烧的难易程度,通常采用从火焰加热固体推进剂试样到其点火燃烧的平均延滞时间来表示固体推进剂的火焰感度。固体推进剂火焰感度的测试采用火焰感度仪,其测试原理为:将固体推进剂试样置于一定规格的火焰上方(试样正对火焰),并开始计时,当固体推进剂试样在火焰作用下发生分解并点火燃烧时,将使一定位置处的光电管触发停止计时,给出固体推进剂试样的点火延滞时间。火焰感度测试前,应保证火焰的顶点温度在743 ℃±5 ℃的范围内。

2.7.2.4　热感度

热感度,即固体推进剂对热作用的敏感程度。根据不同的测试方法,固体推进剂的热感度又可以分为爆发点、热爆炸临界温度、局部热感度、区域热感度等。爆发点在固体推进剂、炸药的安全性研究中应用较为广泛,其测试原理也完全相同,均采用爆发点测试仪进行测试,采用伍德合金、铅等作为加热介质,一般有5 s爆发点、300 s爆发点等。

热爆炸临界温度，即一定尺寸和规格的固体推进剂试样在一定时间内发生点火燃烧或爆炸的临界温度。热爆炸临界温度的测试原理与爆发点基本相同，不同之处在于热爆炸临界温度测试的试样量较大，测试周期较长。热爆炸临界温度测试的试样量可达到几克、几十克，甚至更大，而爆发点测试的试样量仅为几十毫克；热爆炸临界温度测试周期可以根据实际需要确定，一般情况下为 2 周。与爆发点相比，热爆炸临界温度对于固体推进剂的贮存及使用环境温度控制更具实际意义。

局部热感度，即固体推进剂在局部一点热源作用下发生点火燃烧的敏感程度。局部热感度的测试原理与火焰感度存在许多相似之处，也可通过平均点火延滞时间来表示[29]，不同之处在于局部热感度测试采用720 ℃加热的钢珠（Φ6.0 mm）在一定高度采用自由落体方式跌落到固体推进剂试样表面进行测试的方法。

区域热感度用于评价固体推进剂在热作用下发生分解的难易程度，一般采用热分解温度来表征，通过 DSC 或 DTA 进行测试。

2.7.2.5　冲击波感度

冲击波感度，即固体推进剂在冲击波作用下发生爆轰的敏感程度，一般通过隔板试验进行测试。隔板试验是进行固体推进剂危险等级分类的重要依据，国外通常称之为卡片-间隙试验，采用蜡、有机玻璃、醋酸纤维素、铝、铅、铜等作为起爆药柱冲击波的衰减介质，通过隔板厚度（间隙）调节传递到被测固体推进剂试样的冲击波能量，给出其发生 50% 爆轰的隔板厚度。

隔板试验有多种形式，根据衰减介质的不同可以分为蜡间隙、有机玻璃间隙等；根据主发药柱和被发药柱的尺寸不同，隔板试验又可分为巨型隔板试验、大型隔板试验和小型隔板试验等。不同国家的隔板试验方法存在较大的差异，因此在进行数据比较时应注意其试验条件。

在固体推进剂领域，应用较为广泛的是美国海军军械研究所的卡片试验（大型隔板试验），该方法采用彭特里特炸药（TNT 与

PETN 的质量比为 1∶1，Φ 50.8 mm×50.8 mm）作为起爆药柱，醋酸纤维素片作为隔板，试样规格为 Φ 36.5 mm×139.7 mm，置于壁厚为 5.5 mm 的钢管中。

除冲击波感度以外，相关文献也经常提到爆轰感度，即固体推进剂在爆轰波作用下发生爆轰的敏感程度。爆轰波即为带有化学反应的冲击波，从这个意义上讲，冲击波感度与爆轰感度既有相同点，又存在一定的差异。

2.7.3　固体推进剂的破坏效应

固体推进剂的破坏效应是指固体推进剂或装有固体推进剂的火箭发动机在外界刺激作用下发生爆炸时对周围环境的破坏能力，主要包括空气冲击波、爆炸破片和热辐射。空气冲击波的破坏作用主要是冲击波的超压作用和冲击波的冲量作用。固体推进剂的破坏效应一般用固体推进剂的 TNT 当量来表示[29]，可以通过理论计算及试验测试得到。理论 TNT 当量即固体推进剂与 TNT 爆热的比值。值得注意的是，这里的爆热应采用炸药爆热的测试方法，而非通常意义上的燃烧热。

根据测试方法的不同，固体推进剂的 TNT 当量基本上可以分为威力当量和猛度当量。物质爆炸或爆轰时对其接触物体产生的变形、粉碎和破坏的能力称为猛度；物质爆炸或爆轰时对周围介质的总体破坏能力称为作功能力（或威力）。猛度 TNT 当量强调对与其直接接触目标的局部破坏效应，而威力 TNT 当量则强调对周围介质的总体破坏能力。

猛度 TNT 当量的测试方法主要包括铅柱压缩法、板痕法（钢凹法）等；威力 TNT 当量的测试方法主要包括铅墙扩张法、弹道臼炮法、冲击波超压法、漏斗坑法等。目前，国内尚未制订有关固体推进剂 TNT 当量测试的行业以上标准，固体推进剂的 TNT 当量测试主要参照炸药 TNT 当量的测试方法，如炸药作功能力试验、炸药猛度试验等。

相对于冲击波破坏效应，对爆炸破片和热辐射的破坏效应研究较少。《化学火箭和推进剂的危险性》一书介绍了有关固体推进剂的火球效应，相关数据主要来自美国 SOPHY 计划。

固体推进剂的火球直径与装药质量的关系依据式（2-131）进行计算

$$D = 12.4W^{1/3} \qquad\qquad (2-131)$$

式中　D——火球直径（m）；

　　　W——装药质量（kg）。

固体推进剂的火球高度与装药质量的关系依据式（2-132）进行计算

$$H = 6.8W^{1/3} \qquad\qquad (2-132)$$

式中　H——火球高度（m）；

　　　W——装药质量（kg）。

碎片的破坏效应主要取决于碎片初速和散落范围，其计算过程较为烦琐，在此不再赘述。

2.7.4　固体推进剂的燃烧、爆炸与爆轰危险性

相对于枪炮发射药和炸药而言，固体推进剂的安全性研究起步较晚，对于固体推进剂爆燃、爆炸、爆轰的认识也不够深入。以下主要从爆燃、爆炸、爆轰概念的角度，同时结合相关固体推进剂破坏效应试验及安全事故案例，讨论固体推进剂的燃烧、爆炸与爆轰危险性。

2.7.4.1　固体推进剂的燃烧危险性

由固体推进剂的工作原理可知，在通常条件下燃烧是固体推进剂危险性的主要表现形式。根据反应的剧烈程度，固体推进剂的燃烧可以分为有规律的燃烧和爆燃。在不存在外界约束的条件下，固体推进剂即使发生意外点火，其反应形式也为有规律的燃烧，而非爆燃。但如果存在一定的约束条件（如在具有一定强度且相对密闭的容器内），或者固体推进剂内部存在孔隙及裂纹（如在机械或冲击

波作用下发生结构损伤），或者固体推进剂在制造过程中产生严重缺陷（如存在疏松、大量气孔或裂纹等），其在点火后即可能发生爆燃，甚至爆炸[30]。在相对密闭的体系中，无论是固体推进剂的燃烧还是爆燃，都会由于燃烧气体产物的膨胀而对周围介质施加破坏功。

2.7.4.2　固体推进剂的爆炸危险性

固体推进剂危险性的另外一种表现形式是爆炸。爆炸是一种较为广义的概念，既包括传播速度可变的不稳定爆轰（即爆炸），也包括传播速度不变的稳定爆轰。固体推进剂的爆炸与爆轰有所不同，爆炸过程中虽然无法传播稳定的爆轰，但固体推进剂在爆炸过程中会产生一种非爆轰的快速反应，可以在 0.1～1 s内消耗掉1 t的固体推进剂，从而在周围介质中形成冲击波（又称爆炸波）。

虽然固体推进剂的爆炸过程时间较短，但与爆轰过程相比还是长得多。根据理论计算和试验结果，一般固体推进剂的爆速大于4 000 m/s，消耗 1 t固体推进剂仅需100 μs的时间，因此固体推进剂爆轰和爆炸之间的差别在于能量释放的时间。爆轰也可以称为爆炸，但它是速度最快的爆炸。目前，国内一般很少对固体推进剂的爆轰和爆炸进行严格区分。

美国国家航空航天局的特别委员会为了确定航天飞机用固体推进剂助推器的爆炸当量，进行了一系列固体火箭发动机安全性试验，包括大力神运载火箭全尺寸发动机试验、液体推进剂引发固体推进剂爆轰试验、三叉戟导弹全尺寸发动机爆轰试验。研究认为，1.3级固体推进剂可以由冲击引发爆轰，但爆轰引发后很快衰减到爆燃，1.3级固体推进剂燃烧转爆轰的临界直径约为 152～183 mm；1.3级和1.1级固体推进剂单位面积引发爆轰所需的冲击能基本相当；液体推进剂爆轰可引发固体推进剂爆轰；固体推进剂破碎以后或在燃烧过程中更容易引发爆轰，所需的引发能减少约 50%。

美国进行了一系列火箭发动机火箭撬撞击试验，包括民兵-1第一级发动机、第三级发动机，以及大力神-3助推器发动机。民兵-1第一级发动机直径为1.52 m、长度约为9 m，固体推进剂（PBAA/

AP/Al）装填质量为14 500 kg。撞靶后发动机发生了爆炸，爆炸当量相当于1 450 kg TNT。民兵-1第三级发动机直径为1.0 m、长度为3.3 m，固体推进剂（NC/NG/AP/Al）装填质量为3 500 kg。发动机以 18.4 m/s 的速度撞靶后发生爆炸，爆炸当量相当于350 kg TNT。大力神-3 624A 助推器发动机直径为3.03 m，长度为4.90 m，固体推进剂（PBAN/AP/Al）装填质量为58 400 kg。以203.0 m/s的速度撞击水泥靶后发生爆炸，爆炸当量相当于3 212 kg～5 548 kg TNT，碎片最大距离为765 m，火球最大距离为916 m。综上可知，固体推进剂撞击过程的爆炸当量均较低，属于爆炸的范围。

2.7.4.3　固体推进剂的爆轰危险性

固体推进剂的能量密度可以与常规猛炸药相匹敌，甚至更高。但是，大部分固体推进剂的爆轰能力及爆轰特性与猛炸药相比存在显著差异，主要是因为固体推进剂爆轰时支配能量释放速率的因素不同于常规猛炸药。第一，由于固体推进剂的组成一般较为复杂，其粘合剂、氧化剂的分解及其气态产物的混合过程需要一定的时间，这一过程限制了反应的能量聚集，对于维持固体推进剂的爆轰过程是非常不利的。第二，由于采用真空浇注成型工艺，固体推进剂的气孔率非常低。炸药的装填密度大约为其理论密度的 95％ 或更低，而固化后固体推进剂的密度可以达到其理论密度的 99.5％ 或更高。根据热点起爆机理，热点及局部高温通常产生于气泡处。由于固体推进剂的装填密度非常接近理论密度，因此其在冲击作用下产生的热点数量显著小于炸药装药中的热点数量，故而不利于固体推进剂的冲击起爆。第三，固体推进剂的氧化剂（如高氯酸铵）发生分解时，其分解动力学过程要比猛炸药缓慢得多。

鉴于上述因素，常规固体推进剂（如 HTPB/AP 推进剂）的危险性主要来自爆炸而不是爆轰，如美国北极星导弹和民兵导弹发生的事故即为剧烈的爆炸而不是爆轰，这些爆炸事故可能是由于如下因素导致的：固体推进剂在强冲击波作用下形成裂纹和损伤，导致点火后的燃面急剧增加，使得质量燃耗率及因之产生的能量释放率呈几何级数增大，燃烧压力也随之急剧增加，进而使得燃烧速率进一步增大，其总的能量释放率可能与爆轰速度相当，最终导致固体推进剂发生爆炸，但不是爆轰。

对于含有大量猛炸药及硝酸酯增塑剂的 NEPE 类推进剂，其在外界刺激作用下的危险性与 HTPB/AP 推进剂存在显著差异。NEPE 类推进剂的临界直径较小，且冲击波等各项感度均较高，在 8 号电雷管作用下即可直接起爆，爆速大于 7 000 m/s，爆压高达 27 GPa，爆炸 TNT 当量远远高于 HTPB/AP 推进剂。美国在 20 世纪 70 年代研制三叉戟导弹过程中，由于 NEPE 推进剂的结构损伤产生对流燃烧，进而形成燃烧转爆轰，导致火箭发动机发生安全事故。因此，NEPE 类推进剂在外界刺激作用下存在较大的爆轰危险性。

2.8　固体推进剂的羽流特性

2.8.1　概述

2.8.1.1　固体火箭发动机喷管排气羽流

固体火箭发动机喷管排气羽流是指发动机喷管出口平面外部包含传热传质过程和化学反应的燃气流。排气羽流的存在会对导弹和导弹发射平台造成威胁，并严重影响导弹的制导和控制精度，研究固体火箭发动机的排气羽流和发展低特征信号的固体推进剂就是要消除或减少这种影响。羽流特征信号（plume signature）是排气羽流的外在表现，是识别排气羽流的标志。

2.8.1.2　固体火箭发动机排气羽流的的危害

固体火箭发动机排气羽流对导弹形成的危害主要体现在以下 3 个方面。

（1）破坏导弹发射及飞行的隐蔽性，暴露导弹的弹道及发射平台

排气羽流辐射频谱覆盖了从紫外、可见光、红外、毫米波，至微波、无线电波的完整的电磁波谱。在不同频段工作的探测器可以

获得有关目标的不同的特征信息，采用多种探测器组成的复合探测器可以充分利用目标的谱域、时间域和空间域信息实现目标识别。

例如，羽流中产生的可见烟（包括一次烟和二次烟），不但可以暴露导弹的发射和飞行轨迹（一次烟通过对入射光线的散射，使烟迹变得清晰可见），而且为敌方提供了飞行弹道和发射位置，使导弹隐身效果功亏一篑（二次烟的形成有一个发生、发展的过程，而且一旦形成在较长时间内难以消散）。

（2）对导弹制导信息链的干扰

导弹制导系统通常分为四大类：自主制导、寻的制导、遥控制导和复合制导。排气羽流主要对遥控制导以及涉及遥控制导的复合制导产生干扰。

对于遥控制导，保持地面站/目标、地面站/导弹、导弹/目标三条信息链的畅通是保证制导精度的必要条件。羽流往往出现在地面站/导弹信息链上，它的干扰主要表现在如下几个方面：

1）可见烟雾散射、遮挡光学制导射束，造成制导信号衰减。

2）羽流强烈的辐射使光学制导仪器饱和。

3）高温羽流电离形成含多种粒子和电漩涡的非均匀等离子体，它对电磁波产生共振吸收、散射、衍射和折射作用。在采用雷达制导时，由于制导信息传播穿越羽流，引起信号衰减和畸变。

4）影响导弹连续发射。在战场上多枚导弹齐射时，一枚导弹的羽流可能会对其他导弹的目标跟踪和定位产生干扰。

（3）二次燃烧

二次燃烧将引起羽流温度上升、辐射强度增大、离子和自由电子浓度增加、羽流流度增加等一系列连锁式的变化，这一系列变化将通过不同的机理加剧发动机排气羽流形成的危害。

2.8.1.3　固体火箭羽流特征信号的定义[30,146]

1993 年，北大西洋公约组织航天研究与发展顾问组（AGARD）推进与含能材料专家小组（PEP）对固体火箭发动机羽流特征信号分类及低特征信号推进剂分类标准的问题进行了探讨，从四个方面对固体火箭羽流特征信号进行了定义，分别是一次烟、二次烟、电磁辐射和微波特性。

（1）一次烟

一次烟是固体火箭发动机排气羽流中的凝聚相颗粒成分。一次烟通常随燃烧气体一起从喷管出口平面排出，它同时呈现出吸收、反射和散射紫外线、可见光或红外线的三重能力，因而很容易被检测。其相应的光学值主要取决于颗粒粒子的数量、大小和种类。

一次烟可能来自阻燃层、绝热层的裂解，或者来自与燃气接触的发动机其他部件，但最主要的来自推进剂自身，因为一般固体推进剂可能含有燃速调节剂、不稳定燃烧抑制剂、无机盐类的火焰抑制剂以及大量的金属固体燃料。例如，在含铝的复合固体推进剂中，形成一次烟雾的固体颗粒主要是氧化铝（直径一般为 $0.1 \sim 3 \ \mu m$），它在低于2 315 K的温度下为固态。

其他化学产物在离发动机喷管喉部的更远处凝聚，如铅、铜、钾及其氧化物所产生的亚微粒子。从衰减观点来看，这样大小的粒子会引起非常显著的可见光和红外光的吸收和散射。

碳和烟炱粒子主要是由燃烧室材料（衬层、绝热层等）裂解形成的，其粒子大小随着在燃烧室中滞留时间的增加而增大，在喷管出口处的碳粒子粒径一般在 $10^{-3} \sim 10^{-2} \ \mu m$，因而对较短波长的电磁波造成较大衰减。端面燃烧药柱燃烧时产生大量的该类一次烟，如采用聚酯阻燃剂，在双基推进剂燃气的加热下要损失 3% 的质量，这样数量的烟炱足以使导弹的尾烟被探测到。

（2）二次烟

二次烟亦即发动机羽流后部悬浮的微小液滴，是排气羽流与大气相互作用的结果。相对于一次烟而言，二次烟形成相对滞后几秒，在这几秒钟时间内排气羽流与大气相互混合，可凝聚成分达到饱和蒸气压后凝聚生成液滴，悬浮于大气中的无数液滴形成了二次烟。二次烟主要是复合固体推进剂中的 AP 和含氟组分燃烧分解后在羽流中生成极易形成酸雾的 HCl 和 HF 所致。例如，当复合固体推进剂的 AP 含量大于 60％时，会由于大量二次烟的生成而形成很浓的雾。相反，在 AP 含量较低的交联改性双基（含能粘合剂＋HMX）推进剂燃烧时观察到的烟却是半透明的，且由于某些添加剂的存在而难以与一次烟相区别。

二次烟的发生频率取决于推进剂配方组成和导弹的工作气候环境。表 2-21 为法国研究人员根据气候变化，对两种推进剂的二次烟的发生频率作了比较。

表 2-21　推进剂二次烟的发生频率

季节	在巴黎蒙苏里（Montsouris）二次烟的发生频率/％	
	82％AP 复合推进剂	15％AP 交联改性双基推进剂
春	30	17
夏	19	4
秋	50	25
冬	64	40
年均	40	21

（3）电磁辐射

固体推进剂组分燃烧后在火箭发动机羽流中形成的产物可能会因能级跃迁而发出具有一定波长的电磁辐射信号，或者强烈吸收特定波长的电磁信号，成为可探测和识别的信号源。根据波长不同，一般将这些辐射信号分为紫外（100～400 nm）、可见光（400～700 nm）、红外（700 nm～14 μm）和毫米波辐射。

推进剂羽流的红外辐射，来源于它所包含的凝聚相微粒和气体分子，其辐射强度与温度的四次方成正比。排气中的凝聚相颗粒主要有 Al_2O_3 和其他金属化合物，有时还含有未完全燃烧的碳粒。气体分子的红外辐射强度与其极性有关，极性越强，红外辐射强度越高。

此外，燃气中含有的 CO 和 H_2 等未完全燃烧的产物，在排出发动机喷管之后与空气剧烈混合形成可燃混合物，发生二次燃烧，形成高温明亮的尾焰，导致发动机排气羽焰面积增大，红外辐射大幅度增加。

（4）微波特性

固体火箭发动机羽流会对微波（包括毫米波）信号产生多种干扰效应，主要包括对微波信号的吸收衰减、散射衰减，以及失真、衍射、折射效应，而且高温羽流还会产生毫米波辐射（辐射信号），这将对微波制导导弹的制导跟踪、连续发射和识别探测等方面带来较大影响。这些干扰效应定义为固体推进剂羽流的微波特性。

固体推进剂排气羽流对微波信号的衰减与自由电子密度和电子碰撞频率有关。排气羽流中自由电子的密度和活动受许多因素的影响，包括推进剂配方、推进剂中的碱性杂质、排气温度、发动机尺寸、燃烧室压强、飞行速度和高度，以及喷管出口的距离。但最主要的因素是推进剂配方组成，例如推进剂配方中铝、碱金属含量的增加均能在很大程度上增加衰减量。

2.8.2 羽流特征信号分类

2.8.2.1 羽流特征信号的分类方法[147]

羽流特征信号在固体发动机点火工作后才能显现出来，而推进剂又是影响羽流特征信号的主要因素，因此需要在推进剂研制阶段就对其特征信号进行初步估计。

20世纪80年代中期，国际上将推进剂分为有烟（smoke）、少烟（reduced smoke）、微烟（minimum smoke）和无烟（smokeless）四类。分类的目的主要是对推进剂配方进行一定的限制，见表2-22。

表 2-22 早期固体推进剂烟雾特性分类法

类别	一次烟	二次烟	配方限制
无烟	极少	无	无铝粉、高氯酸铵，燃气中凝聚类成分含量极低
微烟	极少	低密度且偶尔发生	铝粉含量极少或无，高氯酸铵含量小于20%，燃气中凝聚类成分含量很低
少烟	少	有	允许使用高氯酸铵，燃气中凝聚物含量低
有烟	有	有	无限制

显然，这种分类法对推进剂产生的烟雾性质缺乏定量的描述，在工程实际应用中时有歧义发生。因此，北约航天研究与发展顾问组提出了一种较为科学的定量分类法，称为 AGARD 分类法。

AGARD 分类法是在推进剂热力学计算基础上，分别计算出一次烟的阻光率（AGARDP）和形成二次烟时的相对湿度（AGARDS），然后根据 AGARDP 和 AGARDS 的值（各分为 A，B，C 三级）再进行组合分类，按分析结果将推进剂分成 9 类。如某推进剂一次烟为 A 类，二次烟为 C 类，则该推进剂羽流特征的综合评定为 AC 类。表 2 - 23 为 AGARD 分类界限值。

表 2 - 23　AGARD 分类界限值

类号	AGARDP	AGARDS
A	$\leqslant 0.35$	>0.9
B	$0.35\sim 0.9$	$0.52\sim 0.9$
C	>0.9	$\leqslant 0.52$

按照 AGARD 分类法，推进剂总烟雾等级被分为 AA～CC 共 9 个级别，其中 AA，AB（AC，BC）和 CC 分别对应于无（微）烟推进剂、少烟推进剂和有烟推进剂。该分类标准的核心就是根据烟雾的不同组成和形成机理将固体推进剂烟雾分为一次烟和二次烟，使烟雾测试和评估大为简化，首次确定了推进剂烟雾分类的定量标准。

目前，美国低（微）特征信号推进剂的分类依据主要是陆军 MICOM 所定义的羽流可见、红外和激光透过率应大于 90% 的标准，尽管看起来与北约标准有所不同，但本质上是一致的，都是以固体推进剂羽流对各种入射信号的透过率大小为基本依据，其低（微）特征信号推进剂与北约的微烟推进剂（AB 级）应属同类。

2.8.2.2　AGARD 分类值的理论计算方法

（1）计算方法假设条件

①热力学计算条件

热力学计算的目的是给出固体火箭发动机喷管出口平面上各种

燃烧产物（含气相和凝聚相成分）的质量分数和物质的量分数，在计算中做如下假设：

1）燃烧室工作压强：$p_c = 7.07$ MPa；

2）喷管出口压强：$p_e = 0.101\ 3$ MPa；

3）喷管中燃气流动为绝热移动平衡流。

②计算一次烟透过率时的条件

为计算一次烟透过率（T_r），采用如下简化公式

$$T_r = \exp\left[-\sum_i (100 M_{P_i} N_i / S_{G_i})\right] \qquad (2-133)$$

式中　M_{P_i}——第 i 种凝聚相物质的质量分数；

　　　S_{G_i}——第 i 种凝聚相物质的密度（g/cm³）。

其中

$$N_i = (3QL/2D_{32})_i \qquad (2-134)$$

式中　Q——平均消光系数；

　　　L——含颗粒光路的长度；

　　　D_{32}——体积-表面平均粒径。

对于来源于多分散颗粒云透射率的计算，可进一步假设，即

$$N_i \equiv 1.0$$

则式（2-133）变为

$$T_r = \exp\left[-\sum_i (100 M_{P_i} / S_{G_i})\right] \qquad (2-135)$$

③处理二次烟时的条件

在处理二次烟时进行了如下假设：

1）燃气与周围的空气等温混合，燃气浓度稀释至原始浓度的千分之一；

2）环境条件：$P = 0.101\ 3$ kPa，$T = 273.15$ K。

（2）AGARD 分类值的计算流程和方法

AGARD 分类值的计算流程分为三步：第一步是完成发动机热力学计算，即在热力学计算的假设条件下计算出喷管出口平面上燃气各种成分的质量分数和物质的量分数；第二步是利用式（2-135）

计算出一次烟的透过率，然后利用式（2 - 136）计算出分类值 AGARDP；第三步是确定在处理二次烟时的假设条件下，形成二次烟所必需的相对湿度（RH_{amb}），并以其定义分类值 AGARDS。

其中

$$AGARDP = 1 - T_r \qquad (2 - 136)$$

$$AGARDS \equiv RH_{amb} \qquad (2 - 137)$$

为了确定 RH_{amb} 的值，通常采用如下两种方法。

①方法一

首先计算出稀释后的 HCl（或 HF）的分压 P_{HCl}

$$P_{HCl} = 1.013\,25 f_{HCl} \qquad (2 - 138)$$

式中　P_{HCl}——HCl 的分压；

　　　f_{HCl}——HCl 的物质的量分数。

然后，利用图 2 - 68 查出减压因子 k，并将其带入下式计算 RH_{amb}

$$RH_{amb} = 100(k - 0.165\,89 \times f_{total}) \qquad (2 - 139)$$

式中　f_{total}——喷管喷出的燃气中可凝聚物质（H_2O，HCl，HF）的总物质的量。

f_{total} 可由式（2 - 140）计算

$$f_{total} = f_{H_2O} + f_{HCl} + f_{HF} \qquad (2 - 140)$$

式中　f_{H_2O}——喷管喷出的燃气中水的物质的量；

　　　f_{HCl}——喷管喷出的燃气中氯化氢的物质的量；

　　　f_{HF}——喷管喷出的燃气中氟化氢的物质的量。

②方法二

利用热力学计算得到的结果 f_{H_2O}，f_{HCl}（或 f_{HF}），从图 2 - 69 中直接查出形成二次烟的相对湿度，并直接查得次级烟分类号。

2.8.3　固体火箭推进剂排气羽流特征信号的影响因素[30,148-149]

2.8.3.1　一次烟的影响因素

（1）固体推进剂组成中的无机物

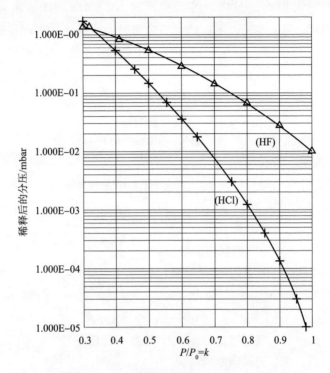

图 2 - 68　酸/水蒸气平衡减压因子（273 K）

　　复合固体推进剂中，一般都添加铝粉作为高能添加剂，通常还需加入 Fe、Cu、Pb、Cr 等金属氧化物或其衍生物作为燃烧调节剂，这些金属成分燃烧时都会生成金属氧化物的烟雾。另外，有些粘合剂（如聚硫橡胶）自身也能生成烟雾，有些聚合物的固化催化剂是 Fe、Cu 等金属的衍生物，这些物质综合作用就会产生严重的烟雾。

　　（2）燃烧过程中未分解的物质和固体颗粒

　　固体推进剂组成中氧含量越低、不易分解的物质含量越高，则生成烟雾的可能性也越大。如在双基推进剂中苯二甲酸二丁酯、石蜡、中定剂等含量越高，则推进剂组成中的氧便不足以将其中的碳原子氧化，这样就可能产生未完全分解的有机物和未氧化的碳粒，从而形成烟雾。

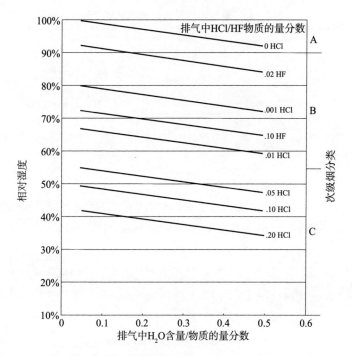

图 2-69　饱和相对湿度和次级烟分类极限

（3）点火药燃烧生成物中的固体粒子

在火箭/导弹或炮射武器中，固体推进剂要发挥其作用必须用点火药或传火药来点燃，而点火药和传火药在燃烧时也会产生一些固体粒子，从而产生一定量的烟雾。

（4）装药结构中其他附件生成的微粒

在装药结构中，除推进剂外其他附加物几乎都是缺氧物质或低熔点的金属物质，因此都是产生烟雾的因素。在火箭发动机燃烧室中阻燃包覆层、绝热层、衬层等在燃烧中都会生成大量的烟雾。因此要研制低特征信号的固体火箭发动机，不仅要考虑推进剂的设计问题，同时也要考虑点火药和包覆层等的影响。

推进剂组分及相应的凝聚相产物如表 2-24 所示。

表 2 - 24　推进剂组分及相应的凝聚相产物

推进剂中含有的化合物	燃气中凝聚相产物
铝粉或铝化合物	Al_2O_3
AP 等氯物	HCl
铅、铜、铁等催化剂	PbO、CuO、FeO 等金属氧化物
难熔稳定剂（TiO_2、ZrC 等）	TiO_2、ZrC 等未反应物
推进剂贫氧	碳粒

2.8.3.2　二次烟的影响因素

火箭/导弹发动机内固体推进剂燃烧产生的高温燃烧产物能够在燃烧室、喷管和羽流中冷凝，形成均质或非均质的冷凝核，如氧化铝、积炭、铅盐等；同时绝热层、衬层和包覆层也可能产生一定量的固体碎片，而燃烧产物中的 H_2O、HF 或 HCl 气体达到一定条件时可以在这些固体颗粒的基础上冷凝而生成二次烟。影响二次烟生成的典型燃气成分如表 2 - 25 所示。

表 2 - 25　典型固体推进剂的燃气成分

固体推进剂种类	理论燃气成分/mol				
	CO	H_2	H_2O	HCl	HF
AP - 碳氢化合物	13	6	42	20	—
HMX - NC - 硝基增塑剂	6	15	20	—	—
AP - HMX - NC - 硝基增塑剂	23	17	23	4	—
HMX - 碳氢化合物	30	1	5	—	16
NC - 硝基增塑剂	37	26	9	—	—

2.8.3.3　排气羽流产生二次燃烧的影响因素

二次燃烧产生的火焰强度与固体推进剂的性质、装药的特点、武器构造以及外界气候等有关。

（1）固体推进剂性质的影响

固体推进剂燃烧时的气体中 H_2 和 CO 的含量越高，则越易形成二次燃烧的火焰（特别是 H_2，因其发火点低并易引起连锁反应）。

但也不是所有能生成大量 H_2 和 CO 的推进剂都能产生二次火焰，因为引起连锁反应必须要有一定的温度和压强。而固体推进剂的爆热越高，越容易产生火焰。

固体推进剂成分中各种不同性质的附加物也对火焰有很大的影响。某些低活性的爆炸物（如硝基胍）和惰性物质（如中定剂、草酸铵）等，能改变推进剂燃烧生成的气体成分和温度。某些金属及其氧化物或盐类在燃烧反应中能起到催化作用而形成火焰。而一些碱金属或碱土金属的盐类由于其金属原子外层电子易丢失而使燃烧中连锁反应中断，阻碍 H_2 和 CO 与 O_2 的反应，因此具有消焰作用；其消焰能力的顺序为：钾盐＞钠盐＞铯盐＞铷盐。

（2）装药结构的影响

固体推进剂的形状、尺寸、装填密度和点火性能都对火焰的强度有影响。例如，推进剂的燃烧层厚度小、形成减面燃烧、装药的点火能力强、装填密度大等，都能减少火焰的产生。

（3）火箭/导弹性能的影响

火箭/导弹的弹道特点和构造对火焰的大小也有影响。例如，固体推进剂的燃烧气体在发动机喷管中的膨胀越充分，则产生火焰的强度越小。

（4）外界气候条件的影响

发射阵地的气温、气压、湿度、风速等对火焰有影响。适当的风能加速推进剂燃气和氧气的混合过程。潮湿空气中的少量水分有助于 H_2 和 CO 的点燃和燃烧，但雨天或湿度很大时就难于生成火焰。气温越高、气压越大，越能促进 H_2 和 CO 的燃烧。

综上所述，影响火焰强度的因素主要取决于固体推进剂的组成，其次与导弹及其装药条件以及气候条件有关。固体推进剂能量越高、燃烧过程中未完全氧化的成分越多、装药量越大，发动机排出燃气的压强越大、温度越高，加上适当的气候条件，便越容易出现火焰。

2.8.3.4　羽流微波衰减特性的影响因素

目前，业已证明引起微波衰减的主要因素是燃气单位体积中的自由电子数，而自由电子是由分子及原子电离产生的。燃气中最容易电离产生自由电子的是碱金属原子，它们的含量即使很小（例如约100 mg/kg）也会使微波产生很大的衰减，如图 2-70 所示。

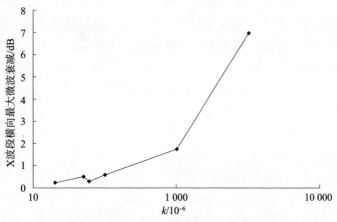

图 2-70　钾含量对 X 波段雷达衰减的影响

铝的电离能（6.0 eV）虽然不算小，但由于在复合推进剂中铝粉加入量较多（一般大于 10%），因此铝粉对微波的衰减作用也很明显。表 2-26 为总固体含量为 87% 的某 HTPB 复合固体推进剂配方中不同铝粉含量对羽流微波衰减的影响。

表 2-26　HTPB 推进剂铝含量对微波衰减的影响

配方代号	铝含量/%	电子浓度 N/（电子数/cm^3）	衰减值/（dB/cm） X 波段	衰减值/（dB/cm） Ku 波段	比冲/（N·s/kg）
84-62	18	$8.35×10^{10}$	0.26	0.14	2 221
84-63	12	$3.25×10^{10}$	0.12	0.08	2 189
84-64	8	$2.30×10^{10}$	0.09	0.05	2 152
84-65	4	$0.37×10^{10}$	0.014	0.008	2 108

2.8.4 降低固体火箭羽流特征信号的途径和措施

降低火箭/导弹系统特征信号，需减少羽流中烟雾和火焰的生成及辐射的产生，其特征信号可以通过多种手段进行控制，但其中最关键的是使用低特征信号推进剂；同时在进行发动机设计时，对点火具、包覆层、隔热层、衬层等的无烟性也应予以考虑。

2.8.4.1 减少一次烟的途径

要减少一次烟，主要应减少装药燃烧产物中的碳、无机盐、金属及其氧化物的颗粒，以及未完全分解的有机物。主要应考虑如下因素。

（1）固体推进剂配方组成

尽可能减少推进剂配方中的各种金属燃料添加剂，以及降低金属盐燃速调节剂和燃烧稳定剂的用量，进而可减少燃烧产物中金属氧化物的生成，从而减少一次烟的生成。

选择适当的配方氧平衡系数，增大推进剂中含氧成分，可抑制游离碳的生成。尽量减少推进剂组分中的无机物质，使组分尽量简单均一，以及少用或不用低活性或不易分解的物质等，均可减少一次烟的生成。

（2）装药结构

选用无烟火药作为点火药，要求绝热层、衬层在发动机工作过程中不燃烧、不碎裂，或燃烧时烟雾尽量少。装药中的弹道调节剂、消焰剂等各附加元件的使用必须慎重适当，合理地协调部组件之间的相互影响等，亦可减少一次烟的生成。

（3）确保全部装药的正常燃烧

合理地设计点火药与传火药系统，确保全部装药在一定的点火热量和压强下同时点燃，并在低温低压下能正常燃烧，也有利于减少一次烟的生成。

2.8.4.2 减少二次烟的技术途径

减少二次烟主要采取以下技术途径。

（1）固体推进剂配方设计

如果能在排气羽流中除去可凝结的物质，就可以避免二次烟的生成。但这在一般情况下是无法实现的。一般要获得微（无）烟推进剂的配方，必须除去或减少 AP 的含量，以消除或减少 HCl 气体的生成，减少可凝结物质的数量。

固体推进剂配方中的 AP 是产生冷凝核的主要因素，AP 含量越高，冷凝核也越多。如果推进剂配方中含 20% 的 AP，其晶核数要比不含 AP 的配方增加一个数量级（大约由 5×10^{10} S/cm^{-2} 增至 5×10^{11} S/cm^{-2}）；当 AP 含量为 87% 时，其晶核数又增加一个数量级。显然，减少这些晶核的数量及减小粒度分布则会减少二次烟的生成。如果晶核粒度都比冷凝所需的气相平衡时的液滴半径（r^*）小，则二次烟就完全不会生成。

研究表明，在无烟的 XLDB 推进剂配方中加入 5% 的 AP 后，生成二次烟的水平从 A 级降至 B 级，从无烟推进剂变为少烟推进剂。因此，在推进剂配方中不用或少用 AP、含氟增塑剂及含氟聚合物等物质，采用无卤素氧化剂，以硝酸盐类或硝胺炸药代替含卤素的氧化剂，如使用相稳定的硝酸铵（PSAN）、ADN、CL‐20 等新型含能氧化剂全部或部分替代 AP，同时采用聚醚、聚酯类的含能粘合剂 GAP、PNMMO 等代替含氟聚合物，可以有效地避免二次烟的生成。

（2）导弹和推进剂系统设计

二次烟生成的主要因素是由于 H_2 的补燃所形成的附加水。采用多喷管或导弹舵与周围空气迅速混合，可以减少所生成的二次烟。

（3）过引晶技术

采用干燥剂，如氯化钙或氯化钡，可使羽流通过引晶的方法抑制二次烟的生成。如果通过引晶法可使液滴缩小，则散射系数会减小，从而降低激光衰减和羽流反差。

2.8.4.3　减少羽流中二次火焰的途径

抑制发动机排气羽流的二次燃烧是低特征信号推进剂的关键技术之一。抑制二次燃烧主要是从降低燃气的温度、减小发动机排气中可燃气体的浓度、抑制或中断二次燃烧的链式反应等方面考虑，目前采取的主要技术途径是化学抑制法。

在固体推进剂中加入惰性物质，如中定剂、松香、苯二甲酸二丁酯、草酸铵等，可以降低推进剂燃气的温度，使其与空气混合后达不到发火点，难以形成二次燃烧；同时，降低排气羽流的温度还有利于抑制其对微波的衰减程度。此外，加入低热值含氮多的物质，如硝基胍、三氰胺等，可以降低推进剂燃气中的 H_2 和 CO 的浓度，也可抑制二次燃烧的形成。

加入抑制剂或消焰剂是减少二次燃烧的另一种有效手段。二次燃烧抑制剂主要包括碱金属盐（主要是钾盐），如 K_2SO_4、KNO_3、$KHCO_3$、$K_2C_2O_4$ 等无机钾盐，以及邻苯二甲酸钾、硬脂酸钾、山梨酸钾、六羟基锑酸钾等有机钾盐；铵盐，如 $(NH_4)_2CO_3$、NH_4HCO_3 等；胺类，如草酰胺等；有机金属化合物，如 $Pb(C_2H_5)_4$、$Fe(CO)_5$ 等；此外还有有机卤化物。

钾盐抑制二次燃烧的化学机理是：首先通过反应生成气态的 KOH，利用 KOH 与 H· 和 ·OH 反应来终止 CO 和 H_2 二次燃烧的链锁反应。

作为抑制剂，钾盐虽然能减少二次燃烧，但它的加入量应以达到火焰抑制的阈值为度，因为过多的钾盐会增加排气的一次烟量，以及导致羽流中电子浓度增加使微波衰减增大。

最有效的钾盐品种选择及其最小量的确定是研制中的第一个技术难点。虽然排气火焰的有效抑制基团是 K^+，但由于不同类型的钾盐其燃烧产物不同，燃气快速通过喷管膨胀时生成的钾凝相粒子大小以及气相钾的性能不同，因此钾盐的类型影响抑制的效率。

添加剂的加入方法是研制中的另一个技术难点。大多数钾盐对推进剂的化学安定性影响不大，是可以使用的。但某些钾盐可能与燃烧催化剂相互作用改变推进剂的燃速和平台特性。此外，钾盐在推进剂母体中的分散方法也影响其火焰抑制效率。因此，对于与燃烧催化剂有相互作用、破坏平台效应的钾盐，需研究其使用工艺方法。

2.8.4.4　降低羽流微波衰减的途径

降低羽流微波衰减的途径包括：

1）不使用电离能低的碱金属作为推进剂组分，且要控制推进剂原材料中碱金属杂质（尤其是 K、Na）含量，以减少无线电波衰减。

2）推进剂配方中添加电子捕获剂。燃气中的自由电子是影响微波衰减的主要因素，因此在燃气中引入亲电子物质，即可"捕获"电子而使微波的衰减减少。卤素的电子亲合能较大，在配方中加入卤化物（例如氟化铁或氟化物）可以减少燃气对雷达制导的干扰。

所选用的电子捕获剂至少应含有一种活性元素，该元素一般选自元素周期表 IB、ⅢA、ⅣA、ⅤB、ⅥB、ⅦB 和Ⅷ族，如 Cu、B、Sn、Pb、V、Cr、Mo、W、Mn、Fe、Co 和 Ni。较好的化合物是 $CoSnO_3 \cdot 2H_2O$、$(NH_4)_2Cr_2O_7$、$K_2Cr_2O_7$、$CuCr_2O_7$、$PbCrO_4$、B_4C、BN、MoO_3、$V_2(SO_2)_5$ 等，也可选用氧化钨、氯化钨、氟化钨、氧化锰、高锰酸盐、氧化铁、氧化镍和硫酸镍等。

将电子捕获剂引入发动机排气羽流的方法包括：

1）将其混入推进剂中；

2）将其与绝热层、包覆层或喷管相结合，通过高温热侵蚀作用进入排气中；

3）将其单独置于燃烧室，用烧融法引入排气中；

4）将其配成液体，高压匀速喷入发动机中。

由于这些添加剂具有"捕获"电子的能力，以及能与某些碱金属形成稳定的化合物，自由电子在被加速之前就被"捕获"，犹如沿着排气羽流边界形成一个活性元素的屏蔽护套，因而能有效地减少对电磁波的衰减。电子捕获剂对微波衰减的影响如表 2-27 所示。

表 2 - 27　电子捕获剂对微波衰减的影响

配方体系	添加剂	衰减/（dB·cm^{-1}）	加入方式
HTPB 推进剂 （AP=78%，Al=10%）	—	0.40	混合法
	2.1% VOSO$_4$	0.06	
	2.1%（NH$_4$）$_6$MO$_4$O$_{24}$	0.11	
	3.1%（NH$_4$）$_6$W$_4$O$_{13}$	0.08	
	3.1%Fe（NO$_3$）$_3$	0.15	

2.8.5　羽流特征信号的表征参数和测试评估方法

2.8.5.1　羽流特征信号的表征参数

为了评估在实战中羽流的危害，需要定量地描述羽流的特性。固体火箭发动机排气羽流是一种复杂的现象，它的特征不仅与发动机设计、推进剂组成有关，还与飞行条件（速度和高度）、大气环境（如温度、湿度等）等诸多因素有关。因此，不应简单地利用羽流的某些单项性质（如其流动特性、化学组成等）对羽流特性进行描述，而应采用羽流的综合效应进行表征。羽流特征信号分为三类：烟特征、辐射特征和微波性质。表 2 - 28 给出了羽流特征及表征参数。

表 2 - 28　羽流特征及表征参数

分类	烟特征	辐射特征	微波性质
表征参数	透过率	光谱辐射强度	微波衰减
		谱带辐射强度	边带噪声
	能见度	辐射强度	雷达有效截面

2.8.5.2　羽流特征信号的测试评估方法[146,150]

羽流特征信号评估的目的是确定现有系统特征信号的可接受程度，以及改进后羽流特征信号的变化。

（1）一次烟的测试和评估

一次烟的测试和评估工作主要包括三个方面：一是对固体推进剂和各发动机组件分别进行测试评估，最后对装配好的发动机整体进行测试；二是一次烟理论模型预估；三是将制导操作对一次烟特征信号的要求转化成可以通过实验测试来确定的发动机羽流特征信号参数指标。在这三项工作中，第三项工作难度较大。

一次烟测试的具体项目主要包括可见度和透明度。目前，由于技术问题，可见度还不能直接测得。透明度测试主要包括信号透过率静态测试和凝聚相颗粒粒径及粒径分布、粒子形状的测试等。羽流中固体粒子的粒径、粒径分布、粒子浓度及形状等参数不仅影响一次烟的信号透过率，而且还影响到羽流的电磁辐射、微波性能及二次烟的生成，在羽流特征信号表征和建模评估工作中需重点关注。

排气羽流透过率直接关系到光学制导系统的性能，是制导领域科技人员十分关注的参数。透过率定义为光束穿越烟云前后光束强度比，即

$$T = I/I_0 \times 100\% \qquad (2-141)$$

式中　T——透过率（％）；

　　I_0——入射光束强度（$W \cdot sr^{-1}$）；

　　I——穿越烟云后光束强度（$W \cdot sr^{-1}$）。

透过率的测量分为横向测量和纵向测量两种方式。前者测量轴线与羽流轴线垂直，后者两条轴线相交成一定角度（典型值为 4°）。横向测量特别适合于进行推进剂的相对比较、阻燃层的评估等，而且横向测量因其只占用很小的一段羽流，允许开展其他的光学测量。纵向测量在评估烟雾特征时更接近导弹制导的实际情况，而且它可以区分近乎透明的羽流，即透过率为 90％～100％的微烟推进剂。

目前，测试一次烟的光学信号透过率主要采用 3 种方法。

①密闭式环境试验箱法

密闭式环境试验箱法——烟箱法，是一种主要用于评估推进剂配方羽流特性的静态试验装置（如图 2-71 所示），具有调节和控制试验环境气候条件的能力，尤其可以通过控制温度、湿度条件来抑制二次烟的生成，以便单独测试一次烟。该设施除了适合于进行信号透过率测试以外，也可在该设施中安装更多的测试设备（如透射

信号光谱、烟雾粒径分布及粒子散射特性测试设备等），可同时进行
其他特征信号项目的测试。

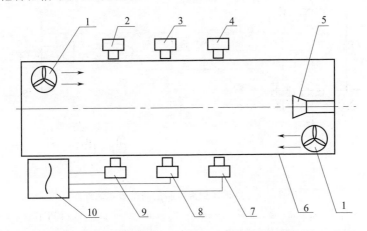

图 2-71　烟箱法羽流光学透过率测试装置原理图

1—风扇；2—激光光源；3—可见光光源；4—窄带红外光源；5—发动机；
6—密闭烟箱；7—窄带红外探测器；8—可见光探测器；9—激光探测器；10—记录设备

②风道式烟雾试验法

风道式烟雾试验法是评价固体推进剂特征信号的试验设施——
风道式烟雾设施（如图 2-72 所示），但采用该方法测试时所测试发
动机推力不能过大。

③开放式自由喷射试验法

开放式自由喷射试验法（设施）主要用于评估火箭发动机整体
的烟雾性能，经过一些特殊的处理也可用于评估推进剂和绝热包覆
材料配方的性能。

（2）二次烟

二次烟测试所采用的方法、实验设施及所测试的物理参数与一
次烟测试基本相同，主要有环境试验箱法、开放式静态发动机自由
喷射试验法和火箭发动机自由飞行试验法。

1）环境试验箱法。可采用密闭式环境试验箱法——烟箱法等。

2）开放式静态发动机自由喷射试验法。一般任何正规的静态测

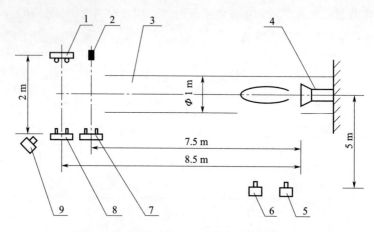

图 2-72　风道式烟雾试验法测试装置原理图

1—近红外、可见光、激光光源；2—黑体；3—风道；4—发动机；5—CPE 图像采集；
6—热像仪；7—中、远红外接收器；8—近红外、可见光、1.06 μm激光传感器；9—摄像机

试设施都可以进行二次烟的评估测试，但风、地形对测试结果有较大影响。

3）火箭发动机自由飞行试验法。影响该法测试结果的因素较多，如飞行弹道、观测方向等。

前两种方法主要是在控制一定试验条件下采用各种照相机、视频记录仪、透射仪、羽流粒径分布计数仪等测量相关数据，后一种方法主要是通过肉眼观察是有烟还是无烟。相对而言，环境试验箱法比较规范、数据重现性好，但与火箭发动机工作的实际工作环境相差很大，比较适合于评估推进剂配方。后两种方法恰好相反，适合于最终评估火箭发动机在接近实际情况下的二次烟性能。二次烟的生成受环境因素的影响，因此二次烟的测试与评估需要严格限定试验条件。

（3）羽流电磁辐射

测试羽流电磁辐射信号的仪器主要包括测试特定波长区间内辐射强度的辐射仪，测试羽流辐射强度与波长函数关系的光谱仪，记录羽流辐射强度和羽流几何形状的成像装置等。此外，也可采用 W-

Rh 热电偶测试火箭发动机羽流的温度分布。羽流电磁辐射的测试试验主要有 4 种方法。

1）露天静态地面点火试验。该方法费用低，测试技术易于实施。但该法与火箭发动机真实飞行情况相差太大，适于进行推进剂配方和包覆层的评估测试。该方法也可以用于建立静态理论预估模型时获得试验数据。

2）在模拟高空条件的大型真空试验设施内进行静态试验。目前，采用该法已可以模拟30 km以下的高空大气条件。

3）模拟火箭飞行的测试。采用该法可获得更真实的羽流性能数据，但仍不能代表真实飞行情况。目前，已有可以模拟从海平面至25 km高空，从亚声速到 $Ma = 3$ 飞行速度的试验设施。

4）真实飞行试验。该法一般是通过固定或移动的观测设备进行。该方法费用高，而且目前在测试仪器和技术上仍存在较大困难。

（4）羽流微波性能

对于固体推进剂及火箭发动机羽流微波性能的测试与评估主要通过四个层次的试验进行，包括：

1）海平面静态测试。对于推进剂微波性能的评估和测试以及为建模获取试验数据的试验主要在此层面进行。

2）模拟飞行状态的风洞或滑橇试验。

3）模拟高空条件的真空箱试验。

4）飞行试验。该试验测试的项目主要包括羽流对微波信号的吸收、衰减、散射以及羽流微波辐射性能等。但一般很少进行该项试验，因为在导弹真实飞行条件下难以获得测试数据。

（5）羽流成分分析

排气羽流中所含的各种化学成分及含量与羽流的特征信号特性密切相关，虽然可以通过许多理论模型的计算获得这些数据，但从验证各种模型的准确性以及修正模型参数的目的出发，对这些化学成分进行实时测试是很有必要的。

参 考 文 献

[1] 邢继发. 世界导弹与航天发动机大全. 北京：军事科学院出版社，1999.

[2] 张炜，朱慧. 固体推进剂性能计算原理. 长沙：国防科技大学出版社，1996.

[3] KUO K K，SUMMERFIELD M. 固体推进剂燃烧基础（上，下）. 北京：宇航出版社，1988.

[4] BECKSTEAD M W. Overview of combustion mechanism and flame structures for advanced solid propellants. Progress in Astronautics and Aeronautics，AIAA，2000，185：267-287.

[5] LENGELLE G，DUTERQUE J，TRUBERTJ F. Physical - chemical mechanism of solid propellant combustion. Progress in Astronautics and Aeronautics，AIAA，2000，185：287-323.

[6] CHARLES H. Investigation of high pressure burning characteristics of composite solid propellants. Talley Industries Incorporates，1977.

[7] BECKSTEAD M W. Recent progress in modeling solid propellant combustion.

[8] KUMAR R N. Combustion of nitramine propellants. Combustion and Flame，1975，20（3）：182-187.

[9] ZENIN A，FINJAKOV S. Compare on combustion characterization of HMX and RDX. 37th ICT，2006：118.

[10] ZENIN A. Study of combustion mechanism of new polymer/oxidizer mixtures. Technical Report，European Research Office of US Army，Contract N 68171-01-M-5482，2002.

[11] 王伯羲. 火药燃烧理论. 北京：北京理工大学出版社，1997.

[12] KUO K K，THYNELL S T，BRILL T B，YANG V，LITZINGER T A. Ignition，combustion and kinetics of energetic materials. Final Report，ADA357836，1998.

[13] 张淑慧，胡波，孟雅桃. 推力可控固体火箭发动机应用及发展. 固体火

箭技术，2002，25（4）：12-15.

[14] 徐温干．固体火箭发动机推力大小调节的发展．推进技术，1994，15（1）：39-44.

[15] 张仁．固体推进剂的燃烧与催化．长沙：国防科技大学出版社，1992.

[16] 庞爱民．高能硝胺推进剂燃烧性能研究．长沙：国防科学技术大学研究生院，1998.

[17] ZENIN A. Study of combustion mechanism of nitramine - polymer mixtures. Inal Technical Report，ADA383263，2000.

[18] 陈福泰，谭惠民，等．降低 NEPE 推进剂燃速压强指数研究．固体火箭技术，1999，22（4）：31-34.

[19] 冯增国，侯竹林，等．NEPE 推进剂燃速催化剂选择及其对燃烧性能的影响．含能材料，1995，3（1）：1-5.

[20] 李静峰，司馥铭．NEPE 推进剂燃烧性能调节技术研究．含能材料，2002，10（1）：4-9.

[21] 吴芳，王世英，庞爱民．降低 NEPE 推进剂燃速的途径探讨．固体火箭技术，2002，25（2）：48-51.

[22] 潘文达．碳黑对低燃温双基平台推进剂燃烧性能的影响．固体火箭技术，1996，19（2）：37-40.

[23] BOTCHER T R，WIGHT C A. Explosive thermal decomposition mechanism of RDX. Journal of Physics and Chemistry，1994，98：5441-5444.

[24] 王瑛，孙志华．NEPE 推进剂燃烧机理研究．火炸药学报，2000，23（4）：23-27.

[25] 赵凤起，李上文．NEPE 推进剂的热分解研究（Ⅰ）——粘合剂的热分解．推进技术，2002，23（3）：249-251.

[26] ROOS B D，BRILL T B. Thermal decomposition of energetic materials 82：correlations of gaseous products with the composition of aliphatic nitrate esters. Combustion and Flame，2002，128（1）：181-190.

[27] FITZGERALD R P，BREWSTER M Q. Flame and surface structure of laminate propellants with coarse and fine ammonium perchlorate. Combustion and Flame，2004，136（2）：313-326.

[28] KUBOTA N. Combustion mechanism of HMX. Propellants，Explosives，Pyrotechnics，1989，14（1）：6-11.

[29] 侯林法，张春森，周学刚，等. 复合固体推进剂. 北京：宇航出版社，1994.

[30] A 达维纳. 固体火箭推进剂技术. 北京：宇航出版社，1997.

[31] 曹茂盛，黄龙男，陈铮. 材料现代设计理论与方法. 哈尔滨：哈尔滨工业大学出版社，2002.

[32] 彭培根，刘培谅，张仁，等. 固体推进剂性能及原理. 长沙：国防科学技术出版社，1987.

[33] 杨可喜. 复合固体推进剂和胶粘剂的固化剂交联范围. 推进技术，11 (3)：49 - 54.

[34] 冯亚青，王利军，陈立功，等. 助剂化学及工艺学. 北京：化学工业出版社，1997.

[35] 曾甲牙. 固体填充剂对推进剂力学性能的影响. 固体火箭技术，2001, 25 (1)：46 - 50.

[36] OBERTH A E. Principle of strength reinforcement in filled rubbers. Rubber Chemistry and Technology，1967 (40)：1337.

[37] 吴留仁. 颗粒填充高分子复合材料的力学性能. 固体火箭技术，1990, 13 (3).

[38] 张海燕. 中性聚合物键合剂改善高能固体推进剂力学性能的机理分析. 飞航导弹，1995，9：38 - 40.

[39] 杜磊，邓剑如，李洪旭. 表界面化学原理在复合固体推进剂中的应用. 推进技术，2000，21 (1)：64 - 66.

[40] 赵雁来，何森泉，徐长德. 杂环化学导论. 北京：高等教育出版社，1992.

[41] 安红梅，李建军. 键合剂在固体推进剂中的应用. 火炸药学报，1998, 2：47 - 51.

[42] 刘学. 复合固体推进剂用键合剂的种类及其作用机理. 含能材料，2000，8 (3)：135 - 139.

[43] DERMER O C，HAM G E. Ethylene imine and other aziridines. Chemistry and Applications，1969.

[44] HASEGAWA K，TAKIZUKA M，et al. Bonding agents for AP and nitramine/HTPB composite propellants. AIAA - 83 - 1199.

[45] KIM C S，et al. Development of neutral polymeric bonding agents for

propellants with polar composites filled with organic nitramine crystals. Propellant Explosives Pyrotechnics，1992 (17)：38 - 42.

[46] GODSEY J H，et al. Binder system for cross link double base propellant. US 5468311，1995.

[47] ZIMMERMAN G A，KISPERSKY J P，et al. Embrittlement of propellant containing nitrate ester plasticizers. AIAA - 82 - 1099.

[48] 沈鸿宾，译. 硝胺类高能复合固体推进剂的新型键合剂－中性聚合物键合剂. 推进技术，1994 (4)：84 - 87.

[49] 王亚平，王北海. 环境湿度及拉伸速度对 HTPB 推进剂伸长率的影响. 含能材料，1998，6 (2)：59 - 64.

[50] 郑高飞，亢一澜，富东慧，等. 湿度与时间因素对高分子材料力学性能影响. 中国科学，2004，34 (11)：23 - 28.

[51] 胡福增，郑安呐，张群安. 聚合物及其复合材料的表界面. 北京：中国轻工业出版社，2001.

[52] 封朴. 聚合物合金. 北京：机械工业出版社，1997.

[53] KARNER H C. Microscopic and macroscopic interface investigation in solid polymer systems. Proceedings of Joint Conference：1993 International Work on Electrical Insulation 25th Symposium on Electrical Insulating Materials，Japan，1993，37 - 42.

[54] 姚维尚，吴文辉，戴健吾，等. 硝胺推进剂界面键合的表征. 推进技术，1995，16 (3)：57 - 62.

[55] HORI K，et al. FTIR spectroscopic study on the interaction between ammonium perchlorate and bonding agents. Propellant Explosives Pyrotechnics，1990 (15)：99 - 102.

[56] 沈希，岳国粹. 丁羟推进剂中复合键合剂的作用机理研究. 推进技术，1991，2：66 - 72.

[57] BRODMAN B W. Hydrogen bonding of HMX and RDX to unesterified hydroxyl groups in nitrocellulose. J. Appl. Polym. Sci. ，1976，20.

[58] HASEGAWA K. Bonding agents for AP and nitramine/HTPB composite propellant. AIAA - 1199.

[59] HORI K，IWAMA A. FTIR spectroscopic study on the interaction between ammonium perchlorate and bonding gents. Propellants Explosives Pyrotechnics，

1990，15：99-102.

[60]　KIM C S. The mechanism of filler reinforcement from addition of neutral polymeric bonding agents to energetic polar propellants. Propellants，Explosives，Pyrotechnics，1992，17.

[61]　WU S. Polymer interface and adhesion. New York：Marcel Deckker Inc. ，1982.

[62]　YEE R Y. Surface properties of HMX crystal. AD - A 094821.

[63]　COWEY K. Examination of wax - coated RDX by scanning electron microscopy and X - ray photoelectron spectroscopy. Propellants，Explosives，Pyrotechnics，1985，10.

[64]　Li S. An investigation of interfacial interaction in PBX. Presented at 21st International Conference of ICT，107 - 1，Karlsruhe，West Germany，1990.

[65]　潘碧峰，张磊，罗运军，等．树形键合剂包覆 RDX 及其相互作用研究．推进技术，24（5）：470-473.

[66]　姚维尚，戴健В．偶联剂与 HMX 的界面作用．中国复合材料学会树脂基复合材料专业委员会第二届全国界面工程研讨会，1991.

[67]　ROTHON R. ．Particulate - filled polymer composites. 北京：世界图书出版社，1997：92-106.

[68]　DRAGO R S，WAYLAND B A. Double - scale equation for correlating enthalpies of lew is acid base interactions. Am. Chem. Soc. ，1965，87：3571-3577.

[69]　巴塔查里亚．金属填充聚合物性能和应用．杨大川，刘美珠，译．北京：中国石化出版社，1992.

[70]　庞爱民．用动态分析法表征复合固体推进剂偶联剂的作用效果．固体火箭技术，1997，20（1）.

[71]　CHIN A，ELLISON D S. Cartridge actuated device（CAD）service life determination and extension by microcalorimetry. 29th International Pyrotechnics Seminar，2002.

[72]　过梅丽．高聚物与复合材料的动态力学热分析．北京：化学工业出版社，2002.

[73]　HO S Y，FONG C W. Correlation between fracture properties and dynamic mechanical relaxation in composite propellant. Polymer，1987，28：739.

[74]　GURSON A L. Continuum theory of ductile rupture by void nucleation and growth//Yield criteria and flow rules for porous ductile media. J. Eng. Mater. Tech. , 1977, 99: 2 - 15.

[75]　TVERGAARD V. Effects of nonlocal damage in porous plastic solids. Int. J. Solids Struct. , 1995, 32: 1063 - 1077.

[76]　NEEDLEMAN A, RICE J R. Limits to ductility set by plastic flow localization. USA: Springer, 1978: 237 - 267.

[77]　BUDIANSKY B, O' CONNELL R J. Elastic moduli of a cracked solids. Int. J. Solids Struct. , 1976.

[78]　KACHANOV M I. Mech. Mater. , 1982, 1: 19 - 28.

[79]　KACHANOV M I. Mech. Mater. , 1982, 1: 29 - 40.

[80]　LAWS N, BROCKENBROUGH J R. The effect of Micro - crack systems on the loss of stiffness of brittle solids. Int. J. Solids Structure, 1987, 23 (9): 123 - 137.

[81]　NEMAT - NASSER S, HORI M. Micro mechanics: overall properties of Heterogeneous materials. Elsevier, The Netherland, 1993.

[82]　周建平, 李爱丽, 等. 含裂纹弹性体的应力应变关系. 力学学报, 1994, 26 (1).

[83]　KRAJCINOVIC D. Appl. Mech. , 1983, 50: 335 - 345.

[84]　BAZANT Z P. Mechanics of distributed cracking. Appl. Mech. Rev. , 1986, 39.

[85]　GENT A N. Detachment of an elastic matrix from a rigid spherical inclusion. J. Mater. Sci. , 1984, 19: 1947 - 1956.

[86]　BANERJEE B, ADAMS D O. Micromechanics - based determined of effective elastic properties of polymer - bonded explosives. Physical B. , 2003, 338: 8 - 15.

[87]　LIN X H. KANG Y L. Identification of interfacial parameters in a particle reinforced metal matrix composite Al 6061 - 10% Al$_2$O$_3$ by hybrid method and genetic algorithm. Computational Materials Science, 2005, 32: 47 - 56.

[88]　MATOUS K, GEUBELLE P H. Multiscale modeling of particle debonding in reinforced elastomers subjected to finite deformations. International Journal for Numerical Methods in Engineering, 2006, 65: 190 - 223.

[89]　邢修三. 脆性断裂的统计理论. 物理学报, 1966, 22: 487.

[90]　HUANG Z P, CHEN J K, LI H L, et al. A constitutive model of a particle reinforced viscoelastic composite material with debonded microvoids. Proceeding of IUTAM Symposium on Rheology of Bodies with Defects. Nethlands: Kluwer Academic Publishers, 1999, 133.

[91]　王建祥，陈健康，白树林. 基于损伤演化的共混/填充高聚物体系本构关系研究进展. 复合材料学报，19 (6): 1 - 7.

[92]　彭威. 复合固体推进剂弹性损伤本构模型的细观力学研究. 长沙：国防科学技术大学，2001.

[93]　MARK J E. Four-center photopolymerization in the crystalline state. Advance Polymer Science. 1982, 44: 1.

[94]　KIM C S, et al. Improvements in the stress – strain behavior of urethane rubbers by bimodal network formulation. J. Applied Polymer Science, 1986, 32: 3027.

[95]　KIM C S. Propellants, Explosives and Pyrotechnics, 1992 (17): 38.

[96]　魏焕曹. 无机填料浓度对端羟基聚丁二烯弹性体的影响. 推进技术，1989，5.

[97]　徐馨才. 复合固体推进剂单向拉伸力学模型研究. 宇航学报，1995，16 (2): 20 - 25.

[98]　庞爱民. 复合固体推进剂过渡相（中间相）力学模型. 推进技术，1998，19 (5): 97 - 102.

[99]　AIMIN P, JIAN Z. The generalized cross link point model for composite solid propellants and its application. ICT 2005, 35th: 63.

[100]　KIAGE K, ROGERS C J, SMITH P L. Rheology of composite solid propellant during motor casting. International Jahrestagung, ICT, West Germany, 1978: 141 - 160.

[101]　ERISKEN C, ÖCMEZ A G. Modeling and rheology of HTPB based composite solid propellants. Polymer Composites, 1998, 19 (4): 463 -472.

[102]　TEIPEL U, FÖRTER – BARTH U. Rheology of nano – scale aluminum suspensions. Propellant, Explosives, Pyrotechnics, 2001, 26: 268 - 272.

[103]　TEIPEL U, FÖRTER – BARTH U. Rheological behavior of nitromethane gelled with nanoparticles. Journal of Propulsion and Power, 2005, 21:

40 -43.

[104] KALYON D M，YARES P，ARAL B，et al. Rheological behavior of a concentrated suspension//A solid rocket fuel stimulant. Rheology，1993，37 (1)：35 - 53.

[105] 周持兴. 聚合物流变实验与应用. 上海：上海交通大学出版社，2003.

[106] CHENG DH，EVANS F. Phenomenological characterization of the rheological behavior of inelastic reversible thixotropic and antithixotropic fluids. Appl. Phys. ，1965，16：1599 - 1617.

[107] 郑强，赵铁军. 多相多组分聚合物动态流变行为与相分离的关系. 材料研究学报，1998，12 (3)：225 - 232.

[108] 董琦琼. 粒子填充高密度聚乙烯复合体系形态结构与动态流变行为. 杭州：浙江大学，2005.

[109] 肖杨华. 颗粒级配优化研究－滚动级配法. 推进技术，1993，4 (4)：60 - 67.

[110] LARIMER M H，RAKES S L，SIDES J R. Mixtures for processing composite solid propellants. AIAA，1968：68 - 539.

[111] MUTHIAH R M，KRISHNAMURTHY V N. Rheology of HTPB propellant//Effect of solid loading，oxidizer particle size and aluminum content. Journal of Applied Polymer Science，1992，44：2043 - 2052.

[112] 徐佩弦. 高聚物流变学及其应用. 北京：化学工业出版社，2003.

[113] BROWNELL R M，BIDDLE R A，BLACK R E，et al. Temperature and humidity aging studies on low flame temperature propellants. AIAA - 1971 - 664 - 658：1971.

[114] 池旭辉，彭松，等. NEPE 推进剂湿老化特性研究. 含能材料，2009，17 (2)：236 - 240.

[115] FRANCIS E C，BREITLING S M，CARLTON C H. Strain damage effects on chemical aging. J. Spacecraft，1980，17 (1)：63 - 64.

[116] MYERS G E. Chemical structural aging effects. ADA 000 538：1974.

[117] LYTON L H，CHRISTIANSEN A D. Effect of aging - strain on propellant mechanical properties. AIAA 79 - 1245：1979.

[118] 杜磊，彭松，王鸿范. HTPB 推进剂动态力学响应常温段松弛转变物理本质. 推进技术，1995，(5)：72 - 77.

[119] 王鸿范，罗怀德. 定应变对丁羟推进剂老化作用初探. 固体火箭技术，1997，20（2）：37-42.

[120] 鲁国林，罗怀德. 定应变下丁羟推进剂贮存寿命预估. 推进技术，2000，21（1）：79-81.

[121] COST T L，WEEKS G E，MARTIN D L. Service life analysis of rocket motors with internal gas generation. AIAA/SAE/ASME 17th Joint Propulsion Conference，AIAA，1981：1546.

[122] AUSTRUY H，RAT M. Gas generation in double-base and crosslinked double-base propellant. ADPA Symposium，Long Beach，Ca.，1986：27-29.

[123] 罗善国，等. 推进剂组分对聚醚聚氨酯粘合剂热降解的影响-（Ⅰ）硝酸酯增塑剂的影响，推进技术，1999，20（2）.

[124] 罗善国，等. 推进剂组分对聚醚聚氨酯粘合剂热降解的影响-（Ⅱ）固体填料和助剂的影响，推进技术，1999，20（3）.

[125] GJB 770B-2005　火药试验方法.

[126] CHRISTIANSEN A G，LAYTON L H，CARPENTER R L. HTPB propellant aging. J. Spacecraft 1981，18（3）：211-215.

[127] LYTON L H，CHRISTIANSEN A G. Effect of aging-strain on propellant mechanical properties. AIAA 79-1245：1979.

[128] LYTON L H. Chemical structural aging effects on an HTPB propellant. ADA 010731：1975.

[129] LYTON L H. Chemical structural aging effects. ADA 002836：1974.

[130] WATERMAN C S. Solid propellant aging studies. ADA 030335：1976.

[131] OLSON D B，GILL R J. Propellant aging research. ADA 179814：1986.

[132] RUSSAKOV L S，WHALLEY L A. Accelerated aging testing of energetic components：a current assessment of methodology. AIAA 2000-3646.

[133] United States Air Force. Eastern and western range safety requirements （EWR 127-1）. 45th Space Wing and 30th Space Wing，1995.

[134] MOSES S A. Accelerated life test for aerospace explosive components. MDAC Paper WD 1657，Presented at Seventh Symposium on Explosives and Pyrotechnics，Philadelphia，Pennsylvania，1971.

[135] 张昊，等. 固体推进剂贮存寿命非破坏性评估方法（Ⅰ）-老化特征参

数监测法. 固体火箭技术, 2005 (4).

[136] 张昊, 等. 固体推进剂贮存寿命非破坏性评估方法 (II) -动态力学性能主曲线监测法. 固体火箭技术, 2006 (3).

[137] 张昊, 等. 固体推进剂贮存寿命非破坏性评估方法 (Ⅲ) -预测残留寿命延寿法. 固体火箭技术, 2006 (4).

[138] 张昊, 彭松, 庞爱民. 固体推进剂应力和应变与使用寿命关系. 推进技术, 2006, 27 (4): 372 - 375.

[139] 庞爱民. HTPB 聚氨酯弹性体动态力学性能研究. 固体火箭技术, 1999, (1): 42 - 45.

[140] 丁汝昆, 唐承志. 丁羟推进剂加速老化中动态弹性模量与力学性能的变化. 推进技术, 1998, 19 (3): 86 - 88.

[141] 杨根, 彭松, 张峰涛, 等. 固体推进剂动态储能模量主曲线计算应力松弛模量. 推进技术, 2010, 31 (5): 581 - 586.

[142] 罗怀德, 王鸿范, 鲁国林, 等. 复合固体推进剂定应变测试研究. 固体火箭技术, 1998, 21 (3): 74 - 78.

[143] BROWING S C, et al. MX stage Ⅲ - A review of the design entering full scale engineering development. AIAA 80 - 1184.

[144] 张昊, 罗怀德, 杜娟. 线性活化能法预估推进剂贮存寿命研究. 固体火箭技术, 2002, 25 (2): 56 - 58.

[145] 罗怀德, 张昊, 杜娟. 固体推进剂使用寿命快速预测探索研究. 固体火箭技术, 2000, 23 (1): 31 - 35.

[146] 莫红军, 王宇飞. 固体火箭发动机羽烟特征信号的分类及测试评估概述. 固体火箭技术, 2004, 3 (2): 229 - 232.

[147] Terminology and assessment methods solid propellant rocket exhaust signature. AGARD - AR - 287, 1993.

[148] 张瑞庆, 等. 固体火箭推进剂. 北京: 国防工业出版社, 2008.

[149] 李凤生, 等. 新型火药设计制造. 北京: 国防工业出版社, 2008.

[150] Rocket motor plume technology. AGARD - LS - 188, 1993.

第3章　复合固体推进剂品种及性能

3.1　概述

从 1942 年帕森斯（Parsons）发明沥青推进剂，到 20 世纪 80 年代末期 NEPE 高能推进剂在多种战略导弹中得到应用，在不到 50 年的时间里，复合推进剂得到了快速发展。表 3 - 1 给出了复合推进剂的发展进程及主要推进剂品种。显然，在复合推进剂的发展过程中，粘合剂品种的更新换代是发展标志，能量性能的提高是发展主线。从早期采用的非固化型的沥青推进剂、PVC 推进剂，到采用固化型的聚硫橡胶推进剂，复合推进剂经历了第一次大的变革，即从基于塑性材料的早期复合推进剂向基于橡胶材料的现代复合推进剂的转变，推进剂比冲也由 GALCIT 53 推进剂的 1 568 N·s/kg（160 s）左右提高到 1 960 N·s/kg（200 s）水平。聚合物材料由含羟基化合物代替了含羧基化合物是复合推进剂第二次大的变革。虽然含羧基粘合剂的推进剂经历了 PBAA、PBAN、CTPB 三个发展阶段，羧基官能团的位置也由在分子链中的无规分布发展到只联结在分子链的两端，但都不能与羟基官能团只联结在分子链两端的聚醚、聚酯和聚丁二烯等含羟基粘合剂相比。含羟基粘合剂的网络结构规整性及能够实现的固体填料含量，都达到了采用真空浇注制造工艺的复合推进剂最高水平。通过引入 HMX 炸药并将固体含量提高到 89％以上，使复合推进剂的比冲提高到 2 420 N·s/kg（247 s）的水平。复合推进剂与双基推进剂的交叉融合则是复合推进剂第三次大的变革。通过在聚醚粘合剂中引入双基推进剂中的含能硝酸酯增塑剂，同时引入 HMX 等高能炸药组分，使 NEPE 高能推进剂的比冲提高到

2 499 N·s/kg（255 s）的水平。同时，大剂量硝酸酯增塑显著降低了复合推进剂固体含量，很好地解决了高固体含量提高力学性能的难题，也改善了推进剂药浆的工艺性能。

表 3 - 1　复合推进剂的发展历程及主要推进剂品种

早期复合推进剂	沥青推进剂（1942 年）
	PE 推进剂（1947 年）
	PVC 推进剂（1950 年）
现代复合推进剂	PS 推进剂（1950 年）
	PBAA 推进剂（1952 年）
	PBAN 推进剂（1957 年）
	CTPB 推进剂（1959 年）
	PU 推进剂（1954 年）
	HTPB 推进剂（1961 年）
	NEPE 推进剂（1980 年）

综上所述，在复合推进剂的发展历程中，以粘合剂特征为标志，可以将复合推进剂分为早期的沥青推进剂、PE 推进剂、PVC 推进剂，以及现代复合推进剂。现代复合推进剂又可以分为含双硫键聚合物的聚硫推进剂、含羧基聚合物推进剂和含羟基聚合物推进剂三类。其中含羧基聚合物推进剂可以分为 PBAA 推进剂、PBAN 推进剂和 CTPB 推进剂。含羟基聚合物推进剂又可以分为 PU 推进剂、HTPB 推进剂和 NEPE 推进剂。

除此之处，由于不同的应用领域对动力装置的需求千差万别，相应地，为满足不同用途开发的复合推进剂在性能和组成方面也存在明显差异。因此，也可以按照复合推进剂的应用领域和组成特点来进行推进剂的分类。

复合推进剂的能量性能是战略导弹研制关注的焦点。因此，复合推进剂的最新技术进展总是优先用于战略导弹发动机。在复合固体推进剂发展历程中，虽然早期的战略导弹也使用过诸如 PBAN 推进剂、CTPB 推进剂，但目前固体战略导弹用推进剂品种只有

HTPB 推进剂和 NEPE 推进剂两类。

与战略导弹主要用于威慑目的不同，战术武器系统更多考虑的是用于实战。从现代战争的特点和武器装备的更新换代考虑，实现远程打击也是战术武器系统永恒的追求目标，这一点与战略导弹要求是相同的。但战术武器系统自身的特点决定了对目标的精确打击和使用安全性也是非常重要的。无烟或微烟等低特征信号要求对战术导弹的精确制导和跟踪目标非常关键，对保证己方发射阵地的安全也很重要。而低易损性要求则是针对现代战争中打击敌方、保存自己的使用要求提出的，考虑的是弹药在正常使用下能够实现预期的功能，而当受到非预期的外界刺激时，不会发生比燃烧更剧烈的反应，以减少由此带来的二次危害，这对坦克、舰船等作战平台的安全至关重要。

大部分的战术武器系统均在地球大气层内工作。这一特点给战术武器系统提供了提高射程的新途径，即战术武器的动力装置也可以利用空气中的氧气参与燃烧过程，建立类似航空发动机那样的吸气式推进装置。固体冲压火箭工作过程中，冲压燃烧室内的高燃速推进剂首先燃烧，对火箭进行加速；然后，再将空气引入冲压燃烧室内，与由富燃料推进剂燃气发生器产生的燃气在冲压燃烧室内掺混燃烧，加热空气流，并从喷管喷出产生推力。显然，冲压火箭用富燃料推进剂的主要目的是提供加热过的富燃燃料，这一点与固体发动机用推进剂存在显著差别。因此，富燃料推进剂也是一类重要的复合推进剂品种，其特点是含有较多的金属粉，主要用于体积受限的中、远程空空导弹。

运载火箭为了提高起飞推力，普遍采用了大推力的固体助推器，其主要特点就是单台发动机推进剂装药量大，如美国航天飞机的两台固体助推发动机，推进剂装药量达到了600 t。因此，该类用途的推进剂面临的主要问题是高可靠、低成本和燃气洁净。低成本或燃气洁净成为大型固体助推器用推进剂的新需求，洁净推进剂也因此成为新的推进剂品种。

除了上述根据推进剂用途和组成特点对复合推进剂进行分类外，还可以根据固体发动机对推进剂性能的要求进行分类。例如，与通常采用的贴壁式装药设计结构不同，采用自由装填装药结构要求推进剂不容易变形，因而要求采用高强度推进剂；对于短时大推力要求的固体发动机，需要采用高燃速推进剂；而对于长时间巡航要求的固体发动机，则需要采用低燃速推进剂。此外，根据燃速压强指数的高低，还可以分为平台（麦撒）推进剂和高燃速压强指数推进剂等。

上述分类方法将复合推进剂分为低特征信号推进剂、低易损性推进剂、富燃料推进剂、洁净推进剂、高强度推进剂、高燃速推进剂等，只是强化了复合推进剂在某一方面的特殊性，并不能降低对推进剂其他性能的要求。例如低特征信号推进剂，如果按能量要求仍可以分为中能低特征信号推进剂和高能低特征信号推进剂，按燃速要求也可以分为低燃速低特征信号推进剂和高燃速低特征信号推进剂，按粘合剂品种可分为 HTPB 低特征信号推进剂和 NEPE 低特征信号推进剂。因此，根据复合推进剂用途进行分类的方法并没有实际意义，只是用于描述复合推进剂的特点，强调该类推进剂的与众不同。

考虑到复合推进剂组成复杂，在内容的编排上，本章仍以传统的按粘合剂品种分类方法为主线，重点介绍目前在用的 HTPB 复合固体推进剂和高能固体推进剂的组成特点和性能设计。同时，也遵循习惯分类方法，从应用角度介绍包括低特征信号推进剂、富燃料推进剂、洁净推进剂和低易损推进剂在内的几种特殊用途复合推进剂的特点及其性能设计。

3.2　HTPB复合固体推进剂

3.2.1　HTPB 推进剂应用与发展[1-2]

自从聚硫推进剂首次引入聚合物交联反应以来，复合推进剂技术完成了由早期推进剂向现代推进剂的转变，同时也将复合推进剂技术的发展与合成化学工业的发展紧密结合起来。20 世纪 50 年代，许多新合成的功能聚合物被引入到复合推进剂中。

　　1953 年，美国航空喷气公司以在塑料和泡沫领域中得到快速发展的聚氨酯为基础，率先发展了一种基于二异氰酸酯和三元醇以及线性预聚物二醇之间进行交联反应的 PU 推进剂。1961 年，航空喷气公司就在小型火箭发动机上演示了 HTPB 推进剂，但因推进剂低温力学性能差及预聚物的供应等问题而中断了 HTPB 推进剂的研究工作。1965 年以后，由于数均相对分子质量大于 2 000 的 HTPB 预聚物可以作为商品出售，美国的 HTPB 推进剂研究工作又活跃进来。特别是大西洋富田公司（ARCO）生产出 R－45M 型 HTPB 预聚物后，极大地促进了 HTPB 推进剂的研究工作。由其制得的推进剂成本低、性能好，尤其是在高固体含量（可达到 90%）下仍具有较好的工艺性能和力学性能。因此，自 20 世纪 70 年代以来，HTPB 推进剂得到了迅速发展，不仅美国的固体推进剂研制生产单位竞相转向 HTPB 推进剂的研究，开展了大量用 HTPB 推进剂取代其他推进剂品种的工作，其他国家如英国、德国、日本、印度、中国等都在新研制的火箭发动机中选用了 HTPB 推进剂。

　　早期 HTPB 推进剂采用的固化剂普遍选用了 TDI，主要原因是其成本低且容易获得。但自 20 世纪 70 代中期后，则普遍改用了 IPDI。航空喷气公司在为直径达 6.6 m 的大型固体助推器研制比 PBAN 推进剂更高固体含量和成本更低的高性能 HTPB 推进剂时，曾对比研究了 TDI 固化剂、IPDI 固化剂和 DDI 固化剂。与 TDI 固化剂相比，采用 DDI 固化剂的推进剂工艺性能和力学性能没有任何改进，采用 IPDI 固化剂的推进剂粘度稍有改进，但从成本考虑最终仍选用了 TDI 固化剂。锡奥科尔公司在为近程攻击导弹（SRAM）发动机论证比 CTPB 推进剂使用寿命更好的 HTPB 推进剂时，通过比较采用 IPDI 固化剂与采用 HDI 固化剂的推进剂力学性能和老化性能，最终选用了 IPDI 固化剂。

美国联合工艺公司早期曾对 HTPB 推进剂、PBAN 推进剂和 CTPB 推进剂进行了详细的比较。归纳出 HTPB 推进剂的主要优点包括：

1）由于 HTPB 聚物的本体粘度小，HTPB 推进剂的工艺性能明显优于 PBAN 推进剂和 CTPB 推进剂。

2）由于 HTPB 聚物的固化体系好，副反应少，在相同固体含量条件下，HTPB 推进剂的力学性能明显优于 PBAN 推进剂和 CTPB 推进剂。

3）由于采用 HTPB 预聚物可制得高固体含量推进剂，HTPB 推进剂的比冲和密度比冲较 PBAN 推进剂可提高 4%。

4）燃速可调节范围大。在高固体含量下，不需要采用降低比冲或其他性能的燃速抑制剂，标准压强下的推进剂燃速可达到 5.6 mm/s；采用超细氧化剂 AP 和高效燃速催化剂卡托辛，标准压强下的推进剂燃速可达到127 mm/s。

此外，HTPB 推进剂也存在一些问题需要改进，归纳起来包括推进剂力学性能的重现性问题、拉伸曲线的脱湿问题，以及高固体含量时推进剂药浆的适用期问题等。在 K·克莱格（K. Klager）和 A·E·奥伯思（A. E. Oberth）等许多专家和研究人员的共同努力下，通过深入、系统的研究工作，采用高效键合剂和工艺助剂等技术途径，较好地解决了所存在的问题，使得 HTPB 推进剂迅速取代了其他种类的复合推进剂，在 20 世纪 70 年代新研制的导弹和火箭中得到了广泛应用，如 SRAM 采用了固体含量为 86% 的高燃速 HTPB 推进剂；联合工艺公司与法国欧洲推进公司合作的空间发动机、锡奥科尔公司的各类航天用固体发动机普遍采用了含 HMX 炸药的 HTPB 推进剂，有的固体含量达到了 89.7%；1979 年开始研制的陆基机动式洲际弹道导弹和平卫士的第一级和第二级固体发动机，均采用了高固体含量的 HTPB 推进剂。

经过 50 多年的发展，HTPB 推进剂的综合性能得到了全面验证，技术趋于成熟，至今仍是各类战术、战略导弹和航天发动机优先选用的推进剂品种。如陆基固定式洲际弹道导弹民兵－3延寿后，全面换装了HTPB推进剂；标准、爱国者系列防空导弹系统也都采用了HTPB推进剂。

3.2.2　HTPB推进剂组分与作用[3]

与早期的复合推进剂一样，HTPB推进剂也是由多种满足不同使用要求的材料通过复杂的混合过程和化学反应形成的高固体填充的粘弹材料。除构成粘弹材料基体的HTPB预聚物和二异氰酸酯类固化剂外，推进剂中含量最高的是AP氧化剂和金属燃料铝粉。其他组分还包括用于调节网络结构和改善推进剂力学性能的扩链剂、交联剂、键合剂、增塑剂；用于调节和控制燃烧性能的燃速催化剂、燃速抑制剂，降低压强指数和温度敏感系数的燃烧添加物；用于提高能量性能的高能添加剂，包括金属氢化物、硝胺类炸药，如HMX、RDX等；用于改善贮存老化性能的防老剂；用于改善推进剂药浆工艺性能的工艺助剂、表面活性剂、稀释剂等。

3.2.2.1　HTPB预聚物

端羟基聚丁二烯（hydroxyl－terminated polybutyldiene）其分子通式为

$$HO \leftarrow CH_2CH = CHCH_2 \xrightarrow{}_m \leftarrow CHCH_2 \xrightarrow{}_n OH$$
$$| \\ CH = CH_2$$

HTPB是构成聚合物弹性体的基础物质，通过与固化剂反应形成交联网络结构，赋予推进剂特定的形状，并能够承受一定的载荷作用。

合成HTPB预聚物的方法有自由基聚合、阴离子活性聚合、高聚物降解和端基转化等，得到广泛应用的主要是自由基聚合法合成的HTPB预聚物。

表3－2给出了几种国外HTPB预聚物的性能指标。表3－3给出了锡奥科尔公司使用的R－45M型HTPB预聚物的接收标准。为了防止HTPB预聚物在贮存过程中发生老化降解，通常在HTPB预

聚物中加入了酚类防老剂。表 3 - 4 给出了美国军用规范 MIL - 9 - 82809 （OS）《含防老剂的 HTPB 预聚物》规定的物理化学性能。

表 3 - 2　国外 HTPB 预聚物的性能指标

HTPB 预聚物商品名称		JSR	R－45M	R－45HT
合成方法		离子聚合	自由基聚合	自由基聚合
聚合物类型		均聚物	均聚物	均聚物
粘度/ （Pa·s）		5.5 （25 ℃）	5.0 （30 ℃）	5.0 （30 ℃）
羟值/ （mmol·g^{-1}）		0.63	0.75～0.80	0.70
数均相对分子质量		3 160	2 670	2 800
平均官能度		2.0	2.2～2.5	—
密度/ （g·cm^{-3}）		0.90	0.90	0.90
微观结构	顺式/%	23.7	20	20
	反式/%	20.7	60	60
	乙烯基/%	48.5	20	20
备注		日本合成橡胶公司	美国大西洋富田化学公司	

表 3 - 3　锡奥科尔公司 R－45M 型 HTPB 预聚物的接收标准

项目		最小值	最大值	验收结果
水分/%		—	0.1	0.083
羟值/ （mmol·g^{-1}）		—	0.70	0.748
过氧化物/%		—	0.10	0.064
Fe 含量/%		—	0.01	＜0.01
密度/ （g·cm^{-3}）		0.87	0.92	0.092
粘度 （30℃） / （Pa·s）		4.0	7.0	6.1
数均相对分子质量		—	—	3 274
平均官能度		—	—	2.45
微观结构	顺式/%			19.0
	反式/%			58.12
	乙烯基/%			22.88

表 3 - 4 含防老剂的 HTPB 预聚物理化性能

项　目	最小值	最大值
羟值/（mmol·g^{-1}）	0.70	0.80
过氧化物（以 H_2O_2 计）/%	—	0.05
水分/%	—	0.1
粘度（30℃）/（Pa·s）	4.0	6.0
密度/（g·cm^{-3}）	0.87	—
Fe 含量/%	—	0.01
防老剂含量/%	0.70	1.30

表 3 - 5 给出了国产 HTPB 预聚物的性能指标。与国外 HTPB 预聚物数均相对分子质量只有 3 000 左右相比，国产 HTPB 预聚物按相对分子质量分成了 I 型、I 型-改、II 型、III 型、IV 型等规格，最为常用的 I 型 HTPB 预聚物数均分子量达到了 4 000 左右。

表 3 - 5 国产 HTPB 预聚物的性能指标

项目	羟值/（mmol·g^{-1}）	过氧化物质量分数（以 H_2O_2 计）/%	水质量分数/%	粘度（40℃）/（Pa·s）	数均相对分子质量（×10^3）（VPO）	挥发物质量分数/%
I 型	0.47～0.53	≤0.040	≤0.050	≤9.5	3.80～4.60	≤0.50
I 型-改					4.00～4.60	
II 型	0.54～0.64			≤8.5	3.30～4.10	
III 型	0.65～0.70	≤0.050		≤4.0	3.00～3.60	≤0.65
IV 型	0.71～0.80			≤6.0	2.70～3.30	

注：VPO 为蒸气压渗透法。

3.2.2.2 固化剂

固化剂的作用是通过与粘合剂体系中的各种活性官能团反应生成交联的高分子网络结构。因此，作为固化剂必须含有两个以上的活性官能团。如果预聚物为两官能团，则必须选用具有三个以上活性官能团的固化剂，或三个以上官能团的交联剂和两个活性官能团的固化剂。如果预聚物为两官能团以上，则只需两官能团的固化剂。

在表 3 - 3 和表 3 - 5 所示的 HTPB 预聚物中，采用自由基聚合的 HTPB 预聚物的平均官能团多于两个，因此只需两官能团的固化剂即可实现交联固化。而对于离子聚合的 HTPB 预聚物，其官能团只有两个，因此必须加入含三官能团以上的交联剂，如三乙醇胺、三羟甲基丙烷等，当然也可采用具有三官能团以上的多异氰酸酯固化剂。

HTPB 推进剂通常采用自由基聚合的 HTPB 预聚物，一般选用两官能团的 TDI 固化剂即可实现交联固化。由于 TDI 的反应活性较大，推进剂药浆的使用期较短，也可选择反应活性较小的 IPDI，HDI，DDI 等固化剂。

TDI 是一种芳香族的二异氰酸酯固化剂。根据—NCO 基团在苯环上的位置不同，分为 2，4 - 甲苯二异氰酸酯（2，4 - TDI）和 2，6 - 甲苯二异氰酸酯（2，6 - TDI）两种异构体。根据 2、4 位和 2、6 位两种异构体在产品中的比例，可将 TDI 固化剂分为 65/35、80/20 和 100 三种规格。由于空间位阻的关系，室温下 TDI 中对位上的—NCO 基团比邻位上—NCO 基团反应活性大 8～10 倍。随着温度升高，邻位上—NCO 基团反应活性增加比对位上的—NCO 基团快，到 100 ℃时，两者的活性基本相同。

IPDI 是一种脂环族的二异氰酸酯固化剂，学名为 3 - 异氰酸酯甲基 - 3，5，5 - 三甲基环己基异氰酸酯。在一个环己烷的结构上同时连接三个甲基，使得 IPDI 与 HTPB 预聚物相溶性较好，有利于化学反应的匀速进行；两个异氰酸酯基一个直接连接在脂环上，另一个连接在亚甲基上，使得两个异氰酸酯基具有不同的反应活性，有利于控制化学反应速度的同时，也使 IPDI 具有顺、反两种构象异构体。这种构象异构体的存在，不仅能避免反应生成的聚氨酯形成单一、规整的结构，而且也使得固化剂在贮存过程中不会发生类似 TDI 固化剂的结晶现象。

IPDI 固化剂的这种特殊结构，既不同于芳香族的 TDI 固化剂（由于苯环结构使其—NCO 基反应活性比 IPDI 中—NCO 基活性大

10 倍），也不同于脂肪族的 DDI 固化剂（由于脂肪链而缺乏足够的刚性）。因此，以 IPDI 作固化剂的 HTPB 推进剂与以 TDI 或 DDI 作固化剂的 HTPB 推进剂相比，具有药浆适用期长、抗拉强度高，力学性能和工艺性能重现性好等许多优点，成为 HTPB 推进剂的首选固化剂。自 20 世纪 70 年代中期以来，国外 HTPB 推进剂几乎全部采用了 IPDI 作固化剂。表 3 - 6 给出了美国军用规范 MIL - C - 85498（AS）《固化剂 DDI 和 IPDI》规定的理化性能。表 3 - 7 给出了美国军用规范 MIL - C - 82813（OS）《固化剂 IPDI》规定的理化性能。

表 3 - 6　美国 MIL - C - 85498（AS）规定的 DDI 和 IPDI 固化剂性能指标

项目	DDI 固化剂		IPDI 固化剂	
	最小值	最大值	最小值	最大值
—NCO 含量/%	13.50	14.30	37.1	37.8
水分/%	—	0.02	—	—
pH 值	5.0	6.5	5.0	7.0
可水解氯含量/%		0.05		0.02

表 3 - 7　美国 MIL - C - 82813（OS）规定的 IPDI 固化剂性能指标

项目	最小值	最大值
—NCO 含量/（$mmol \cdot g^{-1}$）	8.85	9.05
水分/%	—	0.02
密度（25 ℃）/（$g \cdot cm^{-3}$）	1.050	1.070
粘度（30 ℃）/（$mPa \cdot s$）	9.89	12.9
Fe 含量/%	—	0.002
可水解氯含量/%	—	0.02

国内 HTPB 推进剂普遍使用的固化剂仍然是 TDI，只在含硝胺炸药的高固体含量推进剂，低铝含量的少烟推进剂及高燃速推进剂中使用了 IPDI 固化剂。表 3 - 8 给出了国产 TDI 固化剂的性能指标。

表 3 - 8　国产 TDI 固化剂的性能指标

项目名称	Ⅰ 型	Ⅱ 型
总异氰酸酯/%	≥99.0	≥99.0
水解氯/%	≤0.01	≤0.01
总氯/%	≤0.04	≤0.04
结晶点/℃	5.0~6.0	12.5~13.5
色度（Hazen）	≤50	≤50
密度（20 ℃）/（g·cm^{-3}）	1.21~1.23	1.21~1.23
折光率 n_D^{20}	1.564~1.568	1.564~1.568
酸度（以 HCl 计）/%	≤0.04	≤0.04
2，4-TDI 异构体/%	≥64.0	≥79.0
2，6-TDI 异构体/%	≤36.0	≤36.0

3.2.2.3　增塑剂

利用高分子聚合物增塑原理，加入能与高分子聚合物相容的高沸点、低熔点、低粘度类低分子化合物，可以降低聚合物材料的玻璃化转变温度，改善推进剂的低温力学性能。同时，能够改善推进剂药浆的流变特性，有利于推进剂加工成型。因此，增塑剂也是HTPB 推进剂中的重要组分之一，在 HTPB 推进剂中的含量通常控制在粘合剂量的 1/4~1/3 范围。

HTPB 推进剂中曾使用过的增塑剂有 IDP、DOS、DOA、TOP等。国外应用较多的增塑剂为 DOA，而国内应用较多的增塑剂为DOS。表 3 - 9 给出了常用增塑剂的物理常数。

表 3 - 9　HTPB 推进剂用增塑剂的物理常数

名称	代号	沸点/ mmHg（℃）	凝固点/℃	密度（20 ℃）/ （g·cm^{-3}）	粘度/（Pa·s）
壬酸异癸酯	—	150（2.5）	-80	0.860	0.001 38/（100 ℃）
癸二酸二异辛酯	DOS	242（5）	<-60	0.919	0.018（25 ℃）
己二酸二辛酯	DOA	214（5）	<-60	0.927	0.012（25 ℃）
磷酸三辛酯	TOP	220（5）	<-70	0.926	0.014（20 ℃）

3.2.2.4 氧化剂

AP 是复合推进剂的典型组分，分子式为 NH_4ClO_4，相对分子质量为 117.48，密度为 $1.95\ g/cm^3$，有效氧含量达到了 34%，是复合推进剂中主要供氧物质。由于具有优良的化学稳定性和热稳定性、较低的吸湿性和机械感度，以及生产工艺简单、价格低廉等良好的综合性能，自 20 世纪 50 年代以来，AP 就一直用作复合推进剂的氧化剂。

AP 有两种晶型，240 ℃时由正交晶型转变为立方晶型，这一晶型转变温度远高于复合推进剂正常的使用温度范围。这一点非常重要，因为另一种常用氧化剂 AN 虽然综合性能优良，但在正常使用温度范围内存在晶型转变点，严重制约了其应用。

AP 在干燥空气中比较稳定，但在潮湿空气中易吸湿。为了改善 AP 的吸湿性，产品中通常加入了一定量的十二烷基磺酸钠或磷酸三钙。

AP 加热至130 ℃时开始失重，260 ℃时开始升华，300 ℃时分解并逸出褐色蒸气（通常称为 AP 的低温分解），400 ℃时发生燃烧现象（通常称为 AP 的高温分解）。AP 的低温分解存在一个特殊现象，即如果不继续升温，AP 的分解将维持在 30% 的失重率水平，并生成大量孔隙，这一特点虽然不影响复合推进剂的正常使用，但当含 AP 的推进剂经受长时间的慢加热时将产生严重后果。

AP 氧化剂是 HTPB 推进剂中含量最多的组分，是影响推进剂性能的主要因素。表 3-10 给出了航空喷气公司直径6.6 m发动机用 AP 的验收标准[4]。表 3-11、表 3-12 分别给出了国产 AP 的理化性能和粒度指标。虽然没有规定 AP 的粒形，但由于 AP 生产厂家的制造工艺不完全相同，不同厂家生产的氧化剂在球形度和规整性方面也存在差异。图 3-1 给出了不同厂家生产的相同粒度水平氧化剂的电镜照片，差异是显而易见的。因此，应尽量采用同一厂家生产的氧化剂，避免随意变更氧化剂供应商，以免对 HTPB 推进剂的力学性能和药浆工艺性能造成不利影响。

表 3-10 航空喷气公司直径6.6 m发动机用 AP 的验收标准

项目		最小值	最大值
AP 含量/%		98.8	—
氯酸盐含量（以 NH_4ClO_3 计）/%		—	0.05
氯化物含量（以 NH_4Cl 计）/%		—	0.15
溴酸盐含量（以 NH_4BrO_3 计）/%		—	0.004
表水/%		—	0.015
总水含量/%		—	0.10
水不溶物含量/%		—	0.25
灰分（H_2SO_4 处理）/%		—	0.55
硫酸盐含量［以 $(NH_4)_2SO_4$ 计］/%		—	0.20
非碱金属含量/%		—	0.16
饱和水溶液的 pH 值（25 ℃）		5.5	11.8
钠、钾含量/%		—	0.08
磷酸三钙/%		0.15	0.22
粒度/%	<1 000 μm	100	—
	<297 μm	89	97
	<210 μm	54	78
	<149 μm	17	38
	<105 μm	4	15
	<44 μm	0	2

表 3-11 国产 AP 的理化性能指标

项目	A 级	B 级	C 级	D 级
AP 质量分数（以 NH_4ClO_4 计）/%	≥99.5			
氯酸盐质量分数（以 $NaClO_3$ 计）/%	≤0.02			
氯化物质量分数（以 $NaCl$ 计）/%	≤0.1			
溴酸盐质量分数（以 $NaBrO_3$ 计）/%	≤0.004			
铬酸盐质量分数（以 K_2CrO_4 计）/%	—		≤0.015	
铁质量分数（以 Fe 计）/%	≤0.001			

续表

项目	A 级	B 级	C 级	D 级
水不溶物质量分数/%	≤0.02			
硫酸盐灰分质量分数/%	≤0.25			
pH 值	4.3～5.8			
热稳定性（177±2℃）/h	≥3			
十二烷基硫酸钠质量分数/%	—		≤0.020	
总水质量分数/%	—		≤0.05	
表面水质量分数/%	≤0.06	—	—	—

表 3 - 12　国产 C 级 AP 的粒度和脆性指标

粒度类别	Ⅰ类	Ⅱ类	Ⅲ类
质量平均直径/μm	330～340	240～250	130～140
批内标准差/μm	≤3		
脆性/%	1.5	7.5	2.6

图 3 - 1　不同厂家相同粒度氧化剂产品的电镜照片

3.2.2.5　金属燃料

加入金属燃料的目的是提高推进剂的燃烧热。来源广泛、价格相对便宜、毒性小但热值高的金属铝粉是复合推进剂中普遍采用的金属燃料。

铝粉的主要表征参数是形状和粒度。铝粉形状和粒度对推进剂药浆工艺性能有显著影响，同时对推进剂力学性能、燃烧性能有重要影响。表 3 - 13 给出了航空喷气公司直径6.6 m发动机装药用球形铝粉的验收标准，标称直径为27 μm。表 3-14 给出的是锡奥科尔公司一种球形铝粉的验收标准。表 3-15 给出了国产特细球形铝粉的理化性能。通常按铝粉粒度大小将球形铝粉分成 FLQT1，FLQT2，FLQT3 和 FLQT4 等四个规格，除粒度和振实密度外，其他的的理化性能指标基本相同。

球形铝粉制造过程中，为了防止贮存时受环境侵蚀，常在铝粉表面形成一层氧化层。该氧化层也可以防止推进剂燃烧时铝粒子增长和凝聚，提高铝粉燃烧效率。但铝粉表面氧化程度不同也可能给推进剂燃烧性能和能量性能造成差异。

表 3-13　航空喷气公司直径 6.6 m 发动机用球形铝粉的验收标准

项目	最小值	最大值	测试方法
活性铝含量/%	98.0	—	测气计测出与氢氧化钠反应时放出的氢气量
挥发物含量/%	—	0.1	在 105 ℃下加热 2 h
醚溶物含量/%	—	0.2	在过滤坩埚中冲洗时的失重
铁杂质含量/%	—	0.2	溶于硫酸后，用高锰酸钾滴定
<44 μm 的颗粒含量/%	85	—	用庚烷在 325 目筛网上冲洗
平均粒度/μm	20	30	费歇尔粒度分析仪
最大粒度/mm	—	0.030	显微镜法
振实密度/ (g·cm^{-3})	1.5	—	在 100 ml 刻度圆筒内装 50 g 样品振至最小体积

表 3-14　锡奥科尔公司四级球形铝粉的验收标准

项目	最小值	最大值	锡奥科尔验收标准
活性铝含量/%	98.0	—	99.50
挥发物含量/%	—	0.10	0.001 70
铁杂质含量/%	—	0.40	0.19
平均粒度/μm	17	32	17.6
重均粒度（显微镜法）/μm	22	37	25.2
重均粒度（筛分法）/μm			19.8
表观密度/ (g·cm^{-3})	0.94	1.50	1.08
铝糊粘度/ (Pa·s)	—	800	460

表 3 - 15　国产特细球形铝粉的理化性能

规格	FLQT1	FLQT2	FLQT3	FLQT4
中位径 $D_{50}/\mu m$	29±3	24±3	13±2	6±1.5
>71 μm 的颗粒杂质含量/%	≤5			—
>45 μm 的颗粒杂质含量/%	—		≤5	—
振实密度/（g·cm⁻³）	≥1.6		≥1.5	≥1.4
活性铝含量/%	≥98.0			
Fe 杂质含量/%	≤0.02			
Cu 杂质含量/%	≤0.02			
Si 杂质含量/%	≤0.02			
H_2O 含量/%	≤0.02			

3.2.2.6　高能添加剂

高能添加剂通常是指复合推进剂中除 AP 氧化剂和金属铝粉以外的其他含能添加剂。HTPB 推进剂中常用的高能添加剂主要是 RDX 和 HMX，其他的高能添加剂如 HNIW（CL - 20）、AlH_3 等，由于成本原因一般不用在 HTPB 推进剂中。

RDX 学名为环三次甲基三硝胺，分子式为 $C_3H_6N_6O_6$。它是一种白色晶体，相对分子质量为 222，生成焓为70.7 kJ/mol，密度为 1.812 g/cm³。纯 RDX 熔点为205 ℃，爆发点温度为230 ℃，爆速为 8 400 mm/s。RDX 的作用主要是提高推进剂的生成焓和降低燃气相对分子质量，在 HTPB 推进剂中的含量约为 5%～50%，与不加 RDX 的 HTPB 推进剂相比，比冲增益约为 29.4 N·s/kg（3 s）左右。

表 3 - 16 给出了国产 RDX 的理化性能。按粒度分为 8 类，不同类别的 RDX 粒度分布要求不同，具体要求如表 3 - 17 所示。

表 3 - 16　国产 RDX 的理化性能

指标名称	指标
熔点/℃	≥1.6
丙酮不溶物质量分数/%	≤0.05

续表

指标名称		指标
无机不溶物质量分数/%		≤0.03
水分和挥发分质量分数/%		≤0.10
筛上不溶颗粒数（0.250 mm 试验筛）/个		≤5
酸度（以硝酸计）/%	Ⅰ型	≤0.050
	Ⅱ型	≤0.063
Ⅱ型产品堆积密度/（g·cm⁻³）		≥0.80

表 3-17　国产 RDX 的粒度及粒度分布

试验筛孔径/mm	通过试验筛的质量分类/%							
	1 类	2 类	3 类	4 类	5 类	6 类	7 类	8 类
2.36	—	—	—	100	—	—	—	—
1.70	—	—	≥99	—	—	—	—	—
0.850	98±2	—	—	—	—	—	—	—
0.500	—	99±1	—	20±20	—	—	—	100
0.300	90±10	95±5	40±10	—	—	—	98±2	≥98
0.250	—	—	—	—	—	99^{+1}_{-3}	—	—
0.180	—	—	—	—	—	97^{+3}_{-6}	—	—
0.150	60±30	65±15	20±10	—	—	—	90±8	≥90
0.125	—	—	—	—	—	83^{+10}_{-16}	—	—
0.090	—	—	—	—	—	65^{+15}_{-22}	—	—
0.075	25±20	33±13	10±10	—	—	—	46±15	70^{+10}_{-15}
0.063	—	—	—	—	—	36±14	—	—
0.045	—	—	—	—	≥97	22±14	—	50±10

　　HMX 学名为环四次甲基四硝胺，分子式为 $C_4H_8N_8O_8$，相对分子质量为 296。该化合物是一种白色晶体，有四种晶形，常见的是 β 单斜晶体，在常温至 156 ℃ 下是稳定的；其他三种晶形是亚稳定的 α 斜方晶体、γ 单斜晶体和不稳定的 δ 单斜晶体，各晶体可在一定条件下进行互相转换。β 型 HMX 密度为 1.902 g/cm³，熔点为 278 ℃，

生成焓为74.85 kJ/mol，爆速为9 100 mm/s。

　　表3-18给出了国产HMX的理化性能。按粒度分为6类，不同类别的奥克托今粒度分布要求如表3-19所示。

　　HMX与RDX为同系物，两者的燃烧产物无腐蚀性、无烟，有效氧含量为0，加入到HTPB推进剂中的比冲增益相当。但HMX比RDX具有更高的生成焓、密度，以及更好的热稳定性，只是由于价格远高于RDX，因此，HTPB推进剂应用最多的高能添加剂是RDX。

表3-18　国产HMX的理化性能

指标名称		特级品	一级品	二级品	三级品
晶型		β型			
HMX质量分数/%		≥99.5	≥99.0	≥98.0	≥93.0
黑索今质量分数/%		≤0.3	≤1.0	≤2.0	≤7.0
熔点/℃	毛细管法	≥280	≥279	≥278	≥277
	显微镜温台法	≥273.5	≥273.5	≥273.5	≥273.5
丙酮不溶物质量分数/%		≤0.05			
无机不溶物质量分数/%		≤0.03			
不溶颗粒	孔径0.425 mm试验筛上/个	无			
	孔径0.250 mm试验筛上/个	≤5			
酸度（以醋酸计）/%		≤0.02			
水分和挥发分质量分数/%		≤0.10			

表3-19　国产HMX的粒度及粒度分布

试验筛孔径/mm	通过试验筛的质量分数/%					
	1类	2类	3类	4类	5类	6类
2.36	—	—	—	100	—	—
1.70	—	—	≥99	≥85	—	≥99
0.500	—	—	—	25±15	—	—
0.300	90±6	100	40±15	—	—	≥90
0.150	50±10	—	20±10	≤15	—	65±15

续表

试验筛孔径/mm	通过试验筛的质量分数/%					
	1 类	2 类	3 类	4 类	5 类	6 类
0.125	—	≥98	—	—	—	—
0.075	20±6	—	10±10	—	—	30±15
0.045	8±5	≥75	—	—	≥98	15±10

3.2.2.7　键合剂[5]

键合剂的主要作用是在固体填料表面形成一层高模量的抗撕裂层，以阻止推进剂中固体填料的脱湿，同时通过活性官能团与固化剂反应进入粘合剂网络，起到增强固体填料与粘合剂相之间的粘接作用。

由于 HTPB 预聚物分子极性偏低，导致与推进剂中主要组分高氯酸铵氧化剂之间粘接不好，受力时存在明显的脱湿现象，导致 HTPB 推进剂的力学性能差，研究人员曾一度中止了 HTPB 推进剂的研究工作。后来，A·E·奥伯思提出了用于改善填料与粘合剂之间相互作用的键合剂理论及其选择原则后，HTPB 推进剂的力学性能得到了大幅提高，有关键合剂的研究工作也因此成为复合推进剂领域最活跃的研究方向。

HTPB 推进剂中适用的键合剂主要有 MAPO、HX-752、HX-868、HX-874、酒石酸、己二酸与 MAPO 的反应产物（MT-4）、MAPO 与直链二元酸的反应产物（PAZ）等氮丙啶类及其衍生物；三乙醇胺、三氟化硼与三乙醇胺（或二乙醇胺）的络合物、羧酸与二乙醇胺之间的缩合产物 PED-O-Bond-3 等烷醇胺类及其衍生物；多胺衍生物；有机硅类；有机钛酸酯类；噁唑啉和海因类等。

HX-752 是国外 HTPB 推进剂普遍使用的键合剂品种。表 3-20 给出了 HX-752 的理化性能。

表 3 - 20　HX -752 键合剂的理化性能

项目名称	指标
外观	带有芳香气味的白色或浅黄色液体
折射率 n_D^{25}	1.551 2
粘度（ $\eta_{40℃}$ ）/（Pa·s）	0.2
相对分子质量	244（测定值 254±5%）
含环值/%	87.6
贮存条件	−17 ℃以下

国内 HTPB 推进剂常用的键合剂品种是 MAPO。表 3 - 21 给出了国产 MAPO 的理化性能。

表 3 - 21　国产 MAPO 的理化性能

项目名称	一级品	二级品
MAPO 的含量（以亚胺计）/%	≥92.0	≥86.0
水分/%	≤0.25	≤0.25
甲醇不溶物/%	≤0.01	≤0.01
总氯含量（以 Cl 计）/%	≤2.00	≤3.00
水解氯化物含量（以 Cl 计）/%	≤1.50	≤2.00

3.2.2.8　燃烧性能调节剂

燃烧性能是固体推进剂最重要的性能，也是固体推进剂专业最活跃的研究领域。固体推进剂的燃烧控制是通过燃烧性能调节剂实现的。

控制燃烧的目的是改变燃速，改善压强指数及温度敏感系数。燃烧性能调节剂包括燃速催化剂、燃速抑制剂、压强指数调节剂和温度敏感系数调节剂等几类。由于燃速压强指数调节和温度敏感系数调节都是通过控制不同压强或者不同温度下的燃速来实现的，因此，燃烧性能调节剂实际上只有燃速抑制剂和燃速催化剂两类。

国内外研究并得到应用的燃速抑制剂主要有铵盐、金属碳酸盐、金属氟化物、潜碱等。其中降速效果较好并得到广泛使用的燃速抑制剂是草酸铵，碳酸钙、氟化钙也较为常用。

国内外研究并得到应用的燃速催化剂主要有过渡金属氧化物、二茂铁及其衍生物、硼氢化合物，以及几种燃速催化剂的组合使用。

（1）过渡金属氧化物

TMO 是双基类固体推进剂和复合类固体推进剂中普遍使用的燃速催化剂，这类固体燃速催化剂的最大优点就是不迁移、不挥发，并且来源广泛、价格便宜，但固体的燃速催化剂对推进剂能量性能、工艺性能和力学性能都有不利影响。并且受比表面积的影响，此类燃速催化剂的催化效率有限，燃速控制一致性较差，因而实际应用有限。HTPB 推进剂中应用最多的 TMO 类燃速催化剂主要有 Fe_2O_3 和 C. C.。

（2）二茂铁及其衍生物

二茂铁及其衍生物是 HTPB 推进剂中最适用的催化剂。二茂铁本身是固体组分，加之存在比较严重的升华现象，早已不再使用二茂铁作为催化剂，而只使用二茂铁衍生物。针对二茂铁及其衍生物存在的迁移和升华问题，世界许多国家采取了各种改进措施。按照二茂铁衍生物的特点，可将二茂铁衍生物燃速催化剂分为增塑剂型、粘合剂型和共固化型三大类。

增塑剂型的二茂铁衍生物与 HTPB 推进剂相容性好。作为液体组分可以实现与氧化剂之间的分子级催化，同时具有增塑作用，不影响推进剂能量性能、工艺性能和力学性能，是 HTPB 推进剂应用最多的品种。这类催化剂有单核类的 NBF、TBF、辛基二茂铁和二乙基二茂铁等。单核类催化剂由于取代基的分子链较短，在推进剂中仍存在迁移和升华现象；而双核类催化剂，如 1，3-二（二茂铁基）丁烯不易迁移和挥发。美国广泛使用的增塑剂型二茂铁衍生物高效燃速催化剂有 Hycat 6 和卡托辛；国内应用较多的这类催化剂有 TBF、辛基二茂铁和卡托辛。

粘合剂型的二茂铁衍生物是二茂铁类化合物与丁二烯的共聚物，固化时能进入固化网络，因而能够克服二茂铁的迁移和挥发等缺点。

但由于它们接入到粘合剂分子链上，含铁量偏低，因而催化效率不高。国外报道的不迁移燃速催化剂皮特辛就是这一类粘合剂型的二茂铁衍生物。

共固化型的二茂铁衍生物由于分子本身带有羟基、异氰酸酯基、环氧基和氮丙啶基等活性基团，这些基团可以通过参与固化反应进入固化交联网络，因而能够从根本上解决二茂铁催化剂的迁移和挥发问题。共固化型二茂铁衍生物有带羟基的 4，4－二（二茂铁基）戊醇、4，4－二（二茂铁基）庚二醇、2－二茂铁基－2－（3－羟丙基）四氢呋喃；带异氰酸酯基的 3，3－二（二茂铁基）丁基异氰酸酯；带环氧基的二茂铁基环氧乙烷。这类化合物由于参与固化反应，必然会影响扩链或形成悬吊链，导致推进剂力学性能和药浆工艺性能变差。

（3）硼氢化合物

硼氢化合物由于具有很高的热值，是比二茂铁类燃速催化剂催化效果更好的高效燃速催化剂。与没有加入硼氢化合物类燃速催化剂的空白配方相比，燃速提高幅度可达 4 倍。但硼氢化合物价格昂贵，同时也存在迁移问题，实际应用并不多。可作为燃速催化剂的硼氢化合物分为增塑剂型、粘合剂型和氧化剂型三大类。其中资料报道较多并得到应用的硼氢化合物是 NHC，它有稳定的正十二面体闭环笼状结构，含硼量为 47.34%，常温下为无色油状液体，密度为 0.89 g/cm^3，沸点 101～103 ℃（0.5 mmHg）。

（4）复合燃速催化剂

将两种以上的燃速催化剂加入到同一推进剂配方中，催化效果将远高于单独使用其中任一种催化剂的效果。这种利用复合燃速催化剂产生协同效应的方法在复合推进剂中得到普遍使用。HTPB 推进剂中效果较好的有 Fe_2O_3 和二茂铁衍生物组合，以及卡托辛和 C.C 组合。

3.2.2.9　其他功能添加剂

防老剂是高分子材料和橡胶制品中普遍使用的功能助剂。由于

HTPB 推进剂中含有大量强氧化性的高氯酸铵氧化剂，HTPB 预聚物主链又含有不饱和双键，因此，防老剂是 HTPB 推进剂中必不可少的功能助剂。HTPB 推进剂中使用的防老剂主要有胺类防老剂和酚类防老剂，但国外早已不再使用胺类防老剂。

交联剂、扩链剂、补强剂是用来改变粘合剂相网络结构中交联点的数量，或交联点之间分子链的长度，或增加分子链的刚性，或增加分子链之间的物理作用力，以及达到调节粘合剂相网络结构的目的，进而调节推进剂的力学性能。HTPB 推进剂中常用的交联剂通常为含有三个以上活性官能团的物质，如三乙醇胺、三羟甲基丙烷等。扩链剂为胺基或羟基的两官能团物质。实际上，两官能团的二异氰酸酯固化剂同时也是一种扩链剂。补强剂通常为含羟基的苯胺类物质，如 Isonol - 100。

添加工艺助剂的目的是为了改善推进剂药浆工艺性能，通常根据配方需要加以选用。选择工艺助剂的原则主要是改善固体填料表面的润湿性，或改变粘合剂体系的酸碱性环境来调节固化反应速度。工艺助剂通常为某些表面活性剂。

固化催化剂的作用是用来催化固化反应，以降低固化温度或缩短固化反应时间。可催化氨基甲酸酯反应的固化催化剂包括有机胺类、二月桂酸二丁基锡、乙酰丙酮铁、三苯基铋、乙氧基铋等。采用 IPDI 固化剂的 HTPB 推进剂通常采用三苯基铋作为固化催化剂，采用 TDI 固化剂的 HTPB 推进剂通常不需要加入催化剂。

稀释剂的目的是相对降低复合推进剂混合过程中药浆固体含量，改善混合工艺安全性。稀释剂通常是一些低沸点的有机溶剂，在药浆浇注过程中利用真空条件除去。早期高固体含量的 HTPB 推进剂中通常采用苯乙烯作为稀释剂。业已证明，苯乙烯对推进剂贮存性能有明显的不利影响，并且对人体和环境都有危害，早已停止使用。

3.2.3 HTPB 推进剂基本化学原理

固体发动机中复合推进剂的主要功能，是按设计的推力（压强）-

时间方案通过燃烧过程释放所蕴含的化学能，以实现预期的目标，同时应确保固体发动机工作过程中药柱结构完整、可靠。显然，推进剂的燃烧性能和力学性能是与发动机工作过程有关的重要性能，燃烧与催化燃烧、固化反应与交联结构是 HTPB 推进剂最重要的化学反应过程。

3.2.3.1　燃烧与催化燃烧[6]

HTPB 推进剂中最主要的组分是高氯酸铵氧化剂，在配方中的含量高达 70% 左右，是燃烧过程中氧化还原反应的供氧者。金属铝粉在 HTPB 推进剂中的含量仅次于氧化剂，一般不超过 20%，作为燃料参与推进剂中氧化还原反应过程，通过与氧反应放出大量的燃烧热。此外，HTPB 预聚物、增塑剂作为粘合剂相的主要组成部分，主要提供燃烧过程中需要的碳、氢元素，是燃烧过程中主要的燃料供应者。

研究表明，HTPB 推进剂的燃烧反应过程分气相和凝聚相两部分。在受热情况下，凝聚相中的推进剂组分首先发生分解并放出部分热量，然后氧化剂分解产物与粘合剂分解碎片从燃面溢出进入气相。在气相中，各种产物之间相互扩散，混合过程中同时进行剧烈的氧化还原反应（燃烧过程），放出热量并形成高温火焰。气相反应中放出的热量又通过辐射作用反馈到推进剂燃面，维持或加强凝聚相中推进剂的分解反应，使燃烧过程得以继续进行。显然，凝聚相的分解反应是燃烧过程的决定性步骤，任何能够促进凝聚相分解反应进行的技术途径以及能够增加气相反应向凝聚相传热的技术途径都将使推进剂的燃烧过程得到增强（催化）。因此，燃烧与催化燃烧过程中最重要的反应是发生在凝聚相中推进剂组分的热分解过程。

（1）主要组分的热分解过程

HTPB 预聚物的 DSC - TGA 曲线如图 3 - 2 所示。氮气气氛下，HTPB 预聚物在 300 ℃左右开始分解失重，371.89 ℃处的放热峰归因于 HTPB 预聚物的解聚反应，在 486.37 ℃出现的放热峰主要是 HTPB 分解产物的氧化。显然，HTPB 预聚物的热分解温度较高，在 370 ℃以上。

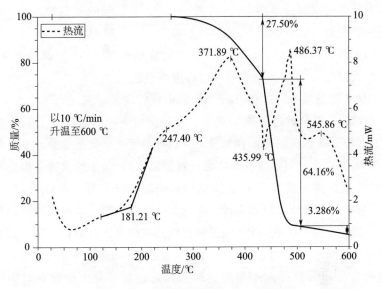

图 3-2　HTPB 的 DSC-TGA 曲线

AP 氧化剂的 DSC-TGA 曲线如图 3-3 所示。热分解过程包括

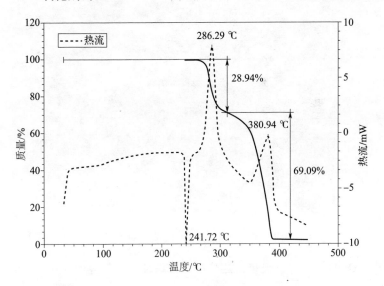

图 3-3　AP 的 DSC-TGA 曲线

低温分解和高温分解两个阶段。其中241.72 ℃处的吸热峰为 AP 的晶形转变温度。286.29 ℃处的放热峰对应 AP 的低温分解，这一过程的失重率为 28.94%。380.94 ℃处的放热峰对应 AP 的高温分解，该分解温度与 HTPB 粘合剂的分解温度相近。

　　AP 的低温分解过程有一个非常奇特的现象，表现在两个方面：一是 AP 低温分解过程的失重率非常稳定，一般不超过 30%；二是 AP 低温分解对应的峰温相对稳定，现有的燃速催化剂很难改变其低温分解温度，而只能改变其高温分解温度。图 3-4 给出的是加热到 300 ℃后保持温度不变时获得的 AP 扫描电镜照片。在该温度下，AP 分解过程维持在低温阶段，通过分解失重形成了大量空穴。利用这一特性可获得多孔 AP，通过对流传热或增大比表面积，可以实现燃速达到每秒米级的超高燃速目标。但该特性也让采用大量 AP 氧化剂的 HTPB 推进剂不能通过钝感弹药评价试验中的慢速烤燃试验，使得 HTPB 推进剂不能满足低易损性要求。

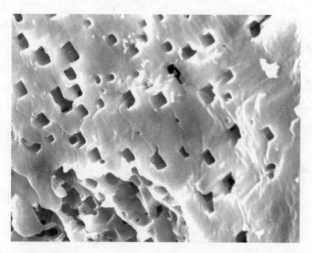

图 3-4　300 ℃时 AP 的 SEM 照片

　　AP 的热分解过程包括热分解和升华过程，都遵循质子转移统一机理。

①质子迁移

$$NH_4^+ ClO_4^- \rightarrow NH_3 + HClO_4 \rightarrow NH_3 + \ HClO_4 \rightarrow$$

　（固体）　　　　　（吸附）　　　　（吸附）

分解产物（N_2，NO，H_2O，HCl，O_2，Cl_2···）

　（气体）　　　　　　（气体）

②升华

$$NH_4^+ ClO_4^- \rightarrow NH_3 + HClO_4 \rightarrow NH_3 + HClO_4 \rightarrow NH_4 ClO_4$$

　（固体）　　（吸附）（吸附）（气体）（气体）　　（固体）

（2）推进剂燃烧过程的凝聚相反应

通过摄影技术、显微镜法和其他技术，已证实了含 AP 推进剂燃烧时，在靠近表面里层区域存在 AP 的相转变现象，表明推进剂燃烧时在凝聚相中存在温度梯度，说明存在 AP 和粘合剂发生分解的条件，继而存在各种组分之间发生相互作用放出热量的可能。对凝聚相反应放热量进行的研究表明，大气压力下，凝聚相反应的放热量约占整个燃烧过程总放热量的 1/3。如此多的热量足以维持燃烧过程的继续进行，即维持推进剂燃烧可以不需要从气相反应获得反馈热量，因此，凝聚相反应也是非常剧烈的。基于这些研究结果进行的理论计算表明，燃速计算值与试验数据值相当，但是总是低于试验值。这一方面说明凝聚相反应放热量是相当可观的，另一方面说明气相反应向燃面的热反馈对维持燃烧过程也有贡献。

图 3-5 给出了固体含量为 88% 的某 HTPB 推进剂配方的 DSC-TGA 曲线。与 AP 氧化剂的分解特性不同，HTPB 推进剂虽然也存在两个比较明显的失重过程，但前一个失重过程没有对应的放热分解峰，可能与推进剂中的低沸点组分挥发有关。后一个失重过程对应两个分解放热峰，相应的温度分别为352.78 ℃（加入了燃速催化剂）和371.57 ℃，接近前述 AP 的高温分解温度（380.94 ℃）和 HTPB 粘合剂的分解温度（371.89 ℃）。而 AP 的低温分解峰并没有出现，说明凝聚相状态下，HTPB 推进剂中 AP 的分解放热的确非常剧烈。

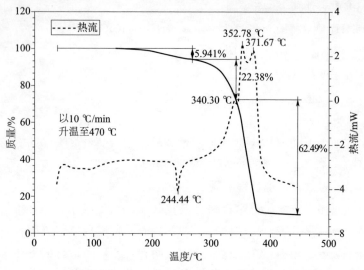

图 3-5　HTPB 推进剂的 DSC-TGA 曲线

（3）推进剂燃烧过程的气相反应

通过对燃烧区的照片分析，以及对推进剂火焰中的辐射体进行光谱分析，通常认为在较低压强下，氧化剂和粘合剂的分解产物在燃烧前就完全混合，燃烧过程只是一种预混火焰。随着压强升高，粘合剂热解产物扩散到氧化剂分解产物气流中的过程变得困难起来，氧化性分解产物同高氯酸铵分解出的 NH_3 之间的反应，以及粘合剂热解产物同高氯酸铵氧化性产物之间的反应相互竞争，形成了扩散火焰。在更高的压强下，在粘合剂热解产物扩散进入氧化剂分解产物气流之前，氧化性分解产物就优先同 NH_3 发生作用，并产生了通常所说的高氯酸铵单组元火焰。按照上述描述，可以认为在整个压强范围内，在粘合剂热解产物与氧化剂分解产物界面附近都存在这两种产物之间的反应，只是这些反应随着压强的升高而变得越来越不重要。因此，燃烧过程的气相反应可以用两种历程来描述。

①氧化性分解产物同 AP 分解出的 NH_3 之间的反应

$NH_3 + HClO_4$ 产物→惰性产物＋氧化性成分＋粘合剂热解产物→燃烧产物

（高氯酸铵火焰） （最终的扩散火焰）

②粘合剂热解产物同 AP 氧化性产物之间的反应

粘合剂热解产物（CH_4，C_2H_4，C，…）$+HClO_4$产物→燃烧产物

（主扩散火焰）

在此基础上，M·W·贝克施泰德（M. W. Beckstead）、R·L·德尔（R. L. Derr）和 C·F·普赖斯（C. F. Price）提出了 BDP 燃烧模型，并按照该模型对推进剂的燃烧过程进行了理论计算，燃速计算值与试验值之间符合性较好。

（4）推进剂燃烧过程的催化

关于燃速催化剂对复合推进剂燃烧过程的催化机理，共同点包括催化剂的作用就是增加放热速率，同时提高推进剂燃烧表面的温度。但对催化剂的催化途径存在不同看法，归纳起来，主要有下述 5 条途径：

1）通过加速气相反应；

2）通过催化颗粒表面上的气体放热反应；

3）通过促进异相反应；

4）通过改善粘合剂的热解过程；

5）通过在 AP 与粘合剂之间的界面缝隙处的催化剂颗粒来促进气相或异相反应。

能够减少复合推进剂燃速的添加剂主要是一些铵盐，如 NH_4F、NH_4Cl、NH_4Br 和 $(NH_4)_2HPO_4$ 等。这些添加剂对推进剂燃速的抑制与抑制 AP 分解的机理是相同的，主要通过产生 NH_3 来抑制 AP 分解过程中的质子迁移而起作用。能够降低推进剂燃速的其他添加剂还有草酸铵、硫酸铵和氟化锂等。

尽管各种添加剂对 AP 和含 AP 推进剂的催化或抑制作用已有大量的文献报道，但有关分解和燃烧的机理至今还存在争议，争议的焦点集中在催化剂的作用部位，即究竟是气相反应、凝聚相反应，还是表面反应，亦或是同时存在这三种反应。不仅如此，推进剂的催化燃烧过程非常复杂，还表现在催化效率与催化剂的种类、催化剂的浓度、催化剂的颗粒大小及工作压强有关。

3.2.3.2　固化反应与交联结构

HTPB 推进剂作为高固体填充的高分子粘弹性材料，其力学行为与作为粘合剂相粘弹母体的高分子网络结构、固体填料，以及固体填料与粘合剂相之间的界面有关。固体填料的含量、种类、形貌和形态虽然对推进剂力学性能有显著影响，但受推进剂能量性能、燃烧性能和工艺性能等多方面限制无法改变；固体填料与粘合剂相之间的界面状态曾在 HTPB 推进剂研制初期成为影响该类推进剂研究的技术难题，并曾一度导致 HTPB 推进剂研究工作的中止。后来在 A·E·奥伯思等专家和学者的共同努力下，通过提出并引入键合剂的途径，较好地解决了该技术难题。因此，作为粘合剂相粘弹母体的高分子网络结构成为 HTPB 推进剂力学性能的决定性因素。

由于组成粘合剂相的组分众多，除高分子预聚物和固化剂外，还有扩链剂、交联剂、防老剂、固化催化剂、键合剂等，能够参与固化体系的反应众多，不同的反应历程及不同反应之间的竞争结果，都会影响粘合剂相的网络结构，并对推进剂力学性能产生影响。毫无疑问，固化反应和交联结构是决定 HTPB 推进剂力学性能的关键，而 HTPB 预聚物的微观结构和固化剂的反应活性是决定因素。

（1）HTPB 预聚物的微观结构

HTPB 预聚物的合成方法分为自由基聚合法和离子聚合法。采用离子聚合法可以获得官能度为 2 的 HTPB 预聚物，而采用自由基聚合法获得的 HTPB 预聚物的平均官能度则大于 2。在复合推进剂中的应用表明，采用自由基聚合法获得的 R−45M 型 HTPB 预聚物具有更好的推进剂力学性能，因此，HTPB 推进剂得到应用的是自由基法合成的 HTPB 预聚物。

自由基聚合法典型的合成路线是以 H_2O_2 为引发剂，异丙醇为溶剂，在 118 ℃反应条件下，引发丁二烯进行聚合，生成羟基在分子链端，HTPB 主链由反 1，4 加成链节、顺 1，4 加成链节和 1，2 加成链节三种链节组成的预聚物，它们之间的比例关系大约为 3：1：1。

〜〜CH₂
　　CH＝CH
　　　　　CH₂〜〜　　　反1，4加成链节

〜〜CH₂　　　　CH₂〜〜
　　CH＝CH　　　　　　顺1，4加成链节

〜〜H₂C—CH〜〜
　　　CH＝CH₂　　　　1，2加成链节

对实际应用中推进剂力学性能存在较大差异的两批次国产 HTPB 预聚物样品（A、B），采用核磁共振技术（^{13}C谱）定量分析了其三种主链节的相对含量，结果列于表 3-22。反 1，4 加成链节、顺 1，4 加成链节和 1，2 加成链节之间的比例关系大约为 4∶1∶2，与数均相对分子质量只有 2 800 的国外 HTPB 预聚物相比，数均相对分子质量为 4 000 的国产 HTPB 预聚物的微观结构与其存在明显差异。

表 3-22　不同样品中三种链节的相对含量

样品编号	反 1，4 加成链节/%	顺 1，4 加成链节/%	1，2 加成链节/%
HTPB-A	56.2	14.2	29.7
HTPB-B	52.8	13.8	33.4

采用过氧化物引发的自由基聚合反应中，羟基连接在高分子链的链端。由于高分子链上存在反 1，4 加成链节、顺 1，4 加成链节和 1，2 加成链节等三种微观结构，根据与羟基相连的主链链节结构的不同，HTPB 聚合物中至少能够得到以下三种不同形式的端羟基官能团：

HOCH₂
　　CH＝CH
　　　　　CH₂〜〜　　　反式烯丙基伯羟基

HOCH₂　　　　CH₂〜〜
　　CH＝CH　　　　　　顺式烯丙基伯羟基

HOCH₂—CH〜〜
　　　CH＝CH₂　　　　α-乙烯基伯羟基

如果自由基聚合反应过程中羟基只连接在分子链端，并且只存在上述三种形式的端羟基，那么 HTPB 预聚物的官能度将只有 2。但自由基法得到的 HTPB 预聚物的平均官能度大于 2，显然有 3 个以上官能度的分子存在。实际上，自由基聚合反应过程中，过氧化物可能攻击分子链上的乙烯基侧链，生成上述三种形式以外的第四种类型的羟基，同时分子链的官能度变为 3。考虑到含乙烯基结构的链节在高分子链中大约占 30% 的比例，并且从统计学角度考虑是随机分布的，因此，HTPB 预聚物中存在多官能度分子是可能的。以数均相对分子质量 4 000 进行计算，由于单个链段相对分子质量为 56，则一个高分子链可能有 70 个链节，以烯丙基链节相对含量计算得到的 HTPB 预聚物最高官能度可达到 21。通过选择合适的衍生试剂对 HTPB 粘合剂进行衍生化处理后，采用双检测器 GPC 技术（包括计算软件），可以建立 HTPB 预聚物官能度分布的测试方法，表 3 - 23 给出采用该方法对前述存在显著差异的两个 HTPB 预聚物样品 A 和 B 的测试结果。测试结果证实 HTPB 预聚物中存在官能度高于 5 的分子链，也存在单官能度的分子链。同时，HTPB 预聚物中以官能度为 2 的分子链为主，官能度为 3 的分子链次之，并且不同批号的 HTPB 聚合物的官能度分布存在显著差异。

表 3 - 23　国产 HTPB 预聚物样品 A 和 B 的官能度分布情况

批号	各官能度所占比例/%					
	0	1	2	3	4	≥5
HTPB - A	0	6.31	67.51	15.45	6.08	4.65
HTPB - B	0	0.6	53.90	29.55	7.71	8.23

反式烯丙基伯羟基、顺式烯丙基伯羟基和 α-乙烯基伯羟基由于存在空间位阻上的差异，不同类型的羟基活性应该也是不同的。有学者采用 HTPB 预聚物同过量的苯基异氰酸酯反应，发现该反应所得到的二级速率曲线明显偏离了二级动力学规律，证实了不同羟基同异氰酸酯基之间的反应有着不同的速率，其差别约为 3～5 倍。

如上所述，由自由基法合成的 HTPB 预聚物，与一般的低分子或高分子化合物相比存在巨大的差异。首先，单个高分子链中所含链节数量是不确定的，其分子量服从统计分布规律，即 HTPB 预聚物存在相对分子质量的分布问题，并且分子链中反 1，4 加成链节、顺 1，4 加成链节和 1，2 加成链节的相对含量及排列顺序也应服从统计分布；其次，单个高分子链中所含羟基的数量也是随机的，虽然 2 官能度的分子占优势，但还存在大量 3 官能度以上的分子或单个官能度的分子，即 HTPB 预聚物还存在官能度的分布问题；再者，单个高分子链上连接的羟基官能团由于空间位阻等因素，其反应活性也是不同的，即 HTPB 预聚物也存在不同反应活性羟基的分布问题。因此，HTPB 预聚物的微观结构是非常复杂的，特别是国产 HTPB 预聚物的相对分子质量又明显大于国外的 R - 45M 型 HTPB 预聚物，所以至今还不能很好地表征 HTPB 预聚物的性能和结构。实际应用中也经常存在这样的现象，即按现有原材料标准测试其表征参数，虽然不同批次的测试结果相当，但 HTPB 推进剂的力学性能却相差甚远。

（2）异氰酸酯固化剂的化学性质

二异氰酸酯及多异氰酸酯化合物极易与含有活泼氢的化合物反应，可与端羟基液体橡胶、各种二元醇及多元醇，或者与二元胺及多元胺等反应完成扩链或交联，是在弹性体、树脂、涂料及胶粘剂中得到广泛应用的主要组分之一。

异氰酸酯基 [R—N＝C＝O] 氧原子周围的电子云密度最高，碳周围的电子云密度最低，氮原子附近带适当的阴性，所以，与亲核试剂如胺、酰胺、醇、酚、水、羧酸和硫醇等能很好地反应。只是这些反应的速度不仅与异氰酸酯固化剂的分子结构有关，也与含活泼氢的化合物结构有关，并且叔胺及各种有机金属化合物对这些反应有催化作用。

异氰酸酯固化剂的反应活性与其分子结构有关。若在异氰酸酯基团附近引入吸电子基，则反应变得容易进行；相反，若引入斥电子基，则反应减慢。因此，异氰酸酯对活泼氢的反应活性顺序为：芳香族异氰酸酯＞芳香族烷基异氰酸酯＞脂环族异氰酸酯＞脂肪族异氰酸酯。此外，当二异氰酸酯中的一个异氰酸酯基团参与反应后，另一个异氰酸酯基团的反应速度会减慢。以二异氰酸酯和醇的反应为例，当异氰酸酯中取代基不同时，异氰酸酯基团与羟基之间的相对反应速度如表 3-24 所示。

$$OCN-R-NCO+R'OH \xrightarrow{k_1} OCN-R-NHCOOR'$$

$$OCN-R-NHCOOR'+R'OH \xrightarrow{k_2} R'OCONH-R-NHCOOR'$$

表 3-24　不同取代基的相对反应速度

-R-	k_1	k_2
甲苯二异氰酸酯	400	33
间苯二甲撑二异氰酸酯	27	10
六甲撑二异氰酸酯	1.0	0.5

含活泼氢的化合物种类繁多。不同活泼氢化合物与异氰酸酯的反应不仅速率不同，而且产物也不同。表 3-25 给出了不同活泼氢化合物与异氰酸酯的反应式和反应特点。一般来说，这些活泼氢化合物和异氰酸酯反应的活性顺序为：脂肪族胺＞芳香族胺＞一元醇≈水＞尿素＞二元醇＞三元醇＞活性亚甲基＞酚＞羧酸＞酰胺。

表 3-25　异氰酸酯反应的特点

反应类型	反应式	反应特点
与醇反应	R-NCO+R'OH → R-NHCOOR'（氨基甲酸酯） 反应性顺序为伯醇＞仲醇＞叔醇 　催化剂有三乙胺、三乙撑二胺等叔胺类，二丁基锡二月桂酸盐、辛酸锡等有机锡化合物，环烷酸钴、环烷酸铅等环烷酸金属盐	是含羟基化合物中最具有反应活性的化合物。常温下能进行，酸或碱有催化作用，立体位阻显著影响反应速度
与酚反应	R-NCO+ArOH → R-NHCOOAr（氨基甲酸酚） 催化剂有叔胺、三氯化铝	反应活性不如醇类，由于生成物经加热能再生成异氰酸酯，可作为异氰酸酯的保护体

续表

反应类型	反应式	反应特点
与水反应	$R-NCO+H_2O \rightarrow$ [RNHCOOH] $\rightarrow$ $R-NH_2+CO_2$	与二元醇反应相似，放出 CO_2 气体，产物为脲的衍生物，该反应用来制造聚氨酯泡沫塑料
与羧酸反应	$R-NCO+R'COOH \rightarrow R-NHCONH-R'+CO_2$ （脲的衍生物）	反应活性不如伯醇和水
与硫醇反应	$R-NCO+R'SH \rightarrow R-NHCOSR'$（硫代聚氨酯）	反应活性不如羟基
与胺反应	$R-NCO+R'-NH_2 \rightarrow R-NHCONH-R'$（尿素衍生物） 反应性顺序为伯胺＞仲胺，脂肪胺＞芳香胺	反应活性非常高，碱性越强反应速度越快，空间位阻影响不太大，该反应用于制造聚氨酯橡胶
与脲的衍生物反应	$R-NCO+R-NHCONH-R' \rightarrow$ $R-N$（CONHR）$CONH-R'$（缩二脲）	100 ℃ 以上的高温下才反应，是聚氨酯橡胶的重要交联反应
与氨基甲酸酯反应	$R-NCO+ R-NHCOOR' \rightarrow$ $R-N$（CONH-R）$COOR'$（脲基甲酸酯）	120～140 ℃反应，也是聚氨酯橡胶的重要交联反应
芳香族二异氰酸酯自聚反应	由于邻位的位阻，反应发生在对位之间，生成四元环的二芳基二缩酰胺 催化剂为三烷基磷化氢、叔胺等	二聚体在 150 ℃ 下开始解离，175 ℃ 解离完全，可作为异氰酸酯的再生体
与异氰酸酯反应	由于邻位的位阻，反应发生在对位之间，生成六元环的三聚异氰酸酯 催化剂为三烷基磷化氢、醋酸钾、三乙胺等	三聚体在 150～200 ℃是稳定的。可作为高温交联剂用

　　对 HTPB 推进剂来说，异氰酸酯基团与羟基之间的反应是形成交联结构的固化反应。由于作为固化剂的二异氰酸酯或多异氰酸酯化合物本身的结构存在差异，加上 HTPB 推进剂中能参与异氰酸酯反应的官能团种类和化合物结构也不同，这些差异都会对最终形成的固化网络结构带来影响。例如，水与异氰酸酯的反应活性与羟基的活性相当，不仅决定了 HTPB 推进剂力学性能必然受到环境湿含量的严重影响，也决定了对 HTPB 推进剂中原材料的含水量必须有严格要求。同时，在选择其他功能助剂时，也必须考虑其对 HTPB

推进剂固化反应的干扰和影响。

（3）HTPB 推进剂的化学交联结构

假定 HTPB 推进剂中的 HTPB 预聚物的官能度为 2，由于二异氰酸酯的官能度也是 2，决定了两者之间的化学反应只能是扩链过程。因此，要实现交联必须引入官能度为 3 以上的交联剂。

以 A，B，C 分别代表 HTPB 预聚物、固化剂和交联剂；以 a，b，c 分别代表 HTPB 预聚物、固化剂和交联剂的官能度；以 P_A，P_B，P_C 分别代表 HTPB 与 TDI 固化剂、HTPB 预聚物与交联剂的反应程度；P_{A1}，P_{A2} 分别代表 HTPB 聚合物与固化剂、HTPB 聚合物与交联剂的反应程度。当 HTPB 聚合物与固化剂反应形成 AB 型嵌段结构时，只是形成高分子的长链聚合物，而不会形成交联结构。只有引入交联剂并形成 CA 结构，然后通过与 B 之间相互连接起来才能形成 CABA 型交联结构。根据高分子化学的统计理论和凝胶理论，出现凝胶的条件为

$$(a-1) \times (b-1) \times P_{A1} \times P_B + (a-1) \times (c-1) \times P_{A2} \times P_C = 1$$

$$(3-1)$$

式中前一项为 A 与 B 发生扩链反应的概率，后一项为 A 与 C 发生交联反应的概率。设

$$r_B = 异氰酸酯基物质的量/总羟基物质的量 = N_B / N_A \quad (3-2)$$

$$r_C = 交联剂物质的量/总羟基物质的量 = N_C / N_A \quad (3-3)$$

因为 $P_A = P_{A1} + P_{A2}$，则有

$$N_A \times P_A = N_B \times P_B + N_C \times P_C \quad (3-4)$$

式（3-4）可写成

$$P_A = N_B/N_A \times P_B + N_C/N_A \times P_C = r_B \times P_B + r_C \times P_C$$

$$(3-5)$$

亦即 $P_{A1} = r_B \times P_B$，$P_{A2} = r_C \times P_C$。因此式（3-1）可以改写为

$$(a-1) \times (b-1) \times r_B \times P_B^2 + (a-1) \times (c-1) \times r_C \times P_C^2 = 1$$

$$(3-6)$$

将式（3-6）变换为

$$r_B = (a-1) \times (b-1) \times r_B^2 \times P_B^2 / [1 - (a-1) \times (c-1) \times r_C \times P_C^2] \tag{3-7}$$

假定反应条件为等物质量，则有 $N_A = N_B + N_C$ ，即

$$1 = N_B/N_A + N_C/N_A = r_B + r_C \tag{3-8}$$

亦即：$r_B = 1 - r_C$ ，代入式（3-7），则有

$$r_B = (a-1) \times (b-1) \times (1-r_C)^2 \times P_B^2 /$$
$$[1 - (a-1) \times (c-1) \times r_C \times P_C^2] \tag{3-9}$$

因为：$P_B \leqslant 1$ ，$P_C \leqslant 1$ ，则由式（3-9）有

$$r_B \leqslant (a-1) \times (b-1) \times (1-r_C)^2 / [1 - (a-1) \times (c-1) \times r_C] \tag{3-10}$$

由式（3-10）得

$$(a-1) \times (b-1) \times r_B \times P_B^2 = 1 - (a-1) \times (c-1) \times r_C \times P_C^2 \tag{3-11}$$

同理，可由式（3-6）移项得

$$[1 - (a-1) \times (c-1) \times r_C]/(a-1) \times (b-1) \leqslant r_B \tag{3-12}$$

以 $a=2, b=2, c=3$ 代入式（3-10）和式（3-12），得到

$$1 - 2r_C \leqslant r_B \leqslant (1-r_C)^2/(1-2r_C) \tag{3-13}$$

由式（3-13）可以得到 HTPB 推进剂能够凝胶化的 r_B 和 r_C 的取值范围，见表 3-26。

表 3-26 简单体系 HTPB 推进剂凝胶化条件

交联物质的量比 r_C	0.1	0.2	0.3	0.4	0.45
扩链物质的量比 r_B	0.8~1.01	0.6~1.07	0.4~1.23	0.2~1.80	0.1~3.03

由表 3-26 给出的凝胶化条件表明，当 r_C（交联物质的量比）较低时，可凝胶化的 r_B（扩链物质的量比）不仅参数变化范围较窄，而且参数下限值高；而当 r_C 较高时，可凝胶化的 r_B 参数变化范围显著增加，可凝胶的参数下限值也相对低一些。

在表 3-23 中给出的两个具有典型性的 HTPB 样品中，样品 A 中 3 官能度以上比例为 26.18%，样品 B 中 3 官能度以上比例为

45.49%。按一定比例在两个样品中加入 2 官能度的 IPDI 固化剂，70 ℃下保温 2 天后基本固化，粘合剂胶片的力学性能数据如表 3-27 所示。

表 3-27　不同固化参数的简单体系粘合剂胶片常温力学性能数据

固化参数		0.80	0.85	0.90	0.95	1.0	1.05
样品 A	σ_m /MPa	胶片太软太粘，		0.56	0.57	0.64	0.62
	ε_b /%	无法测试		919.3	428.1	348.9	337.3
样品 B	σ_m /MPa	0.44	0.53	0.66	0.67	0.81	0.74
	ε_b /%	787.9	513.8	265.3	144.1	153.3	154.6

表 3-27 的力学性能数据证实了前述计算结果的合理性。对于 3 官能度含量较低的样品 A，固化参数低于 0.90 时固化不好，当固化参数达到 1.05 时，胶片的抗拉强度已开始降低，说明可选用的固化参数范围较窄，并且可凝胶的固化参数下限值偏高。对于 3 官能度含量较高的样品 B，与凝胶化条件的预示结果也是一致的，不仅可凝胶的固化参数下限值更低，可凝胶的固化参数范围也明显增宽。

HTPB 推进剂的力学性能与粘合剂弹性体的交联结构密切相关。化学交联结构的特点是随着交联点增多，凝胶分数增加而交联点间的相对分子质量减小，交联密度减小；相应的弹性体抗拉强度增加而伸长率降低。表 3-28 给出了简单体系粘合剂胶片的凝胶分数和相对交联密度测试结果。显然，随着固化参数增加，凝胶分数增加而相对交联密度降低，与粘合剂胶片抗拉强度增加而伸长率降低的变化规律是一致的。并且凝胶分数高、相对交联密度低时，粘合剂胶片的抗拉强度高而伸长率低。

表 3-28　不同固化参数的简单体系粘合剂胶片凝胶分数和相对交联密度

固化参数		0.85	0.90	0.95	1.0	1.05
样品 A	凝胶分数/%	—	70.8	84.0	89.8	92.8
	相对交联密度	—	12.930	9.029	7.482	7.672

续表

	固化参数	0.85	0.90	0.95	1.0	1.05
样品 B	凝胶分数/%	79.0	88.9	94.5	97.6	97.3
	相对交联密度	9.835	8.810	6.752	5.586	5.354

综上所述，由于自由基聚合法制备的 HTPB 预聚物微观结构的复杂性，以及预聚物中含有大量 3 官能度以上的高分子，因此，自由基法合成的 HTPB 预聚物固化时不需要加入交联剂，HTPB 推进剂的化学交联结构可由 HTPB 预聚物本身提供。此外，为了改善 HTPB 推进剂的力学性能，粘合剂体系中通常也加入了一些含其他官能团的键合剂、交联剂或扩链剂，HTPB 推进剂的交联点也可以由这些助剂提供。由此，HTPB 推进剂的化学交联网络结构将变得更加复杂，这也正是推进剂研究人员能够调节和提高 HTPB 推进剂力学性能的原因。

（4）HTPB 推进剂的形态结构

根据高分子交联网络结构理论，在弹性体中引入扩链剂，交联点之间的相对分子质量将增加，交联密度降低，弹性体伸长率得到提高，而强度、模量将下降。在表 3-23 和表 3-27 中的样品 A 和样品 B 中加入具有扩链功能的助剂，获得的粘合剂胶片力学性能数据见表 3-29。与表 3-27 的数据相比，相同固化参数下，粘合剂胶片不仅伸长率显著提高，抗拉强度也得到显著提高，这一结果用交联网络结构难以进行解释。

表 3-29　加入扩链剂后不同固化参数的粘合剂胶片常温力学性能数据

	固化参数	0.85	0.95	1.05	1.15	1.25
样品 A	σ_m /MPa	0.57	0.74	0.81	0.91	1.01
	ε_b /%	1 199.1	854.0	871.9	971.3	902.0
样品 B	σ_m /MPa	0.74	0.84	1.06	1.16	1.12
	ε_b /%	666.5	477.1	426.5	424.4	345.8

实际上，HTPB 推进剂的粘合剂体系是典型的嵌段聚氨酯弹性

体结构，其中硬段为氨基甲酸酯链段，软段为聚丁二烯链段，硬段和软段的溶解度之差从热力学角度考虑已经满足了微相分离的必要条件。许多学者证实了 HTPB 聚氨酯弹性体中微相分离的事实，在 HTPB 推进剂中存在的微相分离现象也得到了证实。

在 HTPB 聚氨酯弹性体中，加入具有扩链功能的助剂，它与二异氰酸酯反应成为硬段，并使硬段微区的数量增加、内聚力增强，从而增强了硬段微区发生活性填料和物理交联的效应，使抗拉强度提高。同时，在拉伸过程中硬段微区的塑性变形增大，有利于弹性体伸长率的提高。因此，硬段微区的物理交联作用、塑性变形以及扩链剂本身的扩链作用，是扩链剂能同时提高 HTPB 粘合剂体系抗拉强度和伸长率的原因。

显然，HTPB 推进剂的粘合剂体系由于存在硬段和软段的微相结构，各种硬段结构由于分子间氢键等作用聚集在一起形成微区，因热力学不相容与软段相形成微相分离结构，在粘合剂相中形成物理交联作用，起到了补强和提高伸长率的作用。因此，HTPB 推进剂力学性能优良，不仅与粘合剂体系的化学交联结构有关，也与 HTPB 粘合剂弹性体特有的形态结构有关。

3.2.4　HTPB 推进剂配方设计与计算

经过 50 多年的发展，HTPB 推进剂技术日臻完善，配方设计不需要从原材料的选择开始，首先设计的也不再是能量性能。通常是根据推进剂的用途和特殊要求，结合推进剂燃速水平先选择合适的组分和含量，在此基础上再进行配方优化设计。

3.2.4.1　推进剂配方设计依据

推进剂配方设计的依据包括 2 个方面：

1）发动机设计部门提出的制造验收技术条件、研制任务书，或合同规定的性能指标要求。通常包括比冲、密度、燃速及燃速公差、燃速压强指数、力学性能、贮存寿命、危险等级等。

2）产品的用途和特殊的设计要求，一般包括特征信号、铝粉含量、贮存使用条件、装药结构、与包覆层的相容性等。

3.2.4.2　推进剂配方设计原则

（1）先进性和继承性原则

优先选用经过试验考核、验证的成熟技术、工艺和原材料。当需要采用新技术、新工艺和新原材料时，一般应控制新技术和新材料的引入比例不应超过 20%，并且要经过充分的试验和评审。

（2）可靠性原则

除了尽量采用成熟技术和定型原材料外，简单就是可靠，应尽可能减少配方组分的数目。

（3）可生产性原则

不仅要考虑生产过程的安全性，也应考虑与环境条件和工艺装备的适应性。

（4）经济性原则

尽可能降低推进剂原材料成本及降低工艺成本。

（5）原材料保障原则

原材料生产尽可能选择有质量保证能力的生产厂家。条件允许时，应保证不少于两家的合格原材料供应方。

（6）相容性原则

不仅要考虑相同燃烧室中不同推进剂配方之间组分的迁移，还应考虑推进剂配方组分对界面粘接性能的影响。

3.2.4.3　推进剂配方设计内容

（1）固体组分及含量的确定

对 HTPB 推进剂来说，高固体含量意味着更高的能量水平。由于 HTPB 预聚物本体粘度低，可以装填高达 90% 含量的固体。不过，理论计算表明，当固体含量达到 88% 时，比冲已达到最大值。继续提高固体含量，虽然由于密度增大也会增加密度比冲，但推进剂的理论比冲实际上是呈下降趋势的。而且，提高固体含量也意味着药浆工艺性能变差，力学性能水平降低。实际上，当固体含量低于88%时，推进剂比冲也不会有明显降低，只是推进剂密度和密度比冲有所降低而已。因此，中燃速 HTPB 推进剂的固体含量一般选择88%。对于高燃速推进剂，由于采用了大量比表面积大的细粒度氧化剂，从工艺性能考虑，应适当降低固体含量。对于低燃速推进剂，由于大粒度的氧化剂含量较高，通常还需加入一些固体的燃速抑制剂，也必须适当降低固体含量。当然，如果工艺性能能够满足发动机装药要求，从提高 HTPB 推进剂能量性能的角度考虑，无论高燃速配方，还是低燃速配方，88%固体含量仍是 HTPB 推进剂配方设计最优先考虑的目标。

除非有特殊要求，固体含量为88%时铝粉含量一般选择19%左右。固体含量降低时，铝粉含量也会适当减少。虽然增加铝粉含量能提高推进剂的密度和密度比冲，但由于氧系数降低，推进剂比冲效率将受到影响，并且增加铝粉含量对发动机喷管喉衬的冲刷作用将增大，进而增大固体发动机的能量损失。

综合考虑推进剂的工艺性能、力学性能以及燃烧性能要求，HTPB 推进剂中高氯酸铵氧化剂通常选用不同规格（粒度不同）的产品进行级配。常用的氧化剂级配是 I 类/ III 类/ IV 类和 III 类/ IV 类。并且，IV 类高氯酸铵的含量一般不低于5%。

HTPB 推进剂中其他的固体组分还包括 Fe_2O_3、C.C 等燃速催化剂、草酸铵、碳酸钙等燃速抑制剂。此外，为了提高能量还可以加入部分 HMX、RDX 等硝胺类炸药。这些组分在推进剂中的含量主要根据推进剂的燃速确定。

（2）粘合剂体系的确定

HTPB 推进剂中通常选用 I 型 HTPB 预聚物［羟值为 $(0.5\pm0.03)\times10^{-3}$ mol/g］。对有高抗拉强度要求的推进剂，可选用 IV 型 HTPB 预聚物［羟值为 $(0.75\pm0.03)\times10^{-3}$ mol/g］。

HTPB 推进剂中的固化剂可选用 TDI 或 IPDI。对中燃速 HTPB 推进剂，推荐使用 TDI 固化剂。对高固体含量推进剂、高燃速推进剂或含硝胺类炸药的推进剂，选用 IPDI 作固化剂有明显的工艺性能优势。

HTPB 推进剂的增塑剂通常选用 DOS，也可选用 DOA。增塑剂的含量通常占粘合剂体系的 1/3 左右。

粘合剂中其他的组分还包括键合剂、网络调节剂、扩链剂、防老剂、固化催化剂等，其含量可根据经验或配方优化结果确定。

3.2.4.4　推进剂配方计算

在确定了 HTPB 推进剂的固体组成、含量及粘合剂体系后，HTPB 推进剂配方的计算相对来说非常简单。除参与形成交联结构的固化反应组分外，其他组分可根据经验值和配方优化试验结果来确定。

在推进剂配方研究前期，一般选用真实固化参数 R_{Tt} 来计算参与固化交联反应的各组分的量。而在推进剂配方得到实际应用后，一般可采用表观固化参数 R_T 进行配方组分计算。

假设 HTPB 推进剂配方中 HTPB 预聚物与固化剂的总含量为 $W_{总}$（推进剂总含量按 100 g 计算），配方计算的目的就是要确定 HTPB 预聚物与固化剂在配方中的实际含量 W_{HTPB} 和 W_T。已知 HTPB 预聚物的羟值（单位质量的羟基化合物的羟基量，可通过分析方法直接测试，也可以由平均官能度除以数均相对分子质量获得，单位为 mol/g，）为 E_{HTPB}，固化剂的相对分子质量为 M_T，官能度为 2（如果是多异氰酸酯，可以用平均官能度）。已知 HTPB 推进剂中交联剂、扩链剂的含量分别为 W_T、W_L，相对分子质量分别为 M_T、M_L，相应的官能度分别为 3 和 2。

根据定义，粘合剂体系的真实固化参数 R_{Tt} 可写成

$$R_{Tt} = (2 \times W_T/M_T)/(W_{HTPB} \times E_{HTPB} + 3 \times W_T/M_T + 2 \times W_L/M_L)$$

$$(3-14)$$

已知 HTPB 预聚物与固化剂的含量为

$$W_{总} = W_{HTPB} + W_T \qquad (3-15)$$

联合式（3-14）和式（3-15），可求得

$$W_T = R_{Tt} \times M_T (W_{总} \times E_{HTPB} + 3 \times W_T/M_T + 2 \times W_L/M_L)/ \quad (3-16)$$
$$(2 + R_{Tt} \times M_T \times E_{HTPB})$$

代入式（3-15），即可求得 W_{HTPB}。

在推进剂配方研究阶段，若选用 TDI 作为固化剂，可参照 0.75 来选取几个真实固化参数进行计算和开展试验。若选用 IPDI 作为固化剂，可参照 0.85 来选取几个真实固化参数进行计算和开展试验。

在工程研制阶段，经过配方优化，推进剂配方中各组分已确定，只需根据 HTPB 预聚物的羟值变化来确定合适的固化剂含量，采用表观固化参数进行计算。式（3-14）可以简化为

$$R_T = (2 \times W_T/M_T)/W_{HTPB} \times E_{HTPB} \quad (3-17)$$

与式（3-15）联合，可求得

$$W_T = R_T \times M_T \times W_{总} \times E_{HTPB}/(2 + R_T \times M_T \times E_{HTPB}) \quad (3-18)$$

3.2.5 HTPB 推进剂性能调节与控制

复合固体推进剂基本的技术指标包括能量特性（密度、比冲）、燃烧性能（燃速、燃速压强指数、燃速温度敏感系数）、力学性能（不同温度、不同拉伸速度下的抗拉强度、伸长率、模量）、贮存性能（规定贮存条件下的贮存时间）、安全性能（摩擦感度、冲击感度、电火花感度、危险等级）、工艺性能（表观粘度、屈服值）等六个方面。这些技术指标按功能可分成设计指标和保证指标两类。设计指标是指直接影响到固体发动机能否实现预定功能的指标，一般有公差控制要求，如推进剂燃速；保证指标是指用来保证固体发动机完成预定功能的指标，通常只有极限值要求，如力学性能。实际工作中，除燃速指标外，其余指标均可以认为是保证指标。因此，推进剂性能调节与控制的重点是作为设计指标的推进剂燃速。而力学性能由于关系到固体发动机的结构完整性，并且与贮存性能密切相关，尽管是保证性指标，但也是性能调节与控制的重点内容。

3.2.5.1 燃速的调节与控制方法

HTPB 推进剂是由氧化剂 AP、金属铝粉、HTPB 预聚物、固化

剂 TDI 或 IPDI 等十余种满足不同使用要求的原材料，经过复杂的物理过程和化学反应形成的非均相复合材料。制造过程中的人、机、料、法、环等各种因素的变化均会导致推进剂燃速的变化。即使配方组分和含量确定的推进剂配方，由于存在原材料称量偏差、原材料性能指标的正常波动以及混合均匀性等众多随机因素，也会导致推进剂燃速的正常波动。

假定 X_1，X_2，$\cdots$ 为影响推进剂燃速的独立因素，则燃速可表示成如下的函数关系

$$r = f(X_1, X_2, \cdots) \tag{3-19}$$

当各因素 X_1，X_2，$\cdots$ 变化 ΔX_1，ΔX_2，$\cdots$ 时，导致燃速产生的波动为 Δr，即

$$r + \Delta r = f(X_1 + \Delta X_1, X_2 + \Delta X_2, \cdots) \tag{3-20}$$

将式（3-20）按泰勒级数展开，并考虑到对于确定的配方组分和含量，各影响因素只存在很小的波动，故可以略去高次项，因此，式（3-20）可以表示为

$$r + \Delta r = f(X_1, X_2, \cdots) + \partial f / \partial X_1 \times \Delta X_1 + \partial f / \partial X_2 \times \Delta X_2 + \cdots \tag{3-21}$$

由式（3-21）可知，当影响推进剂燃速的因素确定时，推进剂燃速由两项组成：其中 $f(X_1, X_2, \cdots)$ 项为推进剂配方组成确定时的燃速真值，是推进剂燃速调节和控制的研究内容；其他项为推进剂配方组成确定时的燃速波动范围，是燃速公差控制的研究内容。

（1）HTPB 推进剂的燃速调节与控制[7]

燃速是表征推进剂燃烧过程最重要的参数。燃烧过程是一个非常复杂的高温、高压反应过程，不仅与推进剂配方许多固有的参数，如配方类型、燃烧机理等有关，还强烈依赖于工作压强、初始温度、发动机尺寸、药型结构、燃烧方式、过载情况等固体发动机设计参数和工作条件。要控制固体发动机中推进剂的燃速水平，从工程角度考虑可从两方面入手：一是建立推进剂配方组成与小尺寸标准试验发动机燃速之间的关系；二是建立小尺寸标准试验发动机燃速与

全尺寸发动机燃速之间的关系，即通过对推进剂配方组成的调节实现对小尺寸标准试验发动机燃速的控制，通过控制小尺寸标准试验发动机燃速来控制或预示全尺寸发动机燃速。因此，推进剂燃速调节与控制的主要工作包括建立推进剂配方组成与小尺寸标准试验发动机燃速之间的线性关系，以及建立小尺寸标准试验发动机燃速与全尺寸发动机燃速之间的尺寸效应关系。

①推进剂燃速调节方法

HTPB 推进剂中影响推进剂燃速的主要因素是氧化剂 AP 及其燃速催化剂或燃速抑制剂。除二茂铁类燃速催化剂外，氧化剂和其他燃速催化剂、抑制剂都是固态颗粒，因而固体组分的粒度和含量都会影响推进剂燃速。因此，氧化剂、燃速催化剂和燃速抑制剂的含量及粒度都可以用于调节推进剂燃速。但固体的燃速催化剂或抑制剂含量变化会同时引起推进剂密度、能量、燃烧效率和推进剂药浆工艺性能的变化，不宜用于调节 HTPB 推进剂燃速。

HTPB 推进剂常用的燃速调节方法有两种：一是调节二茂铁类燃速催化剂含量，因为液态的二茂铁类燃速催化剂具有增塑作用，其含量的变化可用增塑剂含量来补偿，对推进剂其他性能影响小；二是调节氧化剂粒度级配，通过调节不同粒度的氧化剂含量，使其对推进剂其他性能影响最小，是调节燃速的最佳方法。

推进剂配方设计过程中，通常根据燃速水平、燃烧室装药规模和以下原则来选择燃速调节方法：

1）推进剂配方组成变化与燃速之间存在线性关系（在一定压力范围内）；

2）推进剂燃速随配方组成的变化不能过于敏感；

3）对于大型固体发动机装药，采用调节氧化剂级配的方法给原材料备料带来很大压力，采用调节燃速催化剂含量的方法简单、方便；

4）对燃速催化剂含量偏低的推进剂配方，推进剂燃速变化对催化剂含量变化比较敏感，不利于燃速的稳定，一般采用调节氧化剂级配的方法；

5) 对燃速催化剂含量偏高的推进剂配方，推进剂燃速变化对催化剂含量变化不再敏感，不利于燃速的控制，一般也采用调节氧化剂级配的方法；

6) 对于采用固体燃速抑制剂的低燃速推进剂配方，一般也采用调节氧化剂级配的方法。

②测试燃速用标准试验发动机

测试推进剂燃速的方法很多，包括水下声发射法、氮气发射法、靶线法、密闭爆发器法、标准发动机法等。前几种方法采用规定尺寸的推进剂药条进行测试，最后一种方法采用规定药型的推进剂装药进行测试。比较常用的燃速测试方法有水下声发射法和标准试验发动机法。

所有燃速测试的基本原理都是假定推进剂为平行层燃烧，通过测试规定温度和压强条件下，完成规定厚（长）度推进剂燃烧所需要的时间来获得平均燃速。水下声发射法通过水作为限燃层来维持平行层燃烧，与标准试验发动机相比其燃面要小得多。由于水的吸热损失和偏离平行层假设的程度存在不确定性，燃速测试结果通常比发动机测试结果偏低。但水下声发射法操作简单、成本低，通常用来进行推进剂配方研究；而标准试验发动机燃速测试由于能够保持与全尺寸发动机大致相同的试验环境，主要用于固体发动机装药过程燃速的调节、控制与表征。

标准试验发动机的主要特点就是发动机结构相对简单，试验成本相对较低，发动机试验曲线平稳，便于确定发动机工作时间等。标准试验发动机制式较多，已有军标的标准发动机包括 BSFΦ75、BSFΦ118、BSFΦ165、BSFΦ315 发动机等。其中，BSFΦ75 和 BSFΦ118 发动机主要用于测试燃速，BSFΦ165 和 BSFΦ315 发动机主要用于测试推进剂比冲。

③全尺寸发动机燃速的控制与表征

为确保全尺寸发动机装药产品质量符合要求，在进行全尺寸发动机装药前，必须对全尺寸发动机装药用原材料进行鉴定。鉴定一般采用逐级扩大装药规模的方式，即通过较小容量的混合机进行一定数量的标准发动机装药，并测试性能，根据试验结果确定全尺寸发动机装药用推进剂的燃速催化剂含量、固化参数等。采用大容量混合机进行全尺寸发动机装药时，也必须同时完成一定数量的标准试验发动机装药，用于预示全尺寸发动机燃速，对全尺寸发动机燃速进行评定。

由于全尺寸发动机与标准试验发动机在药型结构与燃烧室尺寸上存在差异，进行全尺寸发动机和标准试验发动机装药的混合机容量也存在差异，全尺寸发动机燃速与标准试验发动机燃速之间必然存在由尺寸效应引起的差异。要实现对全尺寸发动机燃速的控制与表征，关键在于建立全尺寸发动机燃速与标准试验发动机燃速之间的尺寸效应关系。工程上处理尺寸效应的方法有线性关系法、差值法（全尺寸发动机燃速与标准试验发动机燃速之差）和比例法（全尺寸发动机燃速与标准试验发动机燃速之比）。差值法主要用于首台发动机装药，一般是根据其他相似发动机的经验来确定标准试验发动机燃速的控制目标。研制阶段后期，当标准试验发动机燃速变化很小或全尺寸发动机燃速与标准试验发动机燃速之间不存在线性关系时，也可以采用差值法。研制过程中，一般采用线性关系法或比例法。当全尺寸发动机燃速与标准试验发动机燃速之间的线性关系通过坐标原点时，两者即为比例关系。显然，采用线性关系法来描述全尺寸发动机燃速与标准试验发动机燃速之间的关系更为合理。

要提高全尺寸发动机燃速与标准发动机燃速之间的线性相关性，关键在于提高自变量（标准发动机燃速）的分散性。在研制阶段前期，特别是在方案研究阶段，应安排燃速处于指标上、下控制限的全尺寸发动机试验。在研制阶段后期，主要是按照燃速目标中值进行全尺寸发动机燃速控制。

表 3 - 30 给出了某全尺寸发动机燃速控制实例。由表中线性相关性分析结果可知，若全尺寸发动机燃速控制目标值为

11. 70 mm/s，则 20 L 混合机 BSFΦ127 燃速控制值为 11.01 mm/s，2 000 L 混合机 BSFΦ127 燃速控制值为 11.07 mm/s，说明 20 L 混合机和 2 000 L 混合机之间的容量效应可以忽略不计。以 2 000 L 混合机的全尺寸发动机燃速减去 BSFΦ127 燃速，两者的差值为 0.63 mm/s。此外，也可以由表 3 - 30 中的统计分析结果得到全尺寸发动机燃速与 BSFΦ127 燃速相差值为 0.55 mm/s。显然，两者的差别很小，说明全尺寸发动机与 BSFΦ127 之间的燃速尺寸效应为 0.6 mm/s 左右。

表 3 - 30　某全尺寸发动机燃速与标准试验发动机燃速之间的相互关系

混合机容量		20 L	2 000 L		线性相关性分析结果
发动机尺寸		BSFΦ127	BSFΦ127	全尺寸发动机	
发动机编号	1—1	10.80	11.01	11.62	1）全尺寸发动机与 20 L 混合机 BSFΦ127 回归方程 $r = 8.028 + 0.333\ 5 \times r_{\Phi127}$（$R = 0.691$） 2）全尺寸发动机与 2 000 L 混合机 BSFΦ127 回归方程 $r = 6.522 + 0.467\ 6 \times r_{\Phi127}$（$R = 0.791$）（$N = 9$，$R_{0.05} = 0.666$）
	1—2	11.24	11.29	11.87	
	1—4	11.18	10.92	11.68	
	1—5	11.33	11.30	11.83	
	1—6	11.13	11.27	11.83	
	2—3	11.35	11.38	11.78	
	2—5	11.47	11.28	11.80	
	2—6	11.36	11.38	11.87	
	2—7	11.14	11.20	11.66	
统计结果	$\overline{X}$/(mm·s^{-1})	11.22	11.23	11.77	
	S/(mm·s^{-1})	0.195	0.159	0.094	
	C_v/%	1.74	1.42	0.8	

以上述全尺寸发动机为例来描述全尺寸发动机燃速控制过程。首先，采用 20 L 混合机进行原材料鉴定。以 11.0 mm/s 为 BSFΦ127 燃速控制目标选择一个合适的燃速催化剂含量，以该含量为中值选择 3～5 个不同的燃速催化剂含量，进行 3～5 锅 20 L 混合机装药，每锅 20 L 混合机带 3～5 个 BSFΦ127 发动机。然后，根据 20 L 混合机 BSFΦ127 燃速测试结果，计算 BSFΦ127 燃速与催化剂含量之间

的线性关系，得到对应 11.0 mm/s 燃速的催化剂含量，以此作为全尺寸发动机装药时 2 000 L 混合机的装药参数。最后，根据 2 000 L 混合机装药时完成的 BSFΦ127 燃速测试结果，结合表中全尺寸发动机燃速与 BSFΦ127 燃速之间的关系，作为评价和验收全尺寸发动机燃速的依据。

（2）HTPB 推进剂燃速公差的控制与评估[8]

在确定了推进剂配方组成后，式（3－18）中的 $f(X_1, X_2, \cdots)$ 项所表示的推进剂燃速目标值也就确定了。不过，推进剂燃速的实测结果与控制目标值是存在差异的，即推进剂燃速存在一定的波动，波动的范围即由式（3－21）中除 $f(X_1, X_2, \cdots)$ 项外的其他项决定。

造成推进剂燃速波动的原因很多，除配方主要组分的称量偏差、固体组分的粒度偏差等配方因素外，也包括推进剂药柱初温的波动、测试系统的测量精度等非配方因素。因此，推进剂燃速公差控制的目的就是通过采取各种控制措施，控制原材料的规格，选择合适精度的称量衡器，将推进剂燃速误差控制在目标燃速允许的公差范围内。同时，通过这些工作也可对现有的配方组成特点和控制方法进行评价，证实所采取的措施能否满足发动机所需的燃速公差控制要求。

如果影响燃速波动的因素与燃速之间存在明确的函数关系，燃速的波动可以根据误差传递原理进行评估。如果不存在明确的函数关系，根据数理统计原理，燃速的波动可按式（3－22）进行评估

$$S^2 = \sum_{i=1}^{n} \left(\frac{\partial r}{\partial x_i} \right)^2 x = \bar{x} \cdot S_{x_i}^2 \qquad (3-22)$$

①主要组分称量偏差引起的燃速波动评估

表 3－31 给出了某推进剂配方中主要组分称量偏差与推进剂药条燃速的关系。从绝对称量偏差与燃速的回归系数可以看出，各主要组分称量偏差对推进剂燃速的影响是不一样的，燃速催化剂的影响比其他组分大一个数量级。因此，在选用称量工具时，燃速催化剂的称量精度应比其他组分的称量精度高一个数量级。

假定各组分的最大称量精度（$\Delta W/W$）为 1%，将表 3 - 31 中的相对称量偏差系数代入式（3 - 22）中，可求得主要组分称量偏差引起的药条燃速公差 $\Delta r(3\delta)$ 为 0.007%。说明在称量衡器满足精度要求的前提下，称量偏差引起的燃速波动可以忽略不计。

表 3 - 31　主要组分称量偏差与推进剂燃速的关系

配方组分		回归方程	
		$r = A + B \times \Delta W$（绝对偏差）	$r = a + b \times \Delta W/W$（相对偏差）
Al		$r = 10.58 - 0.030 \times \Delta W$	$r = 10.58 - 0.005\ 7 \times \Delta W/W$
AP	I 类	$r = 10.76 - 0.093 \times \Delta W$	$r = 10.76 + 0.023\ 3 \times \Delta W/W$
	III 类	$r = 10.78 + 0.155 \times \Delta W$	$r = 0.78 + 0.054\ 3 \times \Delta W/W$
	IV 类	$r = 10.71 + 0.158 \times \Delta W$	$r = 10.71 + 0.015\ 0 \times \Delta W/W$
HTPB		$r = 10.63 - 0.413 \times \Delta W$	$r = 10.63 - 0.032\ 4 \times \Delta W/W$
T27		$r = 10.62 + 1.293 \times \Delta W$	$r = 10.62 + 0.007\ 8 \times \Delta W/W$

②固体组分粒度偏差引起的燃速波动评估

表 3 - 32 给出了某推进剂配方的固体组分粒度偏差与推进剂药条燃速的关系。从粒度对燃速的影响系数可以看出，IV 类 AP 和铝粉的粒度偏差对燃速的影响最大，因此，对这两种固体组分的粒度偏差要控制得更严一些。

按照 AP 的产品规范要求，II 类和 III 类 AP 允许的粒度变化范围为 ±5 μm，IV 类 AP 为 ±1 μm；铝粉粒度为 ±3 μm。将表 3 - 32 中的回归方程系数代入式（3 - 22）中，可求得固体组分粒度偏差引起的燃速公差为 0.103 mm/s。

表 3 - 32　固体组分粒度对推进剂燃速的影响

配方组分	回归方程
II 类 AP	$r = 12.93 - 0.007\ 83\ d_{43}^{\mathrm{II}}$ 　（$N = 7, R = -0.925, R_{0.05} = 0.874$）
III 类 AP	$r = 12.61 - 0.012\ 3\ d_{43}^{\mathrm{III}}$ 　（$N = 8, R = -0.862, R_{0.05} = 0.834$）
IV 类 AP	$r = 11.13 - 0.026\ 8\ d_{43}^{\mathrm{IV}}$ 　（$N = 7, R = -0.972, R_{0.05} = 0.874$）
铝粉	$r = 11.638 - 0.022\ 8\ d_{50}^{\mathrm{Al}}$ 　（$N = 10, R = -0.957, R_{0.05} = 0.765$）

③燃速测试系统引起的燃速波动评估

固体发动机试车过程中，影响燃速测试精度的主要因素包括燃烧时间误差、推进剂药厚测量误差、压强测试误差和推进剂初温误差等。根据燃速与这些因素的关系，总的燃速偏差可由式（3-23）进行计算：

$$\frac{\Delta r}{r} = \sqrt{\left(\frac{\Delta W}{W}\right)^2 + \left(\frac{\Delta t_b}{t_b}\right)^2 + \left(n \cdot \frac{\Delta P}{P}\right)^2 + (\alpha \cdot \Delta T)^2} \quad (3-23)$$

式中　$\dfrac{\Delta W}{W}$——药厚偏差（%）；

$\dfrac{\Delta t_b}{t_b}$——燃烧时间偏差（%）；

$n \cdot \dfrac{\Delta P}{P}$——压强偏差（%）；

$\alpha \cdot \Delta T$——温度偏差（%）。

以表3-30中给出的BSFΦ127为例来说明测试系统引起的燃速波动。根据BSFΦ127发动机的设计要求，$\Delta W/W$取0.2%，$\Delta P/P$取0.3%，$\Delta t_b/t_b$取0.23%，由于标准试验发动机采用20 ℃±2 ℃保温，温度测试精度取3%，则温度总偏差ΔT为2.6 ℃，温度敏感系数取0.2%，压强指数取0.3，燃烧时间t_b按平均值2.14 s计算。将上述数据代入式（3-23）中，可求得总的偏差$\Delta r/r = 0.61\%$。以BSFΦ127燃速为11.0 mm/s进行计算，求得测试系统引起的燃速公差为0.067 mm/s。

3.2.5.2　力学性能的调节与控制方法[9]

HTPB推进剂的力学性能是通过固化参数来控制的。在正常的固化参数范围内，推进剂抗拉强度随固化参数的增加而增加。通常固化参数每增加0.02，抗拉强度约提高0.1 MPa。但伸长率随固化参数的增加先增加后减小，伸长率会出现一最大值。因此，推进剂力学性能的调节与控制是通过确定最佳固化参数来实现的。

（1）HTPB预聚物羟值变化对推进剂力学性能的影响

HTPB预聚物的羟基含量对固化参数有显著影响。当推进剂抗拉强度控制目标值相同时,固化参数随羟基含量的增加而减小。对于中燃速 HTPB 推进剂,典型的关系如式 (3-24) 所示

$$R = 2.415 - 2.64 \times [OH]_{HTPB} \qquad (3-24)$$

式中 $[OH]_{HTPB}$——羟基含量 (mmol/g)。

显然,即使采用羟基含量为 (0.5±0.03) mmol/g 的 Ⅰ 型 HTPB 预聚物,由羟基含量变化引起的固化参数变化可达 ±0.08。若按照固化参数变化 0.02 可导致抗拉强度变化 0.1 MPa 计算,正常的羟值含量变化可引起抗拉强度 ±0.4 MPa 的变化。因此,HTPB 推进剂力学性能对羟值的变化是非常敏感的,研制过程中一旦 HTPB 预聚物更换批次时,必须重新选择固化参数。

(2) 环境湿含量对推进剂力学性能的影响

环境湿含量对推进剂力学性能有显著的影响,根本原因是空气中的水与 HTPB 预聚物中羟基活性相当,通过参与异氰酸酯反应导致固化剂的额外消耗。如果这种影响只是消耗推进剂中的固化剂,那么可通过增加固化剂含量,即提高固化参数来补偿。也就是说,环境湿含量的变化可通过调节固化参数来消除其对推进剂力学性能的影响。对于中燃速 HTPB 推进剂,固化参数与环境湿含量之间的典型关系如式 (3-25) 所示

$$R = 0.983 + 0.011\,45 \times AH \qquad (3-25)$$

式中 AH——环境湿含量 [g (水) /kg (干空气)]。

即固化参数与环境湿含量存在正的相关性。当环境湿含量增加 2 g (水) /kg (干空气) 时,固化参数需提高 0.02 左右。若环境湿含量为 5 g (水) /kg (干空气) 时,对应的推进剂固化参数为 1.04,那么环境湿含量提高到 25 g (水) /kg (干空气) 时,推进剂固化参数需由原来的 1.04 提高到 1.26。

然而,环境湿含量对 HTPB 推进剂力学性能的影响不只限于额外消耗固化剂的量。由于 HTPB 预聚物为多官能团化合物,固化剂与其羟基反应将形成交联结构,而固化剂与水反应只是起扩链作用,甚至使扩链过程中止而形成悬吊链,降低了交联结构的承载能力。

因此，环境湿含量对推进剂抗拉强度的影响通过调节固化参数可以得到补偿，但环境湿含量对推进剂伸长率的影响过程是不可逆的，通常表现为随着环境湿含量的增加，推进剂可调固化参数范围缩小，即在相对干燥季节进行推进剂装药时，满足力学性能要求的固化参数可选择的范围大，而在高湿季节装药时，可选择的固化参数范围缩小，也就是说选择合适的固化参数的风险增大了。对于 HTPB 推进剂的制造而言，应采取控温和控湿措施，尽量避免在高温、高湿季节进行生产。

此外，由于固化参数每增加 0.02 时，推进剂抗拉强度约提高 0.1 MPa，而环境湿含量增加 2 g（水）/kg（干空气）时，固化参数需提高 0.02 左右。因此，建议在调节力学性能时，不应将固化参数变化步长设为 0.02，推荐采用 0.03 或 0.04，避免因环境湿含量的影响导致推进剂力学性能与固化参数之间的线性相关性变差。

（3）原材料吸湿对推进剂力学性能的影响

原材料吸湿对推进剂力学性能的影响也是通过水参与消耗 HTPB 推进剂中的固化剂造成的。不同的原材料、不同的贮存条件和不同的贮存时间，都会影响原材料的吸湿程度，即原材料吸湿将影响 HTPB 推进剂的固化反应，并且这种影响与吸湿程度有关。因此，对原材料进行干燥处理，即通过除湿将原材料中的水分降低至不能影响 HTPB 推进剂固化反应的程度以下，是保证 HTPB 推进剂力学性能重现与稳定的重要措施。大量研究和制造经验表明，原材料经过干燥处理后，装药过程中原材料的短时间吸湿对推进剂力学性能的影响不明显。

原材料吸湿对推进剂力学性能的影响不仅限于生产过程中的原材料吸湿。研究表明，推进剂制造后的贮存过程中，也会因原材料吸湿导致推进剂力学性能下降。不过这种影响在吸湿不严重时通过烘干处理即可使力学性能得到恢复；但较长时间吸湿后的力学性能难以完全恢复，即 HTPB 推进剂的吸湿和去湿过程实际上是不可逆的，因此，制造后的 HTPB 推进剂贮存需采取防吸湿措施。

3.2.6　含硝胺炸药的 HTPB 推进剂

早在 20 世纪 70 年代初期，当 HTPB 推进剂存在的主要问题得到了解决，特别是高固体含量下 HTPB 推进剂仍具有优良的工艺性能和力学性能得到证实后，HTPB 推进剂中就开始引入硝胺炸药，以进一步提高其能量性能。

含硝胺炸药的 HTPB 推进剂具有更高的比冲和稍低的密度，特别适合于空间发动机或导弹武器的上面级发动机。美国锡奥科尔公司的爱克顿分部主要从事航天用固体发动机的研制工作，他们开发的 TP - H - 3363 和 TP - H - 3384 配方的固体含量分别为 89.7％和 89％。其中，加入了 16.2％和 10％HMX 的配方已用于 STAR 系列发动机中，并广泛用于各种上面级发动机和远地点发动机。美国联合工艺公司化学系统分部与法国欧洲推进公司合作的空间发动机，采用了固体含量为 90％，并含 12％HMX 的 UTP - 19687 配方[1]。

加入 HTPB 推进剂中的硝胺炸药含量通常大于 10％，是 HTPB 推进剂中除 AP 氧化剂、金属铝粉和 HTPB 预聚物之外的又一个重要组分。因此，国内习惯将含硝胺炸药的 HMX（或 RDX）/AP/Al/HTPB 推进剂配方称为四组元 HTPB 推进剂，而将传统的 AP/Al/HTPB 推进剂配方称为三组元 HTPB 推进剂。由于硝胺炸药是一种合成有机化合物，其晶体结构、表面形貌和表面能与金属铝粉和无机 AP 氧化剂存在显著差异，与通常使用的三组元 HTPB 推进剂相比，四组元 HTPB 推进剂在能量性能、安全性能、力学性能、燃烧性能和工艺性能等方面存在明显差异[10]。

3.2.6.1　HTPB 推进剂中硝胺炸药含量的确定

RDX 和 HMX 是炸药行业得到广泛应用的两种威力最大的 A 类炸药。除爆速外，这两种硝胺炸药最大的差异是产品价格。生成焓和密度虽然也存在一定差异，但引入到 HTPB 推进剂后，两种物质对推进剂比冲和总冲都没有明显影响。表 3 - 33 给出了采用最小自由能平衡流法计算的具有相同质量分数的两种硝胺炸药推进剂配方的热力性能计算结果。显然，除推进剂密度外，含 RDX 和 HMX 的四组元 HTPB 推进剂的比冲差别很小。因此，从成本的角度考虑，战术导弹固体发动机普遍采用了价格相对便宜的 RDX。

表 3-33　相同质量分数的含 RDX 和 HMX 推进剂配方的热力性能计算结果

$X_{RDX}/\%$	$X_{HMX}/\%$	$X_{AP}/\%$	$X_{Al}/\%$	$X_{其他}/\%$	密度/$(g \cdot cm^{-3})$	比冲/$(N \cdot s/kg)$	密度比冲/$(N \cdot s/cm^3)$
15	—	55.5	17.5	12	1.779	2 611.3	4.646
—	15	55.5	17.5	12	1.791	2 609.9	4.674

表 3-34 给出了铝粉含量为 18%，用 RDX 部分取代 AP 后的四组元 HTPB 推进剂在标准状态下的热力性能计算结果。由表 3-34 可见：

1) 对没有加入 RDX 的三组元 HTPB 推进剂配方，当固体含量由 87.5% 提高到 89% 时，比冲在固体含量为 88% 时达到最大值 2 591.4 N·s/kg。

2) 对加入 RDX 的四组元 HTPB 推进剂配方，当固体含量相同时，随着 RDX 含量由 10% 提高到 25% 时，比冲先增加后减小，即存在 RDX 最佳含量。当固体含量不同时，对应的 RDX 最佳含量也不同。由于 RDX 密度较低，推进剂密度比冲是单调降低的。

3) 对加入 RDX 的四组元 HTPB 推进剂配方，当 RDX 含量相同时，比冲随固体含量增加而增大。以 15% 的 RDX 含量为例，当固体含量由 87.5% 逐步增加到 89% 时，推进剂比冲由 2 605.8 N·s/kg 逐渐增加到 2 614.7 N·s/kg，并且仍呈增加趋势。

4) 与不含 RDX 的三组元 HTPB 推进剂达到的最高比冲 2 591.4 N·s/kg 相比，固体含量为 89%，RDX 含量为 15% 的四组元推进剂的比冲增益为 23.3 N·s/kg，并且两者密度相当。而固体含量为 88%，RDX 含量为 15% 的四组元推进剂的比冲增益为 18.3 N·s/kg，虽然推进剂密度减小，但两者密度比冲相当。因此，在三组元 HTPB 推进剂中加入硝胺炸药，可以使 HTPB 推进剂获得超过 20 N·s/kg 的比冲增益。但四组元 HTPB 推进剂要实现提高能量的目的，必须采用比三组元 HTPB 推进剂更高的固体含量。

表 3 - 34　含 RDX 的四组元 HTPB 推进剂配方热力性能计算结果

S /%	X_{AP}/%	X_{RDX}/%	燃温/K	燃气平均相对分子质量	密度/(g/cm^3)	比冲/($N·s/kg$)	密度比冲/($N·s/cm^3$)
87.5	69.5	0	3 490	19.68	1.778	2 591	4.607
87.5	59.5	10	3 411	19.11	1.768	2 602.6	4.601
87.5	54.5	15	3 363	18.89	1.762	2 605.8	4.591
87.5	49.5	20	3 306	18.72	1.757	2 605.5	4.578
87.5	44.5	25	3 235	17.65	1.751	2 592	4.539
88.0	70.0	0	3 527	19.90	1.789	2 591.4	4.636
88.0	60.0	10	3 454	19.30	1.777	2 605.2	4.629
88.0	55.0	15	3 410	19.05	1.772	2 609.7	4.624
88.0	50.0	20	3 359	18.84	1.766	2 611.8	4.612
88.0	45.0	25	3 296	18.72	1.760	2 607.6	4.589
88.5	70.5	0	3 563	20.13	1.799	2 591.1	4.661
88.5	60.6	10	3 495	19.50	1.787	2 606.8	4.658
88.5	55.5	15	3 455	19.22	1.781	2 612.5	4.653
88.5	50.5	20	3 399	18.99	1.775	2 616.3	4.644
88.5	45.5	25	3 352	18.82	1.769	2 616.7	4.629
89.0	71.0	0	3 596	20.35	1.808	2 590.5	4.684
89.0	61.0	10	3 524	19.71	1.796	2 607.9	4.684
89.0	56.0	15	3 497	19.41	1.791	2 614.7	4.683
89.0	51.0	20	3 455	19.16	1.785	2 619.9	4.676
89.0	46.0	25	3 404	18.95	1.779	2 622.5	4.665

　　采用表 3 - 34 中固体含量为 88.5%，铝粉含量为 18% 的推进剂配方进行了标准状态下的 BSFΦ165 标准发动机试验，比较了不同 RDX 含量对推进剂密度、比冲和密度比冲的影响，结果如表 3 - 35 所示。显然，理论计算与实测密度相同，并且比冲、密度比冲和比冲效率在 RDX 含量为 15% 时达到了最大值[11]。

表 3 - 35　不同 RDX 含量的 HTPB 推进剂 BSFΦ165 标准发动机试验结果

$X_{AP}/\%$	$X_{RDX}/\%$	$X_{Al}/\%$	实测密度/ （g/cm³）	实测比冲/ （N·s/kg）	比冲效率	密度比冲/ （N·s/cm³）
70.5	0	18	1.797	2 409.7	0.929 9	4.330
60.6	10	18	1.785	2 430.9	0.932 5	4.339
55.5	15	18	1.780	2 437.9	0.933 2	4.342
50.5	20	18	1.777	2 429.4	0.928 6	4.317

　　表 3-35 的试验结果是在铝粉含量固定为 18% 的条件下获得的。实际应用过程中，HTPB 推进剂中的铝粉含量随着发动机用途的不同而变化，相应地，为了获得最大的比冲增益，RDX 的最佳含量也是变化的。图 3-6 给出了固体含量为 89% 时，RDX 含量和铝粉含量变化对 HTPB 推进剂配方理论比冲影响的三维图。显然，当 RDX含量和铝粉含量分别保持不变时，对应理论比冲最高时的铝粉含量和 RDX 含量均有一个最佳含量。图 3-7 给出了对应理论比冲最大时，不同铝粉含量与 RDX 含量关系。由图 3-7 可见，当铝粉含量较低时，只需加入少量的 RDX，比冲就能达到最大值；当铝粉含量

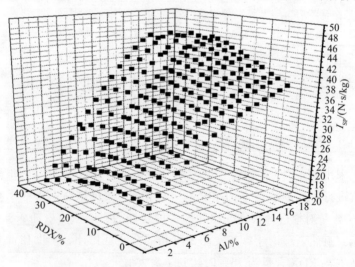

图 3-6　铝粉、RDX 含量与比冲变化的三维效果图

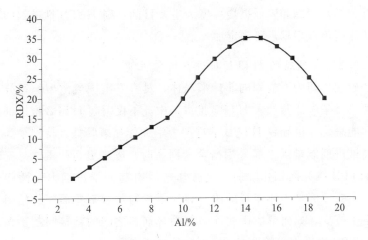

图 3-7　比冲达到最大值时不同铝粉含量与 RDX 的关系

高于 10％时，比冲达到最大值对应的 RDX 含量应在 20％以上，当铝粉含量为 14％时，比冲达到最大值时对应的 RDX 含量应达到 35％；若继续提高铝粉含量，比冲达到最大值时对应的 RDX 含量降低。

　　虽然铝粉含量高时比冲获得最大增益对应的 RDX 含量在 20％以上，甚至可以达到 35％的水平，但 HTPB 推进剂中 RDX 的实际加入量受到最终用途、装药量、比冲效率及推进剂研究水平的限制。当硝胺炸药含量超过一定比例时，推进剂的危险等级将由 1.3 级变成 1.1 级，具有整体爆轰能力。例如，美国海军使用的水中战斗部采用的 PBXN-111 炸药配方中，AP/Al/RDX 的含量分别为 43％，25％，20％，即 RDX 含量达到 20％时可以作为 PBX 炸药使用。此外，硝胺炸药为不规则的非球形颗粒，对 HTPB 推进剂的力学性能和药浆工艺性能有不利影响。因此，从提高 HTPB 推进剂能量性能考虑，硝胺炸药含量一般控制在 15％以下。国外空间发动机用的含硝胺炸药类 HTPB 推进剂中，通常采用 HMX，并且含量控制在 16％以下。

　　如果加入硝胺炸药的目的不是为了提高 HTPB 推进剂比冲，而是以无烟、少烟和降低燃烧温度为主要目的，则 HTPB 推进剂中的硝胺炸药可以根据需要确定加入量。

3.2.6.2　含硝胺的 HTPB 推进剂力学性能

硝胺炸药为不规则的非球形晶体，具有宽范围流散型粒径分布特性。将硝胺炸药加入 HTPB 推进剂中，不仅引起 HTPB 推进剂工艺性能恶化，也导致 HTPB 推进剂力学性能显著降低。特别是为了提高推进剂能量水平而采用高含量固体时，影响更为严重。与三组元 HTPB 推进剂相比，加入硝胺炸药后引起的推进剂力学性能变化，主要原因是固体填料的改变导致填料与粘合剂界面间的作用力发生了改变。如何解决硝胺炸药与粘合剂相之间的粘接问题是含硝胺 HTPB 推进剂力学性能研究面临的主要问题。

对于不含硝胺而只含 AP 氧化剂的三组元 HTPB 推进剂，在 A·E·奥伯思等人提出键合剂理论后，通过采用 MAPO 和 HX - 752 等亚胺类（氮丙啶）键合剂在 AP 氧化剂周围形成了抗撕裂的高模量层，较好地解决了早期 HTPB 推进剂因固体填料界面脱湿带来的力学性能难题，奠定了 HTPB 推进剂成为主流推进剂得到推广应用的基础。这也使得键合剂的合成、评价和使用成为解决和提高复合推进剂力学性能的主要手段。在此基础上，先后开发出了亚胺类键合剂、醇胺类键合剂、有机硼酸酯键合剂、有机硅烷类键合剂、有机酞酸酯类键合剂及海因三嗪类键合剂等用于 HTPB 推进剂的高效键合剂。

对于只含硝胺而不含 AP 氧化剂的 HTPB 推进剂，长谷川邦夫等人曾研究了这类复合推进剂的固化反应和力学性能。在上述含硝胺的 HTPB 推进剂中加入 MAPO 后，推进剂力学性能反而降低了。加入三乙醇胺时，推进剂工艺性能恶化，但力学性能却得到显著提高；同时加入端马来酐聚丁二烯和三乙醇胺时，则工艺性能和力学性能都得到了改善。在将硝胺换成 AP 后，加入三乙醇胺时力学性能没有得到改善。在将硝胺换成玻璃微珠后，加入三乙醇胺时反而使伸长率降低。因此，三乙醇胺能够增强 RDX 与粘合剂之间的作

用。刘裕乃、邓剑如等人也研究了有机硼酸酯类化合物对含硝胺的
HTPB 推进剂力学性能的影响。由于硼酸酯类化合物能与硝胺填料
形成强配位键，它具有的活泼氢基团又能与固化剂反应进入交联网
络，从而紧密地把 RDX 填料和基体结合在一起，能够显著改善含硝
胺 HTPB 推进剂的力学性能和工艺性能，并且具有用量少、功效高
的特点。

　　含硝胺的四组元 HTPB 推进剂与只含 AP 氧化剂的三组元
HTPB 推进剂和只含硝胺炸药的 HTPB 推进剂相比，推进剂力学性
能通常有不同程度的降低。这三类推进剂配方的主要差别在于四组
元 HTPB 推进剂中同时含有表面能和表面形态不同的两种固体填
料，其根本原因在于键合剂的作用机理及其高选择性。根据 A·E·
奥伯思等人提出的键合剂理论，键合剂首先必须与粘合剂体系在热
力学上存在一定程度的不相容，这样在推进剂制造过程中就能够从
粘合剂体系向固体填料表面富集；其次，富集在固体填料表面上的
键合剂能够与填料之间存在某种作用力；第三，这些键合剂分子之
间能够反应，在填料表面形成交联结构的高模量层；第四，键合剂
中的某些官能团能够参与推进剂体系中的化学反应，与粘合剂交联
网络连接起来。因此，适用于三组元 HTPB 推进剂的键合剂
MAPO，主要是通过富集在 AP 表面，并在 AP 的催化作用下开环自
聚，在填料颗粒周围形成抗撕裂的高模量层而起到增强界面抗脱湿
能力的；而适用于只含硝胺 HTPB 推进剂的醇胺类和有机硼酸酯类
键合剂，则是通过增强粘合剂基体与填料颗粒之间的相互作用起到
偶联剂作用来提高固体填料的抗脱湿能力的。在含硝胺的四组元
HTPB 推进剂中，适用于 AP 的键合剂对硝胺填料不起作用。同理，
适用于硝胺的键合剂对 AP 填料不起作用。即使硝胺炸药选用 HMX
代替 RDX，由于填料表面性能存在差别，键合剂也会存在选择性。

　　要提高含硝胺四组元 HTPB 推进剂力学性能，必须寻找对 AP
氧化剂和硝胺炸药同样有效的键合剂。由于对含硝胺 HTPB 推进剂
有效的三乙醇胺、硼酸酯类键合剂，对三组元 HTPB 推进剂也有一

定效果，因此，提高含硝胺四组元 HTPB 推进剂力学性能的技术途径主要集中在对硼酸酯类键合剂的改性方面。崔瑞禧等人[12]研究了硼酸酯类键合剂 BA－5 在四组元 HTPB 推进剂中的作用机理。通过测试推进剂主要组分的酸碱作用熔，结合含 RDX 的四组元 HTPB 推进剂体系中固体填料的 EDS 元素分析结果，提出 RDX，AP 与 BA－5 键合剂之间吸附作用的本质是基于分子间作用力；其作用机理是在混合过程中，BA－5 键合剂富集在 AP 和 RDX 表面，通过参与交联反应并在界面上形成高模量过渡层，提高了含 RDX 的四组元 HTPB 推进剂力学性能。陈浪等人[13]合成了 BA 系列新型硼酸酯键合剂，并针对含 RDX 的四组元 HTPB 推进剂进行了应用研究。新型键合剂 BA－4－1 能同时与 AP 和 RDX 产生键合作用，当用于四组元 HTPB 推进剂时，其综合性能优于常用的醇胺类键合剂 LAB、海因三嗪类键合剂 BA－603 和硼酸酯键合剂 BA－5。含 BA－4－1键合剂的推进剂在老化 12 周后最大伸长率仍能保持在 50% 左右，并且与含 BA603 键合剂的推进剂相比，贮存过程中抗拉强度和伸长率的变化幅度较小。

　　基于键合剂的高选择性，以及 AP，RDX 和 HMX 等固体填料的表面性质存在显著差异，适用于含硝胺炸药的四组元 HTPB 推进剂的键合剂，不得不在这几种填料界面之间进行选择和平衡。不难理解，四组元 HTPB 推进剂的力学性能很难达到只含 AP 的三组元 HTPB 推进剂和只含硝胺炸药的 HTPB 推进剂的水平。在进行含硝胺炸药的四组元 HTPB 推进剂配方设计时，应尽量使 AP 和硝胺炸药两种填料在推进剂中所占比例相差较大，避免两种填料含量保持相近，以免造成推进剂力学性能重现性差。

3.2.6.3　含硝胺的 HTPB 推进剂燃烧性能

　　RDX 和 HMX 是两种常用的环状硝胺化合物，理论计算和实际测试结果表明，两者的热力性能，如燃烧产物及燃烧温度，实际上是相同的，说明两者的热分解或燃烧过程应该是相同的。但是，与人们对 AP 氧化剂热分解、催化分解和燃烧过程的认识程度不同，虽然也开展了一些针对 RDX 和 HMX 热力性能的相关研究，但对 RDX 和 HMX 的分解机理和历程等动力学过程目前仍知之甚少。

图 3-8 给出了 HMX 在两种不同升温速度下的 DSC 曲线。当升温速度为 10 ℃/min 时，在 198.53 ℃ 处有一很小的吸热峰，对应于 β-HMX 晶型向 δ-HMX 晶型的转变。在 281.2 ℃ 时 HMX 开始分解，达到 284.05 ℃ 时完成分解，并形成剧烈的放热峰。改变升温速度，除对应的峰温温度略有变化外，曲线形状仍相同。虽然 HMX 的热分解曲线相当简单，但许多研究工作者发现，HMX 热分解过程实际包含了固体分解、升华、液化（熔化）等历程。特别是对 HMX 的分解机理一直存在较大的争议，至今没有取得一致的结论。既没有试验来验证 HMX 和 RDX 的第一步分解反应究竟是失去 NO_2，或是 HONO 的 N—N 键断裂，还是失去 CH_2NNO_2 的 C—N 键断裂，也没有证据表明固态、液态及气态下的初始反应是否相同。

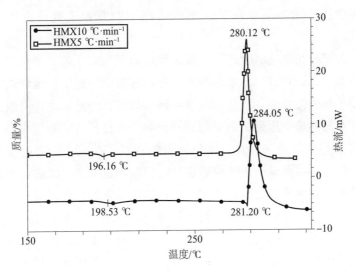

图 3-8　HMX 的 DSC 曲线

由于硝胺炸药的分解温度低于 AP 氧化剂，并且其分解产物不能提供多余的氧化性物质，因而加入硝胺炸药后的四组元 HTPB 推进剂与相应的三组元 HTPB 推进剂相比，燃速有明显降低，并且降低的程度与硝胺炸药在推进剂中的含量有关。实际上，在含硝胺的四组元 HTPB 推进剂中，推进剂的燃烧过程不仅与硝胺炸药的含量有关，而且与配方中 AP 氧化剂的含量有关，即燃烧过程决定于哪一种组分是控制因素。当 AP 氧化剂含量较高时，AP 的分解和催化分解是控制因素，此时推进剂的燃烧过程主要由 AP 控制，推进剂的燃烧规律与三组元 HTPB 推进剂相似，只是推进剂燃速有所降低。当硝胺炸药的含量较高或只有硝胺炸药时，推进剂的燃烧过程受 HMX 或 RDX 控制，不仅表现出燃速难以提高，而且燃速压强指数偏高，并且存在压强指数拐点区域。张春泰曾开展了以少烟为目的的含硝胺 HTPB 推进剂在高压下的燃烧性能和微波衰减特性研究。通过小型试验发动机发现，无论含 RDX 还是 HMX 的四组元 HTPB 推进剂，在超过 17～18 MPa 压强时均存在燃速突变现象，采用燃速催化剂可以降低含硝胺炸药 HTPB 推进剂的高压压强指数。

关于硝胺推进剂的燃烧及催化燃烧的研究工作远不及对双基推进剂和含 AP 的 HTPB 推进剂的研究，有限的研究工作也仅限于较低的工作压强条件，以及寻找某些添加剂，目的是解决含硝胺推进剂存在的燃速—压强关系中的拐点问题。从已报道的资料来看，含硝胺 HTPB 推进剂存在一个压强指数拐点，在拐点以上的压强区域，推进剂的燃速由硝胺的燃烧过程控制，至今所有的催化剂都没有观察到在该区域的催化作用。而在拐点以下的压强区域，燃烧过程受到粘合剂及硝胺与粘合剂之间的相互作用的影响。有关含硝胺推进剂的燃烧性能研究主要是寻找包括碱金属盐类、铅氧化物、重铬酸盐等合适的添加剂，通过提高拐点以下压强区域的燃速，从而降低含硝胺推进剂的压强指数，达到消除拐点或尽量提高拐点对应的压强区域。这些添加剂的作用机理与双基推进剂类似，很有可能是在燃烧表面形成沉积物，通过非均相催化作用加快了传热过程，从而增大了固相的放热量，导致燃速提高。

3.2.6.4　含硝胺的 HTPB 推进剂工艺性能

硝胺炸药具有不规则的外形及宽范围流散型粒径分布特性，造成含硝胺炸药的 HTPB 推进剂工艺性能恶化，力学性能降低。要实现通过加入硝胺炸药来提高 HTPB 推进剂能量水平或者实现无烟、少烟的低特征信号目的，保证含硝胺炸药 HTPB 推进剂具有良好的工艺性能至关重要。

AP 氧化剂和金属燃料铝粉均已实现了球形化。即使固体含量高达 88%，三组元 HTPB 推进剂仍具有良好的药浆工艺性能，并且无论是采用 TDI 型固化体系，还是 IPDI 型固化体系，都可以满足采用贴壁浇注的大型固体发动机装药的工艺要求。如果加入硝胺炸药的主要目的是提高能量水平，那么从提高比冲和密度比冲考虑，推进剂配方的固体含量必须提高到 89% 以上。也就是说，HTPB 推进剂的固体含量若低于 89% 时，一般不考虑加入硝胺炸药；只有固体含量高于 89% 时，才考虑加入硝胺炸药。因此，高固体含量的含硝胺炸药 HTPB 推进剂通常采用 IPDI 型固化体系。

表 3-36 给出了固体含量为 89%、RDX 含量为 15% 的四组元 IPDI 型 HTPB 推进剂的药浆流变性能。该推进剂力学性能列于表 3-37。显然，固体含量为 89% 的四组元 HTPB 推进剂药浆工艺性能良好，适用期长。力学性能在常温强度 σ_m 不大于 1.1 MPa 时，常温伸长率高于 45%，高温和低温伸长率高于 50%，完全满足一般战术武器对力学性能的要求。

表 3-36　89% 固体含量的四组元 HTPB 推进剂药浆流变性能

t/h	1	2	3	4	5
$\eta/(Pa \cdot s)$	824.5	782.7	787.5	859.4	845.9
τ_y/Pa	162.5	147.3	135.4	132.3	130.9

表 3-37 89%固体含量的四组元 HTPB 推进剂的力学性能

R_1	25 ℃			70 ℃			-40 ℃		
	σ_m/MPa	ε_m/%	ε_b/%	σ_m/MPa	ε_m/%	ε_b/%	σ_m/MPa	ε_m/%	ε_b/%
1.30	0.86	49.5	51.9	0.48	63.3	65.4	2.27	59.3	69.0
1.33	1.10	48.0	50.4	0.71	58.2	58.9	2.71	55.9	86.1
1.36	1.35	43.5	46.1	0.81	40.8	41.7	2.79	50.0	55.7
1.39	1.40	40.0	42.6	0.80	30.3	33.8	2.83	40.5	48.3
1.41	1.40	38.9	41.7	0.79	27.3	29.7	2.88	36.9	43.8

3.3 NEPE 高能固体推进剂

3.3.1 概述

高能固体推进剂技术是先进战略、战术导弹武器装备的核心关键技术之一，其性能水平直接影响着导弹武器系统的作战效能和生存能力。采用高能固体推进剂可提高战略、战术导弹射程，实现战略、战术导弹武器的小型化，增加战略、战术导弹载荷，增强导弹的突防、威慑和破坏能力。

能量是贯穿固体推进剂技术发展历程的主线，固体推进剂技术每一次重大的技术突破，都伴随着能量水平的提升，同时促进了导弹武器装备的更新换代。20 世纪 70 年代末，综合了双基和复合固体推进剂特点研制出来的 NEPE，在固体推进剂发展史上具有里程碑的意义，使推进剂能量达到了一个新水平。美国相继研制的 MX，三叉戟-2，侏儒等型号的固体战略导弹，其中九种固体火箭发动机中的七种均采用了 NEPE 推进剂。20 世纪 90 年代以来，西方发达国家争先开展含 HEDM 推进剂研究，部分成功通过了战术导弹火箭发动机试验，应用于武器型号的研制。进入 21 世纪，许多国家竞相开展对高能量、高综合性能推进剂的探索研究，竞争日趋激烈，诸多国家都在大力抢占高能固体推进剂技术发展的制高点。

本节主要以 NEPE 推进剂为例，介绍高能推进剂的发展历程、配方特点和性能设计方法。

3.3.2　高能固体推进剂的发展历程

20 世纪 70 年代，双基推进剂与复合推进剂技术融合，形成了高能固体推进剂发展应用的成熟技术途径——大剂量含能增塑剂增塑的聚醚粘合剂，即能够将硝酸酯、HMX 等高能组分成功应用在固体推进剂中，使复合推进剂标准比冲提高到 2 500 N·s/kg（255 s）以上；同时，大幅度降低了推进剂中的固体含量，改善了推进剂药浆工艺性能，并显著提高了复合推进剂的力学性能，解决了普通双基推进剂力学性能较低，难以满足大型固体火箭发动机贴壁浇注工艺要求的问题，使得具有更高比冲和密度的固体推进剂迅速具备了工程应用的能力。

20 世纪 70 年代初期，为了克服双基推进剂能量偏低而复合推进剂难以消除其一次烟或二次烟的问题，赫克里斯公司（Hercules Corp.）基于硝酸酯增塑的聚氨酯粘合剂，率先开发出了用于战术火箭系统的高能微烟推进。此后，1979 年开始服役的三叉戟 C4 型潜射弹道导弹，其一级、二级、三级主发动机均使用了赫克里斯公司研制的 XLDB 高能推进剂，这种推进剂基于聚乙二醇乙二酸酯预聚物和二异氰酸酯固化剂体系，固体含量 70%，标准比冲大于 2 450 N·s/kg（250 s）。在此基础上，NEPE 高能推进剂逐渐发展成熟，于 1989 年随三叉戟-Ⅱ（D5）型潜射弹道导弹正式服役。该推进剂是以聚乙二醇为粘合剂，实际比冲接近 2 500 N·s/kg（255 s），密度大于 1.85 g/cm^3，是目前战略导弹发动机领域成熟应用的能量最高的固体推进剂品种（见表 3 - 38）。三叉戟-Ⅱ（D5）型潜射弹道导弹服役 20 余年来，已成功完成 140 余次飞行试验，且无一次失败，充分验证了 NEPE 推进剂的高可靠性。NEPE 推进剂在美国战略导弹中的应用情况见表 3 - 39。

表 3-38　三叉戟-Ⅱ（D5）型 NEPE 推进剂的性能水平

项目	三叉戟-Ⅱ（D5）型 NEPE 推进剂
真空比冲/（N·s/kg）	2 901.8
比冲/（N·s/kg）（Φ315）	2 499
密度/（g·cm^{-3}）（20 ℃）	1.84~1.86
燃速/（mm·s^{-1}）（6.86 MPa，全尺寸发动机）	11~17
压强指数（4.0~8.5 MPa，Φ127 发动机）	0.66
力学性能 σ_m/MPa（25 ℃）	0.896
力学性能 ε_m/%（20 ℃）	100
力学性能 ε_m/%（65 ℃）	79
力学性能 ε_m/%（-40 ℃）	20

表 3-39　NEPE 推进剂在美国战略导弹中的应用情况

发动机	MX	三叉戟-Ⅱ（D5）	侏儒
第一级推进剂	HTPB	NEPE	NEPE
第二级推进剂	HTPB	NEPE	NEPE
第三级推进剂	NEPE	NEPE	NEPE
开始研制时间	1974	1978	1984
开始飞行试验时间	1983-06	1987-01	1989-05
开始装备时间	1986-12	1990-03	1997

　　综观，国外高能固体推进剂的发展，主要有两个发展方向。

　　（1）战略、战术武器应用拓展

　　在满足新一代战略、战术导弹武器对推进剂高能量要求的同时，在降低成本，提高环境适应性、安全性、隐身性等方面进行持续改进。例如在战略导弹武器领域，美国为实现下一代战略导弹发动机的低成本、高可靠，进行了积极的技术开发与储备，在 IHPRPT 计划的牵引下，2000 年以来，先后完成两个阶段的多次战略导弹二级、三级全尺寸发动机演示试车。发动机主要采用高固体含量 NEPE 推进剂，配方性能与三叉戟Ⅱ（D5）相当（密度大于 1.85 g/cm^3，比冲接近 255 s）；并通过使用 RDX 替代 HMX，显著降低了推进剂成本。该推进剂代表了美国战略导弹用高能固体推进剂的最新水平。在战术导弹固体火箭发动机领域，以杜邦公司等先后开发出的 PET、GAP 等粘合剂为基础，美国空军火箭推进剂实验室（AFRPL）、法国火炸药公司（SNPE）、德国化学技术研究所（ICT）等先后研发了多种高性能战术导弹用推进剂，以适应新作战环境条件下对战术导弹低特征信号、低易损化的要求。

（2）新型高能固体推进剂研发

以 HEDM 为基础，以美国为首的北约国家近 20 年来大力推动新型含能材料的研发与应用，为新型高能固体推进剂的创新发展提供了充分的技术和应用基础[14-23]。HEDM 基于 1985 年美国空军"展望 II"高技术计划的研究结果，于 1989 年起分阶段实施，主要目的是为了持续保证美国在导弹和航天领域的领先地位，不断、系统地开发能量密度更高、具有革命性意义的新型推进剂、炸药和火工品，以便显著地提高武器系统和推进系统效能，并努力降低成本。该计划实施近 20 年来，美国、德国、法国、意大利、荷兰、瑞典等国，在 CL - 20、ADN、HNF 等高能炸药及 AlH$_3$ 等高能燃料的合成和应用技术方面取得显著突破，在新型高氮/全氮化合物的制备[24-28]、应用等领域的探索也相继获得了一系列重大成果，为 21 世纪高能固体推进剂技术的创新和发展奠定了基础[29-32]。

3.3.3 NEPE 高能固体推进剂的组分与作用

顾名思义，硝酸酯增塑聚醚推进剂是指由大剂量的硝酸酯增塑剂和聚醚粘合剂构成粘合剂基体，以高能炸药 HMX 或 RDX、氧化剂 AP 和金属燃料铝粉等为固体填料而组成的高能推进剂配方；后来在此基础上衍生出的其他含能增塑剂（NENA 等）、含能粘合剂（GAP、PGN 等）配方也归入此类。NEPE 推进剂的组分组成特点，决定了此类推进剂配方的结构特征和功能特点；与传统复合固体推进剂最大的区别在于大量含能液体组分的应用，能够使推进剂在较低的固体含量下保持更高的能量水平，并且可具有更高的力学性能水平和良好的工艺加工性能。

NEPE 推进剂的主要组分组成及作用见表 3-40。

表 3-40　NEPE 推进剂的主要组分与作用

类别	代表组分	作用概述
粘合剂	PEG，PET，GAP 等	构成基体网络，提供推进剂力学性能基础
增塑剂	NG，BTTN，TMETN 等	提供能量，改善力学性能，降低玻璃化温度
高能添加剂	HMX，RDX，CL-20 等	提高能量，作为固体填充物影响力学性能
氧化剂	AP，AN，KP 等	提供氧使推进剂平衡燃烧
金属燃料	Al，AlH$_3$ 等	与氧反应释放大量的热，提高能量，影响内弹道性能
安定剂/防老剂	2-NDPA，防老剂 H 等	抑制硝酸酯分解，改善贮存寿命
键合剂	NPBA，MAPO 等	提高推进剂力学性能
固化剂	N-100，TDI 等	与粘合剂反应形成固化网络，提供力学性能基础
固化催化剂	TPB、马来酸酐等	利用催化固化剂与粘合剂的反应调控固化反应速率
燃烧性能调节剂	过渡金属氧化物、金属络合物等	调节推进剂的燃速与燃速压强指数
工艺助剂	硼酸酯、钛酸酯等	改善推进剂工艺性能

3.3.3.1　粘合剂

粘合剂作为 NEPE 高能固体推进剂的重要组分和弹性基体的主要构成，对高能固体推进剂力学性能有重要影响，其性能的优劣决定了高能固体推进剂能否具有高水平的力学性能。力学性能良好的粘合剂基体应具有如下特点：柔顺的粘合剂分子主链，相对分子质量足够大，能够被含能增塑剂充分增塑；形成的交联网络规整，网络无缺陷或缺陷少（如悬吊链等）；能够存在一定程度的微相分离形态结构等。

目前 NEPE 推进剂中常用的粘合剂包括 PEG、PET、PAO、GAP、BAMO、BAMO－THF 共聚物、AMMO－NMMO 共聚物、PGN 等[33-35]。PEG 的结构非常规整，相对分子质量可根据推进剂力学性能的需要在 6 000～12 000 之间灵活控制；其缺陷是易结晶，玻璃化温度较高，较难满足战术导弹武器对固体推进剂宽温度范围的要求。PET 是环氧乙烷和四氢呋喃的无规共聚物，玻璃化温度低，主链柔顺性好，适合于战术武器应用的需求。以 GAP、BAMO、PGN 等为代表的含能粘合剂，由于粘合剂主链上含有叠氮基、硝酸酯基等较大的极性基团，对粘合剂主链的柔顺性有一定的不利影响，因此其推进剂配方的力学性能调控，是含能粘合剂推进剂配方研制的主要难点之一。

从结构特点，通常可将 NEPE 推进剂的粘合剂分为聚醚二元醇和多官能度星型聚合物。PEG 和 GAP 等属于前者；而 PET 或星型 PAO（主要是三官能度或四官能度的端羟基长链聚氧化乙烯均聚物，或含有少量聚氧化丙烯的共聚物）则属于多官能度聚合物，其分子链中含有柔性的重复醚键单元，见式（3-26）和式（3-27），其分子中特有的 3 星或 4 星结构，使分子链承载的碳原子数达到 300～600 个，提高了交联网络中 C—C 交联的比例，且交联点间有较长的柔韧结构，能充分抵抗拉伸和冲击的破坏，使推进剂具有较大的抗拉强度、较高的延伸率和较小的体积收缩率，改善了推进剂的力学性能。

$$H \underset{}{\overset{}{\left(OCH_2CH_2\right)_n}} O-CH_2-\underset{\underset{\underset{\left(CH_2CH_2\right)_n H}{O}}{CH_2}}{\overset{R}{C}}-CH_2-O\left(CH_2CH_2O\right)_n H$$

（三官能度 PAO，R 为甲基或乙基）　　　　（3-26）

$$
\begin{array}{c}
(CH_2CH_2O)_{\overline{n}}H \\
| \\
O \\
| \\
CH_2 \\
| \\
H(OCH_2CH_2)_{\overline{n}}O-CH_2-C-CH_2-O(CH_2CH_2O)_{\overline{n}}H \\
| \\
CH_2 \\
| \\
O \\
| \\
(CH_2CH_2O)_{\overline{n}}H
\end{array}
$$

（四官能度 PAO）　　　　　　　（3－27）

3.3.3.2　含能增塑剂

高能固体推进剂中，增塑剂不仅起着降低药浆粘度、改善药浆流变性能的作用，更重要的是起到提高推进剂能量和降低粘合剂玻璃化温度的作用。高能固体推进剂的增塑，是由于削弱推进剂中粘合剂分子链间的聚集作用，增塑剂分子插入到粘合剂分子链之间，削弱了粘合剂分子链间的引力，导致粘合剂分子链的移动性增大，以及粘合剂分子链的结晶度降低。NEPE 推进剂中含能增塑剂的种类和含量，对推进剂的力学性能和工艺性能具有重大影响；在进行 NEPE 推进剂增塑剂的选择时，必须综合考虑能量性能、力学性能、工艺性能、成本、低温应用环境等多方面的要求。

NG 是双基推进剂中最常用的硝酸酯增塑剂，但是存在凝固点较高和推进剂低温"脆变"等问题，若直接应用于 NEPE 推进剂，将对导弹武器的适用环境、使用安全性、结构可靠性等带来不利影响。美国最先通过 BTTN 与 NG 混溶的方式，解决了 NEPE 推进剂中硝酸酯增塑剂应用的稳定性问题，目前 NG/BTTN 混合硝酸酯已成为战略发动机用 NEPE 推进剂的主要增塑剂品种。此外，为了满足战术导弹武器对高能推进剂低成本、低玻璃化温度的要求，DEGDN、TEGDN、TMETN 等含能增塑剂也逐步在 NEPE 推进剂中得到广泛应用；Bu－NENA、低聚合度叠氮基多元醇等不含硝酸酯基的含能增塑剂，由于同时具有安定性较好、玻璃化温度较低的特点，在战术导弹武器中也逐步得到发展和应用。近年来，为进一步改进和提升 NEPE 推进剂的性能的，氟胺基、呋咱基等新型含能增塑剂的发展也十分活跃[36]。

3.3.3.3 高能添加剂

具有张力环分子结构的高能炸药，对于提升 NEPE 推进剂的能量性能具有重要作用。HMX 由于具有高能量、高密度、晶型规整性好等特点，率先在三叉戟 II（D5）的 NEPE 推进剂中得到应用，但存在成本较高的缺点。RDX 能够使推进剂具有和 HMX 相当的比冲水平，仅密度（1.82 g/cm³）比 HMX（1.91 g/cm³）稍低，但成本却仅约为后者的十分之一，因此在战术导弹用高能推进剂中得到广泛应用。自 1989 年成功合成 CL‑20 以来，新型高能炸药在 NEPE 推进剂中的应用得到长足发展[21,37‑38]，HNF、ADN 等高能氧化剂的高纯度合成及在高能固体推进剂中的应用技术也相继取得较大进展[39‑45]，为新型高能固体推进剂的研制奠定了基础。表 3‑41 列出 CL‑20 等高能材料的单元推进剂能量特征，表 3‑42 为 RDX 和 HMX 性能的比较。

表 3‑41 几种高能炸药的单元推进剂能量特性对比

能量特性	CL‑20	AP	RDX	HMX
密度/（g・cm⁻³）	1.98	1.95	1.82	1.91
比冲/（N・s・kg⁻¹）	2 666	1 551	2 603	2 600
特征速度/（m・s⁻¹）	1 639	990	1 646	—
燃烧温度/K	3 591	1 434	3 284	3 417
燃气相对分子质量	29.15	28.92	24.68	24.7
生成焓/（kJ・mol⁻¹）	+422	−296	+70	+84
氧平衡/%	−11.0	+34.0	−21.6	−21.6

表 3 - 42　RDX 与 HMX 性能的比较

品种	相对分子质量	晶体密度/ ($g \cdot cm^{-3}$)	熔点/ K	标准生成焓/ ($kJ \cdot mol^{-1}$)	爆热/ ($kJ \cdot kg^{-1}$)	爆速/ ($m \cdot s^{-1}$)
RDX	222	1.82	477.3	70	9 822.0	8 180
HMX	296.2	1.91	553～560	84	9 527.6	9 124

3.3.3.4　氧化剂

NEPE 推进剂中所使用的氧化剂与常规的复合固体推进剂相同，主要是 AP。由于使用了含量较高的硝酸酯增塑剂和硝胺炸药等组分，NEPE 推进剂具有燃速调节范围较小、燃速压强指数较高的特点。而使用适当含量的 AP 作为辅助氧化剂，可以使 NEPE 推进剂具有更灵活的燃烧性能调控手段。此外，AP 的存在还可以增强推进剂对金属的氧化能力，使推进剂中铝粉的能量释放潜力得以充分发挥，对于提高推进剂的综合能量水平也具有重要意义。

AN 是战术导弹用高能推进剂应用较多的另一类氧化剂，具有成本低、来源广泛、燃气洁净、安全性好等优点，在解决了高温（60 ℃左右）晶型转变控制、拓展燃速调节范围等技术问题后，AN 主要应用于战术低易损性、低特征信号高能推进剂的研发。

3.3.3.5　金属燃料

金属燃料 Al 能够通过发生氧化反应，释放出大量的热量，显著提高推进剂燃烧产物的温度，从而提高火箭发动机的比冲；并且其氧化产物 Al_2O_3 主要以液态形式分布在火箭发动机燃烧室中，对于抑制固体火箭发动机的不稳定燃烧具有重要作用。因此，NEPE 推进剂中，Al 作为金属燃料具有重要的作用。另一方面，由于 NEPE 推进剂燃烧的产物环境与传统的 HTPB 复合固体推进剂存在较大差异，硝酸酯、粘合剂、高能氧化剂的种类与含量，对金属 Al 粒子的燃烧效率存在显著影响。确保金属粒子燃烧的充分性，对 NEPE 高能推进剂实际能量水平的发挥具有重要意义。美国空军实验室、德国化学技术研究所等均已明确指出，在近期内，进一步提高高能固体推进剂的能量水平，主要途径将是提高推进剂中 Al 粉的燃烧效率，进而提高发动机的实际比冲效率，以及降低二相流损失等。为此，在纳米 Al 粒子及金属合金的应用、固体火箭发动机氧化剂－燃料分离结构等方面提出了一些创新性应用概念[46-49]。

此外，为了进一步提高固体推进剂的能量性能，国内外在新型燃料的制备与应用方面开展了大量工作。B 粒子和 AlH_3 等轻金属氢化物，在保留了燃料高放热性的基础上，具有更小的燃气相对分子质量，对提高高能固体推进剂的比冲具有重大的意义。随着应用工艺技术的突破，新型燃料正在新型高能固体推进剂的研制中发挥重要作用。

3.3.3.6　安定剂/防老剂

NEPE 推进剂中通常含有大剂量的硝酸酯增塑剂，在贮存过程中，硝酸酯键易于断裂而缓慢分解，温度越高，热分解速率越大。硝酸酯的分解一方面使其在推进剂中的质量分数下降，影响推进剂的能量；另一方面它的主要分解产物氮氧化物又将加速硝酸酯的分解，形成自催化作用，最终导致推进剂丧失高能量、高力学性能的优势，并且存在发生安全事故的潜在危险。此外，NEPE 推进剂配方中 AP 的存在，进一步降低了硝酸酯的加速分解温度，使得推进剂加速分解诱导期缩短，力学性能急剧下降，推进剂在高温条件下即使贮存较短时间就会出现裂纹、溃烂等失效现象。

因此，为改善 NEPE 推进剂的贮存性能，需要在推进剂中使用化学安定剂、防老剂等组分。其中，化学安定剂的作用主要是通过分子中胺基的作用，及时吸收推进剂中产生的氮氧化物，从而有效抑制 NEPE 推进剂中硝酸酯的分解；防老剂的作用主要是在长期贮存过程中保护粘合剂分子主链免受氧化物、氮氧化物的攻击，为保持粘合剂固化网络结构的长期完整性提供支持。

3.3.3.7　键合剂

NEPE 推进剂与 HTPB 复合固体推进剂在组成和结构上的差异，

包括具有极性的硝酸酯增塑粘合剂体系，以及大量 HMX 或 RDX 的应用，使得 NEPE 推进剂的力学性能调控具有独特的特征。一方面，HMX 等高能氧化剂通常完全由 C—N 共价键构成，传统的通过化学反应形成离子键的小分子键合剂，很难对 HMX 等产生键合作用；另一方面，HMX（尤其是 RDX）在硝酸酯增塑剂中具有一定的溶解性，而且易在高能氧化剂晶体表面形成软化层，若无法通过有效的键合剂抑制软化层的形成，将导致推进剂力学性能进一步恶化。

A·E·奥伯思提出的键合理论指出，改善推进剂力学性能最有效的键合剂能够在氧化剂（固体填料）表面形成一个硬的抗撕裂的高模量层。C·S·金（C.S.Kim）提出的中性聚合物键合剂理论认为，在含有大量含能极性增塑剂的硝胺推进剂中，由于硝胺微溶于增塑剂中，在硝胺表面形成软化层，导致固体填料/基体粘结不良，因而以前常用的键合剂普遍失效。C·S·金从聚合物溶液理论入手，综合奥伯思提出的键合理论，利用降温"沉积相分离"，通过氢键作用在硝胺表面包覆一层 NPBA，形成一个硬的抗撕裂的高模量层，而另一端与粘合剂基体之间形成稳定的化学键。NPBA 的这种作用特征，对 NEPE 推进剂的力学性能和工艺性能具有重大的影响。掌握 NPBA 的作用方式和影响因素，进而优化配方组成和推进剂制造工艺参数，是 NEPE 推进剂工程应用中的关键过程。

3.3.3.8 固化剂和固化催化剂

由于 PEG、GAP 等均属于高相对分子质量的聚醚二元醇，因此以它们为粘合剂基体的 NEPE 推进剂，通常采用 N-100 为固化剂。N-100 是六次甲基二异氰酸酯的水合物，具有多官能度的异氰酸酯基团分布，能够通过三官能度以上的异氰酸酯基团与粘合剂中二官能度的羟基（—OH）发生反应，生成交联网状结构，使固化后的推进剂具有良好的力学性能。因此，N-100 的相对分子质量及官能团分布，是影响和控制 NEPE 推进剂力学性能的关键因素之一。

对于具有多官能团分布的粘合剂品种，如 PET 或星型 PAO，则与 HTPB 粘合剂类似，通常采用二官能度异氰酸酯，如 TDI、IPDI

为固化剂。

由于 NEPE 推进剂中含有大量的硝酸酯增塑剂，推进剂体系的酸碱性特征与传统的复合固体推进剂存在较大差异。为了使 NEPE 推进剂在制造工艺过程中的安全性和安定性得到有效保证，需要较低混合温度和固化温度，因此推进剂配方中还含有极少量的固化催化剂，如 TPB 等。此外，马来酸酐能够调节推进剂配方体系的酸碱性，为 TPB 固化催化作用的发挥提供良好的微观环境，因此国外常在 NEPE 推进剂中将马来酸酐与 TPB 作为组合催化剂共同使用。

3.3.3.9　燃烧性能调节剂

如前所述，NEPE 推进剂中由于存在大量的硝酸酯和硝胺化合物，其燃烧性能调节范围相对有限，因此需要在推进剂中使用一定的燃烧性能调节剂，用于调节推进剂的燃速范围，降低燃速压强指数和燃速温度敏感系数等。HTPB 和双基推进剂中常用的二茂铁及其衍生物类催化剂、铅铜盐及其有机络合物等燃烧调节剂，存在与硝酸酯增塑剂安定性差、破坏固化—交联反应、催化固化反应等诸多问题，从而限制了它们在 NEPE 推进剂中的应用。通常采用 TMO（如 Fe_2O_3、Co_2O_3、ZnO 等）、金属无机盐（$PbCrO_3$）等作为提高 NEPE 推进剂燃速的催化剂；$CaCO_3$、CaF_2、三醋精、稠环芳烃化合物等作为降低 NEPE 推进剂燃速的调节剂；部分铅盐和 TMO 的组合应用，可有效降低 NEPE 推进剂的燃速压强指数。燃烧性能调节剂的筛选与应用，同样是 NEPE 类推进剂实用配方研制的重要内容。

3.3.3.10　工艺助剂等

为了改善 NEPE 推进剂的制造加工工艺等性能，还可根据需要在 NEPE 推进剂中采用工艺助剂等组分，如硼酸酯、钛酸酯，或者采用非含能增塑剂，如邻苯二甲酸二丁酯等。为了获得特殊力学性能也可采用扩链剂、交联剂、特种纤维等组分。这些组分的种类与作用原理与 HTPB 推进剂相类似，在此不再赘述。

3.3.4　NEPE 推进剂的性能与设计

3.3.4.1　NEPE 固体推进剂能量特性
3.3.4.1.1　NEPE 推进剂能量性能的理论设计

　　NEPE 高能固体推进剂的配方设计需依据固体火箭发动机的要求，对设计指标要求进行认真分析，同时结合固体推进剂的研制现状，确定研究的关键技术，即确定重要的单项性能，然后确定各单项性能研究的先后顺序。一般情况下，在获得性能指标要求后，首先利用能量性能设计准则，确定推进剂组分基本组成和体系，设计准则框架如图 3-9 所示。

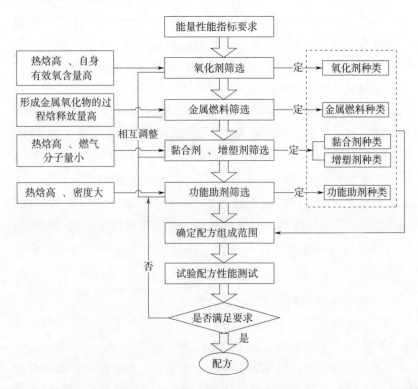

图 3-9　高能推进剂能量性能设计框架

能量性能设计主要是配方组分的选择和含量优化。依据能量特性筛选推进剂组分的总原则是要求推进剂组分的生成焓高，燃气产物平均相对分子质量低，燃温高、产气量大，主要是参照比冲公式

$$I_{SP} = \sqrt{\frac{2}{g} \frac{k}{k-1} \frac{R}{M_g} T_c \left[1 - \left(\frac{P_e}{P_c} \right)^{\frac{k-1}{k}} \right]}$$

根据推进剂比冲公式可以看出，推进剂的平衡燃烧温度越高，比冲越大；当推进剂处于零氧平衡，即推进剂配方中实际含氧量与其燃料完全燃烧所需要的氧恰好相等时，推进剂燃烧发热量最大，故此时推进剂的平衡燃烧温度最高。但是，另一方面，推进剂燃气的平均相对分子质量与化学反应有关，也与推进剂配方的氧平衡直接相关；气态燃烧产物的分子越简单，单位质量推进剂燃烧所产生的气态燃烧产物的物质的量越大，燃气平均相对分子质量越小；推进剂燃烧越完全，燃烧产物的相对分子质量越大，对降低燃气的平均相对分子质量不利，但对提高燃烧温度有利。因此，提高平衡燃烧温度与降低燃气平均相对分子质量的要求存在一定的冲突。

所以，推进剂的能量优化，实际上是要在工程应用许可的条件下尽量使 $T_c / \bar{M}_g$ 的比值趋于最大。当推进剂配方的氧平衡为较小的负值，在获得较小的燃气平均相对分子质量的同时，能够使燃烧温度达到较高的水平，使二者的比值趋于最大，从而获得较优的推进剂比冲。

除了以上因素之外，设计时也需要考虑其他一些参数。

（1）粘合剂的选择

粘合剂选择除了需要考察其生成焓外，还需要考虑的因素包括：玻璃化温度和密度。玻璃化温度可能直接决定了推进剂的使用温度范围，而高密度粘合剂能够为推进剂的能量密度带来贡献。含能粘合剂 GAP、BAMO、PGN 等，在不同配方条件下相对于 PEG、PET 等非含能粘合剂，能够给推进剂带来 20～50 N·s/kg的比冲增益。综合考虑需求背景的应用环境条件和综合性能要求，才能进行粘合剂合理的选择。

（2）增塑剂的选择

对于含能增塑剂的选择，需在能量性能和熔点方面进行综合考虑。通常硝酸酯基等含能基团的含量越高，增塑剂的能量也越高，但冰点也相对较高，因此必须考虑推进剂玻璃化温度的需求。此外，对于不同的粘合剂，选择相应的增塑剂需要考虑粘合剂与增塑剂的互溶性问题。一般物质互溶的规则为，结构相似有利于溶解。因此，选择增塑剂时应选择与粘合剂溶度参数相近的增塑剂。

（3）氧化剂的选择

作为固体推进剂配方中最重要的组成部分之一，氧化剂的选择除了需要考虑其生成焓以外，还需要考虑的因素包括：有效氧含量和密度。

理想状况是选择生成焓高且有效氧含量高的氧化剂，但化合物中直接满足这个条件的物质很少，因而，通常的做法是选用复合氧化剂体系，即选择一种有效氧含量高而生成焓相对较低的物质，与另一种生成焓较高而有效氧含量较低的物质组成复合氧化剂体系，典型的如 AP/HMX 复合体系等。

通常，氧化剂在推进剂中所占比重较大，因此其密度的高低是影响推进剂密度的关键因素，高密度是氧化剂选择的重要决定因素之一。除上述三个主要因素外，作为推进剂配方中含量最高的组分，通常还需要考虑氧化剂的吸湿性，以及与粘合剂体系的相容性等影响因素，其中之一不满足，就难以组成合适的推进剂配方。

（4）金属燃料的选择

金属燃料选择过程中需要考虑的因素有：氧化物的生成焓、氧化物的相对分子质量、密度。氧化物的生成焓反映了金属燃料燃烧过程中放出热量的多少，因而应当选择氧化物生成焓高的金属作为燃料。为了得到相对分子质量小的燃气，应当选择氧化物相对分子质量小的金属作为燃料。选择高密度的金属作为燃料，有助于提高推进剂的密度比冲。

在进行 NEPE 固体推进剂能量性能设计时，通常以推进剂燃烧产物的最小自由能法则为基础，通过热力学计算程序，提供对 NEPE 推进剂组分的种类选择和含量优化的依据，争取实现推进剂理论比冲的最大化。例如，表 3-43～表 3-46 列出了主要组分及含量对某 NEPE 推进剂配方理论能量水平的影响，可根据表中的计算结果和发动机设计指标要求，对推进剂的配方组成进行合理的选择和优化。

表 3-43　RDX 含量对 NEPE 推进剂能量性能的影响

序号	配方特点				热力学计算结果		
	增塑比[①]	$X_{RDX}/\%$	$X_{AP}/\%$	$X_{Al}/\%$	$\rho_{理论}/(g \cdot cm^{-3})$	$I_{6.86\,MPa理论}/s$	$C*/(m \cdot s^{-1})$
1	2.5	0	60	18	1.842	262.2	1 560
2	2.5	10	50	18	1.830	265.2	1 584
3	2.5	20	40	18	1.818	267.5	1 604
4	2.5	25	35	18	1.811	268.4	1 613
5	2.5	30	30	18	1.805	269.3	1 621
6	2.5	35	25	18	1.800	270.2	1 628
7	2.5	40	20	18	1.794	271.0	1 635

①增塑比，即配方中硝酸酯增塑剂与粘合剂的质量比。

表 3-44　增塑比对某 NEPE 推进剂能量性能的影响

序号	配方特点				热力学计算结果		
	增塑比	$X_{RDX}/\%$	$X_{AP}/\%$	$X_{Al}/\%$	$\rho_{理论}/(g \cdot cm^{-3})$	$I_{6.86\,MPa理论}/s$	$C*/(m \cdot s^{-1})$
1	0.5	30	30	18	1.733	265.4	1 599
2	1.0	30	30	18	1.764	267.9	1 615
3	1.5	30	30	18	1.783	268.8	1 620
4	2.0	30	30	18	1.796	269.1	1 621
5	2.5	30	30	18	1.805	269.3	1 621
6	3.0	30	30	18	1.812	269.5	1 621

表 3 - 45　固体含量对某 NEPE 推进剂能量性能的影响

序号	配方特点					热力学计算结果		
	$S/\%$	增塑比	$X_{RDX}/\%$	$X_{AP}/\%$	$X_{Al}/\%$	$\rho_{理论}/(g \cdot cm^{-3})$	$I_{6.86\,MPa理论}/s$	$C*/(m \cdot s^{-1})$
1	74	2.5	31	25	18	1.772	269.5	1 625
2	76	2.5	33	25	18	1.786	269.8	1 627
3	78	2.5	35	25	18	1.800	270.1	1 628
4	80	2.5	37	25	18	1.814	270.5	1 630
5	82	2.5	39	25	18	1.828	270.9	1 631

表 3 - 46　Al 含量对能量性能的影响

序号	配方特点					热力学计算结果		
	$S/\%$	增塑比	$X_{RDX}/\%$	$X_{AP}/\%$	$X_{Al}/\%$	$\rho_{理论}/(g \cdot cm^{-3})$	$I_{6.86\,MPa理论}/s$	$C*/(m \cdot s^{-1})$
1	78	2.5	35	38	5	1.742	262.2	1 596
2	78	2.5	35	33	10	1.763	266.3	1 611
3	78	2.5	35	28	15	1.786	269.1	1 624
4	78	2.5	35	25	18	1.800	270.1	1 628

　　硝酸酯增塑剂、硝胺、Al 的含量是影响 NEPE 推进剂理论比冲的关键因素,只有推进剂组分合理匹配,方能保证推进剂获得较高的能量水平。与传统的复合固体推进剂不同,由于 NEPE 推进剂使用了大量液态的含能增塑剂,固体组分的总含量对 NEPE 推进剂的比冲影响很小,对推进剂的密度存在一定影响,即 NEPE 推进剂在较低的固体含量条件下就可获得很高的比冲水平,这对改善 NEPE 推进剂的力学、工艺和安全性能具有重要意义。

3.3.4.1.2　NEPE 推进剂能量性能发挥效率的考虑与设计

　　除了通过热力学计算的方法对 NEPE 推进剂的配方组成进行合理优化以获得较高的理论比冲水平外,在进行 NEPE 推进剂的能量性能设计时,还必须考虑 NEPE 推进剂在固体火箭发动机中的能量水平实际发挥情况。必须通过推进剂配方的合理设计和优化,使 NEPE 推进剂能够在发动机中获得更高的比冲效率。

　　众所周知,含 Al 推进剂的燃烧效率对推进剂配方的实际能量发挥效率具有重大影响。在传统的复合固体推进剂中,根据"口袋"

模型理论，氧化剂 AP 的粒度级配、Al 含量及粒度、粘合剂种类对 Al 粒子的燃烧凝聚和燃烧效率具有重大影响，综合反映在推进剂的燃速对推进剂的比冲效率发挥存在一定影响。NEPE 推进剂中使用了大量具有高氧化性的液态增塑剂，氧化剂 AP 的含量较少，因此其能量发挥效率的影响因素与 HTPB 等传统复合固体推进剂存在明显差异，硝酸酯、粘合剂的种类与含量，对该类推进剂的实际能量水平发挥具有关键作用。

另外，燃速和发动机尺寸对比冲效率影响显著。NEPE 推进剂具有低燃速配方比冲效率相对较低、高燃速配方比冲效率通常较高的特点。硝酸酯和粘合剂种类及含量、AP 的含量与粒度，均是影响推进剂燃速的主要因素，一般来说，粘合剂/增塑剂体系的含能程度越高，氧化剂 AP 的粒度越细，越会使推进剂燃速增高，同时使推进剂中的 Al 粒子能够获得更加充分的燃烧。因此，对于中、低燃速要求的 NEPE 推进剂，若想获得更高的实际比冲水平，必须针对 Al 粒子的燃烧充分性，在硝酸酯、粘合剂和氧化剂方面进行合理的选择和设计，才能保证理论上的高能量水平转化为工程应用上的实际高比冲效率。

图 3-10 和图 3-11 为某 NEPE 推进剂配方的 BSFΦ 165 与 BSF Φ 315 发动机的比冲效率测试结果。

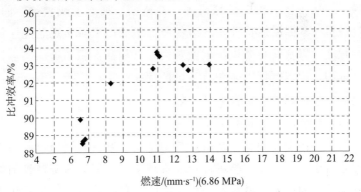

图 3-10　NEPE 高能推进剂燃速与比冲效率的关系（BSFΦ 165）

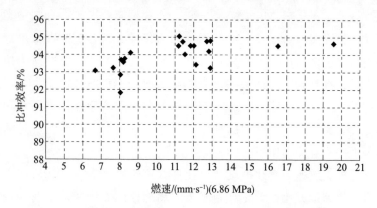

图 3 - 11　NEPE 高能推进剂燃速与比冲效率的关系（BSFΦ 315）

3.3.4.2　NEPE 固体推进剂的燃烧性能

在高能固体推进剂的性能设计中，了解和控制推进剂的燃烧是关键技术之一。由于 NEPE 高能固体推进剂的组成涉及了多个种类的含能材料，从传统的 AP、NG 等，到以 PEG、PET、GAP 等为代表的粘合剂，甚至 HMX、CL - 20 等高能添加剂，其组成结构十分复杂。要掌握 NEPE 高能推进剂燃烧性能的设计方法，必须在充分认识高能固体推进剂配方及高能物质组成结构与宏观燃烧性能关系的基础上，掌握配方组成与燃烧过程中主要传热、传质平衡机制的联系，从而总结相应燃烧机理，并概括、抽象形成模型。同时，通过分析、掌握燃烧特性，总结各配方组成因素对宏观燃烧性能的影响程度，以及其与燃烧区域微观内在结构的关系，提炼燃烧性能设计准则，确定燃烧性能调节手段的优先应用顺序等，为燃烧单项性能设计提供充分的实验及理论支撑。

（1）NEPE 推进剂燃烧行为的特征

对于 NEPE 推进剂，从组成方面来说，影响其燃烧机制的因素主要来自于三个方面：燃烧过程和机理类似于普通双基推进剂的含硝酸酯粘合剂体系、氧化剂 AP 和硝胺。它们的燃烧历程变化是决定 NEPE 推进剂燃烧特征的主要因素。

在硝酸酯增塑的粘合剂中，其理论比冲、火焰温度、燃速主要受硝酸酯中－NO_2基团含量的影响；粘合剂体系中－NO_2基团的含量直接影响燃烧表面和初始火焰反应区中NO_2与醛类的放热反应，从而影响燃面热量平衡和燃面平均温度。

HMX 的火焰结构与双基推进剂类似，在燃烧时通过熔融层以预混火焰方式燃烧，HMX 与粘合剂体系分解产物之间不产生明显的扩散作用。HMX 发光火焰温度虽显著提高，但由于距离燃面较远，对燃烧表面的热反馈几乎没有贡献，因而对燃速无明显影响。HMX 火焰主要通过嘶嘶区中NO_2的还原放热反应影响热平衡，因此 HMX/含能粘合剂体系的燃速仅为两者在燃面上的平均加权，其燃速特性与不含燃速催化剂的普通双基推进剂类似。

AP 中高活性的氯氧化物基团的存在，导致 NEPE 推进剂的燃烧反应历程发生显著改变。由于 AP 的分解产物和初始燃烧产物氧化性强，与双基类还原性分解产物能够发生剧烈的反应，进一步释放更多的热量，所产生的扩散火焰温度比 AP 及双基类单元推进剂的火焰温度要高得多，能量也高得多，提高了燃烧近表面气相区的温度和反应剧烈程度，扩散火焰集中释放的热量将显著影响燃烧表面温度，从而对 NEPE 推进剂的燃速特性产生显著影响。

NEPE 推进剂的燃速特性受凝聚相分解放热量、主要组分（AP、硝酸酯增塑的粘合剂及硝胺炸药）的燃速特性、表面熔融层状态和扩散火焰作用的共同影响，是以上四个因素综合作用的反映。一定压强下，NEPE 推进剂的火焰和燃烧波结构由硝胺和硝酸酯增塑粘合剂的预混火焰、AP 单元推进剂火焰和 AP 扩散火焰三部分组成，如图 3 - 12 所示。

当压强升高时，随着燃烧表面熔融层的逐步消失及扩散过程逐步变得更加困难，NEPE 推进剂的燃烧过程将逐渐被 AP、硝胺和粘合剂火焰中的反应放热所直接控制。由于这些成分的火焰本身都是预混火焰，其中的化学反应为二级反应，导致燃速压强指数升高至 1 左右，即高压下 NEPE 推进剂的燃速受其主要成分预混火焰的控制

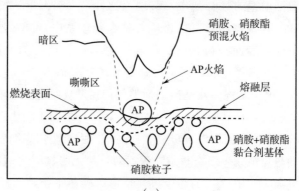

（a）

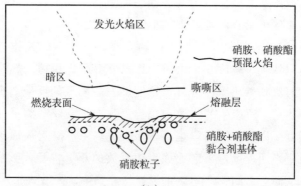

（b）

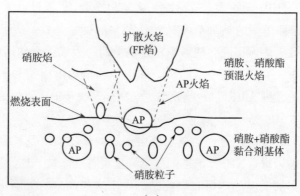

（c）

图 3-12　NEPE 推进剂的燃烧物理模型

是其高压燃速压强指数趋近于 1 的主要原因。改变凝相产物组成或拓展扩散火焰发挥作用的压强区间，可控制燃速压强指数转折区域，进而降低燃速压强指数，或在特定压强区域内消除燃速压强指数拐点。

在 AP 含量较高而硝胺含量较低的情况下，由于剧烈的氧化还原作用，AP 扩散火焰的能量比 AP 自身火焰的能量高得多（温度 2 800 K 以上，AP 单元火焰 1 400 K），从而导致推进剂的燃速也比较高。从燃速实验结果可以看出，AP 明显提高 NEPE 体系的燃速，且其粒度效应更加明显。较小粒度的 AP 可以使 NEPE 推进剂燃速增加，增加 AP 的含量也可以使燃速相对增加，但这种来自扩散作用的效果，在高压区逐步减弱，导致高压燃速相对较低，进而使压强指数降低。

如图 3 - 11 所示，NEPE 推进剂燃烧模型要点为：AP 含量降低，火焰结构由（a）向（b）转化；压强升高，火焰结构由（a）向（c）转化。

表面熔融层的存在将导致粘合剂体系和硝胺熔融产物混为一体，形成统一的预混火焰。AP 含量逐步升高后，AP 火焰流束密布暗区，达到一定程度后导致暗区消失，近燃面区域由 AP 单元火焰控制。

NEPE 推进剂由三种火焰构成：AP 单元焰、HN（硝胺/NEPE 粘合剂）预混焰、FF 焰（AP 分解产物与 HN 分解产物组成的扩散终焰）。Al 在燃烧表面主要发生受热、氧化膜破裂、熔联凝聚等物理变化，不影响燃面化学组成，仅对燃面热平衡产生影响，其点火和燃烧发生在远离燃烧表面的气相区。燃烧表面反应放热和近表面气相区的反馈热既是燃烧表面热量的来源，又是燃烧表面温度的直接影响因素，是 NEPE 推进剂燃速的主导因素。压强升高，火焰反应距离缩短，反应剧烈，单位时间内释放的热量大，是维持燃面退移速率的主要因素。

（2）NEPE 推进剂燃烧性能调节方法

综上所述，增塑剂、含能粘合剂、硝胺及氧化剂的种类与含量，是决定 NEPE 推进剂燃烧行为特征的关键；燃烧性能调节主要是通过影响硝酸酯或氧化剂 AP 的燃烧行为，对燃烧区域的传热结构产生调控作用。因此，NEPE 推进剂燃烧性能（燃速和燃速压强指数等）的设计，必须从这些因素入手，建立相应的调控手段。

①粘合剂基体的影响

在配方其他组成相同的条件下，含有硝酸酯的 GAP、PEG、PET 三种粘合剂本身具有双基类推进剂的燃烧特征，其含能程度依次为 GAP＞PEG＞PET。随着粘合剂体系爆热的增大，推进剂的燃速升高，燃速随压强变化的敏感性也依次增加，导致压强指数也逐渐升高，如表 3-47 所示。随着硝酸酯基含量升高，即粘合剂体系爆热增大，燃速随压强增长的速度依次加快，压强指数产生转折的拐点相应向低压移动，如表 3-48 所示。

表 3-47　粘合剂对 NEPE 高能推进剂燃烧性能的影响

粘合剂	燃速/（mm·s⁻¹）						n
	9 MPa	15 MPa	18 MPa	20 MPa	22 MPa	25 MPa	（9～25 MPa）
GAP	11.03	16.35	19.00	22.60	23.97	26.31	0.80
PEG	10.61	14.54	16.55	18.24	19.73	22.63	0.69
PET	9.35	11.83	13.64	14.10	15.31	17.76	0.60

表 3-48　硝酸酯种类对 NEPE 推进剂燃烧性能的影响

硝酸酯	$-ONO_2$/（mol/100 g）	燃速/（mm·s⁻¹）						n（9～25 MPa）
		9 MPa	15 MPa	18 MPa	20 MPa	22 MPa	25 MPa	
NG	1.322	10.02	14.05	16.09	17.27	19.25	22.71	0.72
NG/BTTN	1.284	10.01	13.75	15.34	16.57	17.91	20.47	0.68
BTTN	1.245	9.53	12.46	15.10	16.29	17.91	20.91	0.70
NG/TEGDN	1.078	9.35	11.83	13.64	14.10	15.31	17.76	0.60
TEGDN	0.833	7.99	10.06	10.94	11.58	12.02	14.09	0.51

以 PEG 和 PET 为粘合剂的 NEPE 类推进剂的燃速和压强指数均随硝酸酯含量（增塑比 p_1/p_0，硝酸酯与粘合剂的质量比）的增大而升高。以 PEG 为粘合剂的推进剂燃烧性能受增塑比的影响大于以 PET 为粘合剂的推进剂，如图 3-13 所示。

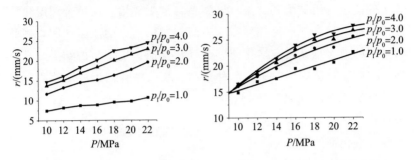

（a）增塑比对 PET 体系燃烧性能的影响　　（b）增塑比对 PEG 体系燃烧性能的影响

图 3-13　增塑比对燃烧性能的影响

NEPE 推进剂与双基推进剂具有几乎相同的爆热，在很大压强范围内，燃速也很接近；反应产物分析等实验结果表明，这两者的燃烧机理非常相似。硝酸酯增塑含能粘合剂体系的燃速和能量之间存在非常明确的关系，对于具有相同主链结构的给定系列组分来说，可以预测其火焰温度与燃速的相关性。

在 NEPE 推进剂中，硝酸酯的凝聚相分解主要是 O—NO_2 键断裂，不同于硝胺的 C—NO_2 键断裂，因此净放热量较大，而且随着压强的升高放热量急剧增大，对燃烧表面温度和燃速的贡献占主导作用。硝酸酯的凝聚相分解也是一次火焰区 NO_2 的主要来源，对醛的氧化反应放热量也非常大。凝聚相释放的热量主要受 NO_2 含量的影响，凝聚相中 NO_2 的浓度随着压强的升高而增多，因而导致燃烧表面的净放热量也增大。随着压强的升高，燃烧表面净放热量增大的幅度更高，燃烧表面的温度也显著增高，燃烧表面厚度下降，导致 NEPE 推进剂高压燃速的提高更为显著，燃速压强指数增大。若硝酸酯含量显著下降，含能粘合剂体系的能量降低，表面熔融层的特性发生改变。同时，硝胺与低能量粘合剂的扩散作用增强，降低了初始火焰温度，导致 NEPE 推进剂的燃速相对下降，尤其是随压强升高这一下降更为明显，导致 NEPE 推进剂的高压燃速压强指数显著降低。

NEPE 推进剂燃速压强指数拐点产生的范围主要取决于粘合剂体系的能量（硝酸酯基含量、聚醚粘合剂生成焓）及粘合剂熔化特性等特征。粘合剂熔化特性影响表面熔融层消失的压强区间，硝胺熔融层的消失是其自身熔化速度与气相反应速度竞争的结果，发生在固定的压强区间内；硝酸酯种类和含量、粘合剂生成焓等决定含能粘合剂体系的能量和燃烧速度，粘合剂体系的能量越低，NEPE推进剂的燃速和燃速压强指数越低。

②氧化剂的影响

在 NEPE 推进剂中，当 AP 含量从 25％增加到 60％，推进剂燃速随 AP 含量增加而升高，燃速压强指数则随 AP 含量增加而降低；推进剂燃速随 AP 粒径的减小明显增大，如图 3－14 所示。

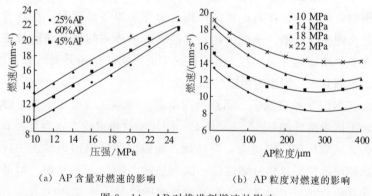

（a）AP 含量对燃速的影响　　　　（b）AP 粒度对燃速的影响

图 3－14　AP 对推进剂燃速的影响

AP 的含量与粒度是调节 NEPE 推进剂燃速范围和降低燃速压强指数的重要手段。AP 在 NEPE 推进剂燃烧过程中的主要作用是提供硝酸酯和硝胺所缺乏的扩散火焰。由于气体的扩散系数和环境压强成反比，随着工作压强增大，气体扩散和混合更为困难；并且高压下气相化学反应速率比低压下更快，火焰的反应速率由扩散过程控制，所以颗粒尺寸对扩散作用的影响导致氧化剂对推进剂燃速存在显著影响。AP 的粒径增大，AP 单元推进剂火焰的作用增强；AP 的粒径减小，有利于 AP 富氧产物与双基系富燃产物之间的相互扩散，动力学方面的作用增强，因此，降低 AP 粒径可以提高推进剂的燃速。压强升高，扩散距离增大，AP 单元推进剂的火焰高度增大，扩散火焰距离燃面更远，因此扩散火焰的高燃温对燃面净放热量的贡献减小，AP 的粒径效应随压强的增高而相对减弱，高压方向 NEPE 推进剂燃速的增益相对减小，导致燃速压强指数随 AP 粒径减小而下降。

　　AP 含量持续升高，NEPE 推进剂的燃烧波结构进一步向 AP - CMDB 类型转化；AP 富氧分解产物浓度的增大使扩散火焰的主导作用进一步增强，AP 单元推进剂火焰的作用下降，同样表现为中低压强下推进剂的燃速增益显著，燃速压强指数下降。

　　通常来说，当 RDX 粒径为 $0 \sim 300\ \mu m$ 时，推进剂燃速随着 RDX 粒径的增大而增大，当粒径大于 $300\ \mu m$ 时，推进剂燃速则随着 RDX 粒径的增大而下降；燃速压强指数随粒径增大而降低。RDX 粒径对推进剂燃烧性能的影响如图 3 - 15 所示，RDX 含量对推进剂燃速的影响如图 3 - 16 所示。

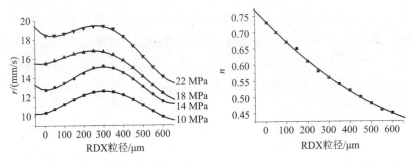

（a）RDX 粒径对燃速的影响　　　　（b）RDX 粒径对燃速压强指数的影响

图 3 - 15　RDX 粒径对推进剂燃烧性能的影响

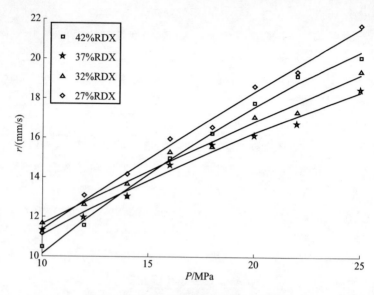

图 3 - 16　RDX 含量对推进剂燃速的影响

　　硝胺含量增加，AP 含量相应降低，削弱了扩散火焰对燃烧过程的影响。这种影响累积到一定程度，NEPE 推进剂的火焰结构逐步向硝胺－CMDB 类型转化，导致推进剂的燃速降低，燃速压强指数升高；NEPE 推进剂高压下的燃速受二次火焰的影响很大，燃速随压强升高而出现转折，燃速压强指数出现拐点。在低压下，硝胺的燃烧受燃烧表面的熔融层控制，由于熔融层之上的扩散火焰温度较低，导致硝胺燃速也较低；在足够高的压强下，大颗粒硝胺的熔化不明显，能够以较连续的方式燃烧，导致 NEPE 推进剂的燃速接近于硝胺自身的燃速。

　　③金属燃料的影响

　　当 AP 和 RDX 含量固定不变时，改变铝粉的含量相当于改变了推进剂的固体含量。铝粉粒度增大，推进剂燃速稍微下降，如图 3 - 17 所示。铝粉含量增加，推进剂燃速降低，燃速压强指数升高，如图 3 - 18 所示。

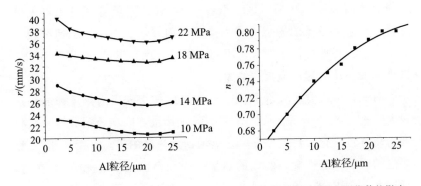

（a）Al 粒度对燃速的影响　　　　　　（b）Al 粒度对燃速压强指数的影响

图 3 - 17　Al 粒度对推进剂燃烧性能的影响

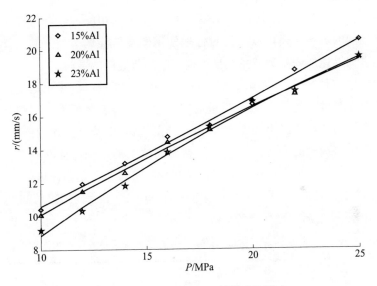

图 3 - 18　Al 含量对推进剂燃速的影响

　　在 NEPE 推进剂体系中加入铝粉，最终火焰温度可提高600 ℃
左右。一般认为，Al 粒子的燃烧需要在大于 Al_2O_3 熔点的环境下方
能进行，因此燃烧发生在远离推进剂燃烧表面的气相区，对 NEPE
推进剂的燃速影响较小，但细粒度的 Al 在燃烧表面更容易吸收热量

而降低燃面温度。在高压区，细粒度的 Al 粒子更容易发生点火燃烧，相对较大粒子的燃烧火焰更接近燃面，从而对高压燃速有较小的增益。上述两种作用综合作用的结果是，细粒度 Al 会导致 NEPE 推进剂的高压燃速压强指数增大。

对于硝酸酯含量较低的配方，由于近气相表面的热量释放相对较少，Al 粒子在表面反应区预热而吸收热量，同粘合剂分解及氧化剂熔化等过程存在热量竞争，并影响到预热区的传热及凝聚相/气相热量的吸收，进而影响燃面的热量平衡和燃面温度。无 Al 存在时，低压下 NEPE 推进剂的燃速相对较高，高压下可能出现燃烧中断现象。Al 含量是影响 NEPE 推进剂燃速压强指数的重要因素。

④燃速调节剂的作用

在 NEPE 推进剂燃烧性能设计时，除了利用配方组分特征对燃烧性能的影响，还可以有针对性地使用燃烧性能调节剂，满足降低推进剂燃速压强指数或拓宽推进剂燃速调节范围的要求。

铅/铜类燃烧性能调节剂包括氧化物和各种有机/无机盐类，是普通双基推进剂和 CMDB 推进剂实现超速燃烧、降低燃速压强指数的有效调节剂；炭黑（CB）的加入可促进铅/铜盐催化作用的发挥。该类调节剂对改变 NEPE 类含能粘合剂体系的燃烧特征亦有一定作用，可以采用组合燃速调节剂，降低 NEPE 推进剂的高压压强指数。表 3-49 列出了部分铅/铜类调节剂对 NG/BTTN/PEG/HMX/AP/Al 体系推进剂燃烧性能的影响。

表 3-49　铅/铜类调节剂对 NG/BTTN/PEG 体系推进剂高压燃烧性能的影响

配方编号	各压强点下的燃速 /(mm · s^{-1})						n	n
	6.86/MPa	10/MPa	15/MPa	18/MPa	20/MPa	25/MPa	(3~9 MPa)	(10~25 MPa)
空白配方	9.994	12.98	17.00	19.72	21.42	26.18	0.59	0.78
Pb$_3$O$_4$/CB	10.01	13.08	17.24	19.79	21.62	25.66	0.57	0.75
1%纳米 PbO	9.868	12.75	16.63	19.23	20.81	25.77	0.59	0.77

续表

配方编号	各压强点下的燃速 /(mm·s⁻¹)						n (3~9 MPa)	n (10~25 MPa)
	6.86/MPa	10/MPa	15/MPa	18/MPa	20/MPa	25/MPa		
1%PbO/CuO	9.877	12.92	16.73	19.20	20.60	25.07	0.56	0.72
2%有机铜盐	9.445	12.47	16.46	18.5	19.84	23.63	0.58	0.70
1%CB	9.455	12.6	16.26	18.15	19.43	23.27	0.54	0.66
1%纳米 PbO/CB	9.954	12.98	16.59	18.91	20.33	24.39	0.58	0.69
2%纳米 PbO/CB	9.745	12.64	16.41	18.87	20.33	24.09	0.56	0.70
2%有机铜盐/CB	9.886	12.42	15.88	18.38	20.78	24.24	0.59	0.74

与双基类推进剂中的影响规律不同，加入少量的铅/铜化合物后，NG/BTTN/PEG 体系推进剂各压强点下的燃速都有所下降。相对来说，有机铜盐降低高压燃速的效果较为显著，PbO/CuO 稍次之。同时，NEPE 类推进剂高压燃速跃升的现象也得到一定抑制，高、低压燃速压强指数的差距显著减小。各类铅/铜化合物与 CB 组合使用，会导致 NG/BTTN/PEG 体系推进剂在各压强下的燃速变化趋势出现不同。纳米 PbO/CB 对 15 MPa 下 NG/BTTN/PEG 体系推进剂的燃速无明显影响，但显著降低了更高压强下的燃速，从而降低了高压燃速压强指数；有机铜盐/CB 则可显著降低各压强点下的燃速。合理发挥不同种类燃速调节剂的作用，是调控 NEPE 推进剂燃烧性能的基本手段之一。

NEPE 推进剂中含有一定的 AP 氧化剂，AP 的扩散火焰在 NEPE 推进剂燃烧过程中发挥着重要作用，因此，传统的针对 AP 发挥作用的燃烧性能调节剂，如 TMO、金属无机盐等，对 NEPE 推进剂的燃烧性能调节也具有重要意义。表 3-50 中列出了 TMO 的含量及粒度对某 NEPE 类高燃速推进剂配方燃烧性能的影响。

采用 TMO 类调节剂可以有效地提高推进剂的燃速，同时降低高压燃速压强指数。通过调节其含量和粒度，NEPE 推进剂在 6 MPa 下的燃速可以达到 35 mm/s 以上，在 6~25 MPa 范围内的燃速压强指数小于 0.40。

表 3 – 50　TMO 对高燃速 NEPE 推进剂燃烧性能的影响

配方特点		燃速/(mm · s⁻¹)						n
		6 MPa	10 MPa	14 MPa	17 MPa	20 MPa	25 MPa	(6~25 MPa)
TMO 含量	空白	27.76	31.71	35.79	38.37	40.30	45.23	0.36
	1%	31.08	36.60	40.76	43.37	45.01	48.96	0.32
	1.5%	31.51	36.91	40.97	43.51	45.09	50.22	0.31
	2%	35.18	39.85	44.08	46.72	48.72	53.79	0.29
TMO 粒度	空白	—	27.74	32.76	35.35	38.13	41.21	0.46
	40 μm	—	31.3	34.95	38.49	40.48	44.27	0.38
	9 μm	—	35.22	37.32	40.90	42.29	45.59	0.28
	5 μm	—	35.58	38.62	41.84	42.51	45.05	0.27

总之，NEPE 推进剂的燃烧特性与其组成结构特征存在密切的关系，主要反映在预混火焰能量（取决于含能物质的能量特性，如生成焓、反应热等）和初始分解产物氧化—还原活性（取决于含能物质的元素组成、主要基团等）等方面；通过进一步的分析与探索，充分掌握这种关系，是实现 NEPE 推进剂燃烧性能准确模拟与设计的基础。

3.3.4.3　NEPE 推进剂力学性能

（1）NEPE 推进剂力学性能及力学行为的主要特征

NEPE 类高能固体推进剂是一种高填充、大剂量极性增塑剂增塑、多固体组分粒度级配的粘弹性复合材料，它突破了双基和复合推进剂组成上的界限，综合了两类推进剂的优点，这种特征决定了其力学性能的复杂性。

高能固体推进剂的高能量主要是通过添加以 HMX、RDX 为主的固体炸药和以硝酸酯为主的含能增塑剂来实现的，这两种手段都对推进剂的力学性能产生重要影响。在交联改性双基推进剂中，增塑比（增塑剂与高分子粘合剂之比）为 2.7 左右，但固体含量较低，约为 50％；在丁羟复合推进剂中，固体含量为 88％左右，但增塑比仅为 0.1～0.4 左右；而 NEPE 推进剂固体含量通常达到 75％～80％，增塑比大于 2.0，固体含量几乎接近丁羟推进剂，增塑比与双基推进剂相当。因此，在力学行为特性上，NEPE 高能固体推进剂是一种不同于其他固体推进剂的复合材料，其力学特性具有如下典型特点：

1）固体填料具有明显的力学性能增强作用。与基体相比，固体填料使高能固体推进剂的抗拉强度和初始模量均上升，伸长率下降。不同固体填料增强效果存在较大差异。

2）由于硝胺炸药（HMX、RDX）微溶于硝酸酯增塑剂中，当推进剂中不含有效键合剂时，高能固体推进剂的抗拉强度和初始模量均较低，伸长率较大。

3）高能固体推进剂在拉伸过程中出现"脱湿"现象，应力—应变曲线出现屈服区，斜率逐渐减小、较宽的平台区，以及断裂前出现的应力降低是高能推进剂应力—应变曲线的典型特征。

4）高能固体推进剂用键合剂具有较强的专一性和选择性，固体填料颗粒与基体之间的界面粘接效应对高能固体推进剂的力学性能有重大影响。

（2）NEPE 高能固体推进剂力学性能的影响因素

NEPE 固体推进剂的界面特性、粘合剂体系固化网络结构形态和固体填料物理化学性质是影响其力学性能的主要因素。一般将高能固体推进剂力学性能的影响因素分为 4 类：

1）粘合剂基体网络结构。包括粘合剂的相对分子质量及其分布、官能度及其分布，粘合剂主链柔顺性、侧链基团大小，固化剂的种类和含量，扩链剂和交联剂的官能度及含量，三维弹性网络结构，键合剂的种类、官能度含量及其分布，增塑剂的种类和含量，推进剂成药中溶胶和凝胶组成及其含量等。

2）固体填料。包括固体填料的种类、含量及粒度级配，固体填料之间的相互作用，固体填料表面的物理特性（形貌、酸碱性等）。

3）固体填料与粘合剂的界面作用。包括键合剂种类（相对分子质量大小、官能团特征）、含量，化学固化网络结构参数、物理交联点，粘合剂与固体填料界面相互作用等。

4）工艺条件及环境温湿度。包括高能固体推进剂制造工艺过程及工艺条件，水分含量，环境温湿度，固化反应的催化及动力学因素等。

上述诸多因素都不同程度地影响和决定着高能固体推进剂的力学性能。高能固体推进剂的力学性能设计，就是在分析和掌握高能固体推进剂微观、细观结构与宏观力学性能三者之间相关关系的基础上，合理利用 NEPE 推进剂力学性能的配方影响因素，建立相应的力学性能调控方法。

①粘合剂基体对力学性能影响

粘合剂的相对分子质量是非常重要的参数，它对基体的力学性能，如抗拉强度、弹性、韧性起着决定性的作用。例如，随着 PEG 相对分子质量增加，粘合剂基体断裂伸长率逐渐增加，抗拉强度和初始模量先降低、后增加。由于 PEG 分子之间的分子缠绕明显增加，PEG 相对分子质量（$\overline{M}_n$）高于 5 000 时，分子链更加蜷曲，粘合剂分子间不易滑移，相当于分子间形成了物理交联点。因此，PEG 相对分子质量增加到一定程度时，基体抗拉强度和伸长率均会增加。图 3-19 为 PEG 相对分子质量对 PEG/NG/BTTN/N-100 固化网络基体力学性能的影响。

固化参数是反应初始时总固化剂基团量与粘合剂基团量之比。固体推进剂的基础骨架主要是由固化剂与粘合剂的官能团反应形成三维网络结构的大分子而生成的。固化参数是影响高能固体推进剂力学性能的重要因素，也是调节和控制力学性能的重要手段。

从理论上讲，当固化参数为 1.0 时，—OH 与—NCO 的物质的量相等，—NCO 与—OH 完全反应生成了—NHCOO—而进入交联网络。但实际上，空气中或其他物质中的少量水分将与—NCO 反应生成脲基键，这样，部分未反应的—OH 就形成了悬吊链，造成 PEG/N-100

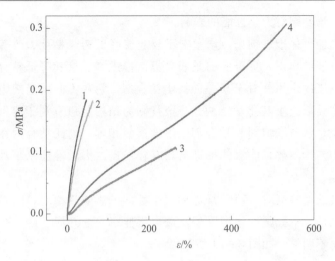

图 3 - 19　PEG 相对分子质量对基体力学性能的影响

1—PEG - 1 820；2—PEG - 2 420；3—PEG - 5 300；4—PEG - 10 328

基体交联网络中存在较多的缺陷，从而导致实际力学性能下降。固化参数对 PEG/NG/N - 100 基体力学性能的影响见图 3 - 20。

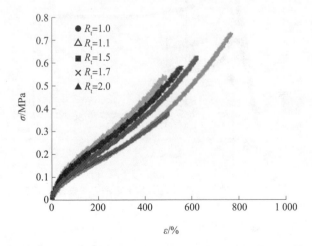

图 3 - 20　固化参数对 PEG/NG/N - 100 基体力学性能的影响

②增塑剂对力学性能的影响

高能固体推进剂中，增塑剂不仅起着降低药浆粘度、改善药浆流变性能的作用，更重要的是起着提高推进剂能量和降低粘合剂玻璃化温度的作用。对于某一种特定粘合剂，它在不同增塑剂中的溶解度主要取决于其化学结构，一般规则为结构相似有利于溶解，也就是说，假若增塑剂和粘合剂的溶度参数相等，则此粘合剂在此增塑剂中易于溶解，能够使推进剂具有较优良的力学性能水平和工艺稳定性。

含能增塑剂对 NEPE 推进剂力学性能的影响规律是：随着增塑比的增加，抗拉强度逐渐降低，最大延伸率先上升后下降，初始模量变化不明显，如图 3-21 所示。

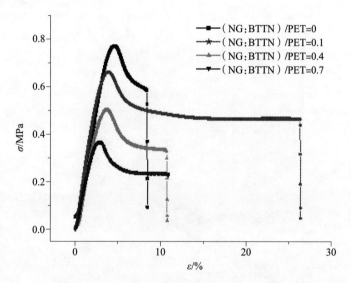

图 3-21　含能增塑剂对 NEPE 推进剂力学性能的影响

③固体填料对 NEPE 推进剂力学性能的影响

在保持固体含量不变的情况下，AP（HMX）含量对高能固体推进剂宏观力学性能的影响规律是：不含 AP 时，高能固体推进剂最大抗拉强度最低（如图 3-22 所示），模量也显著降低。含有 AP

时，推进剂抗拉强度显著增加，且随着 AP 含量增加，最大抗拉强度逐渐降低（如图 3 - 22 所示，由1.30 MPa降至1.04 MPa），断裂伸长率略有降低，初始模量基本不变。

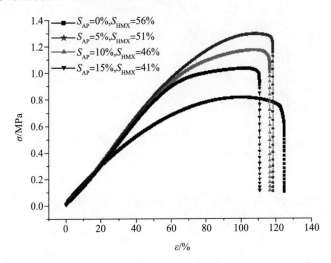

图 3 - 22　AP（HMX）含量对高能固体推进剂力学性能的影响

随着 AP 含量增加，推进剂屈服平台明显增加，表明在推进剂拉伸后阶段基体与固体填料"脱湿"较严重。其原因是由于 AP （140 μm）的粒度远大于 HMX（16 μm）和铝粉（30 μm）的粒度，随着 AP 含量增加，在拉伸过程的后期，大颗粒 AP 在基体中容易"脱湿"，形成较大空穴，导致应力下降。

Al（AP）含量对高能固体推进剂宏观力学性能的影响规律为：不含铝粉时，推进剂的屈服强度较高；屈服之后，抗拉强度显著下降，"脱湿"现象较严重，其最大抗拉强度最低（如图 3 - 23 所示）；随着铝粉含量增加，最大抗拉强度显著增加，且"脱湿"现象减少。相对于 AP 而言，细粒度铝粉在拉伸过程中承载更多的应力。

在 NEPE 高能推进剂中，硝胺所占质量分数通常达到 30％～50％。不含 HMX 时，推进剂的初始模量最高，拉伸屈服之后，出现了拉伸平台；含有 HMX 时，推进剂的杨氏模量显著降低，但含

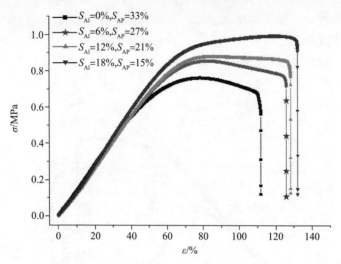

图 3 - 23　Al (AP) 含量对高能固体推进剂力学性能的影响

量继续增加时，初始模量保持不变（如图 3 - 24 所示）。含有相同
AP（140 μm）时，随着 HMX 含量增加，最大抗拉强度略有降低，
而伸长率显著降低，拉伸屈服平台变化不大，说明 AP 是影响高能
固体推进剂拉伸曲线屈服平台的主要原因。

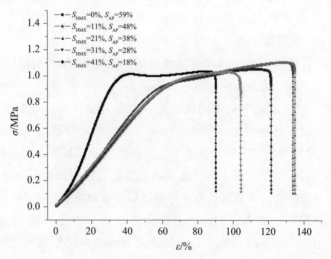

图 3 - 24　HMX (Al) 含量对高能固体推进剂力学性能的影响

铝粉、AP 粒度对高能固体推进剂力学性能的影响规律为：随着铝粉粒度增加，高能固体推进剂最大抗拉强度增加，其断裂伸长率降低；固体填料粒度差异的进一步加大，导致高能固体推进剂"脱湿"现象更加显著。随着 AP 粒度增加，高能固体推进剂最大抗拉强度显著增加，断裂伸长率也降低，初始模量变化不明显；同时，随着 AP 粒度增加，高能推进剂拉伸平台明显增加，表明"脱湿"现象也明显增加，如图 3 - 25 和图 3 - 26 所示。

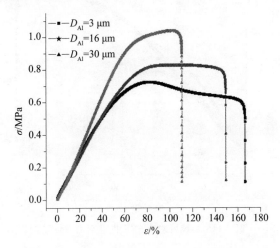

图 3 - 25 Al 粒度对 NEPE 推进剂力学性能的影响

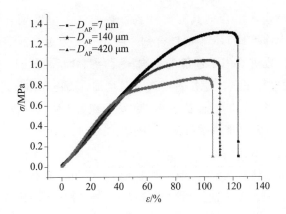

图 3 - 26 AP 粒度对 NEPE 推进剂力学性能的影响

由于 HMX 含量在高能固体推进剂中占的比例较高，且粒度较大，单向拉伸时高能固体推进剂基体与 HMX 填料容易"脱湿"，因此，随着 HMX 粒度增大，推进剂的最大抗拉强度和断裂伸长率都将大幅下降，如图 3-27 所示。

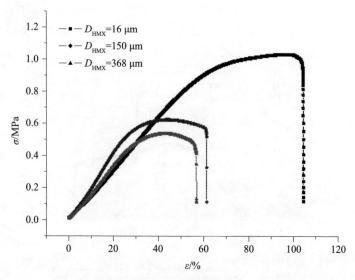

图 3-27　HMX 粒度对 NEPE 推进剂力学性能的影响

④键合剂对力学性能影响

一般来说，键合剂具有专一性，普遍认为中性聚合物键合剂 NPBA 为固体填料 HMX 的键合剂。图 3-28 为键合剂 NPBA 含量对高能固体推进剂力学性能的影响。键合剂含量较低时，推进剂的"脱湿"现象较明显；随着 NPBA 含量增加，高能固体推进剂最大抗拉强度显著增强，断裂伸长率和"脱湿"现象下降明显。

（3）NEPE 高能固体推进剂力学性能设计规则

①推进剂基体的设计

粘合剂基体作为高能固体推进剂的重要组分和弹性基体，由粘合剂、交联剂、固化剂、增塑剂等组成。它对高能固体推进剂力学性能有重要影响，其性能的优劣决定了高能固体推进剂能否具有高

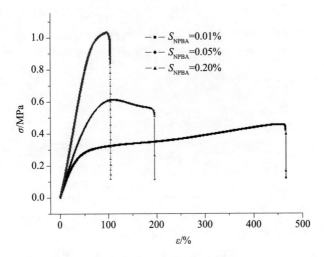

图 3-28　NPBA 含量对推进剂力学性能的影响

水平的力学性能。力学性能良好的粘合剂基体应从以下几个方面进行综合优化设计：

1）选用主链柔顺的粘合剂。粘合剂骨架结构中引入柔性交联点，如应用星形 PAO、PET 聚醚。

2）选择的粘合剂相对分子质量足够大，并通过充分增塑来解决高相对分子质量带来的工艺问题和降低粘合剂基体的玻璃化温度。通常，增加高分子粘合剂的相对分子质量，可以显著提高基体断裂伸长率。对于 PEG 体系，以相对分子质量 6 000 左右为界限，随分子量增大，抗拉强度和初始模量呈现先减小后增加的趋势。不同种类的粘合剂相对分子质量界限有所不同。

3）增塑比对基体的力学性能有显著影响。通常在一定的增塑比范围内，增塑比增加有利于提高基体的延伸率，同时抗拉强度和初始模量会有一定程度的降低。对于 PEG/NG/BTTN/N-100 体系，该增塑比范围为 2.0～3.5。

4）交联网络尽量规整，粘合剂固化网络无缺陷或少缺陷（如吊链等）。

5）固化参数是调节交联网络结构最重要的参数之一。对于通过羟基预聚物与异氰酸酯化合物反应固化的基体，当固化参数在大于 1 的一定范围内变化时，基体抗拉强度随固化参数的增加而增加，而断裂伸长率则呈减小趋势；对于 PEG/N-100 体系，该固化参数范围为 1.2～1.6。

6）引入一定程度的微相分离形态结构。当高分子基体中存在一定程度的微相分离时，其抗拉强度和断裂伸长率能得到有效提高。因而，引入增强微相分离的因素，增加物理作用，是提高推进剂力学性能的有效途径之一。

②填料参数的设计

当填料的种类确定后，填料参数中填料的粒子形状和尺寸就成为了影响推进剂力学性能的主要参数。通常推进剂的填料在粒度相对较小时对推进剂具有补强作用；在一定范围内，增大填料的粒度可以增大推进剂的抗拉强度，但同时会减小断裂伸长率。当粒度增大到一定阈值后，推进剂的抗拉强度和断裂伸长率都会随着填料粒度的增大而减小。不同类型填料的粒度阈值有所不同。

③键合剂的设计

高能固体推进剂中采用键合剂，可以增强固体填料与粘合剂基体界面的连接，提高固体填料的增强作用，显著改进其力学性能。键合剂的选择或设计需要具备以下特点：

1）能跟偶联的目标填料发生反应形成化学键，或者能比推进剂中其他组分更容易与目标填料产生极性吸引力，如形成氢键等；

2）能转变为聚合物，以形成高模量层；

3）能与粘合剂母体形成化学键，成为交联聚合物相的一部分，即进入粘合剂交联网络。

3.3.4.4　NEPE 高能推进剂的工艺性能

高能固体推进剂作为各种导弹和火箭武器的动力源，其生产工艺是一个十分复杂的系统工程，包含称量、混合、浇注、固化、脱模及整形等工序。在这些工序中，推进剂混合、浇注和固化等过程与药浆工艺性能密切相关。固体推进剂工艺性能差往往易造成配方组分混合不均匀，药浆粘度、屈服应力偏高或适用期短，导致浇注缓慢，严重时甚至不能浇注；即使能够浇注，在完成浇注后的药柱中也容易产生孔洞、裂纹等瑕疵，燃烧时会使燃面增大，导致发动机燃烧室压强升高，破坏预期的内弹道性能。

NEPE 高能固体推进剂的工艺性能，从推进剂配方自身组成特点而言，主要受三个方面因素的影响：增塑的粘合剂基体、固体填料体系、固体填料与粘合剂基体之间的相互作用（即结合能的大小）。从制造工艺条件的角度，则主要受推进剂混合过程的捏合强度、混合温度、加料工艺次序等条件影响。

（1）NEPE 推进剂工艺特性分析

高能固体推进剂药浆可视为多种填料混入高分子粘弹性流体中而形成的浓悬浮液体系。由于分散相与连续相不仅各自具有独立的流变结构和流动机理，对外力有不同的本质反应，而且两相界面间的相互作用，使药浆流变行为复杂多变。推进剂药浆的宏观流变性能，往往强烈依赖于药浆的微观结构。高能固体推进剂药浆内部相互作用可划分为三部分：粘合剂体系分子间的作用，填料粒子在悬浮液体系中的作用，以及填料与粘合剂体系间的界面作用。

①粘合剂体系在药浆内部的作用

在不考虑填料和界面作用的情况下，粘合剂体系的内部作用可分为三部分，其结构如图 3-29 所示。

1）高分子粘合剂分子间的彼此缠结；

2）由固化反应引起的扩链和交联；

3）体系中小分子（如增塑剂等）对高分子粘合剂间的增塑作用。

根据粘合剂体系分子间的相互作用，由于热力学运动聚合物分子本来呈杂乱无章的分布，处于静止状态时比处于流动状态时具有更高的缠结浓度，分子缠结会使分子相对运动引起的流动变得更加

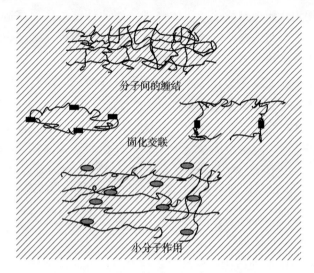

图 3 - 29　粘合剂体系分子间的相互作用

困难，使体系粘度增加。但受剪切后随剪切速率的增大，聚合物解缠使分子链彼此分离，流体分子取向逐步趋于规整，如图 3 - 30 所示。大分子间的相对运动比较容易，这时表观粘度随剪切速率的增加而下降，表现出剪切变稀的假塑性流体特征。对于一些长链高分子物质，在强剪切场中还可能发生分子链的断裂，使相对分子质量降低，导致体系粘度下降。

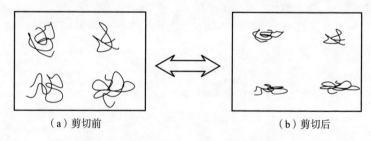

（a）剪切前　　　　　　　　　（b）剪切后

图 3 - 30　聚合物分子剪切前后取向示意图

高能固体推进剂粘合剂基体与药浆初始粘度随温度升高而降低，这主要是由于温度是分子无规则热运动激烈程度的反映，而分子间的相互作用，如内摩擦、扩散、分子链取向、缠结等直接影响着粘度的大小，故多数聚合物分子的粘度随温度而变化。

②固体填料对 NEPE 推进剂流变行为的作用

对悬浮液体系来说，它的流变性质不仅受到颗粒粒度、含量、形状和粒径分布等的影响，还受到流体力学作用、布朗运动和颗粒间各种相互作用力的影响。填料在悬浮液中的受力情况，见图 3 - 31。可以将填料颗粒在悬浮液中的作用分为 4 种：

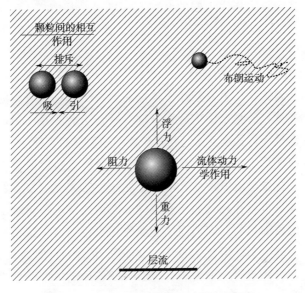

图 3 - 31　填料在悬浮液中所受作用分析

1）颗粒间的表面作用力。颗粒间的表面作用力导致颗粒的排斥或吸引，决定着颗粒在悬浮液中的分散与聚集状态。它来源于颗粒间的相互作用，是由流体的极性等性质决定的，而不是由粘度决定的。

2）布朗作用。无论哪种悬浮液中的颗粒，无论粒度大小，都会受到连续相分子热运动的无序碰撞而发生扩散，这种运动称之为布朗（Brownian）运动。布朗运动的作用与填料粒度有很大关系，粒度越小作用越明显，尤其对于粒度小于 $1~\mu m$ 的颗粒有很大影响。在高能固体推进剂的研究中，虽有报道采用纳米填料来调节推进剂燃烧、力学等性能，但在已有成型的配方中所有颗粒粒径一般均大于 $1~\mu m$，因此药浆中颗粒的布朗运动作用基本可忽略。

3）颗粒所受的重力与浮力。浮力往往只适用于浓度较小的悬浮体系，对于高固含量的药浆则可不予考虑。所有悬浮颗粒均承受着重力作用，填料粒度越小，重力引起的沉降位移越小；当颗粒较大时，悬浮液中重力作用引起的沉积不可忽视。因此，在药浆混合过程中应充分润湿填料，保证混合均匀，减少由颗粒凝集而引起的沉降。

4）作用在颗粒上的粘性力。这种力正比于颗粒与周围流体的局部速度差，因此粘性力对悬浮体粘度的影响是通过连续相的粘度来实现的，连续相的粘度决定着所有这些粘性力的相互作用。正因为如此，所谓悬浮体粘度通常是相对于连续相粘度而言的。

总体而言，流变学测量的流体宏观性质，强烈地依赖于流体的微观结构。在悬浮液中，对于粒径较大的粗颗粒，颗粒/颗粒间的相互作用主要是机械作用，如相互碰撞、摩擦或挤压。而对于分散于连续相中的微细填料，它们间的表面作用力主要有：范德华力、疏水表面力、静电力、毛细表面力、电偶极矩力、空间效应表面力、耗尽稳定化力和溶解表面力等。表面力及流体动力的综合作用导致颗粒或者相互吸引，聚集成团；或者相互排斥，稳定分散。表面力是悬浮体内所有原子、分子间的相互作用力，以及介质中原子、分子间作用力的总和，具有多重效应。颗粒间的表面力中范德华力、疏水表面力和毛细表面力为吸引力，静电力既可是吸引力也可是排斥力，其余表面力均为排斥力。如果单一颗粒在悬浮体中有良好的分散性，则颗粒间必然有一定的排斥力；反之，颗粒的聚集则表现为吸引力大于排斥力。

③基体/填料界面对 NEPE 推进剂流变行为的影响

填充粒子对于悬浮体系流变行为的影响既取决于固体填料本身

的物理化学性质，也与填料和基体之间的相互作用有关，并最终影响整个填充体系的加工和使用性能。在高能固体推进剂药浆中，填料粒子与粘合剂体系之间不是简单的共混，而是存在一定的相互作用，如图 3-32 所示，包括：粘合剂体系连续相对颗粒的润湿作用，以及固体组分颗粒对高分子连续相的吸附作用。

颗粒对高分子连续相的吸附可分三种类型：1）通过一条吸附的高分子链直接将两个粒子或聚集体连接在一起；2）通过分别吸附在不同粒子或聚集体上的不同高分子链之间的缠结相互连接；3）通过偶联剂将填料与粘合剂连接。对于 NEPE 高能推进剂药浆而言，基体/填料间网络结构的形成主要采用3）模式。

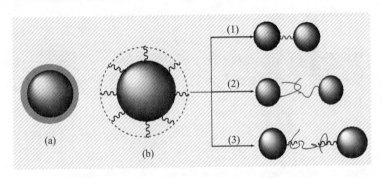

图 3-32　填料与粘合剂体系界面作用的模型

高能固体推进剂药浆的制备过程是将大量粉体填料在粘合剂体系中润湿分散的过程，这样在颗粒表面将吸附一层粘合剂，形成界面层，如图 3-32（a）所示。连续相对颗粒的润湿能力分粘附、浸润和铺展，可用接触角来判断。界面层的厚度取决于填料表面性质、粘合剂体系的性质及填料与粘合剂体系间的相互作用。为了改善推进剂中填料与粘合剂体系间的相互作用，提高药浆的力学性能，常加入一些键合剂。键合剂在填料与高分子聚合物之间所形成的界面不是简单的二维界面，而是包含两个表面之间的过渡区所形成的三维界面。

键合剂界面的作用机理可分为物理作用和化学作用。化学作用是键合剂分子一端能与填料表面发生化学结合，而另一端能溶解、扩散于粘合剂体系中。另一种是以界面能为出发点的物理作用，为了提高填料在粘合剂体系中的润湿性，填料可用键合剂进行处理。在高能固体推进剂中，为了改善硝胺氧化剂与粘合剂体系间的相互作用，常加入 NPBA。HMX/NPBA 间的粘附功明显大于 HMX/粘合剂体系和 NPBA/粘合剂体系的粘附功；所以 NPBA 将首先通过物理作用吸附于 HMX 颗粒表面，而另一端则通过化学反应与粘合剂体系交联。NPBA 与填料及粘合剂的界面作用增大了体系的流动单元，流动单元愈大，结构愈强，质点相对位移时耗能就愈多，导致药浆粘度、屈服应力、假塑性和粘弹性增大。

（2）NEPE 推进剂工艺/流变性能的影响因素

①粘合剂体系的影响

粘合剂体系是指推进剂的连续相，包括高分子粘合剂、增塑剂、固化剂和液态的功能组分等，根据 NEPE 推进剂的组成和结构特征，影响其流变性能的粘合剂体系方面的因素主要是粘合剂分子结构和硝酸酯增塑剂的种类与含量。

（a）粘合剂分子结构的影响

高分子粘合剂流变性能的差异，主要取决于聚合物分子结构的影响，如粘合剂的相对分子质量、官能团及其分布、链支化及链的柔顺性等因素。在粘合剂分子结构的影响因素中，以相对分子质量对其流变性能的影响最大，相对分子质量的大小是决定聚合物熔体或溶液流变性能最重要的结构因素。通常聚合物熔体或溶液粘度随聚合物相对分子质量的升高而增加。

（b）增塑剂种类和含量的影响

高能固体推进剂常用的含能增塑剂主要为多醇硝酸酯，如 NG、BTTN、TEGDN 等。增塑剂不仅能改善推进剂的低温力学性能，而且可有效降低药浆的粘度，改善推进剂工艺性能。

由于粘合剂 PEG 分子链中含有大量的醚氧键，在极性基团或氢键的相互作用下，分子链间形成了许多物理交联的拟网状结构。随

着硝酸酯的加入，硝酸酯分子进入大分子链之间，硝酸酯极性基团
与 PEG 分子极性基团的相互作用，破坏了高分子链间的物理交联，
增加了 PEG 分子链的移动性，降低了体系粘度。随着硝酸酯含量的
增加，这种破坏高分子链间物理交联的效果越明显，药浆粘度下降
越快，如图 3-33 所示。

增塑剂种类引起的流变性能改变一方面与增塑剂相对分子质量
大小有关，另一方面也与减弱粘合剂分子链间的相互作用能力有关。

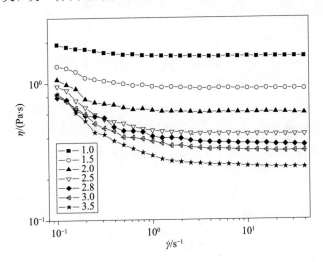

图 3-33　不同增塑比时粘合剂体系的 η-γ 曲线

②固体填料的影响

加入填料后的 NEPE 粘合剂体系是一个多相系统，分散在粘合
剂体系中的填料颗粒为分散相，填料颗粒的特性，如粒度、含量、
级配和形状等将显著地影响药浆的流变性能。

（a）填料粒度的影响

当固体含量一定时，单一填料的悬浮液随填料粒度减小，表观
粘度和屈服应力将增大；流动指数减小，表明药浆随填料粒度的减
小，偏离牛顿流体的程度就越大。填料粒度对药浆流变性能的影响
主要表现在两方面：第一，填料比表面积随粒度的减小而增大；填

料比表面积增大使固体颗粒对液体的吸附表面增大，导致更多的连续相被结合为吸附膜，使可以自由流动的液体减少，粒子间相互作用增大，致使填充体系粘度和屈服值增加。第二，填料粒度越小，表面能将越大，粒子间相互作用增强，粒子填充体系的粘度也将随之增大。此外，对于粒子间相互作用较强的悬浮体系，粒子间的聚集也可能会包裹部分基体，造成体系内局部粒子浓度升高，从而引起体系粘度的进一步增大。

（b）固体填料含量的影响

在悬浮液中，随固体含量的增加，连续相体积和颗粒间距均将减小，颗粒间的相互作用几率增大，颗粒易聚集形成某种附加结构，导致悬浮液粘度增加、流动性降低。尤其是悬浮液体积分数接近临界体积分数时，表观粘度、屈服应力和触变性急剧上升，这是因为接近临界体积分数时，悬浮液颗粒间的距离大大缩小，甚至直接接触，对悬浮液流动造成很大阻碍，形成突变点。

（c）填料种类的影响

高能推进剂常采用 Al、AP、RDX 和 HMX 作为固体填料，然而这四种物质对药浆流变性能的影响存在着明显的差异。在硝酸酯增塑的 PEG 粘合剂体系中，当四种填料体积分数均为 0.44，且粒度差别不太大时，其流变特性的表现存在差异：Al 在该体积分数时不呈现屈服，而 RDX、HMX 和 AP 表现出明显的屈服应力，其中 AP 是四种填料中屈服应力最大的。RDX 和 HMX 体系的假塑性程度较高，铝粉悬浮液的流动指数最大，最接近于牛顿流体。在实际推进剂混合过程中，当加入一定量的细 AP 后，混合转矩增加很快，药浆局部变硬，剪切、挤压应力变大，浆料在混合机桨叶上出现严重的"爬升"现象。

悬浮液分散相种类的不同，使其颗粒形状和界面也存在差异。为了获得良好的流变性能，从形状上讲要求固体颗粒尽可能为球形，因为在同样的固体含量下，球形粒子有最小的比表面积，也更容易被液相组分润湿。球形化越高，固体颗粒表面相对越光滑，颗粒间的滑移就较容易。而当颗粒表面粗糙、凹凸不平时，颗粒间碰撞时产生的摩擦力将阻碍颗粒间的流动，使体系粘度显著增加。因此，铝粉悬浮液的流变性能要远远好于 RDX 与 HMX 填充体系。

（d）固体填料级配的影响

填料间的适当级配在固体推进剂中不仅可用来提高固体组分含量，增加比冲，而且还可改善药浆的流变性能，级配有利于降低悬浮液粘度和屈服值。Al、HMX 和 RDX 与 AP 两两级配后，在相同剪切速率下体系表观粘度小于同一体积分数下单一填料悬浮液的粘度；级配提高了悬浮液的流动指数 n，减小了假塑性，如表 3 - 51 所示。

表 3 - 51　级配对填充体系流变特性的影响

填料		Al / AP	HMX/AP	RDX/AP
$D_{50}/\mu m$		36.8 /142	13.5/142	57 /142
体积分数之比		0.9 : 1	0.8 : 1	1 : 1
$\eta_a/(Pa \cdot s)$	$0.1\ s^{-1}$	9.61	7.77	5.47
	$1\ s^{-1}$	4.79	3.09	2.86
	$10\ s^{-1}$	3.54	2.19	2.75
τ_y/Pa		0.62	0.39	0.36
N		0.91	0.92	0.95
触变性		无	无	无

③键合剂对 NEPE 药浆流变性能的影响

由于高能固体推进剂中采用了大量硝酸酯，为了解决含能粘合剂体系与硝胺氧化剂之间的界面软化问题，常通过引入 NPBA 改善基体与填料的界面粘接，提高推进剂的力学性能。

NPBA 的加入虽然可改善高能推进剂的力学性能，但过量加入会影响药浆的可加工性，其原因是由于 NPBA 分子中的极性基团间有较强的次价力，与 HMX 有良好的亲和性。所以，当 HMX 与粘合剂体系、NPBA 组成药浆时，NPBA 将首先吸附在 HMX 颗粒的表面。在推进剂制备过程中，NPBA 靠其分子中极性基团与硝胺氧化剂形成氢键等强的物理作用，吸附在 HMX 颗粒的表面，形成大分子的包覆结构，增加了流体的结构强度和流动单元，导致药浆粘度和屈服应力急剧增大。

（3）NEPE 推进剂工艺/性能设计流程

高能固体推进剂工艺/性能设计过程中，首先要提出推进剂配方的工艺/性能指标，通过分析高能推进剂工艺/性能指标、用户要求，以及它们与推进剂工艺/性能设计流程的相互关系，确定推进剂工艺/性能设计流程的控制节点。再通过对试验数据的统计、分析和科学利用，运用多种数学分析方法（包括统计学方法），完成对设计系统框架的填充和修正，实现对高能固体推进剂工艺性能的计算和设计。固体推进剂工艺/性能设计流程如图 3-34 所示。

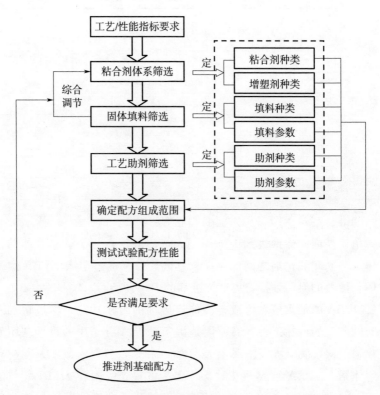

图 3-34　高能固体推进剂工艺/性能设计流程框架

基于药浆流变方程与推进剂组分相关性，建立一个由参数输入、反复迭代计算、结果修正、优化设计、输出配方等过程组成的设计系统整体框架。根据数学模型计算和试验数据分析的需要，建立高能推进剂工艺/性能数据库；对计算系统和数据库的连接方式进行设计，满足不同需求和不同级别的使用要求。如果当推进剂工艺/性能水平相同而配方输出结果冗余时，确定优先选择原则和迭代次序，即研究确定工艺/性能调控手段的选择依据、基于性能要求的组分选择优先规则、基于用户要求的预选规则等，最终形成完整的高能固体推进剂工艺/性能设计准则。

3.4　低特征信号固体推进剂

3.4.1　概述

3.4.1.1　低特征信号推进剂的定义

随着导弹武器的不断发展，为了减少导弹武器系统可探测性特征信号，达到隐身的目的，要求战略、战术导弹发动机减弱其可见、红外、紫外和雷达等特征信号，因而提出了低特征信号推进剂的概念，包括三个方面的内容：排气减少可见或可探测性烟雾；减弱红外、紫外、可见光和电磁波特征信号；减少排气羽流对制导导弹的无线电、红外、紫外、激光等信号的干扰和衰减，对制导信号应是透明的。

3.4.1.2　低特征信号推进剂研制历程[50]

为了提高导弹的精确制导能力和隐蔽性能，研制具有低特征信号的新型固体推进剂是目前固体推进剂的重要发展方向之一。国外从 20 世纪 60 年代就开始逐步开发少烟推进剂。法国火炸药公司在 1966 年之前就已对发动机排气羽流与高频雷达波的透明性进行了研究，1968 年英国也开始了这项研究。美国非常重视现代少烟推进剂的研制，赫克力斯公司从 20 世纪 70 年代开始进行现代少烟推进剂技术的立项、研制和应用，研制的微烟推进剂已达到能消除原有烟雾 60%～90% 的水平（特别是可见烟、红外光）。法国国家宇航工业公司战术导弹分部的专家提出了战术导弹须全部采用抑制烟雾的固体推进剂的要求。随着固体推进剂无烟化的发展，为了减弱导弹系统可探测性特征信号，达到隐身目的，美国军队正努力减弱战术导弹发动机的可见光、红外光、紫外光和雷达特征信号，提出了低特征信号推进剂的概念。

国外战术导弹用低特征信号固体推进剂的技术开发经历了以下 3 个阶段。

第一阶段：利用原有的普通双基推进剂，将 NC/NG/硝胺（或 AN）型 CMDB 推进剂作为第一代微烟改性双基推进剂；利用原有的 HTPB（或 PU）复合推进剂，降低铝粉含量，使之成为低铝复合推进剂，再进一步用硝胺部分或全部取代复合推进剂中的 AP，形成少烟复合推进剂或第一代微烟复合推进剂。这一阶段推进剂的能量水平一般在 1 961～2 255 N·s/kg。

第二阶段：20 世纪 70 年代中期，第二代双基微烟推进剂研制成功，它们由 NC/NG/PGA/硝胺（或 AN）组成，即所谓的 CDB 推进剂。20 世纪 80 年代，随着 NEPE 和 FEFO/PEG 型高能推进剂技术取得的突破性发展，出现了第二代微烟复合推进剂，其组成特点是聚醚或 PE 与大剂量硝酸酯相配合形成粘合剂系统，硝胺（或 AN）作为固体填料。这一阶段推进剂的能量水平在 2 255～2 353 N·s/kg。

第三阶段：20 世纪 90 年代，随着对低特征信号推进剂要求的不断提高，以及 HEDM 的发展，出现了第三代高能量、低特征信号及钝感的复合固体推进剂，其特点是以 HEDM（GAP、CL - 20、ADN 等）为主要原料，并具有高能量、低特征信号及钝感特征。

美国在《1991 年国防部关键技术规划》中，制定了发展钝感、低特征信号推进剂的长远规划，系统地规划了 1991—2005 年的目标、效益和预计进度表，以及为保证实现这些目标的原则措施和经费。1997 年的《国防技术领域计划》明确提出了低特征信号推进剂研制的近、中、远期目标规划。表 3 - 52 为美陆军无烟推进剂发展阶段计划。

表 3 - 52　美陆军无烟推进剂发展阶段计划

阶段	目标
近期	比冲 $I_{sp}=2\ 254$ N·s/kg，NEPE/PSAN 非爆轰推进剂研究
中期	比冲 $I_{sp}=2\ 352$ N·s/kg，危险等级为 1.3 级的 EMCDB；NEPE/AN/RDX；GAP/AN/RDX
远期	比冲 $I_{sp}>2\ 450$ N·s/kg，危险等级为 1.3 级新含能聚合物和氧化物（GAP、CL - 20、ADN 等）的推进剂研究

3.4.1.3　导弹系统对固体推进剂羽流特征信号的要求

固体推进剂排气特征信号的强弱取决于推进剂的成分，也与导弹制导系统、外界环境的光学性质及敌方对信号探测技术的敏感性有关。由于地空导弹、舰空导弹、反坦克导弹和制导系统（包括红外、微波或激光制导）对无烟指标的要求不同，同时外界环境的能见度、湿度和温度对烟雾的大小也有影响，所以只有在导弹类型和制导系统确定后，根据制导系统的要求及敌方对信号探测技术的敏感性才能确定低特征信号或无烟的定量指标。而且推进剂自身也不可能达到绝对无烟，在实现推进剂"无烟化"时，将对推进剂其他性能产生影响，所以低特征信号推进剂的定量指标较难确定。不同的导弹系统，对推进剂羽流特征信号的要求亦不同。

1）英国和法国认为，微（无）烟推进剂是指入射波束沿排气羽流 X 轴向直接穿过或倾斜 7°角有 90% 以上的透明度。

2）美国空军火箭推进实验室提出，对于空射导弹，微烟推进剂是在 8 229 m（27 000 英尺）以下空域没有形成凝结尾流的推进剂；少烟推进剂是在 6 096 m（20 000 英尺）以下空域，允许 50% 的时间形成凝结尾流的推进剂。

3）在美国国防部关键技术计划中，提出对于低目标特征的战术导弹，要求低特征信号推进剂没有可见或凝结尾迹的目标特征，红外目标特征减至十分之一；对于低目标特征战略导弹用的低特征信号推进剂，要求没有原始或次级烟目标特征，减少发射时被探测到的可能性，以及减少对发射平台造成的危险。

3.4.2　降低固体推进剂羽流特征信号的技术途径

3.4.2.1　固体推进剂配方组成对羽流特征信号的影响

（1）一次烟的影响因素

固体推进剂中的金属成分，如 Al、Mg 等金属燃料，以及 Fe、Cu、Pb、Cr 等金属氧化物或其衍生物组成的燃烧调节剂，在燃烧时都会生成含有金属氧化物的白色或有色烟。

固体推进剂组成中氧含量越小，热稳定性大的物质含量越大，则生成烟雾的可能性也越大；当推进剂组成中的氧不足以将其中的碳原子氧化，就可能产生由未完全分解的有机物和未氧化的碳粒形成的烟雾。

（2）二次烟的影响因素

以 AP 为氧化剂的复合固体推进剂和改性双基推进剂的燃烧产物中含有大量的 HCl，它与空气中的水蒸气或燃烧产物中的 H_2O 凝结成雾滴，形成白烟。环境条件，如温度、压强、湿度等对二次烟的形成有较大的影响。

（3）火焰强度的影响因素

固体推进剂的火焰强度与其配方特性密切相关。固体推进剂中 Al 等金属燃料含量越高，火焰的燃温越高，其红外辐射强度则越大；固体推进剂氧含量越低，燃气中未完全燃烧的 H_2 和 CO 的含量越高，则越易形成二次燃烧，从而使火焰红外辐射强度大幅度提高。

（4）影响光学和电磁波信号透过性的因素

可见光、激光、红外信号、微波等制导信号通过固体推进剂羽流时会产生衰减，其衰减程度与固体推进剂特性和燃烧产物组成密切相关。

铝粉、金属盐类燃速调节剂等燃烧时形成的凝聚相产物会使光电信号产生散射，从而导致信号衰减，其衰减程度与凝聚相产物的浓度、凝聚相颗粒大小及本身特性有关。固体推进剂中金属化物质含量越高，燃气中凝聚相产物浓度越大，对光电信号的衰减作用就越大。由于燃气中凝聚相产物的颗粒一般小于 10 μm，对波长与之相当及比它小的光学信号（如红外、激光、可见光等）的影响极大，但对于波长比它大得多的无线电波（包括微波）透过率的影响较小。

气体因产生吸收作用对光电信号产生衰减。在固体推进剂燃气产物中，H_2、N_2、CO 分子是无极性的，对光电信号不产生吸收效应；CO_2 在 2.6 μm、4.3 μm 和 13～17 μm 对光电信号产生强烈的吸收；H_2O 在 1.1 μm、1.38 μm、2.7 μm、6 μm 等波段处对光电信号产生强烈的吸收。固体推进剂氧平衡越高，燃烧越充分，则燃烧产物中 CO_2、H_2O 等三原子极性分子浓度越高，对红外信号的吸收衰减程度就越大。

燃气中的自由电子会对无线电波产生吸收衰减。在固体推进剂组成中，易产生自由电子的组分是碱金属类添加剂和铝粉等金属燃料。当固体推进剂配方中铝含量越高，燃温越高，燃气中电离出的自由电子浓度则越大，对无线电波透过性的影响就越大。

3.4.2.2　降低固体推进剂羽流特征信号的技术途径

推进剂的配方组分是影响羽流信号的重要因素，调节固体推进剂的配方可显著降低羽流特征信号，其基本原则是减少固体推进剂燃烧产物中碳、无机盐、金属及其氧化物的微粒，以及那些未完全分解的有机物，以防止生成烟雾；通过改进固体推进剂的性质，提高燃气的发火点，降低燃气的流出温度等措施，防止生成火焰。主要技术途径包括：

1）改进固体推进剂配方，提高配方中氧的含量，以减少燃气中因燃烧不完全及热解而产生的碳烟。

2）不使用铝粉，以及尽量减少配方中 Pb、Cu、Fe 等金属化合物的含量，以减少由凝聚相氧化物形成的微粒子群，或用无烟或少烟组分取代有烟组分。例如，在双基推进剂中，用水杨酸钡和β-雷索辛酸钡取代水杨酸铅和β-雷索辛酸铅，可使燃气对可见光的透过率由20％～30％提高到60％以上。

3）配方中不用或少用 AP，用硝胺、AN 等无氯氧化剂部分或全部取代 AP，以减少二次烟的生成。

4）在固体推进剂配方中引入吸热的惰性物质，降低燃气的温度，或加入低热量、含氮较多的物质，如硝基胍、三氰胺等，以降低燃气中 H_2 和 CO 的浓度，抑制二次燃烧的形成，从而降低火焰强度。此外，加入二次燃烧抑制剂也可有效减少二次燃烧。二次燃烧抑制剂主要有：碱金属盐（主要是钾盐），如 K_2SO_4、KNO_3、$KHCO_3$、$K_2C_2O_4$ 等无机钾盐和邻苯二甲酸钾、硬脂酸钾、山梨酸钾、六羟基锑酸钾等有机钾盐；铵盐，如 $(NH_4)_2CO_3$、NH_4HCO_3 等；胺类，如草酰胺等；有机金属化合物，如 $Pb(C_2H_5)_4$、$Fe(CO)_5$ 等；此外，还有有机卤化物。钾盐的加入量以达到火焰抑制的阈值为度，因为过多的钾盐会增加排气的一次烟量，还会导致羽流中电子浓度增加，而使微波衰减增大。

5）在固体推进剂配方中添加电子捕获剂，以减少燃气对无线电波的衰减。例如，在金属粉含量为25％的双基推进剂中添加0.5％～5％的铬酸铅，可使微波信号衰减减少20％～90％。

3.4.3 低特征信号固体推进剂的配方设计方法

3.4.3.1 低特征信号固体推进剂组分的选择

与常规复合固体推进剂相同，低特征信号固体推进剂亦由氧化剂、粘合剂、燃料及各类添加剂等组成。在实际应用时要求固体推进剂具有良好的综合性能，因此，进行低特征信号推进剂研究时应将推进剂的低特征信号特性与能量性能、燃烧性能、力学性能、安全性能等综合考虑。实际上，要使推进剂的性能全部达到最优是非常困难的，为了实现低特征信号往往可能会降低推进剂的其他性能。

（1）粘合剂的选择

低特征信号固体推进剂通常是以粘合剂种类来进行分类的，常用的粘合剂包括端 HTPB、聚乙二醇己二酸酯、聚二乙二醇己二酸酯、PEG，以及 GAP、BAMO 等叠氮粘合剂。以 HTPB 为粘合剂的 HTPB 少烟推进剂具有与 HTPB 推进剂相当的力学和内弹道性能，而且制造成本相对较低。聚乙二醇己二酸酯、聚二乙二醇己二酸酯和 PEG 是应用较广泛的粘合剂。在环境温度下 PEG 通常为固态，具有晶体结构，但它可以在与含能增塑剂相容的使用温度下方便地熔融为液态（50～60 ℃）。以惰性端羟基聚醚或 PE 为粘合剂的 XLDB 低特征信号推进剂和 NEPE 低特征信号推进剂不仅低特征信号性能好，而且能量性能优良。GAP、BAMO 等叠氮粘合剂由于具有正的生成焓，且具有较高的密度、与硝酸酯等含能组分相容性好、机械感度低、分解产生大量 N_2 等特点，成为开发高性能低特征信号固体推进剂的优选粘合剂。表 3 - 53 给出 XLDB 推进剂中几种常用的非含能预聚物。

表 3 - 53　XLDB 推进剂中几种常用的非含能预聚物

预聚物	分子式	密度/（g/cm³）
聚己酸内酯	$HO{-}[(CH_2)_5{-}\underset{O}{\overset{\|}{C}}{-}O]{-}_n$	1.15
聚 1，4 丁二醇己二酸酯	$HO{-}[(CH_2)_4{-}O{-}\underset{O}{\overset{\|}{C}}{-}(CH_2)_4{-}\underset{O}{\overset{\|}{C}}{-}O]{-}_n$	1.18
聚乙二醇己二酸酯	$HO{-}[(CH_2)_2{-}O{-}\underset{O}{\overset{\|}{C}}{-}(CH_2)_4{-}\underset{O}{\overset{\|}{C}}{-}O]{-}_n$	1.12（固态），1.19（熔融态）
聚二乙二醇己二酸酯	$HO{-}[(CH_2)_2{-}O{-}(CH_2)_2{-}O{-}\underset{O}{\overset{\|}{C}}{-}(CH_2)_4{-}\underset{O}{\overset{\|}{C}}{-}O]{-}_n$	1.19
聚丙二醇（PPG）	$HO{-}[CH_2{-}\underset{CH_3}{\overset{\|}{CH}}{-}O]{-}_n$	1.03
聚乙二醇（PEG）	$HO{-}[CH_2{-}CH_2{-}O]{-}_n$	1.21（固态），1.11（熔融态）

（2）氧化剂的选择

AP 是目前固体推进剂中应用最广泛的氧化剂，但其燃烧后生成 HCl，严重影响了推进剂的羽流特征。因此，全部或部分取代推进剂中的 AP 是实现固体推进剂低特征信号的重要技术途径之一。

HMX 和 RDX 不仅具有较高的能量和密度，更主要的是它们的分子结构中不含卤素，推进剂配方中使用硝胺既提高了推进剂的能量，又不增加特征信号。但硝胺的加入会使推进剂燃速下降、压强指数升高，因此在进行低特征信号推进剂配方设计时，一般采用硝胺部分取代 AP 的技术途径。

AN 是一种钝感且燃气洁净的氧化剂，是低特征信号推进剂较理想的氧化剂。但由于它的密度和能量低于硝胺和 AP，因此在配方设计时一般采用 AN 部分取代 AP 的方案。当然，AN 也有其致命的缺陷，如吸湿性强，在 $-40 \sim +60$ ℃会发生晶型转变（从而破坏力学性能），以及燃速低、点火困难等，这些问题可通过适当的相稳定化处理加以解决。如以氧化镍为稳定剂的 AN 络合物，氧化镍不但起到了相稳定的作用，而且还改善了 AN 的吸湿性和点火特性，提高了推进剂燃速。

近年来，出现了较多新型高能氧化剂，如 CL-20、ADN、HNF 等，它们具有能量高、燃气洁净等特点，在低特征信号推进剂中采用这些新型高能氧化剂取代 AP 和 RDX（HMX），可以提高比冲、降低感度和改善燃烧性能。

（3）增塑剂的选择

目前，低特征信号推进剂使用的含能增塑剂主要包括是硝酸酯增塑剂，如 NG、BTTN、TEGDN；硝基增塑剂，如缩醛类硝基化合物（如 BDNPA/F）；以及其他新型含能增塑剂，如含叠氮基的小分子和低分子预聚物（如叠氮羧酸酯和 GAPA）、硝酸乙基硝胺类物质（如 BuNENA）等。

在硝酸酯品种的选择上，除要考虑能量要求外，还要考虑其化学稳定性和热稳定性、挥发性、迁移性及安全特性等。

（4）燃烧性能调节剂的选择

为降低一次烟雾特征信号，在低特征信号推进剂配方设计时，应尽量少用金属铅盐、Fe_2O_3 等常用的燃烧性能调节剂。国外高性能低特征信号推进剂应用的燃速催化剂主要是各种铋化合物或硼化物。Bi_2O_3 使双基系低特征信号推进剂表现出明显的平台燃烧特性，Bi_2O_4 增加了低特征信号推进剂的燃速，改善了燃烧性能；水杨酸铋、柠檬酸铋应用于 RDX/硝酸酯/聚醚推进剂中，具有与铅盐同样的效果，与炭黑协同作用使推进剂具有平台燃烧特性，可见光和红外光透过率均大于 95%。

此外，选择纳米级的燃速催化剂，可提高催化效率，从而降低在配方中的加入量，也可达到降低羽流特征信号的目的。

（5）燃烧稳定剂的选择

在无铝的低特征信号固体推进剂中，广泛采用惰性高熔点化合物作为燃烧稳定剂。它们与活性的铝粉在燃烧时的行为不同之处在于：惰性高熔点化合物燃烧时无化学反应，不易熔结或凝聚成大粒度，或破碎成更小粒度的微粒，因此它们在燃气中微粒的尺寸基本上可在推进剂制造前预先控制在最佳阻尼粒径范围内。

在选择燃烧稳定剂粒径时，还应综合考虑最佳阻尼粒径与光散射粒径之间的关系。耐熔燃烧稳定剂的性能及适用性见表 3-54。

表 3-54　耐熔燃烧稳定剂的性能及适用性

稳定剂类型和等级	密度/ (g/cm^3)	熔点/ ℃	粒度范围/ μm	最大衰减频率范围/ kHz	适应性
氮化硼	2.27	3 000	2~15	20.37~0.36	好
			2~7	20.37~1.66	好
碳化硼	2.52	2 350	2~5	18.35~2.94	好
碳化硅	3.22	2 700	5~8	2.29~0.89	好
			3.5~5.5	4.69~1.89	好
			2.5~3.5	9.19~4.69	好
			1~2.5	57.45~9.19	好
氧化镁	3.58	2 852	4~10	3.23~0.52	不好

续表

稳定剂类型和等级	密度/ (g/cm³)	熔点/ ℃	粒度范围/ μm	最大衰减频率范围/ kHz	适应性
氧化铝	3.97	2 015	3～8	5.17～0.73	好
			1～3	46.59～5.17	好
			2.5～3.5	7.45～3.80	好
硼化钛	4.52	2 900	5～25	1.63～0.07	好
碳化钛	4.93	3 140	2.5～20	6.00～0.09	好
氧化铬	5.21	2 266	—	—	不好 A
氧化锆	5.6	2 715	1～4	33.03～2.06	不好 S
			1～4	33.03～2.06	好
			2～5	8.25～1.32	好
硼化锆	6.09	3 000	2～8	7.59～0.42	好
硼化铬	6.17	2 760	4～12	1.87～0.21	好
氧化镧	6.51	2 315	4～12	1.77～0.19	好
碳化锆	6.73	3 540	1～8	27.48～0.43	好
氧化铈	7.13	2 600	1～5	25.95～1.04	好
氧化铷	7.24	2 270	5～20	1.02～0.06	好
碳化镍	7.82	3 500	1～10	23.56～0.24	好
镍	8.57	2 468	4～35	1.35～0.02	好
碳化钼	9.18	2 687	1～5	20.15～0.81	不好 A

注：S：与推进剂相容性差；A：粉末结块。

3.4.4　低特征信号复合固体推进剂品种及特性

3.4.4.1　HTPB 低特征信号推进剂[51]

　　AP/Al/HTPB 复合固体推进剂广泛用于各种火箭/导弹发动机中，但其燃烧排气会产生大量的烟雾。采用 CL‐20、ADN 或 HMX（RDX）部分取代 AP，并降低铝粉含量，可有效减少 HTPB 推进剂燃烧产生的烟雾量，达到减弱羽流特征信号的目的。例如，在 HTPB 推进剂中采用 CL‐20 替代 AP 后，其理论比冲可达 2 652 N·s/kg；采用 CL - 20 与 AN 同时作为氧化剂，不但可提高推进剂的能量，而且可改善推进剂燃烧的性能，还可降低推进剂的感度。HTPB/CL - 20/AN 体系微烟推进剂的比冲可达 2 381.4 N·s/kg，排气温度为 1 339 K。

HTPB 推进剂由于配方中含有大量的 AP 和 Al，其燃烧产物中存在着 Al_2O_3、C 颗粒及 HCl 雾滴等固相和液相颗粒。当激光、红外、可见光等制导信号通过燃气时，便会受到这些颗粒的吸收和散射影响，从而产生衰减。同时，推进剂燃气中的少量金属原子在高温下会电离出自由电子，当微波通过燃气时，会受到自由电子的共振吸收作用而产生衰减。

一般认为，推进剂燃气对激光等光学信号的衰减作用主要是由于燃气中的 Al_2O_3、炭黑等固相颗粒对光的吸收与散射引起的，且以散射作用为主。颗粒的光散射可分为 Rayleight 散射和 Mie 散射，当入射光波长远大于颗粒尺寸时，产生 Rayleight 散射，散射光强度与入射光波长的四次方成反比；当入射光波长与颗粒尺寸相当时，产生 Mie 散射，散射光强度与波长的二次方成反比。推进剂燃气中 Al_2O_3、炭黑等固相颗粒对激光等光学信号的散射一般以 Mie 散射为主。燃气中固相颗粒（颗粒半径 r）对激光、红外、可见光最大衰减情况为：

1）对于 He - Ne 激光，$\lambda = 6\ 328$ Å，r 约为 $0.5\ \mu m$；

2）对于红外（Ⅰ），$1.8\ \mu m \leqslant \lambda \leqslant 3.2\ \mu m$，$1.4\ \mu m \leqslant r \leqslant 2.5\ \mu m$；

3）对于红外（Ⅱ），$3\ \mu m \leqslant \lambda \leqslant 5\ \mu m$，$2.4\ \mu m \leqslant r \leqslant 4.0\ \mu m$；

4）对于可见光，$3\ 800$ Å $\leqslant \lambda \leqslant 7\ 600$ Å，$0.3\ \mu m \leqslant r \leqslant 0.6\ \mu m$。

由此可见，燃气中小于 $4\ \mu m$ 的细颗粒越多，则燃气对激光、红外、可见光的衰减作用就越大。对 HTPB 推进剂而言，燃气中的主要固相颗粒为 Al_2O_3，而 Al_2O_3 颗粒大小的分布则取决于推进剂的配方和燃烧条件，铝粉的凝聚程度越小，燃气中细 Al_2O_3 颗粒则越多，燃气对激光等光学信号的衰减作用就越大。

燃气中自由电子浓度越高，则燃气对微波的衰减作用也就越大。而燃气中的自由电子是由金属热电离产生的，其浓度主要取决于燃

气中金属原子浓度；对于含 Al 的 HTPB 推进剂，则主要取决于燃
气中 Al 原子浓度，也可进一步看做与推进剂中 Al 的燃烧完全程度
有关。由此可见，推进剂中铝粉燃烧越不完全，燃气中自由电子浓
度就越高，则燃气对微波产生的衰减作用也就越大。

　　综上可知，当 HTPB 推进剂 Al 含量增加时，燃气中 Al_2O_3 颗
粒的密度增加，同时燃气中未燃烧的 Al 原子也必然增多，使自由
电子浓度加大，因而导致燃气对激光、红外、可见光和微波的衰
减作用增大。

　　AP 和铝粉粒度的综合效应会影响燃烧过程中 Al 的凝聚程度和
完全燃烧的程度。当采用粗 AP 和细粒度铝粉组合时，铝粉凝聚严
重，燃烧不完全程度增加，燃气中细粒度 Al_2O_3 颗粒减少，而 Al 原
子增加，导致燃气对激光等光学信号的衰减作用变小，而微波衰减
作用增大。当采用细 AP 和细粒度铝粉组合时，燃烧更加完全，因
而燃气对微波的衰减作用减小，而对光学信号的衰减作用减小。

　　另外，当燃烧室压强增加，将使推进剂燃速增大，铝粉的凝聚
程度降低，且易于燃烧完全。因此燃气对激光、红外等光学信号的
衰减作用增加，而对微波的衰减作用减小。

　　表 3-55 为 HTPB/AP/Al 体系推进剂试验配方，图 3-35 为
HTPB/AP/Al 体系推进剂中 AP 含量和粒度、Al 含量和粒度等因素
对激光、红外、微波等信号衰减作用的影响。

表 3-55　HTPB/AP/Al 体系推进剂试验配方

试样序号	含量/%			粒度		备注
	AP	Al	HTPB	AP	Al (D_{50}) / μm	
1	83	0	17	40～60 目		不含 Al
2	69	14	17	40～60 目	5.7	
3	69	20	11	40～60 目	5.7	
4	69	20	11	（40～60 目）:（100～ 140 目）:（< 180 目） =5:2:1	5.7	AP 级配，细 Al

续表

试样序号	含量/%			粒度		备注
	AP	Al	HTPB	AP	Al（D_{50}）/ μm	
5	69	20	11	（40～60 目）：（100～140 目）：（＜180 目）＝5：2：1	30	AP 级配，粗 Al
6	69	14	17	40～60 目	34	粗 AP、粗 Al
7	69	14	17	40～60 目	5.5	粗 AP、细 Al
8	69	14	17	＜180 目	34	细 AP、粗 Al
9	69	14	17	＜180 目	5.5	细 AP、细 Al

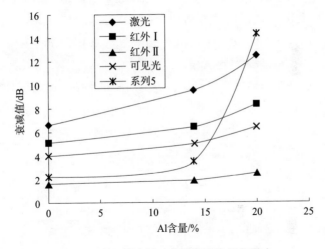

图 3-35　铝粉含量对信号衰减作用的影响

3.4.4.2　NEPE 低特征信号推进剂

NEPE 推进剂是以硝酸酯增塑的聚醚或 PE 粘合剂取代了 XLDB 推进剂中的硝化纤维素，并含有 HMX、AP 和 Al 等组分。该类推进剂充分发挥了改性双基推进剂能量高的优点，同时采用了高分子预聚物作为粘合剂，从而获得了良好的力学性能。因此，NEPE 推进剂具有能量高、低温力学性能好，且弹道性能、工艺性能和安全性能等满足使用要求的特点，是目前已应用的固体推进剂中综合性能最好的一种推进剂。

NEPE 低特征信号推进剂是在 NEPE 高能推进剂的基础上，通过降低 AP 和 Al 的含量获得较弱的推进剂特征信号，属于少烟型推进剂。

（1）基础配方设计

NEPE 低特征信号推进剂一般是以高分子端羟基聚醚作为粘合剂，主要包括 PEG、PET、聚己酸内酯等；其中 PET 由于具有分子链柔顺性好、玻璃化温度低（－73 ℃）的特点，特别适合用于对推进剂力学性能要求高、环境温度要求宽的战术导弹发动机。为了弥补降低 Al 含量带来的推进剂能量和密度的损失，推进剂配方可采用大剂量硝酸酯增塑剂增塑的粘合剂体系，以 RDX（HMX）部分或全部取代 AP。当 Al 含量小于 5% 时，适当调节配方的固体含量及增塑比，该推进剂的实际比冲可达到 2 303 ～2 401 N·s/kg（235～245 s），达到甚至超过丁羟有烟推进剂的能量水平；而燃烧产物中可见烟成分（Al_2O_3＋HCl）的总含量可比丁羟有烟推进剂减少 60%～90%。表 3－56 为 NEPE 推进剂配方能量及燃烧产物的计算结果。

表 3－56　NEPE 推进剂配方能量及燃烧产物的计算结果

P_1/P_0	$S/\%$	PEG	NG	BTTN	RDX	AP	Al	I_{sp}[①]/ $(N \cdot s/kg)$	Al_2O_3[②]	HCl[②]
—	87	丁羟有烟推进剂				69	18	2 437.50	0.089	0.156
2.8	75	6.58	9.21	9.21	40	30	5	2 438.24	0.025	0.069
2.8	75	6.58	9.21	9.21	50	20	5	2 441.18	0.024	0.044
2.8	75	6.58	9.21	9.21	60	10	5	2 439.22	0.023	0.021
2.8	75	6.58	9.21	9.21	43	30	2	2 414.72	0.010	0.021
2.8	75	6.58	9.21	9.21	42	30	3	2 422.56	0.015	0.068
2.8	75	6.58	9.21	9.21	41	30	4	2 431.38	0.020	0.068
2.8	75	6.58	9.21	9.21	39	30	6	2 445.10	0.030	0.069
2.8	75	6.58	9.21	9.21	38	30	7	2 450.00	0.035	0.069
2.8	75	6.58	9.21	9.21	37	30	8	2 459.80	0.040	0.070
2.6	75	6.94	9.03	9.03	40	30	5	2 435.30	0.025	0.068

续表

P_1/P_0	$S/\%$	PEG	NG	BTTN	RDX	AP	Al	$I_{sp}^{①}/$ $(N \cdot s/kg)$	$Al_2O_3^{②}$	$HCl^{②}$
2.0	75	8.33	8.33	8.33	40	30	5	2 423.54	0.024	0.067
1.5	75	10.00	7.50	7.50	40	30	5	2 405.90	0.024	0.066
1.3	75	10.87	7.07	7.07	40	30	5	2 396.10	0.023	0.065
1.0	75	12.50	6.25	6.25	40	30	5	2 375.52	0.023	0.063
0.8	75	15.63	4.69	4.69	40	30	5	2 331.42	0.022	0.061
0.8	72	15.56	6.22	6.22	37	30	5	2 330.44	—	—
0.8	70	16.67	6.67	6.67	35	30	5	2 317.70	—	—
0.8	65	19.44	7.78	7.78	30	30	5	2 276.54	—	—

①I_{sp} 等于标准状态下理论比冲乘以 0.94;

②燃烧产物中该物质的物质的量。

以硝胺为基础的 NEPE 低特征信号推进剂,由于配方中仍含有一定量的 AP($>20\%$)和 Al(5% 左右),属于少烟型推进剂,其羽流特征信号要强于微烟型的 CMDB 推进剂或 XLDB 推进剂。因此,采用新型 HEDM 的 CL-20、ADN 等替代配方中的 AP,并进一步降低 Al 含量,可实现 NEPE 推进剂的微烟化。

采用 CL-20 的 NEPE 低特征信号推进剂与 HMX/NEPE 低特征信号推进剂相比,配方理论比冲提高 2%,密度比冲提高 6%,特征速度提高 1%。图 3-36 为不同高能氧化剂含量下推进剂理论比冲变化趋势。

(2)羽流特征信号

NEPE 推进剂由于采用含有大剂量硝酸酯增塑剂的粘合剂体系,氧系数高,燃烧较完全,基本无炭黑生成,因此产生可见烟雾的主要因素是配方中 Al 和 AP 的含量。通过减少金属铝粉($\leqslant$ 5%)及采用非金属燃烧性能调节剂可减少一次烟的产生,采用硝胺部分取代 AP 可抑制二次烟的产生。表 3-57 为相同比冲的某 NEPE 少烟推进剂和某 HTPB 少烟推进剂羽流光学信号透过率测试对比结果。

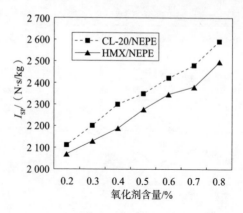

图 3 - 36　不同氧化剂含量下推进剂理论比冲变化趋势

表 3 - 57　NEPE 少烟推进剂和 HTPB 少烟推进剂羽流光学信号透过率

推进剂品种	红外透过率/%			可见光透过率/%
	1～3 μm	3～5 μm	8～14 μm	
NEPE 少烟推进剂	75.2	94.3	—	68.4
	76.7	94.8	95.4	72.4
HTPB 少烟推进剂	50.6	84.4	96.9	35.7
	49.1	84.6	96.9	34.5

　　对于 NEPE 低特征信号推进剂，随着 Al 含量提高，发动机喷焰对 2 cm 和 5 cm 波段微波的衰减作用都将增大。发动机喷焰的微波衰减与推进剂 Al 含量的关系可用下式表示

$$\alpha = a \cdot e^{b \cdot I}$$

式中　α——微波衰减值；

　　　I——Al 含量；

　　　a,b——常数。

3.4.4.3　叠氮低特征信号推进剂

　　叠氮聚醚是 20 世纪 90 年代含能粘合剂研究领域的重要成果，包括聚叠氮缩水甘油醚（GAP）和叠氮甲基氧杂丁环聚合物（BAMO、AMMO）等品种，其中 GAP 是最具应用前途的叠氮聚醚

粘合剂。GAP 粘合剂具有正的生成焓（$\Delta H_f = +957$ kJ/mol），较高的密度（1.3 g/cm³），分解时产生大量的氮气，与硝酸酯等含能增塑剂相容性好等特点，因而成为开发高性能、低目标特征战术导弹用高能低特征信号推进剂的优选粘合剂。

由于 GAP 是一种含能粘合剂，在传统固体推进剂中引入 GAP，可在一定程度上解决降低特征信号与能量性能下降等之间的矛盾，是低特征信号推进剂配方设计的理想选择。为了达到低特征信号推进剂的设计要求，配方中应尽可能少地使用 AP 和 Al。此外，在 GAP 低特征信号推进剂配方设计时，还要考虑固化剂、增塑剂、燃烧调节剂等组分的影响。

（1）GAP/硝酸酯/硝胺/AP 体系低特征信号推进剂

GAP/硝酸酯/硝胺/AP 体系低特征信号推进剂采用大剂量硝酸酯增塑的 GAP 粘合剂体系，并在配方中加入 HMX、AP 和 Al，可显著提高推进剂的能量特性。该类推进剂特征信号的强弱与配方中各组分的含量密切相关。因此在进行配方设计时，可通过控制配方的组成来达到提高能量、降低排气羽流特征信号的目的。表 3-58 为 GAP/（NG/BTTN）/HMX/AP/Al 体系推进剂能量特性和燃气组成理论计算结果。

表 3-58 GAP/（NG/BTTN）/HMX/AP/Al 体系推进剂能量特性和燃气组成

配方组成/%				能量特性				燃气组成（质量百分比）/%						
P_1/P_0	HMX	AP	Al	$T_c/$ ℃	$T_e/$ ℃	$\rho/$ (g/ cm³)	$I_{sp}/$ (N· s/kg)	Al_2O_3	CO	CO_2	HCl	H_2	H_2O	N_2
2.0	45	10	5	3 272	1 634	1.715	2 575.4	9.3	30.0	14.9	3.0	1.4	12.7	28.7
2.0	50	10	5	3 305	1 668	1.739	2 586.2	9.2	29.1	15.0	2.9	1.4	13.1	29.3
2.0	55	10	5	3 337	1 703	1.763	2 598.0	9.1	28.1	15.1	2.9	1.3	13.5	29.9
2.0	60	10	5	3 368	1 738	1.778	2 607.8	9.5	27.1	15.1	3.0	1.2	13.7	30.4
2.0	65	10	5	3 397	1 774	1.814	2 618.6	9.4	26.1	15.3	3.0	1.1	14.0	31.0
1.0	55	10	5	3 184	1 530	1.744	2 556.8	9.2	31.8	12.6	3.1	1.7	10.5	31.1
1.5	55	10	5	3 280	1 632	1.755	2 582.3	9.3	29.6	14.1	3.0	1.5	12.2	30.4

续表

配方组成/%				能量特性				燃气组成（质量百分比，%）						
P_1/P_0	HMX	AP	Al	$T_c/$℃	$T_e/$℃	$\rho/$(g/cm^3)	$I_{sp}/$(N·s/kg)	Al$_2$O$_3$	CO	CO$_2$	HCl	H$_2$	H$_2$O	N$_2$
2.0	55	10	5	3 337	1 703	1.763	2 598.0	9.1	28.1	15.1	2.9	1.3	13.5	29.9
2.5	55	10	5	3 374	1 755	1.769	2 607.8	9.4	26.9	15.9	3.0	1.2	14.1	29.5
3.0	55	10	5	3 399	1 796	1.773	2 614.6	9.0	26.2	16.5	3.0	1.1	14.8	29.4
2.0	65	0	5	3272	1 594	1.759	2 590.1	9.5	33.2	12.9	0.0	1.6	10.5	32.4
2.0	60	5	5	3307	1 648	1.761	2 594.1	9.3	30.6	13.9	1.6	1.5	12.0	31.2
2.0	55	10	5	3337	1 703	1.763	2 598.0	9.1	28.1	15.1	2.9	1.3	13.5	29.9
2.0	50	15	5	3363	1 760	1.765	2 599.9	9.4	25.5	16.1	4.5	1.1	14.8	28.6
2.0	45	20	5	3384	1 820	1.767	2 600.9	9.2	23.4	17.4	6.0	1.0	16.2	27.4
2.0	35	30	5	3409	1 947	1.772	2 597.0	9.2	17.4	20.1	8.9	0.7	18.9	24.8
2.0	20	45	5	3392	2 156	1.778	2 575.4	9.1	8.6	25.3	13.1	0.3	22.4	21.0
2.0	0	65	5	3242	2 105	1.786	2 468.6	10.0	0.3	30.7	21.4	0.0	28.7	18.2
2.0	60	10	0	3144	1 468	1.645	2 533.3	0	24.1	24.1	3.0	1.1	15.9	31.2
2.0	55	10	5	3337	1 703	1.763	2 598.0	9.1	28.1	15.1	2.9	1.3	13.5	29.9

GAP/（NG/BTTN）/HMX/AP/Al 体系推进剂的能量较高，因而燃温较高，其喷管出口温度大于 1 500 K，因而燃气中 CO 和 H$_2$ 等强还原性产物在此高温条件下易与空气中的氧发生反应，形成二次燃烧，产生大量的自由电子。所以，该推进剂羽流最大微波衰减值要高于相同 Al 含量的低特征信号 NEPE 推进剂和低特征信号 HTPB 推进剂。为了减弱 GAP/（NG/BTTN）/HMX/AP/Al 推进剂羽流的特征，可以在推进剂中引入电子捕获剂。

（2）低红外特征 GAP 推进剂

为了降低 GAP 推进剂排气羽流红外辐射，可采取以下技术途径：

1）使用燃烧温度低的无氯氧化剂（如 AN、硝胺、三氨基胍硝酸盐等），或尽量控制 AP 含量，从而降低火焰温度，减小排气中 HCl 气体的分子浓度。

2) 配方中尽量不用铝粉, 以减小燃气中固体微粒的浓度。

3) 采用富氮、低燃温、低分子燃气产物的含能化合物作为推进剂组分, 使推进剂组分中 C 和 H 的含量相对降低, 减小燃气中红外辐射较强的 H_2O 和 CO_2 气体的分子浓度, 生成不产生红外辐射的 N_2, 同时生成的低分子产物又弥补了因铝粉含量下降而造成的能量损失。另外, 可采用富氮含能增塑剂、富氮含能氧化剂、富氮含能粘合剂等。

4) 选择合适的氧平衡。氧含量过低, 会因燃烧不完全而使燃气中含有 C 粒, 氧含量过高, 燃温也会有所升高, 且会增加红外辐射较强的 H_2O 和 CO_2 的含量。

5) 在推进剂排气羽流的燃温、红外辐射源浓度降到最低限度的情况下, 主要使用二次火焰抑制剂来抑制二次燃烧。

表 3 - 59 为依据上述途径, 并结合能量、密度、特征信号等性能要求设计的一系列配方的理论计算结果。

表 3 - 59　低红外特征 GAP 推进剂配方理论计算结果

配方特性	I_{sp}/ (N·s/kg)	T_e/K	燃气组成/%						
			Al_2O_3	HCl	CO	CO_2	H_2	H_2O	N_2
AN/硝酸酯/GAP	2 457	1 329	—	—	17.09	13.75	16.13	24.17	28.85
AP/硝酸酯/GAP	2 538	1 384	—	4.13	20.31	12.92	16.09	21.39	24.90
FOX - 12/硝酸酯/GAP	2 477	1 281	—	—	23.58	0.81	20.03	15.39	29.97
TAGN/硝酸酯/GAP	2 431	1 307	—	0.99	19.81	11.17	18.89	18.93	29.98
ADN/硝酸酯/GAP	2 558	1 346	—	—	20.13	12.06	17.55	20.33	29.70
HMX/硝酸酯/GAP	2 500	1 286	—	—	26.33	10.84	20.32	14.17	28.11

推进剂羽流红外辐射特性评估可采用标准发动机装药, 并通过视频、红外热图、红外辐射计等测试手段测试低红外特征推进剂羽流的红外辐射特性。表 3 - 60 为采用 BSFΦ75 发动机测得的不同类型推进剂燃气流场的红外辐射强度。

表 3 - 60　不同类型推进剂燃气流场的红外辐射强度

推进剂类型	红外辐射强度/（W/sr）			
	$3\sim5\mu m$	降低幅度/%	$8\sim12\mu m$	降低幅度/%
HTPB 推进剂（18.5%Al）	1 172.6	—	291.8	
GAP 推进剂（5%Al，无 AP）	659.6	47	113.1	63
GAP 推进剂（无 Al，20%AP）	491.0	61	75.5	75
GAP 推进剂（无 Al，无 AP）	342.7	71	48.5	83

　　无 Al 和无 AP 的 GAP 推进剂与 Al 含量高的 HTPB 推进剂相比，燃烧后排气羽流的红外辐射强度得到明显的降低；但 GAP 推进剂燃气中仍含有 CO、H_2 等未完全燃烧的产物，在排出发动机喷口之后与空气剧烈混合形成可燃混合物，发生二次燃烧，形成高温、明亮的尾焰，使红外辐射增强。若在推进剂配方中添加火焰抑制剂，可抑制二次燃烧，如表 3 - 61 所示。

表 3 - 61　钾盐抑制剂的种类和含量对红外辐射强度与能量的影响

抑制剂种类及含量	理论比冲/（N·s/kg）	降低幅度/%	红外辐射强度/（W/sr）			
			中红外	降低幅度/%	远红外	降低幅度/%
无	2 500	—	291.0	75.2	37.9	87.0
1%K_2SO_4	2 461	1.8	183.0	84.4	18.3	93.7
3%K_2SO_4	2 395	4.5	22.1	98.1	9.17	96.8
5%K_2SO_4	2 286	8.8	27.1	97.7	11.4	96.1
1%KNO_3	2 483	0.96	248.0	78.8	17.8	93.9
3%KNO_3	2 455	2.1	30.9	97.4	2.61	99.1
5%KNO_3	2 404	4.1	36.0	96.9	2.90	99.0

（3）GAP/AN 洁净无烟推进剂

　　GAP/AN 洁净无烟推进剂含氮量高，少氢且不含卤素，因而排气具有无烟、洁净的特点。在进行 GAP/AN 洁净无烟推进剂配方设计时，可通过加入二次火焰抑制剂、电子捕获剂降低排气羽流对红外、可见光及电磁波的衰减作用，实现推进剂的低特征信号。

GAP/AN 推进剂虽具有较弱的特征信号，但它的能量水平较低。为提高其能量水平，可在 GAP/AN 推进剂配方中引入硝酸酯增塑剂、HMX，以及少量的 AP、Al。推进剂中加入 AP 既可提高推进剂能量，又能提高燃烧效率，但 AP 的加入也使推进剂特征信号增强。为了解决此问题，可在配方中加入 Mg - Al 合金，以净化加入 AP 后推进剂燃烧产生的少量 HCl 气体，有效减少可见烟雾的生成。表 3 - 62 为不同含量的混合硝酸酯（NG/BTTN）、AP、HMX和 Al 对低特征信号 GAP/AN 推进剂能量性能的影响。

表 3 - 62　GAP/AN 推进剂的能量性能

配方组成/%							I_{SP}/ (N·s/kg)	T_C/℃	产物 $\overline{M}$
GAP	BG	AN	AP	HMX	Al	B			
25	—	70	—	—	5	—	2 292.11	2 385	22.799
12.5	12.5	70	—	—	5	—	2 416.94	2 825	25.440
8.3	16.7	70	—	—	5	—	2 443.92	2 877	26.470
6.25	19.75	70	—	—	5	—	2 432.89	2 859	26.815
11.6	23.4	60	—	—	5	—	2 450.45	2 928	25.855
10.0	20.0	65	—	—	5	—	2 449.03	2 917	26.159
6.7	13.3	75	—	—	5	—	2 400.36	2 787	26.400
8.3	16.7	65	5	—	5	—	2 452.71	2 905	26.895
8.3	16.7	60	10	—	5	—	2 457.70	2 930	27.325
8.3	16.7	55	15	—	5	—	2 456.29	2 953	27.600
8.3	16.7	50	20	—	5	—	2 453.23	2 975	27.920
8.3	16.7	—	70	—	5	—	2 409.60	3 156	31.134
8.3	16.7	75	—	—	—	—	2 249.33	2 451	24.458
8.3	16.7	65	—	—	10	—	2 504.83	3 132	27.848
8.3	16.7	60	—	—	15	—	2544.17	3 351	29.356
8.3	16.7	70	—	—	—	5	2 396.23	2 692	25.909
8.3	16.7	65	—	—	—	10	2 424.43	2 679	26.246
8.3	16.7	60	—	—	—	15	2 438.77	2 628	27.126

续表

配方组成/%							I_{SP}/（N·s/kg）	T_C/℃	产物 $\bar{M}$
GAP	BG	AN	AP	HMX	Al	B			
8.3	16.7	55	—	—	—	20	2 449.72	2 662	28.828
8.3	16.7	60	—	10	5	—	2 496.92	2 982	26.878
8.3	15.7	50	—	20	5	—	2 542.63	3 080	27.285
8.3	16.7	40	—	30	5	—	2 581.72	3 172	27.612
8.3	16.7	—	—	70	5	—	2 711.40	3310	28.641

　　单一体系的 GAP/AN 推进剂存在燃速低、压强指数和温度敏感系数高等诸多问题，其燃速一般为 3～5 mm/s（6.86 MPa），压强指数大于 0.7（2.94～8.83 MPa），温度敏感系数为（2～4）%/℃。由于 GAP/AN 推进剂燃烧温度较低，导致 Al 粒子的燃烧效率低，燃烧不充分，形成大量的燃烧残渣，使推进剂能量降低。另外，GAP/AN 推进剂的点火性能差，在没有燃烧催化剂时，点火困难，且含硝基的增塑剂还会使 GAP/AN 推进剂出现不稳定燃烧。

　　GAP/AN 推进剂的燃速低，主要是由于 NH_4NO_3 在热分解之前发生了晶型转变、固态到液态的相变，还有就是汽化反应都是吸热反应。而压强指数高是由于 GAP 的燃烧和 AN 的分解对压强都非常敏感所致。

　　在 GAP/AN 推进剂配方中引入硝酸酯增塑剂，可极大地提高 GAP/AN 推进剂的能量，改善氧平衡，提高燃烧温度和铝粒子的燃烧效率，从而增加燃速，但压强指数也随之增大。配方中加入 AP 可以改善 GAP/AN 推进剂的氧平衡，提高燃烧温度，从而促进铝粒子的点火燃烧。此外，AP 的加入对提高燃速和降低压强指数都有非常明显的作用。燃烧调节剂是改善 GAP/AN 推进剂燃烧性能最有效的方法，铜盐、铬盐、铁盐等过渡金属化合物及重铬酸铵都能使 NH_4NO_3 的分解温度降低，或使 NH_4NO_3 晶型转变的吸热峰消失，从而提高 GAP/AN 推进剂的燃速，降低压强指数。

3.5　固体富燃料推进剂

3.5.1　概述

随着世界各国对高性能战术导弹的需求日益迫切，如何进一步提高其射程、机动性和飞行速度成为推进剂研制工作者的关注焦点。业已证明，固体火箭发动机对射程适中的战术导弹来说是十分有效的推进工具，但是要想进一步显著提高射程和飞行速度，则必须以大幅度增大导弹质量和体积为代价。为解决这一难题，人们对冲压发动机及其推进剂技术表现出了日益浓厚的兴趣。

冲压发动机方案于 1913 年由法国科学家洛兰（Lorin）提出，法国人勒迪克（Leduc）将其用于飞机推进，并于 1949 年进行了亚声速飞行试验。在第二次世界大战之前及期间，德国人研究了冲压发动机在导弹和火炮中应用的可能性。第二次世界大战结束后，世界各国对冲压发动机进行了大量研究，特别是 20 世纪 60 年代以来，国外实施了大量固体冲压发动机技术的发展计划[52]（见表 3 - 63），应用背景涉及地空、空地、空空、反舰等各类战术导弹，其研究成果促成了苏联的近程（7~10 km）地空导弹 SAM - 6 和美国 Coyote 超声速掠海靶弹（SSST）的成功装备，以及欧洲 Meteor 超视距空空导弹的工程化应用[53-54]，并推动了世界各国固体冲压发动机技术的研发热潮。

表 3 - 63　美国和欧洲国家固体冲压发动机技术发展计划

计划名称	发动机类型	研制周期	巡航马赫数	射程/km	研制状态	备注
ATP/TARSAM - ER	ADR	1965—1971	3.8	300	组件试验	美国海军
ATP/TARSAM - MR	ADR - IRR	1965—1971	3.8	150	组件试验	美国海军
FK80	FFDR	1973—1975	2.3	—	组件试验	德国
ASSM	VFDR	1975—1980	2.3	—	飞行试验	德国/法国

续表

计划名称	发动机类型	研制周期	巡航马赫数	射程/km	研制状态	备注
DRED	DR	1977—1979	3	—	组件试验	美国空军
Rustique MPSR - 1	UFDR	1978—1985	3	60	飞行试验	法国
EFA	FFDR	1979—1981	2.3	—	飞行试验	德国
DR - PTV	FFDR	1979—1986	3.5	—	自由射流试验	美国空军
ANS	VFDR	1981—1987	2.5	80	组件试验	法国/德国
VFDR	DR	1987—1997	3	100	组件试验	美国空军
ANL	FFDR	1988	2.3	30	组件试验	德国/法国
美/德技术合作计划	VFDR	1989—1999	3	100	组件试验	美国/德国
美/法技术合作计划	UFDR	1991—1997	3	100	组件试验	美国/法国
美/日技术合作计划	VFDR	1992—1997	3	100	组件试验	美国/日本
Rustique MPSR - 2	UFDR	1993—1997	3.5	60	飞行试验	法国
ARMIGER	DRIRR	1996—	3	180	组件试验	德国
BVRAAM/Meteor	VFDR	1999—	4	100	飞行试验	英国
S225XR	VFDR	2000—	3	120	组件试验	英国/瑞典
SSST	VFDR	2000—2005	2.5+	100	已装备	美国海军
HSAD	VFDR	2002—	4.5	180	组件试验	美国海军

3.5.1.1　固体冲压发动机基本工作原理[55-56]

　　固体冲压发动机一般采用两级发动机结构，即助推级和续航级。助推级用作导弹起飞时加速，其发动机统称助推器，采用常规高燃速复合固体推进剂装药；续航级用作导弹续航飞行，其发动机统称主发动机，采用固体富燃料推进剂装药。

　　一般，冲压发动机只有在马赫数为 1.5～5 的超声速条件下飞行时，其性能才能得到充分发挥，低于该马赫数范围，其性能较低，实际使用的马赫数通常为 2～4。因此，在冲压发动机启动前需要将导弹加速到马赫数 1.5～2.5。早期采用的加速方法是使用独立的可分离助推器，由于考虑到战术导弹对体积和质量的严格要求，于是发动机研制工作者设法将固体火箭助推器与冲压发动机结合为一个整体，即将助推装药置于冲压发动机二次补燃室内，于是出现了整体式冲压发动机的概念。整体式冲压发动机具有突出的优点，例如，采用整体式冲压发动机的导弹与装备普通冲压发动机的导弹相比，长度可缩短约 40%，质量可减轻约 50%，且免去了助推器工作结束后需抛弃的问题；与装备同体积固体火箭发动机的导弹相比，因利用了空气中的氧气作为部分氧化剂，采用整体式冲压发动机的导弹射程可增大 2～3 倍。

按照工作过程的不同，整体式固体火箭冲压发动机主要分为两种类型：整体式固体燃料冲压发动机（SFIRR）和整体式火箭冲压组合发动机（又称 DR）。SFIRR 和 DR 结构示意图见图 3-37 和图 3-38。

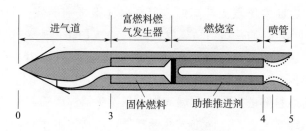

图 3-37　SFIRR 结构示意图

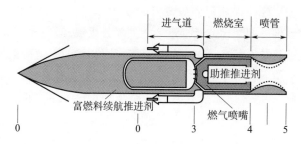

图 3-38　DR 结构示意图

固体火箭冲压发动机一般由以下几个主要部分构成：

1）补燃室。开始先作为助推装药的燃烧室，随后作为一次燃气和压缩空气的二次掺混燃烧室，即为助推器和冲压发动机共用的燃烧室。

2）进气道。为二次燃烧压缩空气入口，一般采用可破碎进气道方案。

3）流量调节系统。作为燃气发生器一次燃气流量的调节装置，以保证一次燃气与压缩空气以最佳化学物质的量比掺混燃烧，实现固体富燃料推进剂能量的最佳发挥。

4）燃气发生器。为固体富燃料推进剂的一次燃烧室，为补燃室提供高温富燃燃气。

5）冲压喷管。它是实现燃气膨胀过程的部件，一般采用无喷管结构设计。

整体式火箭冲压组合发动机各阶段工作过程如下：

首先，助推器点火，高燃速复合固体推进剂燃烧，助推开始，历时 3～6 s，目的是达到马赫数为 1.5～2.5 的超声速条件；随后是由助推到巡航的过渡阶段，也称为转级，包括燃气发生器点火、固体富燃料推进剂一次燃烧启动和进气道堵盖打开，历时不足 1 s；接着固体富燃料推进剂的一次燃气由燃气发生器喷管喷出，与经由进气道的压缩来流空气一同进入补燃室进行二次掺混燃烧，经冲压喷管膨胀排出作功，产生推力。

3.5.1.2　富燃料推进剂的特点及分类

富燃料推进剂又称贫氧推进剂。其配方组成和制备工艺方法与复合固体推进剂基本相同，只是氧化剂含量相对减少，一般为 25%～35%；燃料（包括粘合剂和其他固体金属、非金属燃料）相对较多，一般为 35%～45%；其余氧系数一般为 0.05～0.3。低氧化剂含量和高金属燃料含量是富燃料推进剂配方的主要特点，这样在发动机工作过程中可以充分利用外界环境中氧，显著提高发动机的比冲。

富燃料推进剂通常以添加的燃料种类为主要分类标志，典型的有以下三类。

（1）高能含硼富燃料推进剂

由于高能含硼富燃料推进剂使用了高热值的无定形硼粉作为燃

料，其能量最高，体积热值一般大于 50 kJ/cm³，是目前重点研发的固体富燃料推进剂品种。欧洲 Meteor 空空导弹采用的燃料就是高能含硼富燃料推进剂，已经达到了工程化应用的水平（见表 3-64）。

表 3-64　Meteor 用含硼富燃料推进剂主要性能水平[57]

体积热值/ (MJ·dm⁻³)	燃速（3 MPa）/ (mm·s⁻¹)	压强指数 (0.4～10 MPa)	燃烧效率/%	喷射效率/%	最高调节比
≥50	≈11	≈0.51	>90	>96	10

注：表中数据为综合各种资料的估计值。

（2）中能铝镁富燃料推进剂

铝镁富燃料推进剂主要以镁、铝及其合金为燃料成分，能量水平中等，体积热值为 32～35 kJ/cm³。其优点是原材料易获取，成本低，但推进剂燃烧后发动机喉部沉积现象较严重。随着冲压发动机由非壅塞向壅塞（即流量可调）方案转变，由于铝镁富燃料推进剂存在严重的沉积倾向，因此限制了其应用，目前已经退出了主流固体富燃料推进剂的范畴。20 世纪 60 年代中期服役的苏联 SAM-6 近程地空导弹采用的燃料即为压制型含镁富燃料推进剂（见表 3-65）。

表 3-65　SAM-6 近程地空导弹用压制型含镁富燃料推进剂配方组成与性能

配方主要组成/%					热值/（MJ·kg⁻¹）	比冲/（N·s·kg⁻¹）
Mg	NaNO₃	萘	石墨	其他		
64	24	7.8	2.7	1.5	18.8	约 5 000

（3）少烟碳氢富燃料推进剂

少烟碳氢富燃料推进剂以固体碳氢化合物或碳为主要燃料，一般不含金属添加剂。其一次燃烧产物为碳和小分子碳氢碎片，在补燃室呈现出与气态碳氢化合物相似的燃烧特性，具有优异的燃烧性能和较少的排气烟雾。由于碳氢富燃料推进剂的能量水平与中能铝镁富燃料推进剂相当，但燃烧性能更优，因此已经取代中能铝镁富燃料推进剂成为主要的固体富燃料推进剂品种之一。美国海军已经装备的名为 Coyote 的 SSST，以及在研的 HASAM 和 JDRADM 都采用了碳氢富燃料推进剂作为燃料[54]。

3.5.2　固体富燃料推进剂的配方设计[55~64]

固体富燃料推进剂的配方设计同样需要符合常规复合固体推进剂对能量、工艺、燃烧、力学、安全和贮存性能等的一般要求，配方设计程序和方法也与常规复合固体推进剂有诸多相似之处，可以借鉴其配方设计程序和方法。但考虑到固体富燃料推进剂配方的具体特点及冲压发动机的特殊使用要求，固体富燃料推进剂配方设计有其自身特点。

3.5.2.1　固体富燃料推进剂的评价指标

固体富燃料推进剂既是固体火箭推进剂的特殊应用分支，也是空气喷气燃料的特殊应用分支。应当从这两方面出发，结合发动机工作特点来研究固体富燃料推进剂的选择准则，并提出技术要求。从冲压发动机用空气喷气燃料的观点看，可用下述指标或要求来评价固体富燃料推进剂。

（1）燃烧热

1 kg 富燃料推进剂与空气（或氧气）混合后完全燃烧放出的热量，即为燃烧热，通常也称为热值，是表征富燃料推进剂能量的指标。按照燃烧产物相态的不同，可以有低热值（H_f）和高热值（H_{fh}）之分。例如，H_2O 的气态与液态、Al_2O_3 的固态与液态之间均存在潜热差。量热计一般测得的是高热值 H_{fh}，但实际发动机可利用的一般是低热值 H_f。富燃料推进剂的理论热值 H_{ft} 可由下式计算

$$H_{ft} = \sum_{i=1}^{n} H_{ft_i} w_i \qquad (3-28)$$

式中　w_i ——配方中第 i 种组分的质量分数（％）；

H_{ft_i} ——配方中第 i 种组分的理论燃烧热（MJ/kg）。

分析理想冲压发动机可知，飞行速度与总效率一定时，发动机比冲（I_s）与 H_f 成正比。碳氢化合物、轻金属 Al、Mg 及 B 等具有高的燃烧热，是富燃料推进剂配方中的主要燃料组分。富燃料推进

剂热值的提高，一方面依靠采用高热值燃料，另一方面则通过减少氧化剂含量。

（2）体积燃烧热

对于一定的装药质量，推进剂密度（ρ_P）增加，可使药柱、发动机体积和壳体质量减小，相应的导弹质量、体积和空气阻力也将减小。特别是对于体积受限的战术导弹而言，采用高密度的推进剂更具优势。因此，常用单位体积热值（$H_{fv} = \rho_P H_f$）来综合评价富燃料推进剂的能量特性。然而必须指出，在 H_{fv} 相同的情况下，要尽可能地达到最高的单位质量热值 H_f。这是因为密度增大意味着富燃料推进剂药柱质量的增大，这样在提高发动机能量的同时，也会引起推进系统总质量的增大。

（3）理论空气量

按照化学反应式计算，1 kg 富燃料推进剂完全燃烧所需补充的空气量称为理论空气量（L_{st}）。各种燃料要求的 L_{st} 值不同。轻金属 Mg、Al 的 L_{st} 值较小，B 的 L_{st} 为中等值，而碳氢燃料的 L_{st} 较大（参见表 3 - 66）。

表 3 - 66　常用燃料的性质

名称	化学式	密度 $\rho/$ ($g \cdot cm^{-3}$)	熔点 $T_m/℃$	沸点 $T_b/℃$	热值 $H_f/$ ($MJ \cdot kg^{-1}$)	理论空气量/L_{st}
镁	Mg	1.74	650	1 108	24.91	2.84
铝	Al	2.70	659	2 467	31.07	3.84
硼	B	2.34	2 300	2 547	59.30	9.57
碳	C	2.26	3 600	—	32.79	11.5
丁羟	$CH_{1.42}O_{0.01}$	0.92	—	—	41.42	13.69
萘	$C_{10}H_8$	1.15	80	218	40.32	12.91

富燃料推进剂的 L_{st} 可采用如下方法计算。

富燃料推进剂中可燃元素完全燃烧时的化学反应式为

$$C + O_2 \longrightarrow CO_2$$

$$2H_2 + O_2 \longrightarrow 2H_2O$$

$$4Al + 3O_2 \longrightarrow 2Al_2O_3$$

$$2Mg + O_2 \longrightarrow 2MgO$$

$$4B + 3O_2 \longrightarrow 2B_2O_3$$

如令 [C]，[H]，[Al]，[Mg]，[B]，…为 1 kg 富燃料推进剂中相应元素的含量，M_C，M_H，M_{Al}，M_{Mg}，M_B，…，M_O 为相应元素的相对原子质量；[O] 为 1 kg 推进剂中氧元素的含量；M_0 为 1 kg 富燃料推进剂完全燃烧所需纯氧气的质量，则有

$$M_0 = \frac{2M_O}{M_C}[C] + \frac{M_O}{2M_H}[H] + \frac{3M_O}{2M_{Al}}[Al] + \frac{M_O}{M_{Mg}}[Mg] +$$

$$\frac{3M_O}{2M_B}[B] + \cdots - [O]$$

由于空气中氧的质量分数为 0.233，因此 1 kg 富燃料推进剂完全燃烧所必需的理论空气量为

$$L_{st} = \frac{M_0}{0.233} \tag{3-29}$$

为了提高固体火箭冲压发动机的比冲，应选用 H_f 和 L_{st} 值较高的 B 和碳氢燃料。

（4）燃气热力性质

从热能转化为膨胀功时获得更大的推进剂冲量的观点看，希望理论燃烧温度（T_{cth}）尽量高，而平均相对分子质量（M_{rc}）、比热比（γ_c）及凝相质量分数（ε_c）应尽量小。

（5）空气补燃性能

富燃料推进剂一次燃烧产物的空气补燃性能至关重要，希望具有高的火焰传播速度、宽的稳定燃烧范围、低的着火温度等。最好一次燃烧产物与来流空气接触后能自动点火，并迅速燃尽。Mg 的燃烧性能非常好，碳氢燃料需要在合适的混合比及有回流区供给着火热量的条件下才能很好燃烧，而硼粉由于着火温度高并呈表面反应，只有在合适的条件下才能充分燃烧。

燃气发生器是固体火箭冲压发动机的一个重要部件，富燃料推进剂在燃气发生器中进行一次燃烧，其高温燃气通过喷管（或流量

调节装置），按设定流量要求提供给冲压燃烧室。燃气发生器工作原理、装药设计和结构设计与固体火箭发动机类似，在很多方面可以借鉴它的设计经验。然而，富燃料推进剂自身的特殊性及不同的用途，使燃气发生器设计又带有自身特色，因而对富燃料推进剂性能方面有其特殊的要求。

①富燃料推进剂应具有良好的一次燃烧性能

对富燃料推进剂一次燃烧性能有以下具体要求。

（a）尽可能低的临界工作压强（P_L）

P_L 是指富燃料推进剂可稳定燃烧的最低压强。对于流量可调固体火箭冲压发动机来说，低的 p_L 可以保证在一个较宽的流量变化范围内，富燃料推进剂不出现断续燃烧或者熄火；特别是在相同流量调节比要求下，降低 P_L，可以大幅度降低燃气发生器最大工作压强，使采用薄壁发动机成为可能，这有利于减小发动机壳体结构质量。

由燃气的生成率方程［式（3-30）］和燃气排出率方程［式（3-31）］，可推导出燃气发生器平衡压强 P_{tg} 和各参数之间的关系式（3-32）

$$q_{mfg} = r_b \rho_p S_b = b P_{tg}^n \rho_p S_b \qquad (3-30)$$

$$q_{mf} = \frac{P_{tg} A_{tg}}{C_g^*} \qquad (3-31)$$

$$P_{tg} = \left[\frac{b \rho_p S_b C_g^*}{A_{tg}} \right]^{\frac{1}{1-n}} \qquad (3-32)$$

式中　S_b ——燃烧面积（m^2）；

q_{mf} ——燃气生成量（kg/s）；

A_{tg} ——燃气发生器喉道截面积（m^2）；

C_g^* ——特征速度（m/s）。

由此可推导出

$$\frac{q_{mfmax}}{q_{mfmin}} = \left(\frac{P_{tgmax}}{P_{tgmin}} \right)^n \qquad (3-33)$$

假设富燃料推进剂的压强指数为 0.5，要求流量调节比达到 7：

1，当 P_L 分别为 0.2 MPa 和 0.5 MPa 时，由式（3-33）可以计算出燃气发生器的最大工作压强分别为 9.8 MPa 和 24.5 MPa。

因此，希望推进剂的最低临界工作压强越低越好，通常要求为 0.2 MPa 或者更低。据称，采用含 B 富燃料推进剂的欧洲 Meteor 空空导弹的 P_L 达到了 0.1 MPa。

（b）尽可能高的一次喷射效率

由于富燃料推进剂配方具有低氧化剂和高燃料含量的特点，特别是金属燃料含量较高的富燃料推进剂，其一次燃气中凝相组分的含量最高时可达 70%，少量的气体产物很难将凝相全部"带出"燃气发生器，并喷射入补燃室，这种情况下燃气发生器中残留一定熔渣（即燃烧残渣）的现象通常是无法避免的。

一般用喷射效率 η_e 来表征富燃料推进剂在一次燃烧过程中燃烧产物喷射入补燃室的程度，其定义为

$$\eta_e = \frac{M_p - M_r}{M_p} \times 100\% \qquad (3-34)$$

式中　M_p——富燃料推进剂总质量（kg）；

　　　M_r——燃气发生器中燃烧残渣的质量（kg）。

燃烧残渣中含有较大量的尚未燃烧完全的金属燃料和可燃粘合剂分解产物，残渣的存在会明显影响富燃料推进剂能量的发挥，因此需要对推进剂配方和发动机结构进行优化，以期将燃烧残渣含量降至最低限度。一般而言，碳氢富燃料推进剂的 η_e 较高，可达 99% 以上；含 B 富燃料推进剂的 η_e 在 96%～99% 之间。

（c）尽可能低的凝相沉积

所谓沉积是指在发动机阀门和喷管上附着的富燃料推进剂一次燃气中的凝相成分，沉积会减小燃气发生器出口面积，导致燃气发生器内压强增高。对于定流量设计而言，沉积将导致燃料流量的不规则增加；而对于变流量设计来说，沉积会严重妨碍流量调节阀的正常工作，特别是对于高压强指数的富燃料推进剂发动机，甚至会导致发动机压强突升而发生爆炸。

②富燃料推进剂应具有所要求的内弹道特性

与复合固体推进剂一样，富燃料推进剂的内弹道特性参数有燃速 (r_p)、燃速压强指数 (n) 和燃速温度敏感系数 (σ_p) 等。

为了满足燃气发生器流量要求，富燃料推进剂应具有较宽的燃速调节范围。一般的要求是：0.3 MPa 条件下，燃速在 2～6 mm/s 可调。单独满足这样的燃速要求并不困难，关键是在氧化剂含量很低的条件下，要兼顾燃速压强指数 n 等多项指标要求，因此需要采用配方综合调节手段方可实现。此外，对燃速控制精度要求也较高，一般要求偏差不大于 ±5%，这主要是考虑到燃速偏差会影响到一次燃气流量，使空燃比偏离设计值，从而影响到推进剂的二次燃烧。

表征推进剂温度敏感性的系数有许多种，在特定压强下，燃速温度敏感系数 $[\sigma_p(\%/K)]$ 是使用最方便的一种，σ_p 定义为

$$\sigma_p = \left[\frac{\partial \ln r_p}{\partial \ln T_i} \right]_p \tag{3-35}$$

式中　T_i——推进剂初温（K）。

当已知常温 T_{i0} 下燃速为 r_{p0}，用下式可求得某温度 T_{i1} 时的燃速 r_{p1}。

$$r_{p1} = r_{p0} \, e^{\sigma_p(T_{i1}-T_{i0})} \tag{3-36}$$

战术导弹工作温度范围大，如空空导弹的使用温度为 -45～+60 ℃，因而希望燃速温度敏感系数尽可能低。

固体火箭冲压发动机利用流量调节装置来调节燃气流量，即通过调节燃气发生器喷管喉道面积来调节一次燃气流量，这要求富燃料推进剂具有较高的压强指数 n。这是由于大气压力和密度随高度升高迅速减小，使得进入发动机的空气流量随导弹飞行高度增加相应减小。为了满足导弹（特别是空空导弹）在大的飞行范围内多弹道机动飞行的要求，需要对燃气发生器燃气流量实施调节，即根据进入发动机补燃室的空气量来调节一次燃气的流量，使二者物质的量比保持在某个特定范围内。飞行空域、速度和高度范围越宽，这

种流量调节比就必须越高。

由燃气的生成率方程和燃气排出率方程同样可以推导出下式

$$\frac{q_{mfmax}}{q_{mfmin}} = \left(\frac{A_{tgmin}}{A_{tgmax}}\right)^{\frac{n}{1-n}} \qquad (3-37)$$

式中　q_{mfmax} ——最大一次燃气流量（kg/s）；

　　　q_{mfmin} ——最小一次燃气流量（kg/s）；

　　　A_{tgmax} ——最大燃气发生器喉道截面积（m²）；

　　　A_{tgmin} ——最小燃气发生器喉道截面积（m²）。

由式（3-37）可知，流量变化量、喷管喉道面积变化量与压强指数 n 有关，n 值高时，相同的 A_{tgmax} / A_{tgmin} 可获得更大的流量调节比。例如，$A_{tgmax} / A_{tgmin} = 10$，当压强指数为 0.5 时，发动机流量调节比可达到 10:1，而当压强指数为 0.3 时，流量调节比仅为 2.68:1。

因此，为获得高的流量调节比，希望富燃料推进剂的 n 值大一些。但使用过高 n 值推进剂的发动机，在出现燃面增大、燃速工艺偏差和喷管喉部沉积等情况时，容易引起压强突升，出现发动机爆炸的危险。为保证推进剂稳定燃烧，n 值最大不得超过 0.75，通常适用的压强指数范围为 0.50~0.65。

3.5.2.2　固体富燃料推进剂组分的选择

固体富燃料推进剂由氧化剂、粘合剂、燃料及各类添加剂等组成，与常规复合固体推进剂并不存在本质区别。一般来说，复合固体推进剂的各类组分也可在固体富燃料推进剂配方中使用，固体富燃料推进剂完全可以借鉴有关复合固体推进剂的许多研究成果。但由于富燃料推进剂的燃烧条件不同，对其组分也提出了一些新的要求。

相对于复合固体推进剂的比冲，固体富燃料推进剂的组分可依据燃烧热值进行初步选择，以评价其能量的高低。然后根据其他选择准则来验证，这些准则包括成本、工艺性能、在燃气发生器中的一次燃烧特性、在补燃室中的燃烧效率，必要时还包括信号特征等。

（1）粘合剂的选择

原则上说，适用于复合固体推进剂的粘合剂均可用于富燃料推进剂。HTPB 是目前各类粘合剂中热值最高的（见表 3 - 67），作为富燃料推进剂的粘合剂具有明显的能量优势，且其预聚体的流变特性接近于牛顿体，粘度较低，有利于加入较多的固体组分，获得良好的工艺性能。综合考虑性能、成本和成熟性，HTPB 是最适用的粘合剂，也是目前各国普遍采用的固体富燃料推进剂粘合剂。欧洲 Meteor 空空导弹和美国 Coyote 靶弹的固体富燃料推进剂均采用了 HTPB 作为粘合剂。

表 3 - 67　HTPB 粘合剂的性质

粘合剂	分子式	质量热值/ $(MJ \cdot kg^{-1})$	密度/ $(g \cdot cm^{-3})$	体积热值/ $(MJ \cdot L^{-1})$
HTPB	$C_{73.32}H1_{10.48}O_{0.5}$	44.8	0.91	40.8
PET	$C_{50.8}H_{103.59}O_{17.93}$	30.6	1.04	31.8
PEG	$C_{44.8}H_{91}O_{22}$	26.7	1.18	31.5
GAP	$(C_3H_5O_3N_3)_n$	20.3	1.30	26.4

近年，美国和日本也开展了将 GAP、BAMO 等叠氮预聚物作为粘合剂的固体富燃料推进剂配方研究。虽然叠氮粘合剂的热值要明显低于 HTPB，但其热分解温度低，具有自动热解特性，有改善富燃料推进剂燃烧性能的潜能，特别是与高密度碳氢燃料组合，作为固体碳氢富燃料推进剂主要组分的方案，值得系统研究。

（2）燃料的选择

相对于常规复合固体推进剂，富燃料推进剂中的燃料含量已超过氧化剂，成为其配方中第一大组分，是富燃料推进剂的主要能量来源，也是影响其性能的主要因素。富燃料推进剂常用的燃料包括无机燃料（主要包括金属粉料等）和有机燃料（主要包括固体和液体高密度碳氢化合物等），燃料的选择首先要考虑的是其能量和燃烧性能。表 3 - 68 中列出了常用固体无机燃料及其性质。

表 3 - 68　常用固体无机燃料

燃料名称	相对分子质量	密度/ $(g \cdot cm^{-3})$	熔点/K	沸点/K	氧化物	氧化物熔点/K	氧化物沸点/K	质量热值/ $(kJ \cdot g^{-1})$	体积热值/ $(kJ \cdot cm^{-3})$
B	10.81	2.22	2 570	2 820	B_2O_3	720	2320	59.3	131.6
B_4C	55.25	2.52			B_2O_3/CO_2			51.5	129.8
Mg	24.31	1.74	920	1 370	MgO	3 075	3 350	24.7	43.0
Al	26.97	2.70	930	2 720	Al_2O_3	2 323	3 800	31.1	83.9
Ti	47.90	4.54	2 000	3 530	TiO_2	2 400	3 300	19.7	88.8
Zr	91.22	6.44	2 120	5 770	ZrO_2	2 960	4 570	12.0	78.2
C（石墨）	12.01	2.25	—	—	CO_2			32.8	73.8
C（炭黑）	12.01	1.63	—	—	CO_2			32.8	53.3

在对燃料进行选择之前，先要确定冲压发动机的标准工作条件，在此条件下对含此燃料的富燃料推进剂进行计算，以作为燃料选择的依据。

以下是理论性能计算的实例：假定配方 m（HTPB）： m（AP）：m（燃料）$=25：25：50$，选定的条件为燃烧室压强 0.57 MPa，在海平面 $Ma=2$ 速度下飞行。以不同的空气和燃料比例进行计算，其比例用物质的量比值表示，其含义为燃料/空气质量流率比与物质的量混合的物质的比的熵。计算结果显示，在低物质的量比情况下可燃固体燃料比冲大小的排列顺序是

$$B>C（石墨）>Al>Mg>Zr$$

这与以热值大小得出的排列顺序相同。

在燃气发生器体积受限情况下，体积比冲将作为选择配方的准则，这些固体燃料体积比冲的排列顺序是

$$B>C（石墨）>Al>Zr>Mg$$

无论计算条件如何，B 均具有明显的能量优势。因此，高能富燃料推进剂选择 B 作为主要燃料组分，一般其含量在 30%～40% 之间，同时添加 3%～8% 辅助燃料，如 Mg、Al、C 或 Zr 等，以改善富燃料推进剂的燃烧性能。

表 3 - 69 和表 3 - 70 列出了密度大于 $1.0\ \mathrm{g/cm^3}$，质量热值为 40 $\mathrm{MJ/kg}$ 左右的一些高密度碳氢燃料。

表 3 - 69　固体高密度碳氢燃料

化合物名称	密度/$(\mathrm{g \cdot cm^{-3}})$	分子式	熔点/℃	沸点/℃	质量热值/$(\mathrm{kJ \cdot g^{-1}})$	体积热值/$(\mathrm{kJ \cdot cm^{-3}})$
蒽	1.28	$C_{14}H_{10}$	217	340	39.9	51.1
芴	1.20	$C_{13}H_{10}$	116	294	40.2	48.2
聚苯乙烯	1.05	$(C_8H_8)_n$	—	—	39.9	41.9
聚 α—甲基苯乙烯	1.07	$(C_9H_{10})_n$	—	—	40.3	43.1

表 3 - 70　液体高密度碳氢燃料

化合物名称	密度/$(\mathrm{g \cdot cm^{-3}})$	原子百分数（质量）/%			质量热值/$(\mathrm{kJ \cdot g^{-1}})$	体积热值/$(\mathrm{kJ \cdot cm^{-3}})$
		C	H	O		
氢化三联苯	1.006	90.8	9.2	0	42.6	42.9
氢化聚环戊二烯	1.053	89.6	10.4	0	44.3	46.6
聚苯乙烯茚	1.051	91	7.6	1.4	41.0	43.1
降冰片二烯氢化二聚体	1.08	90.2	9.8	0	43.7	47.2

由于表 3 - 69 和表 3 - 70 中固体或液体碳氢燃料的体积热值均高于 HTPB 的体积热值，因而在富燃料推进剂配方中用这些碳氢燃料取代一部分 HTPB，可以实现体积热值较大幅度的提升。以高密度碳氢燃料/AP/HTPB（或 GAP）为主要组分，可研制出燃烧性能优异的固体碳氢富燃料推进剂配方。

此外，近年国内外出现的一些新型高能量密度碳氢化合物值得关注，如聚氰基立方烷化合物和 PCU 烯烃二聚物等具有密度高 $[\rho=(1.2\sim1.5)\ \mathrm{g/cm^3}]$、燃烧热高（>40 MJ/kg）、点火和燃烧性能优良的特点，且室温下可以长期贮存。如 PCU 烯烃二聚体，在相同热力学条件和结构下，其点火时间比 HTPB 燃料快一个数量级，作为固体碳氢富燃料推进剂组分极具吸引力。

（3）氧化剂的选择

氧化剂的作用首先是提供富燃料推进剂可靠点火，并维持其正常的一次燃烧所必需的氧；其次是通过与粘合剂反应生成高温富燃燃气，向补燃室顺利输送燃料，确保二次燃烧正常启动。

为满足高热值的要求，富燃料推进剂配方设计时应尽量降低氧化剂含量，但氧化剂含量过少，推进剂成气量将偏低，会导致推进剂燃烧时产生大量残渣，大幅度降低喷射效率，影响推进剂能量性能的发挥；同时还会产生沉积，堵塞喷管，轻者引起燃气发生器内压强升高，重者导致发动机爆炸解体。因此，氧化剂含量应依据富燃料推进剂配方特点，综合平衡各项性能要求来确定，一般在 25% ~ 40% 范围选取。

氧化剂种类的选择通常需要考虑生成焓、密度、有效氧含量、成气量及其安全特性等各方面的因素。通常，作为氧化剂的有硝酸盐和高氯酸盐等，表 3-71 列出了一些可供选择的氧化剂。

表 3-71　某些氧化剂的性能

名称	分子式	相对分子量	密度/ ($kg \cdot m^{-3}$)	有效氧含量/%	生成焓/ ($kJ \cdot mol^{-1}$)
硝酸钠	$NaNO_3$	89.0	2 260	47.0	−424.27
硝酸钾	KNO_3	101.1	2 110	39.5	−492.40
硝酸铵	NH_4NO_3	80.05	1 725	20.0	−364.91
高氯酸铵	NH_4ClO_4	117.49	1 950	34.04	−290.09
高氯酸锂	$LiClO_4$	106.4	2 430	60.15	−409.64
高氯酸钾	$KClO_4$	138.55	2 520	46.19	−433.05

在表 3-72 所示的氧化剂中，$NaNO_3$、$LiClO_4$ 吸湿性大，KNO_3、$LiClO_4$ 成气量低，NH_4NO_3 燃速低，均不能作为富燃料推进剂的主氧化剂。但有关试验研究表明，钾盐对改善硼粉燃烧有一定作用，而 $KClO_4$ 对提高压强指数和稳定低压燃烧有一定效果。因此，目前富燃料推进剂大多常用 NH_4ClO_4 作为氧化剂，而在含硼富燃料推进剂中一般会添加少量 $KClO_4$ 或 KNO_3 作为辅助氧化剂，其含量一般占主氧化剂 NH_4ClO_4 的 10% ~ 20%，以兼顾富燃料推进剂的综合性能。

3.5.2.3 固体富燃料推进剂燃烧组织的基本问题

（1）贫氧条件下一次燃烧的特点

富燃料推进剂配方的主要特征是高度贫氧，一般可用余氧系数 α_0 来衡量其贫氧程度。α_0 定义为推进剂实际氧含量与完全燃烧需氧量之比。设定推进剂中 F、Cl 等（如果存在）先满足等物质的量化合，则可导出 α_0 与理论空气量（L_{st}）和 1 kg 推进剂中氧的含量 n_0（mol）的关系为

$$\alpha_0 = \cfrac{1}{1 + 14.5\cfrac{L_{st}}{n_0}} \qquad (3-38)$$

富燃料推进剂的 α_0 值为 0.05～0.30，而常规复合固体推进剂的 α_0 值为 0.5～0.6。在高度贫氧的条件下，富燃料推进剂实现良好的一次燃烧是比较困难的。

依据固体火箭冲压发动机工作原理，可将其燃烧过程划分为五个分区，如图 3-39 所示，其中前三个分区属于一次燃烧过程。

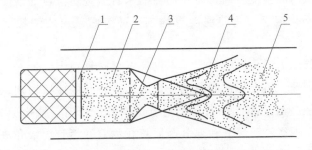

图 3-39 固体火箭冲压发动机燃烧过程分区示意图
1—氧化剂和粘合剂热分解产物气相燃烧区；2—金属微粒加热和部分易燃金属燃烧区；
3—喷管动力过程影响区；4—空气与一次气相可燃物和易燃金属掺混燃烧区；
5—难燃金属、炭粒等扩散燃烧区

富燃料推进剂燃面附近是燃烧过程的第一区，这一区包括氧化剂的热分解、粘合剂的热裂解及其分解产物扩散混合燃烧，这一过程放出大量的热，其中一部分热起着加热推进剂表面的作用，形成所谓的自动热分解。适当含量的氧化剂是维持这一过程的决定因素，

这就出现了临界氧化剂含量的概念，即维持富燃料推进剂一次稳定燃烧的最低氧化剂含量。这是一个重要原则，配方设计首先要通过试验明确临界氧化剂含量，富燃料推进剂配方中氧化剂实际含量一般要高于这一临界值，具体大小因推进剂种类而异。

金属的特点是着火点温度高，即使像 Mg 这样的易燃金属，其燃点也达到了 650 ℃，因而像 B 和 Al 等金属一般不可能参与第一区的燃烧，而是受粘合剂和氧化剂分解产物及这些分解产物的反应产物的影响，被加热和夹裹带走。当条件不恰当时，金属燃料有可能在燃面熔解，并凝聚结块，降低富燃料推进剂一次喷射的效率。这是配方设计时应当注意的一个重要问题。

对于固体火箭冲压发动机，并不要求所有金属燃料都在燃气发生器中燃烧。在燃气发生器中，除第一区外的空间均属于第二区。在这一区域中，部分易燃金属燃烧，气态分解产物进一步反应，并加热大量未着火的金属微粒，此时，温度极其不均匀。已燃烧金属周围区域内的温度较高，而被加热的未着火金属微粒的温度低于气态介质平均温度。为使温度更均匀，可考虑采用较细粒度的金属燃料。

喷管动力过程为第三区。不仅气态反应物被大大加速，而且微粒也被加速，但会形成明显的速度差。微粒间的碰撞增加，但由于喷管喉径一般较小，特别是采用流量调节设计时，结构更为复杂，熔融态金属微粒、炭渣和部分金属氧化物有在喷管内壁和流动通道表面沉积的倾向。沉积既与喷管（或流量调节装置）的结构和材质等有关，也受到富燃料推进剂配方的显著影响。沉积也是富燃料推进剂配方设计时应重点关注和尽量避免出现的问题。

一次燃烧过程为二次燃烧（空气补燃）过程创造了良好的准备条件。一次燃烧产物中含有大量 H_2、原子态氧、中间态活性反应物，以及已加热的金属微粒和高温固体氧化物等。其中，金属微粒的含量很高，由于金属—金属氧化物体系的特性不同，不同金属的着火和燃烧性能往往相差很大，进而会显著影响富燃料推进剂的一次和二次燃烧。因此，在金属燃料的选择上要进行仔细斟酌和系统试验。

（2）二次燃烧的组织

固体富燃料推进剂配方中均添加了大量的固体粉末燃料，如 B、Mg、Al 和 C 等，由于高度贫氧，这些燃料基本上不参与一次燃烧，因此一次燃烧产物是由含有大量活性可燃组分、已加热或已点燃的固体燃料微粒组成的燃气。它由燃气发生器喷管喷出后，与来自进气道的新鲜空气接触、掺混，并迅速进行补燃，亦即进行所谓的二次燃烧。二次燃烧是富燃料推进剂能量发挥的关键过程。从一次燃气成分来看，固体燃料的燃烧特性是决定二次燃烧效率高低的最关键的因素。因此，研究固体燃料燃烧的特点，对改善富燃料推进剂二次燃烧，以及推进剂配方设计具有良好的指导作用。

①金属燃料燃烧的特点

金属微粒燃烧过程是一个复杂的物理化学过程。不同金属的燃烧性能相差很大，这些差异由金属—金属氧化物体系的不同特性引起的。理论和试验研究表明，影响金属点火和燃烧的重要物理特性包括：

1）金属与金属氧化物的相对挥发性；

2）金属及其氧化物的互溶性；

3）金属汽化的难易程度；

4）燃烧时金属微粒表面氧化层的可破裂性。

大多数金属氧化物的沸点都高于补燃室燃气的平均温度，即大多数金属形成凝相氧化物，并混于燃烧区中，金属型富燃料推进剂二次燃烧呈非均质扩散火焰。

按照金属的挥发性及其氧化物的相对挥发性，可把金属燃烧分为两类，即气相燃烧和表面燃烧，气相燃烧的速度比表面燃烧的速度大得多。

如果金属本身易汽化，其沸点比氧化物的沸点低，则金属首先汽化。金属蒸气和氧气发生气相反应，形成微扩散火焰，表现为火焰明亮、有烟（由小于 1 μm 氧化物颗粒组成）。Mg、Li 是典型的易挥发性金属，燃烧性能好，燃速高。例如，粒径为 50 μm 的镁粉，其平均燃速高达 100 $\mu m/ms$。

如果金属本身熔点、沸点高，不易挥发，而其氧化物相对易挥发，则燃烧发生在金属表面，其表观现象是火焰较暗、无烟。B 的熔点为 2 570 K，而 B_2O_3 的熔点只有 720 K，B 是典型的表面燃烧的金属。当温度接近于 B_2O_3 的熔点时，B 的氧化过程进行得相当缓慢，表面氧化速率甚至 1 h 不到 10 μm。只有当温度达到 1 850 K 左右时，其表面氧化速率才激增至每毫秒零点几微米的数量级，一般认为 1 850 K 是 B 的燃点。

对固体火箭冲压发动机中 B 的燃烧研究表明：硼粉的燃烧要经历三个阶段。第一阶段是预热期，B 粉被周围热燃气加热至发出黄光，温度达到 1 850 K 左右；第二阶段为点燃期，硼粉由发黄光转为发绿光，开始燃烧，温度上升至 2 820 K 左右；第三阶段是稳定燃烧期，直至燃尽。正是因为 B 的这一燃烧特性，导致含 B 富燃料推进剂在冲压发动机补燃室的燃烧效率偏低，需要采取特殊技术手段解决这一问题。

氧化物能否与金属互溶，对金属燃烧过程也有很大影响。Zr 的氧化物可溶于金属，不会形成像 Al_2O_3 那样的硬壳包裹在 Al 的表面。因此，尽管 Zr 熔点、沸点均高，但其燃烧性能仍然相当好。在 2 120 K（Zr 的熔点）以下的温度，Zr 就能被点燃。例如，粒径为 300～500 μm 的大颗粒 Zr，其表面氧化速率高达 2 $\mu m/ms$。

因此，可以利用不同金属燃料燃烧特性的差异，优化燃料体系，如改变配比、粒度，以及改性等都是改善含金属富燃料推进剂二次燃烧性能的有效手段。

②碳氢燃料燃烧的特点

与金属燃料富燃料推进剂不同，碳氢燃料富燃料推进剂的燃烧过程有其新的特点。这类富燃料推进剂又分为碳氢配方和含碳配方，两者的燃烧特性又有所不同。

对于不含碳和金属燃料或两者含量很少的碳氢富燃料推进剂，其一次燃烧产生的将是相对分子质量较小的碳氢碎片，这种碳氢碎片的可燃性良好，能在随后的二次燃烧过程中充分燃烧，呈现和气态碳氢化合物相似的燃烧特性。因此，固体碳氢燃料添加剂的热分解特性和燃烧特性是影响碳氢燃料富燃料推进剂燃烧的关键因素。例如，像具有升华性质的萘这类碳氢添加剂，其燃烧时，火焰停留在气相中离开蒸发表面的一个较短的距离上。包覆火焰一旦建立，就能通过气相传导向蒸发表面提供热量，造成向火焰区更多的传质，这类燃料具有良好的燃烧性能。

对于含碳配方富燃料推进剂，其燃烧受到碳粒子燃烧的制约。一般来说，碳粒子的燃烧可由扩散动力学控制，也可由表面反应速度控制，这取决于两个过程速度的大小；当由二者共同支配时，这取决于温度和粒度。有研究证明，富燃料推进剂配方中使用极细的碳粒子时，其燃烧大多受化学动力学控制。因此，对于含碳粒子的富燃料推进剂，所用碳粒子的性质是能否实现满意燃烧效率的一个极其重要的参数。

（3）改善燃烧性能的技术途径

贫氧条件下的一次燃烧容易出现金属烧结，碳化物结渣，燃速偏低，凝相熔融物在流道内壁沉积，喷射效率不高，金属燃料预热不够等诸多问题。实现补燃室高效、稳定、可靠的工作是固体火箭冲压发动机的关键技术。实际上一次燃烧和二次燃烧是密切相关的，组织好一次燃烧是保证有效二次燃烧的前提，同时也必须从影响二次燃烧的各个环节去寻求改善的具体方法。

为改善富燃料推进剂的燃烧性能，国内外相关人员已进行了大量研究工作。在配方设计中，必须考虑燃烧的组织特点，充分发挥富燃料推进剂各组分的协同效应，尽可能为每一燃烧区创造良好的环境条件。以下研究结果可供配方设计时参考。

1）添加适量（一般 3%～10%）Mg 及其合金粉，可以提高燃烧温度，并提供反应活性极高的原子氧 [O]，能有效促进富燃料推进剂的二次燃烧。

2）金属粉、碳粉的粒度大小，对燃烧的充分性有很大的影响。例如，铝粉的点火延迟期与粒径的 1.8 次方成正比，完全燃烧时间与粒径的二次方成正比。

3）B 和 F 反应速度快，加入适量含氟添加剂，可以使硼粉在燃气发生器中部分燃烧，并可在一定程度上去除硼粉表面的氧化膜。

4）在氧化剂中加入部分钾盐（如 KN 和 KP 等），除可以在一定程度上减少一次燃烧的残渣外，还可以改善二次燃烧的性能。

5）充分利用金属粉群燃烧的协同效应，同种金属粒度级配和异种金属合理组配，有利于改善微粒的分布，减少金属烧结倾向，是组织好金属燃料燃烧的有效措施。

6）适当增加富燃料推进剂中 H 的含量，可以改善二次燃烧。

3.5.3　含硼富燃料推进剂

B 的体积热值是 Al 的 1.5 倍，是 Mg 的 3 倍，是固体富燃料推进剂实现 8 000 N·s/kg 比冲目标的现实选择，是射程 200 km 以上固体冲压战术导弹用固体富燃料推进剂的首选燃料，其因具有明显能量优势而备受关注。从 20 世纪 60 代开始，美国、德国、法国、俄罗斯等就着力开展了 B 在固体富燃料推进剂中的应用研究，但至今只有德国解决了 B 的应用问题，所研制的含 B 固体富燃料推进剂处于国际领先水平，已实现工程化应用。我国有关研究始于 20 世纪 80 年代中后期，但直至 21 世纪初，才真正解决了 B 在固体富燃料推进剂中的应用问题，成功研制出了与德国同类配方水平相当的高性能含 B 固体富燃料推进剂。

B 潜在的能量优势不容置疑，但要达到实用化的水平，必须解决工艺性能和燃烧性能两大关键问题，这些问题均与 B 的理化性质有关。

3.5.3.1　含 B 富燃料推进剂的工艺性能

研究表明，B 对富燃料推进剂药浆工艺的影响与以下两个方面有关。

1) 含 B 富燃料推进剂中 B 含量一般为 30%～40%，硼粉表面存在 H_3BO_3 和 B_2O_3，其比例约为 5：1，它们与富燃料推进剂的粘合剂 HTPB 易发生酯化交联（见图 3 - 40），导致推进剂药浆凝胶化。

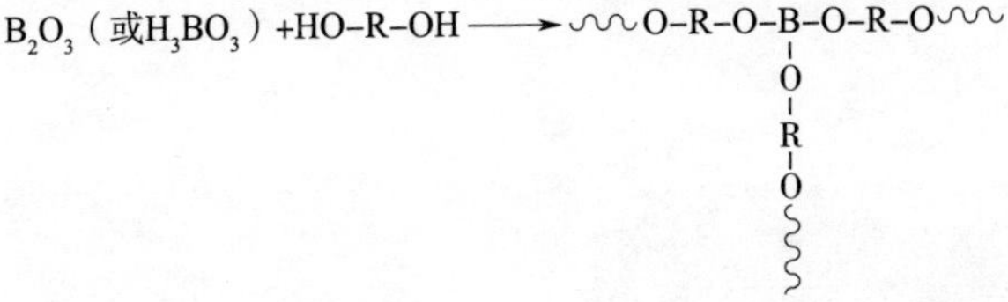

$$B_2O_3（或H_3BO_3）+HO-R-OH \longrightarrow \text{~~~}O-R-O-B-R-O\text{~~~}$$

图 3 - 40　H_3BO_3 和 B_2O_3 与 HTPB 的酯化交联反应

2) 由于富燃料推进剂氧化剂含量很低，为满足富燃料推进剂燃速指标要求，需采用细粒度氧化剂（如 AP），其粒度一般在 $1～7\ \mu m$。而为了保证二次燃烧的充分性，采用的硼粉粒度较细，约为 $2\ \mu m$，所形成的细/细填料粒度级配极不合理，导致药浆工艺性能恶化。

研究人员通过系统研究，有效解决了上述技术难题：通过"两洗一反应"的工艺技术，即采用特定的工艺方法，对硼粉表面上的 H_3BO_3 和 B_2O_3 进行屏蔽处理，阻断或减少装药过程中 H_3BO_3 和 B_2O_3 与 HTPB 的接触，消除了 H_3BO_3 和 B_2O_3 与 HTPB 的凝胶化反应（见图 3 - 41）。

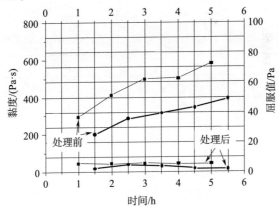

图 3 - 41　处理前后 B/HTPB 混合物粘度随时间的变化趋势

同时，采用"团聚成球"（见图 3-42）的工艺方法：采用特定工艺技术，将平均粒径为 2 μm 左右的硼粉粒子转化为较大粒径的"团聚" B 粒子，通过筛分获取所需粒径的硼粉粒子。这样实现了粗粒度的团聚硼和细粒度 AP 的合理级配，有效解决了含硼富燃料推进剂装药工艺的难题。

　　　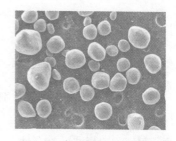

　　（a）原始硼粉（×4 000）　　　　　（b）Ⅰ类团聚硼粉（×50）

图 3-42　硼粉团聚造粒成球前后电镜照片

表 3-72 为某含硼 35％的含 B 富燃料推进剂配方采用上述研究成果进行了扩大装药后的工艺性能。依据含 B 富燃料推进剂药浆流平性和可浇性判断标准（$\eta_a < 2\,000\ \mathrm{Pa \cdot s}$，$\tau_y < 260\ \mathrm{Pa}$），判定药浆适用期为出料后 10 h，可以满足大长径比端面燃烧固体冲压发动机燃气发生器的装药要求。

表 3-71　某 HTPB/AP/B 富燃料推进剂工艺性能（50 ℃保温药浆）

混合机	1 h		3 h		5 h		7 h	
尺寸/L	$\eta_a/$ (Pa·s)	$\tau_y/$Pa	$\eta_a/$ (Pa·s)	$\tau_y/$Pa	$\eta_a/$ (Pa·s)	$\tau_y/$Pa	$\eta_a/$ (Pa·s)	$\tau_y/$Pa
5	320.7	73.6	445.0	101.2	526.6	120.1	680.3	177.1
600	357.0	55.8	412.0	62.2	547.6	109.2	838.3	153.9

3.5.3.2　含 B 富燃料推进剂的燃烧性能

含 B 富燃料推进剂在研制过程中遇到的燃烧性能问题涉及一次燃烧和二次燃烧，与一次燃烧有关的包括燃速、压强指数调节困难，喷射效率偏低和沉积严重等问题；与二次燃烧有关的主要是硼粉引入配方带来的燃烧效率问题。

（1）燃速和压强指数调节

燃速和压强指数调节困难除了与富燃料推进剂配方中氧化剂含量偏低有关外，还与硼粉含量增高所带来的不利影响密切相关。

如果添加大量的细粒度硼粉，即使是采用 2 μm 左右的氧化剂，含 B 富燃料推进剂燃速也很低，难以满足使用要求。组合使用粗粒度的团聚硼粉与细粒度氧化剂可解决这一问题，如采用粒径约为 8 μm 的 AP，1 MPa 下的燃速可达到 10 mm/s 以上（见图 3 - 43）。采用合适粒度的团聚硼粉是提高含 B 富燃料推进剂燃速的必要手段。

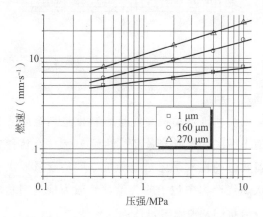

图 3 - 43　团聚硼粉粒度与推进剂燃速的关系

变流量固体火箭冲压发动机对推进剂提出的另一个要求是应具有高的压强指数（一般为 0.5～0.65）。从原理上讲，B 含量高将导致推进剂压强指数降低，虽然硼粉的团聚能使压强指数得到一定程度的提高（见图 3 - 43），但仍难以满足发动机总体指标的要求。只有极其细致地调节配方中的燃料种类及其粒度级配，以及催化剂种类及含量和氧化剂种类及配比等才能实现所要求的压强指数，即需要依据配方特点，采取试验设计技术（如正交设计或均匀设计）对推进剂配方进行系统优化。通过利用综合调控手段，可使含 B 富燃料推进剂燃速（1 MPa）在 4～11 mm/s 范围内可调，压强指数

$(0.2\sim13\ MPa)$ 达到 $0.50\sim0.60$（见图 3 - 44）。

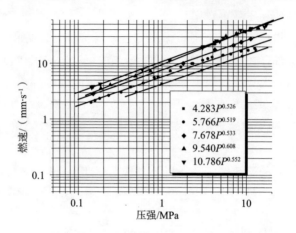

图 3 - 44　端燃 $\Phi 75$ 发动机试验获得的燃速—压强关系

（2）降低残渣和沉积

由于固体火箭冲压发动机高能富燃料推进剂金属含量极高，其一次燃烧产物中一次凝相成分最高可达到 70%，在这种情况下燃气发生器内残留残渣的现象是无法避免的。残渣含量取决于燃气发生器压强和一次燃烧产物中粒子的含量，一般为推进剂总质量的百分之几。影响残渣量的其他因素包括：

1）燃气发生器的自由容积；

2）燃气发生器喷嘴的设计；

3）燃气流动通道的内壁材质；

4）一次燃烧产物中气相成分含量；

5）推进剂固体燃料原始粒度及其在一次燃烧过程中进一步团聚的粒度。

由于这些残渣组成主要是 B 和硼化物，其热值可能要高于原始推进剂，因此必须对推进剂和发动机设计进行优化，以便将这种固有的缺陷减少到最低程度。从推进剂配方设计的观点出发，提高气相燃烧产物（即提高氧化剂含量，降低 B 含量）的技术途径受到热

值要求的严格限制，而降低粒度的办法又和推进剂工艺性能和弹道
性能要求相悖，因此需要综合协调性能之间的矛盾。

　　已经证明 B 的团聚是获得所需燃速和压强指数的必要技术手段，
但 B 团聚后对残渣含量的影响是明显的。图 3 - 45 所示为团聚硼粉
粒度对残渣量的影响，在平均粒度 360 μm 左右可以看到清晰的转折
点，在该点燃气发生器内残渣量急剧增加。此外，有关研究还发现
一次燃烧过程中 B 会进一步团聚，导致残渣增加。这个问题在选择
初始团聚硼粉粒度时就要予以考虑。

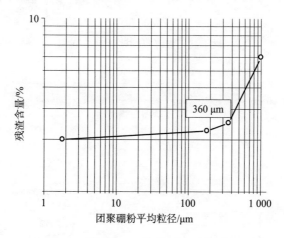

图 3 - 45　团聚硼粉平均粒度和残渣量的关系

　　携带大量凝相粒子的气流在燃气发生器出口处发生了偏转和加
速，趋向于形成沉积物。对于结构复杂的流量可调固体火箭冲压发
动机，这种沉积倾向更为明显，严重妨碍流量调节阀的工作（见图
3 - 46 和图 3 - 47）。

　　正如残渣一样，沉积也是无法完全避免的。表观上看，沉积物
的生成量通常取决于燃气发生器的压强，但实际上是燃气发生器压
强不同，引起一次燃温和燃烧产物组成不同，这才是沉积出现的本
质原因。一般低压条件下的沉积量明显要比高压条件下高。沉积分
析表明，所有可凝聚的一次燃烧产物均会产生沉积，一般 Al_2O_3 在

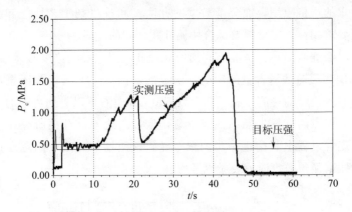

图 3-46　有沉积时异常 P-t 曲线

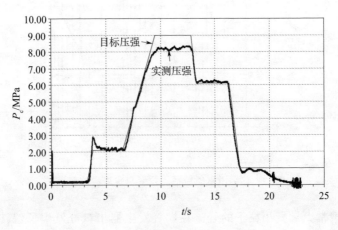

图 3-47　无沉积时正常 P-t 曲线

沉积中出现的比例最大。用 Mg 或 Mg 铝合金取代铝粉作为辅助燃料，可以改善含 B 富燃料推进剂的沉积特性。

（3）提高燃烧效率

①B 粒子的点火和燃烧特性

研究表明，B 粒子的燃烧存在两个连续的阶段，这是其具有的独特性质。第一阶段（点火阶段）与表面覆盖有 B_2O_3 的 B 粒子的燃烧有关，第二阶段（完全燃烧阶段）是指裸露 B 粒子的全羽状燃烧。

因此，液态氧化层的清除在硼粒子的点火、燃烧中起了重要的作用。

到目前为止，关于 B 粒子表面氧化层的清除还存在争议，其中比较有代表性的是以金（King）和 K·K·郭（K.K.Kuo）等人提出的两种观点（见图 3-48）。金等人认为：第一阶段（点火阶段）是 B 粒子在表面氧化物的限制下发生缓慢燃烧，生成 B_2O_3。B_2O_3 的熔点不高，仅为 720 K，但它熔化后呈粘稠的玻璃态，紧紧地粘附在 B 的外表面。氧化性气体透过 B_2O_3 向 B 粒子扩散，继续反应使粒子温度不断上升，B_2O_3 粘度随之下降，达到约 1 900 K 时，开始第二阶段燃烧〔见图 3-48（a）〕。而 K·K·郭等人则认为：在点火阶段，固体 B 溶解在液体 B_2O_3 中，并发生聚合反应生成 $(BO)n$，$(BO)n$ 在氧化层中扩散到外界面上与环境中的氧化性气体发生氧化反应〔见图 3-48（b）〕。因此，B 粒子点火的控制因素应该是 B 在氧化层中的溶解和扩散动力学，以及化学反应动力学。

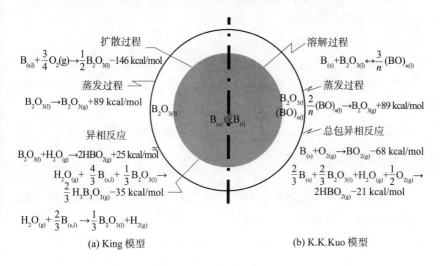

图 3-48　硼粒子燃烧机理图

无论如何，制约 B 完全燃烧的关键原因在于：燃烧过程中 B 粒子表面被一层粘稠的 B_2O_3 熔融层所包裹，隔绝了 B 粒子与外界新鲜氧的接触，使得 B 粒子的点火和燃烧难以持续、快速进行。因此，解决含 B 富燃料推进剂中 B 粒子充分燃烧的技术手段均从清除 B_2O_3 熔融层入手。

②提高硼粉燃烧效率的技术途径

依据上述 B 粒子的点火燃烧特性分析,改善含 B 富燃料推进剂燃烧性能,提高硼粉的燃烧效率应从消除熔融 B_2O_3 氧化层入手。其途径是通过推进剂配方设计,形成合适的一次燃气成分和足够高的一次燃温,为 B 粒子的点火燃烧创造良好的外部环境。其中,合适的一次燃气成分是指一次燃气中易燃性成分高,进入补燃室后能快速点火燃烧放热,提高补燃室燃温,以满足 1 850 K 的 B 粒子点火温度;同时,燃气中有能与 B_2O_3 反应形成气态产物的成分存在,以消除补燃室中 B 粒子表面的熔融 B_2O_3 层。足够高的一次燃温可以保证一次燃气进入补燃室后快速燃烧。

在进行富燃料推进剂配方设计时,可参考或借鉴以下技术途径来提高硼粉的燃烧效率。

(a) B 粒子表面包覆

表面包覆主要是从消除二次燃烧过程中 B 粒子表面熔融 B_2O_3 层入手,选择的包覆剂主要有氟化物,如 LiF 和氟橡胶 Viton A(含氟 66%)。

其中,LiF 是通过与 B_2O_3 反应,生成低熔点化合物,将 B_2O_3 从 B 粒子表面除去。

$$LiF\ (s)\ +B_2O_3\ (l)\ \rightarrow LiBO_2\ (g)\ +BOF\ (g)$$

而 Viton A 能分解产生 HF,HF 可进一步与 B_2O_3 反应生成气态 BOF 和 BF_3,从而去除氧化膜。

$$Viton\ A \rightarrow HF\ (g)$$

$$HF\ (g)\ +B_2O_3\ (l)\ \rightarrow BOF\ (g)\ +HOBO\ (g)$$

$$6HF\ (g)\ +B_2O_3\ (l)\ \rightarrow 2BF_3\ (g)\ +3H_2O\ (g)$$

其他包覆剂还有氧化剂 KP、AP,含能粘合剂 GAP 和易燃金属 Ti 等,这些包覆剂包覆工艺各异,但目的还是加速消除 B 粒子表面的熔融 B_2O_3 氧化层,促进 B 粒子的点火燃烧。

（b）加入添加剂

通常的方法是在含 B 富燃料推进剂配方中直接引入添加剂，这在工艺上实施起来比较容易。常用的有易燃金属 Mg、Al、Ti 和 Zr 等，将它们作为辅助燃料加入推进剂，一般占 B 含量的 10%～20%。通过这些辅助金属燃料的燃烧，提高 B 粒子周围的温度，缩短 B 粒子的点火延迟时间，促进其点火燃烧。例如，常用的 m（B）：m(Ti) ＝9：1的 B/Ti 共混燃料，就是利用两种金属的放热反应：$2B+Ti \rightarrow TiB_2$，可以产生足够的热量，在 25 ms 内完全除去 B_2O_3 氧化层，使 B 粒子迅速点火。而同样条件下，纯 B 粒子 65 ms 后仍无法点燃。

据称，在含 B 富燃料推进剂中引入钾盐，如 $KClO_4$ 和 KNO_3 等，可以将 B_2O_3 从 B 表面除去，达到改善 B 点火及燃烧性能的目的。

$$6K（g）+B_2O_3（l）\rightarrow 3K_2O（g）+2B（s）$$

此外，通过推进剂配方调节，增加一次燃气中 H_2O 的含量，也有去除熔融 B_2O_3 氧化层的作用。

$$H_2O（g）+B_2O_3（l）\rightarrow 2HBO_2（g）$$

表 3-73 是德国 MBB/BC 公司定性总结的含 B 富燃料推进剂配方主要组分与推进剂关键性能之间的关系，这些结果均是建立在大量实验基础上的，具有借鉴和参考价值。

表 3-73　含 B 富燃料推进剂组分对推进剂性能的影响

组分	燃烧效率	燃速	压强指数	喷射效率	沉积物	工艺性能
B（无定形）	0	—	—	++	0	—
B（团聚、细粉）	0	+	+	+	0	+
B（团聚、粗粉）	0	++	+	—	0	++
Mg	+	—	—	++	++	—
Al	++	+	++	—	—	++
粘合剂 HTPB	0	0	0	0	0	0
细 AP	0	++	0	0	0	++/+
粗 AP	0	—	++	0	0	++/—

注：0 为无影响；+为有利影响；++为明显的有利影响；—为不利影响。

　　由于推进剂各组分对其性能参数的影响不同，要找到一种最佳的折衷方案使综合性能达标是一项时间长、花费高的研究工作。

3.6　洁净固体推进剂

3.6.1　概述

　　固体推进剂是以高分子聚合物为基体并具有特定性能的含能复合材料，它通过在固体发动机中燃烧释放能量，并利用燃烧反应产物作为工质使发动机产生推力。由于固体火箭发动机利用化学物质作为工质，其中部分燃烧产物为有毒、有害化学成分，对人体和环境具有一定危害性。此外，在推进剂生产、加工过程中采用的部分化工原材料对人体和环境也具有一定的危害性。

　　长期以来，AP 一直是复合固体推进剂中的主要氧化剂，有时甚至占推进剂质量分数的 70% 以上。由于含 AP 的复合固体推进剂燃烧产物中含有大量 HCl 气体，不仅导致酸雨的形成，而且对环境产生很大污染，不能满足环保的要求。

　　美国国家航空和航天管理局对肯尼迪航天中心航天飞机发射时的监测数据表明，大型固体助推器工作后，放出的 HCl 气体约 236 t，Al_2O_3 颗粒约 329 t[65]。据统计，1991 年美国火箭发射共产生 HCl 气体 1 800 t，距离发射台不到 800 m 的范围内酸性废气影响明显，在约 0.2 km² 范围内部分鱼类和植物出现死亡。

　　众所周知，位于地球表面上方 15～50 km 范围的大气层属于同温层，其中的臭氧可以吸收来自太阳的大量紫外线辐射，使人类免受紫外线灼伤。近几十年来，随着环境污染的加剧，同温层中的臭氧正在不断减少，已引起人类的广泛关注[66]。

　　固体火箭发动机燃气中的氯自由基、原子氧、原子氢和一氧化氮等燃烧产物可与臭氧发生化学反应，从而加速臭氧的减少[66-67]。

　　臭氧形成和分解的主要反应为

$$O_3 \xrightarrow{\text{光}} O + O_2 \qquad\qquad O + O_2 + \xrightarrow{\text{M}} O_3$$

$$O_3 \xrightarrow{\text{光}} O + O_2 \qquad\qquad O_3 + O \rightarrow 2O_2$$

AP 复合固体推进剂的燃烧产物中含有 HCl 及其他氯化物，可能引起臭氧分解的主要反应有氯循环

$$Cl + O_3 \rightarrow ClO + O_2 \qquad\qquad ClO + O \rightarrow Cl + O_2$$

其他氯化物也可以进一步反应，生成导致臭氧分解的物质

$$HCl\ (g) + OH\ (g) \rightarrow H_2O\ (g) + Cl\ (g)$$

$$Cl_2\ (g) \xrightarrow{\text{光}} 2Cl\ (g)$$

$$NaCl\ (s) + HNO_3\ (g) \rightarrow HCl\ (g) + NaNO_3\ (s)$$

$$NaCl\ (s) + ClONO_2\ (g) \rightarrow Cl_2\ (g) + NaNO_3\ (s)$$

$$NaCl\ (s) + N_2O_5\ (g) \rightarrow ClNO_2\ (g) + NaNO_3\ (s)$$

其中，Cl、Cl_2 和 HCl 可以进一步反应，而 $ClONO_2$ 和 $ClNO_2$ 也是反应活性很强的物质，可以进一步发生化学反应。

化学反应动力学分析表明，氯化物进入同温层至少要经过几个小时才能转化成氯自由基，因此氯化物对臭氧的影响是一个漫长的过程。尽管火箭发射引起的氯沉积导致的危害与氟氯化碳（氟里昂）导致的危害相比小很多，但仍不可忽视，因为全球范围氟里昂用量在不断减少，而火箭发射正逐年增多。

近年来，随着各国对环保问题的日益重视，以及人们对固体推进剂生产和使用人员健康问题的日益关注，固体推进剂除了应满足武器系统所要求的功效外，还应对环境无污染，对生产和使用人员的健康无不良影响。

面对生态环保对推进剂的要求越来越严格的压力，以及解决因三废处理带来的成本增加等一系列问题，在推进剂领域提出了洁净型固体推进剂（或称环境友好型固体推进剂）的概念。世界各主要工业国家都致力于研究环保型固体推进剂[66,68]，如欧洲几个主要工业国家合作进行的 EUCLID 洁净推进剂研究计划，主要开展了以 ADN、HNF 等为氧化剂的新型洁净型推进剂研究；美国空军实施的战略环境研究

发展计划（SERDP）也提出了发展环境友好型绿色固体推进剂的研究项目；日本在研制含 HCl 清除剂的新型丁羟复合推进剂方面也开展了大量的研究工作，致力于将燃烧产物对环境的影响减至最少。

欧美发达国家投入大量资金和人力，论证和开发对环境具有良性循环的固体火箭推进剂，多数方法是从减少或消除燃气中 HCl 的含量，以燃气中 HCl 含量小于 1％ 为目标。通常，国内外学者将燃气中具有较低 HCl 含量的推进剂称为洁净推进剂，有时也称为低酸推进剂。

3.6.2　实现推进剂洁净化的技术途径

随着大型固体助推器应用的发展，为了减少固体火箭推进剂生产、使用对环境和人体造成的危害，国内外相关人员进行了大量的研究工作，并取得了多方面的成果[66,69-70]。可将降低燃气中 HCl 含量的途径主要分为添加净化剂型、中和型、添加硝胺型，以及添加新型无氯钝感含能氧化剂型等几种。

3.6.2.1　添加净化剂型

添加净化剂的主要原理是在燃烧室内通过化学反应清除氯，或将羽流中的氯进行中和。在这些推进剂中，部分 AP 被碱金属化合物所取代，氯与其进行反应，形成了中性盐，阻止氯离子形成 HCl 气体。常用的净化剂是硝酸盐，但加入硝酸盐净化剂会使推进剂比冲出现不同程度的降低，并且不同的硝酸盐净化剂都有相同的缺点——吸湿性较强。

（1）含 $NaNO_3$ 型推进剂

含 $NaNO_3$ 型推进剂采用 $NaNO_3$ 取代一部分 AP，其他组成与常规推进剂配方相同。当推进剂中含有 $NaNO_3$ 时，推进剂燃烧产生的 HCl 与 $NaNO_3$ 发生化学反应，形成中性盐 NaCl，大幅度降低了燃气中 HCl 的含量。

（2）含 KNO_3 型推进剂

采用 KNO_3 全部或部分取代 AP 可以使推进剂燃烧产物中的

HCl 含量大幅度降低，其清除 HCl 的原理与 NaNO₃ 相同，即燃烧产生的 HCl 与 KNO₃ 结合，形成中性盐 KCl，从而降低燃气中 HCl 的含量。

添加净化剂型洁净推进剂的主要特点如下：

1）降低 HCl 含量效果明显。实验室监测结果和理论计算表明，与常规推进剂相比，燃烧产物中 HCl 含量降低了一个数量级。

2）成本较低。该类洁净推进剂加工工艺可以充分利用现有设备，原材料、制造成本不会增加，但当使用 HMX 时，成本将有所增加。

3）危险性低。当推进剂配方中 HMX 含量少于 15% 时，该类推进剂的安全性能与常规 1.3 级丁羟推进剂相当。

4）能量水平低。采用 NaNO₃ 或 KNO₃ 取代 AP 的洁净推进剂，最主要的问题是比冲损失严重。与常规 SRB 推进剂相比，比冲至少损失 147～196 N·s/kg，但通过添加 15% 左右的 HMX 和提高推进剂固体含量，可以补偿其能量水平的降低。固体含量 90%、HMX 含量为 15% 的洁净推进剂基本可以满足助推器或第一级发动机对能量的要求。

5）力学性能差。添加净化剂型洁净推进剂力学性能差，但与民兵导弹一级发动机推进剂力学性能相当，即在最大修正抗拉强度为 0.9 MPa 时，其伸长率约为 30%。

3.6.2.2　中和型

中和型推进剂的特点是添加部分诸如镁粉的中和剂，与铝粉一起作为金属燃料，推进剂其他组分基本不变。如某酸中和推进剂基本配方（质量分数）为：AP70%，粘合剂 12%～14%，铝/镁粉 16%～18%[70]。这种推进剂清除 HCl 的原理是：镁粉燃烧生成 MgO，MgO 与 H₂O 反应生成强碱性的 Mg(OH)₂，后者与 HCl 发生中和反应形成 MgCl₂ 和 H₂O，化学反应式如下

$$2Mg + O_2 \rightarrow 2MgO$$

$$MgO + H_2O \rightarrow Mg(OH)_2$$

$$Mg(OH)_2 + 2HCl \rightarrow MgCl_2 + 2H_2O$$

中和型洁净推进剂的主要特点如下：

1）含 Mg 推进剂具有中和燃气中 HCl 的能力。

2）含 Mg 推进剂工艺技术相对简单，可借用常规推进剂的研制经验和数据库，最大限度应用现有工业设施，原材料和制造成本都较低。唯一需要考虑的工艺因素是 Mg 的吸湿性，应将镁粉在尽可能干燥的条件下贮存。

3）含 Mg 洁净推进剂的密度略低。表 3-74 给出了美国聚硫橡胶公司 SRB 用 TP-H1148 推进剂配方和含 Mg 洁净推进剂配方 DL-H435、DL-H439 配方的特点，以及 18 kg 发动机试验性能结果[70]。

表 3-74　含 Mg 推进剂 18 kg 发动机试验结果

推进剂	DL-H435	DL-H439	TP-H1148
固体含量（质量）/%	85	87	86
HTPB 含量（质量）/%	15	13	14（PBAN）
Mg 含量（质量）/%	22	19	16（Al）
Fe_2O_3 含量/%（质量）	0.25	0.15	0.25
密度/（kg·m^{-3}）	1 620	—	1 774
σ_m/MPa	1.29	—	1.29
ε_m/%	64	—	<41
适用期（η<4 000 Pa·s）/h	6（含 TPB）14（不含 TPB）	—	4
燃速（6.9 MPa，70 g 发动机）/（mm·s^{-1}）	11.0	12.2	11.2
燃速（6.9 MPa，18 kg 发动机）/（mm·s^{-1}）	10.8	13.0，12.8	11.2，12.5
比冲（海平面）/（N·s·kg^{-1}）	2 231.0	2 326.0，2 317.8	2 308.0，2 306.4
比冲效率/%	92.6	92.7，92.4	92.2，92.2

4）含 Mg 洁净推进剂的危险等级与常规推进剂相当[71]。表 3-75 为含 Mg 洁净推进剂与美国聚硫橡胶公司 SRB 用 TP-H1148 推进剂成品药安全性测试结果对比。

表 3 - 75　含 Mg 洁净推进剂与美国 SRB 用推进剂安全性能测试结果

试验	含 Mg 洁净推进剂	SRB 用推进剂
冲击感度/cm	50.5	44.4
摩擦感度/N	269	222
静电感度/J	>8.0	>8.0

中和型推进剂的性能水平、可靠性、材料适用性、危险性等都与现有推进剂体系相当，所有可供选择的洁净推进剂中，这类推进剂是最成熟的。

3.6.2.3　添加无氯氧化剂型

降低或消除推进剂中的 Cl 含量，使推进剂燃气中不会形成 HCl 气体的最直接有效的方法就是采用无氯氧化剂取代现用的 AP，如 AN、硝胺（HMX、RDX）、ADN、HNF、新型无氯钝感含能化合物等。考虑可靠性、危险性、价格等各种因素，与中和型、清除型洁净推进剂相比，添加无氯氧化剂型洁净推进剂是最有应用前途的。

（1）含 AN 型洁净推进剂

AN 型洁净推进剂具有含氮量高，固体含量适中，燃烧气体中不含 HCl，且推进剂撞击感度低等优点。但 AN 型洁净推进剂存在比冲和燃速偏低，压强指数偏高，铝粉不能充分燃烧，力学性能较差，以及贮存寿命短等缺点。此外，AN 材料本身具有强吸湿性，且 AN 的五种不同晶体形态在温度发生变化（－18 ℃、32.1 ℃、84.2 ℃、125.2 ℃）时容易出现晶相转变。由于部分 AN 发生晶相转变的转变温度处于发动机生产和使用的温度范围内，故 AN 的晶相转变会导致推进剂体积发生变化，从而影响发动机装药结构的完整性。

针对上述问题，国内外相关人员开展了大量的研究工作，主要通过对 AN 进行相稳定改性、防潮防结块处理，以及添加力学性能增强剂等技术途径来解决此问题。具有防止 AN 晶相转变的添加剂主要有 KNO_3、KF、二硝酰金属盐和金属氧化物（如 MgO、NiO、CuO 和 ZnO）等，通过相稳定 AN 制造工艺，可以生产不吸湿、粒度能严格控制的自由流动级 PSAN 球形颗粒。目前，采用各种相稳定剂、防潮防结块剂及各种工艺方法制备的 PSAN 已用于各种 AN 推进剂。

通过在 AN 中添加分子筛研磨改性处理，然后将处理好的 AN 立即加入后续的混合工序，同时添加酰胺类增强剂，制造出的推进剂贮存期明显延长，可达 20 年，推进剂常温强度约为 0.9 MPa，低温伸长率超过 40%。

针对 AN 推进剂燃速较低的问题，可以通过加入镁粉，并采用含能增塑剂及含能粘合剂等技术手段解决，如 AN/镁铝合金/NEPE 型洁净推进剂。

采用 R-45HT 型 HTPB/AN/廉价 AP/Al 和 R-45HT 型 HTPB/廉价 AP/Al 推进剂作为航天飞机固体助推器的装药，可使助推器的总成本分别下降 8% 和 7%[72]。HTPB/AP 和 HTPB/AP/AN 两种推进剂的性能与航天飞机用固体推进剂（TP-H1148）的性能对比见表 3-76。

表 3-76　HTPB/AP、HTPB/AP/AN、TP-H1148 推进剂性能对比

推进剂性能指标	TP-H1148①	88%固体 HTPB/AN/AP		88%固体 HTPB/AP
		39%AN/30%AP②	49%AN/20%AP③	
粘度/（Pa·s）	1 500~2 000	700	1 000	1 100
危险性等级	1.3 级	1.3 级	1.3 级	1.3 级
伸长率/%	35	29	—	32
燃速（6.895 MPa）/（mm/s）	10.16	4.06/9.65④	5.59	10.16
压强指数	0.35	0.38	0.54	0.32
燃烧效率：200 μm 以上燃烧产物残渣>/%	>0.18	>5.6	>10.8	>0.21

① 固体含量 86%；

② AP 粒度 9 μm：200 μm=1:1；

③ AP 粒度为 9 μm；

④ 含 Fe_2O_3。

由于 AN 本身不含氯，且价格低廉、货源充足，是洁净推进剂首选的原材料。对于某些以推进剂成本低、燃气洁净为第一目标的固体发动机，可采用 PPG/AN/Mg 推进剂体系，它克服了 HTPB/AN/Al 体系燃烧不稳定、Al 燃烧不完全、燃烧后固体颗粒多等缺点。如果需要进一步提高推进剂能量，可以使用含能增塑剂（如 TEGDN 等）和含能粘合剂（如 GAP、PGN 等）。

随着含能粘合剂 GAP 的问世，GAP/AN 或 GAP/硝胺推进剂已成为最有应用前途的洁净推进剂品种，它们能量水平较高，燃气中 HCl 的含量较少，且 GAP 粘合剂已在许多国家实现了工业化生产，故 GAP/AN 或 GAP/硝胺推进剂已成为洁净推进剂的发展方向。

近年来，含能的 HAN 与 AN 共用，在室温下可以形成液体氧化剂，它们与聚乙烯醇和铝粉混合制成凝胶推进剂，可大大改善含 AN 推进剂的应变值（大于 250%）。但 HAN/AN 凝胶推进剂装药工艺与常规推进剂相差较大，表现为推进剂的比冲和密度均较低，燃速压强指数高，以及贮存性能差等，这些问题都有待于进一步解决。

（2）含硝胺型洁净推进剂

采用硝胺（如常规炸药 RDX 或 HMX）部分或全部替代氧化剂 AP 不仅可以提高推进剂的能量，而且可以降低燃气中 HCl 的含量。HMX、RDX 能量高，热稳定性好，不含卤素，与推进剂其他组分相容性好，作为氧化剂已得到广泛应用，含硝胺推进剂是一种比较理想的洁净推进剂。

如果在推进剂中添加少量的 RDX 或 HMX，则推进剂的危险等级仍然是 1.3 级，但是随着 RDX 或 HMX 含量的增加，其危险等级将随之提高。如果不考虑推进剂的危险等级，那么降低燃气中 HCl 含量有两条比较成熟的途径可供选择：

一是以 PEG 为粘合剂，以硝酸酯增塑，以 HMX 为主要氧化剂的 NEPE 推进剂。这类推进剂的能量水平、力学性能、燃烧性能等均优于常规 HTPB 推进剂，其主要缺点为：需要加入 8％～10％的 AP 来调节燃烧性能，故不能完全消除燃气中的 HCl，并且成本要高于普通 HTPB 推进剂。此外，尽管装填这类推进剂的发动机安全性能较好，但其危险性比普通 HTPB 推进剂高，制约了其在航天动力装置中的广泛应用。因此，开发和研制危险等级为 1.3 级的 NEPE 推进剂，应用于大型助推器装药，将具有光明的前景。

二是 HTPB/HMX（RDX）/AP/Al 四组元推进剂体系。虽然这类推进剂已比较成熟，但在这类推进剂中，如果 HMX（RDX）含量较高，则危险等级将上升，甚至将达到与 NEPE 推进剂相近的水平。因而，HTPB/HMX（RDX）/AP/Al 四组元推进剂体系作为洁净推进剂应用的可能性比较小。

（3）含 ADN 型洁净推进剂

ADN 是一种能量非常高的化合物，可以作为氧化剂取代推进剂配方中的 AP。ADN 基推进剂燃气中不含有毒的 HCl，不会像 AP 基推进剂那样对操作人员和环境产生毒害作用，而且也没有因大量 HCl 气体雾化而产生的二次烟特征信号。与 AP 基推进剂相比，ADN 基推进剂的优点是能量高，且不会产生对环境造成污染的含氯燃烧产物；与 AN 基推进剂相比，ADN 基推进剂具有较高的能量和较高的密度，且可在更大的温度范围内贮存；与 HNF 基推进剂相比，ADN 基推进剂燃烧产物的温度较低，且力学性能优良。

通常，含 ADN 推进剂的比冲比常规推进剂的比冲高约 5％～10％，且 ADN 可从根本上消除推进剂燃气中的 HCl。如固体含量为 62％的 ADN/NEPE 高能低特征信号推进剂，其标准理论比冲为 2 597 N·s/kg，远高于常规洁净推进剂的能量水平。

ADN 基洁净推进剂的主要特点如下：

1）推进剂燃烧后燃气中不含 HCl 气体，燃气洁净；

2）推进剂比冲比 AP/Al 体系可提高近 98 N·s/kg（10 s），当加入 AlH$_3$ 取代 Al 时，比冲还可以再提高 98 N·s/kg（10 s）左右；

3）安全性能与 AP/Al 体系相当，为 1.3 级；

4) ADN 基推进剂基础燃速高，弹道性能调节较难，不得不加入一定量 AP 进行性能调节，这又必然增加燃气中 HCl 的含量。

虽然 ADN 是一种有效的 AP 替代物，且对环境造成的污染少，但 ADN 作为一种新型氧化剂，其同样存在一些缺点：一是与 AP 和 AN 相比，其成本高、稳定性差；二是目前对 ADN 基推进剂的燃烧性能研究并不充分。

尽管如此，ADN 基推进剂仍具有较好的能量性能和环境友好性，必然成为未来绿色、洁净推进剂的发展方向之一。

(4) 含 HNF 型洁净推进剂

HNF 是由三硝基甲烷和肼形成的盐，1946 年由 W·亨特（W. Hunter）首次合成。与 ADN 相比，HNF 具有合成方法简单，密度、熔点较高且不吸湿等优点。HNF 具有高能量、无卤素等特性，用 HNF 代替 AP 可使推进剂能量提高，且燃气中无 Cl，尾烟减少，故适用于高能、无污染的洁净推进剂[73]。

早在 20 世纪 60 年代中期，许多国家曾投入大量人力、物力开展了 HNF 基推进剂的研究，但先后都中止了，主要原因有两点：

1) 在 HNF 合成过程中，其主要中间体 NF 的合成过程很危险，而且合成中因分离、提纯上的工艺技术问题，难以制备纯净的 HNF，而含有杂质的 HNF 感度极高，易发生起火和爆炸；

2) HNF 与常用的不饱和粘合剂 HTPB 及部分异氰酸酯不相容。

近年来，HNF 生产技术取得突破，已经实现 HNF 小规模试制。但目前在控制 HNF 的粒径和形态，提高 HNF 产率和纯度，以及改善 HNF 与异氰酸酯的相容性方面仍需要开展进一步研究。

随着科学技术的进步和发展，HNF 安全合成方法和重结晶方法的建立，以及不含双键的 GAP、PGN 等粘合剂的相继问世，使 HNF 在推进剂中的应用研究进入全新的阶段，如 GAP/HNF/Al 推进剂不仅能够安全制备，而且能量高，冲击感度和摩擦感度较好。同时 GAP/HNF/Al 推进剂具有燃气洁净，不含 HCl 等优点。

（5）添加新型无氯钝感含能材料

高能量、低敏感或不敏感、无毒或对环境友好、价格低廉，已成为未来航天用固体推进剂的研制方向和不断追求目标。因此，新型钝感含能化合物的开发和应用是推动推进剂技术发展的关键。表3-77列出了部分新型钝感含能材料的性能。

表 3-77 新型钝感含能材料性能

化合物	分子式	密度/ (g/cm³)	生成焓/ (kJ/mol)	熔点/℃	氧平衡/%	爆速/ (m/s)
FOX-7		1.885	−134.4	254	−21.6	9 090
FOX-12		1.755	−355.0	214	—	8 210
NTO		1.93	−117.6	270	−24.6	8 564
KDN		2.171	−250	132	—	
TATB		1.94	−141	330	−138	8 108

1）FOX-7：化学名称为1，1-二氨基-2，2-二硝基乙烯，其分子结构特点使其分子内和分子间存在大量氢键，可以降低该物质的感度，增加稳定性。FOX-7耐热性能及安全性能较好，能量密度与RDX相当，并且它与推进剂或塑料粘结炸药中采用的聚合物、异

氰酸酯、增塑剂等材料相容好，是不敏感高能炸药和钝感固体推进剂的主要候选组分之一。在国外已将 FOX - 7 用于不敏感弹药配方，FOX - 7/GAP/NENA 体系已作为低易损性推进剂，可以用于机载、舰载武器弹药，极大地提高了飞机、军舰的安全性和生存能力，明显增强了这类武器的战斗能力。

2）FOX - 12：化学名称为 N - 胍基脲二硝酰胺盐，该氧化剂是国外目前已实际应用的一种二硝酰胺盐，具有优良的热稳定性和安全性能，且在空气中不吸潮。

3）NTO：全称为 3 - 硝基 - 1，2，4 - 三唑 - 5 - 酮，是一种已得到实用的钝感炸药，爆炸性能与 RDX 相当，敏感程度与 TATB 接近，但是其酸性和水解安定性存在问题，可能会影响其在推进剂配方中的应用。

由于以上几种含能化合物本身不含 Cl，所以如果用它们来部分取代 AP，不仅可以有效降低燃气中的 HCl，还可以提高推进剂的能量水平，但是它们的应用对推进剂配方各项性能产生的实际效果还需要进行探索研究。

3.7　低易损性固体推进剂

3.7.1　概述

弹药的低易损性是一个安全性问题，它是指弹药在受到意外刺激（热、机械等刺激）时，弹药的危险性响应和随之出现的二次损害小，主要从弹药服役期间的生存能力和实战角度来对弹药的危险性进行评价，从而判断弹药的低易损性。战术导弹用固体发动机低易损性是一个系统性的问题，其中固体发动机壳体的复合材料化是改善固体发动机易损性的重要手段，而选用低易损性推进剂则是解决固体发动机低易损性的关键。20 世纪 60 年代以来，美国发生了多起因固体发动机着火并烤燃舰上弹药而导致驱逐舰、航空母舰等舰船发生爆炸的事故，造成了巨大的经济损失和人员伤亡。在马尔维纳斯群岛战争中，阿根廷飞鱼导弹击中英国谢菲尔德号驱逐舰和大西洋号运输舰后，尽管两枚导弹的战斗部并未爆炸，但是导弹中剩余的推进剂继续燃烧，烤燃了舰上的武器弹药，最终发生爆炸，导致了灾难性的后果。俄罗斯库尔斯克号核潜艇也因艇上所装的鱼雷在火灾中发生爆轰而沉没。据统计，现代战争被摧毁的坦克中大约60％是由于受到外界袭击引起自身弹药爆炸而遭到破坏的。因此，为了解决武器弹药"未伤人前先伤己"的问题，低易损性武器已成为未来武器弹药发展的一个重要方向，尤其对海军和空军武器弹药的发展具有更重要的意义。

当前，随着高新技术在战争中越来越广泛的应用，以及武器使用环境的日趋严苛，低易损性、高综合性能的新型推进剂成为当今世界武器装备研制关注的焦点，也成为 21 世纪固体推进剂三大发展目标（即低特征信号、低感度和灵活的能量控制）之一。因此，20世纪 90 年代以来，美国国防部一直把 HEDM 列为关键性技术发展计划之一，倾注了大量的人力和财力来研究和开发此种材料，并以高能量密度的氧化剂、粘合剂、增塑剂等材料为主要组分研制高能量、低易损性的新型推进剂。

3.7.2　低易损性推进剂特点

美国军用标准 MIL－STD－2105C 指出，钝感弹药标准用来检测弹药是否具有低易损性，只有通过钝感弹药标准检验的弹药才可以称为低易损性弹药。钝感弹药标准通过模拟战争环境下对弹药的刺激来考察弹药的易损性。根据武器弹药受到外界刺激时产生响应的剧烈程度，钝感弹药标准将弹药响应分为五个等级，I 级为爆轰，响应最剧烈，V 级为燃烧，响应最轻。低易损性推进剂要求推进剂不仅具有较低的危险等级，而且在受到热刺激（快速烤燃试验和慢速烤燃试验）、机械刺激（子弹撞击、碎片撞击、聚能射流冲击、热碎片撞击试验）及冲击波威胁（殉爆试验）时，只产生较轻的反应，从而避免造成重大损失。满足低易损性要求的推进剂应具有以下特点：

　　1）推进剂的危险性等级不高于1.3级；

　　2）推进剂可以通过慢速烤燃、快速烤燃、子弹撞击、破片撞击、聚能射流冲击、热碎片撞击、殉爆试验等第七项低易损性试验，其中慢速烤燃、快速烤燃、子弹撞击和破片撞击试验等四项为基本低易损性试验，且通过慢速烤燃、快速烤燃、子弹撞击、破片撞击、热碎片撞击试验的标准为不产生比燃烧更严重的响应，而通过聚能射流冲击、殉爆试验的标准为不产生比爆炸更严重的响应。

3.7.3　实现推进剂低易损性的技术途径

　　由于常用的HTPB推进剂在慢速烤燃试验中会产生剧烈的爆轰响应，无法通过慢速烤燃试验，因此，HTPB推进剂无法满足低易损性要求。NEPE高能推进剂由于含有大量的炸药（HMX或者RDX），在爆炸冲击波作用下容易发生爆轰响应，无法通过殉爆试验，故NEPE高能推进剂同样也无法满足低易损性的要求。

　　为了研制能完全满足低易损性要求的推进剂，以替代现有的HTPB推进剂和NEPE高能推进剂，相关人员开展了大量的研究工作[74-81]，结果表明HTPE推进剂和HTCE推进剂是实现低易损性推进剂的主要途径。早在20世纪50年代中期，国外就开始了HTPE推进剂研制，它的研制时间要早于HTPB推进剂。作为第一代PU推进剂，HTPE最开始被称为聚醚推进剂，最初的聚醚推进剂采用的粘合剂是PPG、聚1，2-氧化丁烯二醇和聚1，4-氧化丁烯二醇。但随着聚醚推进剂的发展，目前国内外普遍将THF和环氧乙烷嵌段共聚物作为HTPE聚醚推进剂的粘合剂。

3.7.3.1　HTPE推进剂

　　（1）HTPE推进剂的特点

　　与HTPB和NEPE推进剂相比，HTPE推进剂具有如下特点：

　　1）氧系数较高。HTPE推进剂采用聚醚作为粘合剂，由于粘合剂分子链中含有大量的醚键，因此，粘合剂中的氧含量较高，可以在推进剂中加入较多的铝粉来提高推进剂的能量。

2）粘合剂本体熔融温度较低。HTPE 推进剂的粘合剂本体熔融温度较低，在较低温度（约为 200 ℃左右）下，推进剂中粘合剂基体内的醚键容易发生断裂而变成粘流态液体，可以减少推进剂中的空穴和裂纹。同时，粘流态的 HTPE 粘合剂本体覆盖在 AP 表面上可以降低氧化剂 AP 燃烧对压力的敏感度，有利于推进剂通过慢速烤燃试验。

3）导电系数较高。HTPE 推进剂具有较高的导电系数和较低的电阻，它的电阻比 HTPB 推进剂要低 3～4 个数量级，可以大幅度降低由于静电而引发灾难性事故的发生几率。

4）HTPE 粘合剂的极性较高。HTPE 粘合剂具有和含能增塑剂相近的溶解度参数，能与含能增塑剂较好地溶解在一起，有利于推进剂能量在固体组分和液体组分间的合理分配，从而使推进剂具有较好的低易损性和较好的力学性能。

5）HTPE 粘合剂为非晶态聚醚。HTPE 粘合剂常温下为液体，在低温下增塑剂也不易从粘合剂中析出，可以具有较小的增塑比，最小可以达到 0.3；而 NEPE 推进剂的增塑比较高，一般大于 2，温度降低时，含能增塑剂容易析出。

（2）含惰性增塑剂的 HTPE 推进剂

以惰性增塑剂，如 ATBC 等作为增塑剂的 HTPE 推进剂（见表 3-78)[82]，可以通过多种低易损性试验（子弹撞击、慢速烤燃、快速烤燃和殉爆试验），尤其是推进剂在子弹撞击试验中没有产生任何响应。高固体含量 HTPE 推进剂的比冲比 HTPB 推进剂略低，但 HTPE 推进剂的密度较高[78]，因此，高固体含量 HTPE 推进剂的密度比冲高于 HTPB 推进剂。与 HTPB 推进剂相比，HTPE 推进剂的体积电阻低 4 个数量级，这使得 HTPE 推进剂具有较低的静电火花感度，如表 3-79 所示。

表 3-78 含惰性增塑剂的 HTPE 推进剂

组分	质量分数/%
端羟基聚醚（ER-1250/25）	3～10
惰性增塑剂（ATBC）	3～10
键合剂	0～0.3
二官能度异氰酸酯固化剂（IPDI、HDI）	0.5～2.0
多官能度异氰酸酯固化剂（N-100）	0.1～0.8
氧化剂（AP）	0～70
硝胺炸药（HMX）	0～10
Al	16～24
固化催化剂（TPB）	0～0.1
燃速催化剂（Fe_2O_3）	0～1.0

表 3-79 HTPB 和含惰性增塑剂的 HTPE 推进剂性能比较

性能		HTPB 推进剂（88%固含量）	HTPE 推进剂（87%固含量）
比冲 I_{sp}/（N・s・kg^{-1}）		2 585.1	2 557.7
OMOX		1.26	1.26
常温力学性能	σ_m/MPa	0.80	1.03
	ε_m/%	35	69
	E/MPa	3.81	3.79
体积电阻率/（Ω・cm）		1×10^{13}	8.4×10^9

注：OMOX＝O_2 物质的量/（C 物质的量＋1.5×Al 物质的量）。

（3）含含能增塑剂的 HTPE 推进剂

降低推进剂固体含量可以提高推进剂的力学性能，从而提高其低易损性，但为了保证推进剂具有较高的能量，在进行低易损性推进剂配方设计时可以加入感度较低的含能增塑剂（如 TEGDN、Bu-NENA 等）。同时由于含能增塑剂的加入使得推进剂可以在低温下点火，避免了 AP 在高温分解温度下点火，有利于推进剂通过慢速烤燃试验。含含能增塑剂的 HTPE 推进剂的固体含量一般控制在 77%～83%，典型配方组成见表 3-80[83]。

表 3 - 80　含含能增塑剂的 HTPE 推进剂

组分	质量分数/%
端羟基聚醚（ER - 1250/25）	3~12
含能增塑剂（Bu - NENA、TEGDN）	1~12
键合剂	0~0.3
二官能度异氰酸酯固化剂（IPDI、HDI）	0.5~2.0
多官能度异氰酸酯固化剂（N - 100）	0.1~0.8
氧化剂（AP）	0~60
氧化剂（AN）	0~60
硝胺炸药（HMX 或 RDX）	0~20
Al	2~24
固化催化剂（TPB）	0~0.1
硝酸酯稳定剂（MNA、2 - NDPA）	0.1~0.6
燃速催化剂（Fe_2O_3、Cr_2O_3）	0~4.0

表 3 - 81 为含含能增塑剂的 HTPE 推进剂与 HTPB 推进剂的性能比较。可以看出，固体含量为 83% 的含含能增塑剂的 HTPE 推进剂与固体含量为 88% 的 HTPB 推进剂相比，比冲高 16.7 N · s/kg，体积电阻率要低 5 个数量级，力学性能较好，且上述含能增塑剂的加入没有降低 HTPE 推进剂的安全性能。

表 3 - 81　含含能增塑剂的 HTPE 推进剂与 HTPB 推进剂性能对比

性能		HTPE 推进剂（固体含量 83%）	HTPB 推进剂（固体含量 88%）
比冲 I_{sp}/（N · s · kg^{-1}）		2 399.8	2 383.1
OMOX		1.32	1.26
常温力学性能	σ_m/MPa	0.79	0.93
	ε_m/%	31	46
	E/MPa	3.68	3.23
体积电阻率/（Ω · cm）		10^8	10^{13}
卡片试验		0	0

注：OMOX=O_2物质的量/（C 物质的量+1.5×Al 物质的量）。

　　图 3-49 为铝粉含量为 22% 时，HTPE 和 HTPB 推进剂固体含量和理论比冲的关系。含 HMX 时，77% 固体含量 HTPE 推进剂的比冲与 89% 固体含量的 HTPB 推进剂的比冲相当；不含 HMX 时，77% 固体含量 HTPE 推进剂的比冲高于 89% 固体含量的 HTPB 推进剂的比冲。

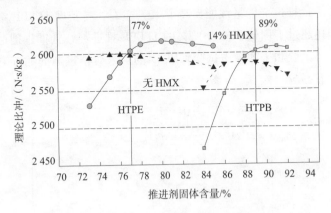

图 3-49　HTPE 推进剂和 HTPB 推进剂能量性能对比

　　表 3-82 给出了分别采用 HTPB 推进剂和 HTPE 推进剂装药的 ϕ254 mm 模拟发动机的低易损性试验结果[74,83]。可以看出，装有 HTPE 推进剂的发动机产生的响应要远低于装有 HTPB 推进剂的发动机产生的响应，具有较好的低易损性。

表 3-82　HTPE 推进剂与 HTPB 推进剂低易损试验结果

低易损试验（ϕ254 mm 模拟发动机/碳纤维复合壳体）	HTPB	HTPE
慢速烤燃	爆炸（没通过）	燃烧（通过）
快速烤燃	燃烧（通过）	燃烧（通过）
子弹撞击	爆燃（没通过）	燃烧（通过）
碎片撞击	爆炸（没通过）	熄火（通过）

　　（4）高密度 HTPE 推进剂

　　高密度 HTPE 推进剂主要采用了高密度金属氧化物 Bi_2O_3 作为氧化剂[78,84]，在推进剂燃烧过程中金属氧化剂在高温下发生分解，释放出氧气，以供推进剂燃烧。虽然加入 Bi_2O_3 替代部分氧化剂 AP 后推进剂的比冲有所下降，但由于 Bi_2O_3 的密度较高，为 $8.9\ g/cm^3$，使得推进剂的密度可以超过 $2.0\ g/cm^3$，从而弥补了推进剂比冲下降造成的损失。高密度 HTPE 推进剂的固体含量和推进剂密度比冲的关系见图 3 - 50。采用 21% 的氧化铋替代基本型 HTPE 配方中的 AP 和 AN[78]，推进剂能量性能提高了 10% 左右，高密度 HTPE 推进剂的性能还超过了固体含量为 91% 的 HTPB 推进剂，且推进剂通过了慢速烤燃试验和子弹撞击试验，Bi_2O_3 的加入对推进剂的贮存老化性能也没有影响。

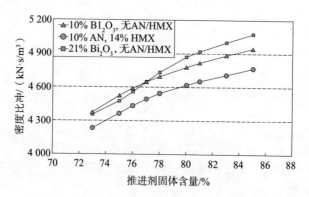

图 3 - 50　高密度 HTPE 推进剂的固体含量和推进剂密度比冲的关系

3.7.3.2　HTCE 推进剂

HTCE 是一种端羟基聚醚酯类的粘合剂。HTCE 与 HTPE 推进剂类似，也是通过减少 AP 在粘合剂中的含量来降低推进剂的感度，并且由于 AP 在 HTCE 粘合剂中的溶解度比 HTPE 推进剂中还要低，这使得 HTCE 推进剂的机械感度更低，安全性能更好。

表 3 - 83 给出了典型的 HTCE 推进剂配方[85]，这三种配方均通过了慢速烤燃试验。

表 3 - 83　典型 HTCE 配方组成

配方组成	质量分数/%		
	IMAD - 213	IMAD - 213	IMAD - 213
AP	43～56	18～24	36～44
AN	10～15	25～32	10～15
CL - 20	—	10～15	—
RDX	—	—	8～10
HTCE	6～6.5	6～6.5	6～6.5
Al	19～24	19～24	20～24
偶联剂	0.05～0.12	0.05～0.12	0.05～0.12
固化剂	1.3～2.0	1.3～2.0	1.3～2.0

参 考 文 献

[1] 鲁念惠. 丁羟推进剂的应用与性能研究评述. 宇航学报, 1981 (4).

[2] 侯林法, 杨仲雄, 等. 复合固体推进剂. 北京: 宇航出版社, 1994.

[3] 张景春. 固体推进剂化学及工艺学. 长沙: 国防科技大学出版社, 1987.

[4] KLAGER K. Solid propellant reproducibility by materials characterization and process control. ICT Internationale Jahrestagung, 1977.

[5] 刘学. 复合固体推进剂用键合剂的种类及其作用机理. 含能材料, 2000, 8 (3).

[6] 彭培根, 刘培琼, 等. 固体推进剂性能及原理. 长沙: 国防科学技术大学, 1987.

[7] 唐承志, 等. 固体发动机推进剂燃速预估研究. 固体火箭技术, 1996, 19 (4).

[8] 唐承志, 等. 中燃速 HTPB 推进剂燃烧性能研究. 固体火箭技术, 1995, 18 (2).

[9] 唐承志, 等. 环境湿度对 HTPB 推进剂力学性能的影响. 固体火箭技术, 1993, 16 (3).

[10] 周学刚. 少烟高固体含量丁羟推进剂配方研究. 固体火箭技术, 2000, 23 (2).

[11] 袁桂芳, 胡建军, 赵文胜, 何静. 含 RDX 的硝胺丁羟推进剂能量特性研究. 含能材料, 2002, 10 (4).

[12] 崔瑞禧, 等. 硼酸酯键合剂在丁羟四组元推进剂中作用机理研究. 推进技术, 2010, 31 (4).

[13] 陈浪. 高能丁羟四组元复合固体推进剂用新型硼酸酯键合剂研究. 长沙: 湖南大学, 2007.

[14] HISKEY M, GOLDMAN N, STINE J. High - nitrogen energetic materials derived from azotetrazolate. Journal of Energetic Mater, 1998, (16): 119 - 127.

[15]　ALI N, SON S F, HISKEY M A, et al. Novel high nitrogen propellant use in solid fuel micropropulsion. Journal of Propulsion and Power, 2004, 20 (1): 120 - 126.

[16]　王昕. 纳米含能材料研究进展. 火炸药学报, 2006, (4).

[17]　王振宇. 国外高能量密度化合物研究新进展. 飞航导弹, 2003 (2): 34 -37.

[18]　张德雄, 张衍, 王伟平. 高能量密度材料 (HEDM) 研究开发现状及展望. 固体火箭技术, 2005, 28 (4): 284 - 288.

[19]　董海山. 高能量密度材料的发展及对策. 含能材料, 2004 (增刊): 1 - 11.

[20]　TAPPAN A S, LONG G T. Microenergetic materials - microscale energetic material processing and testing. AIAA 2003 - 242.

[21]　DIETMER M. New high energetic gun propellant with CL - 20. Insensitive Munitions and Energetic Materials Technology Symposium, 1998.

[22]　张海燕. 美国关于高性能固体推进剂用材料的最新进展. 飞航导弹, 2001 (5): 60 - 62.

[23]　JANZON B. Energetics research at FOI. Sweden, Insensitive Munitions & Energetic Materials Technology Symposium, 2001: 54 - 66.

[24]　徐松林. 高氮含能化合物的合成放大及其炸药性能研究. 长沙: 国防科技大学, 2005.

[25]　李战雄, 唐松青, 欧育湘, 等. 呋喃含能衍生物合成研究进展. 高能物质, 2002, 10 (2): 59 - 63.

[26]　徐艳梅. 德国 ICT 未来发展规划. 飞航导弹, 2005, (1): 33 - 35.

[27]　EYERER P. Energetic materials trends and development. 30th International Annual Conference of ICT, 1999.

[28]　FINCK B. New molecules for high energetic materials. 27th Int. Ann. Conf., 1996: 1 - 13.

[29]　庞维强, 张教强, 国际英, 朱峰, 等. 21 世纪国外固体推进剂的研究与发展趋势. 化学推进剂与高分子材料, 2005, 3 (3).

[30]　孟祥荣. 北约各国发展高性能固体推进剂的研究计划和技术途径. 飞航导弹, 2000 (12).

[31]　庞爱民, 郑剑. 高能固体推进剂技术未来发展展望. 固体火箭技术, 2004, 27 (4).

[32] 张海燕，孟祥荣. 德国关于高性能固体推进剂研究的最新进展. 飞航导弹，2000 (8).

[33] DAVENAS A. Development of modern solid propellants. Journal of Propulsion and Power, 2003, 19 (6): 1108 - 1128.

[34] OYUMI Y. Mechanical properties of plateau - burn azide composite. Propellants, Explosives and Pyrotechnics, 1999, 24 (4): 249 - 254.

[35] CANNIZZO L F. A new low - cost synthesis of PGN. The Proceeding of 31st ICT, 2000.

[36] 姬月萍. 含能增塑剂的研究现状及发展. 火炸药学报，2005，28 (4).

[37] WEISER V. Burning behavior of CL - 20/GAP and HMX/GAP propellants. The Proceeding of 31st ICT, 2000.

[38] SURAPANENI R. Process improvements in CL - 20 manufacture. The Proceeding of 31st ICT, 2000.

[39] ROBERT W, THOMAS H, ROBERT S. ADN manufacturing technology. Int. Annu. conf. 29th ICT (Energetic Material), 1998.

[40] ZENIN A A. Physics of ADN combustion. AIAA 99 - 0595, 1999.

[41] KOROBEINICHEV O P. Study of combustion characteristics of the ADN - base propellants. The Proceeding of 32nd ICT, 2001.

[42] 赵凤起，李上文，等. 俄罗斯 ADN 的热分解及其推进剂燃烧研究情况. 飞航导弹，1998 (6).

[43] SCHOGER H F R. First experimental results of an HNF/Al/GAP solid propellants. AIAA 97 - 3131, 1997.

[44] VANDER A E, HEIJDEN D M. Ballistic properties of HNF/Al/HTPB based propellants. The Proceeding of 32nd ICT, 2001.

[45] DENDAGE P S, SARWADE D B, ASTHANA S N, SINHG H. Hydrazinium nitroformate (HNF) and HNF based propellants: a review. Journal of Energetic Materials, 2001 (19): 41 - 78.

[46] ALLA P, POLINA U, YURII F, et al. Nano - materials for heterogeneous combustion. Propellants, Explosives, Pyrotechnics, 2004, 29 (1).

[47] BRYCE C T, THOMAS B B. Cryogel synthesis of nano - crystalline CL - 20 coated with cured nitrocellulose. 34th Int. Ann. Conf. of ICT. Karlsruhe: ICT, 2003.

[48] FREDERICK J, ROBERT A, MOSER, MARLOW D. Research in solid propellant ballistics at UAH. 41st AIAA/ASME/SAE/ASEE Joint Propulsion Conference & Exhibit, Tucson, AZ, USA, 2005: 1 - 8.

[49] TALAWAR M B. Emerging trends in advanced high energy materials. Combustion, Explosion and Shock Waves, 2007, 43 (1): 62 - 72.

[50] 李凤生, 等. 新型火药设计与制造. 北京: 国防工业出版社, 2008.

[51] 李疏芬, 夏幼南. 复合固体推进剂无烟化的实验研究. 推进技术, 1989, 1: 47 - 53.

[52] FRY R S. A century of ramjet propulsion technology evolution. Journal of Propulsion and Power, 2004, 20 (1).

[53] BESSER H L. History of ducted rocket development at Bayern - Chemie. 44th AIAA/ASME/SAE/ASEE Joint Propulsion Conference & Exhibit, 21 - 23 July 2008, Hartford,, CT, AIAA 2008 - 5261.

[54] PATRICK W. Hewitt, status of ramjet programs in the United States. 44th AIAA/ASME/SAE/ASEE Joint Propulsion Conference & Exhibit, 21 - 23 July 2008, Hartford, CT, AIAA 2008 - 5265.

[55] 刘兴洲, 等. 飞航导弹动力装置. 北京: 宇航出版社, 1992: 186 -372.

[56] 鲍福廷, 等. 固体火箭冲压组合发动机. 北京: 中国宇航出版社, 2006: 1 - 9.

[57] KUO K K. Combustion of boron - based solid propellants and solid fuels. CRC Press, 1993: 133 - 178.

[58] A·达维纳. 固体火箭推进剂技术. 张德雄, 等, 译. 北京: 宇航出版社, 1997: 541 - 567.

[59] GLASSMAN I. Metal combustion processes. ARS, Paper: 938 - 959.

[60] YEH C L, KUO K K. Ignition and combustion of boron particles. Prog. Energy Combust. Sci. , 1996 (22): 511 - 541.

[61] GORDON D A. Combustion characteristics of metal particles solid propellant rocket research. Vol1 of Progress in Astronautics & Rocket, Academic Press, N. Y1960: 271 - 278.

[62] MESTWERDT R, HSELZER. The combustion of a boron - lithium compound with respect to air augmented rocket. AIAA Paper: 75 - 247.

[63] TSUJIKADO N, KASHIKAWA I. Experimental studies on solid propellant

　　　　type fuels for ram - rocket. ISABE 89 - 7014.

[64]　张远君. 金属推进剂燃料的研究进展. 推进技术，1981（3）.

[65]　DAVENAS A. History of the development of solid rocket propellant in France. AIAA 93 - 1785.

[66]　BENNELT R R. Clean propellants and the environment. AIAA 92 - 3398，1992.

[67]　DAVENAS A. Solid propellant environmental issues: a European perspective. AIAA 95 - 3009.

[68]　HAWKINS T W，WILKERSON B E. Environmental propellant: current issues and assessment，1992 Jannaf Propulsion Meeting，Indianapolis，Indiana.

[69]　PAK Z. Some ways to higher environmental satety of solid rocket propellant application. AIAA 93 - 1755.

[70]　DOLL D W，LUND G K. Magnesium - neutralized clean propellant. AIAA 91 - 2560，1991.

[71]　CRAGUN B C. Hazard properties of a magnesium neutralized propellant. Jannaf Propulsion Systems Hazards Subcommittee Conference，1992.

[72]　KATZAKIAN A J. Development of a new high performance clean solid propellant. Propellant Development and Characterization Subcommittee Meeting，1992.

[73]　MUL J M. New solid propellants based on energetic binders and HNF. AIAA 92 - 3627.

[74]　COMFORT T F，DILLMAN L G，HARTMAN K O，MAGNUM M G，STECKMAN R M. Insensitive HTPE propellants. Proceeding of the ADPA Meeting，Insensitive Munitions Technology Symposium. William - sbury，Virginnia，US，June，1994: 6 - 9.

[75]　HARTMAN K O. Insensitive munitions technology for small rocket motors. Proceeding of the RTO Meeting，NATO RTA. Neullysur Seine，France，2000: 12/1 - 12/7.

[76]　DEMAY S C，KONG J A，CHUN P A，THELEN C J. Insensitive munitions hazard test of a pulsed rocket motor. Proceeding of the Insensitive Munition Technology Symposium. San Diego，California，U

S, March, 1996: 18 - 21.

[77]　DEMAY S C, THELEN C J. Insensitive munitions propulsion progress. Proceeding of the 4th International Symposium on Special Topics in Chemical Propulsion. Stockholm. 27 - 31 May. Begell House N Y, 1997: 337 - 344.

[78]　COMFORT T F, HARTMAN K O. High density HTPE propellants. Insensitive Munitions and Energetic Materials Technology Symposium, NDIA. San Antonio, Texas, US. November, 2000: 27 - 30.

[79]　ATWOOD A I, RATTANAPOTE M K, CURRAN P O. Feasibility for development of an alternate test protocol to the full - scale external fire test used in hazards classification. 6th ISICP, International Symposium on Special Topics in Chemical Propulsion. Santiago, Chile. March, 2005: 8 - 11.

[80]　PARR T P, HANSON - PARR D M. Flame structure studies of AP/ HTPE and AP + AN/HTPE propellants. 18th JANNAF. Propulsion Systems Hazards Subcommittee Meeting, Vol 1, 1999: 81 - 88.

[81]　KUDVA G N, LITZINGER T A. Low - pressure laser and pressure - driven response measurements on AP/HTPE and AP + AN/HTPE propellants. JANNAF 37th Combustion Subcommittee Meeting, Vol 1, 2000: 627 - 640.

[82]　GOLENIEWSKI J R, ROBERTS J A. Solid propellant with non - crystalline polyether/inert plasticizer binder. U S Pat 5348596, 1994.

[83]　GOLENIEWSKI J R, ROBERTS J A. Solid propellant with non - crystalline polyethe/energetic plasticizer binder. US Pat. 5783769, 1998.

[84]　BRAUN J D, JACKS T J. Increasing density impulse through use of bismuth trioxide. CPIA Publication515, 1989, 5: 101.

[85]　CHAN M L, TURNER A D. Insensitive high energy booster propellant. US Pat. 6682614, 2004.

第4章　固体火箭发动机内绝热层与衬层材料

4.1　概述

　　固体火箭发动机按照装药的结构形式可分为贴壁粘接式固体火箭发动机和自由装填式固体火箭发动机两类。典型的贴壁粘接式固体火箭发动机的基本结构如图4-1所示,其特点是固体推进剂药浆直接浇注于已完成衬层包覆的燃烧室壳体内,推进剂固化后与燃烧室壳体形成一体结构,不可拆卸。采用复合推进剂的固体火箭发动机普遍采用贴壁粘接式装药结构。自由装填式固体火箭发动机与贴壁粘接式固体火箭发动机的主要差异是推进剂药柱成型是在特制的模具内完成的,固化成型后的推进剂药柱与绝热燃烧室壳体之间通过装配完成固体火箭发动机的制造,推进剂药柱与燃烧室壳体是可拆卸的。采用双基推进剂的固体火箭发动机以及部分采用复合推进剂的小型固体火箭发动机通常采用自由装填式结构。

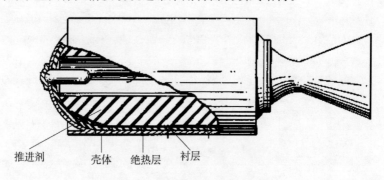

推进剂　　　壳体　　绝热层　　衬层

图4-1　固体火箭发动机基本结构

　　典型的贴壁粘接式固体火箭发动机燃烧室装药由壳体、内绝热层、衬层、复合固体推进剂等四种材料组成。

内绝热层是位于固体火箭发动机壳体内表面与推进剂药柱之间的一种非金属隔热耐烧蚀弹性材料。内绝热层的主要功能是在固体火箭发动机工作过程中通过材料自身的吸热熔融、分解等作用，降低固体推进剂燃烧释放的热量向壳体传递的速度，避免壳体达到危及其结构完整性的温度，保障壳体的承压能力，确保固体火箭发动机的正常工作。同时，绝热层在固体火箭发动机制造、运输、贮存、使用过程中兼有缓冲应力的作用。

衬层（也称包覆层）是固体火箭发动机燃烧室壳体内连接推进剂与内绝热层（人工脱粘层）或壳体材料的一种特殊胶粘剂，其主要功能是通过衬层与推进剂、内绝热层或壳体材料的界面进行化学反应和物理作用，将推进剂、绝热层（人工脱粘层）或壳体材料牢固地粘接在一起，以确保全寿命周期内固体火箭发动机装药结构的完整性，并在固体发动机工作时确保推进剂按设计燃烧面燃烧，并控制推进剂能量的有序释放，同时衬层兼有缓冲应力的作用。

对于小型的贴壁粘接式固体火箭发动机，当发动机工作时间很短时也有不采用内绝热层的情况。

在自由装填式固体火箭发动机中，内绝热层是指直接粘贴于燃烧室壳体内表面，不与推进剂粘接的非金属隔热防护材料，主要功能同样是降低固体推进剂燃烧释放的热量向壳体传递的速度，避免壳体达到危及其结构完整性的温度，保障壳体的承压能力。推进剂药柱外表面的一层非金属弹性材料通常称为包覆层或绝热套，主要功能是阻止固体发动机工作时推进剂药柱非燃烧表面的温度升高，并限制推进剂燃烧面积的增加，确保推进剂药柱按设计燃面工作，同时也能缓冲外力对推进剂药柱的直接作用。药柱包覆层或绝热套与内绝热层既可以采用相同的热防护材料，也可以采用不同的材料。而粘接推进剂与绝热套或包覆层的材料即为衬层，其主要功能仍然是粘接作用，衬层应确保推进剂与绝热套或包覆层之间粘接可靠，避免发动机工作时推进剂燃烧面出现非预期扩展。

4.2　固体火箭发动机内绝热层

4.2.1　内绝热层的发展概况

对固体火箭发动机内绝热层材料的研究始于 20 世纪 50 年代,是伴随着复合推进剂和浇注双基推进剂的发展而产生的。60 多年来,为满足各种固体发动机的需要,许多国家研制了多种固体火箭发动机内绝热材料。按基体类型的不同,固体火箭发动机的绝热层可分为树脂基内绝热材料和弹性体基内绝热材料。树脂基主要用抗烧蚀性能较好的酚醛树脂和环氧树脂,填充剂有 SiO_2、石棉、尼龙和玻璃布等。但树脂基内绝热材料属刚性材料,延伸率小于 1 ％,使其应用受到了很大的限制。从 20 世纪 60 年代开始,以橡胶为基材的弹性绝热材料得到了快速发展,这类绝热层材料密度低、延伸率高,是一种柔性材料;从 20 世纪 70 年代开始逐渐应用于各种固体火箭发动机中。之后,随着橡胶业的发展,内绝热层基材的选择范围也不断扩大。表 4 - 1 为固体火箭发动机内绝热层的发展历程。

表 4 - 1　固体火箭发动机内绝热层的发展历程

年代	内绝热层的主要类型	基材种类	主要填料
20 世纪 50 年代	树脂基	酚醛树脂、环氧树脂等	SiO_2、石棉
20 世纪 60 年代	弹性体	PS 橡胶、PBAA 橡胶、SBR、NBR、BR	SiO_2、石棉
20 世纪 70 年代	弹性体	EPDM、NBR、IR、BR	SiO_2、高硅氧纤维、石棉
20 世纪 80 年代	弹性体	EPDM、NBR、BR	SiO_2、Kevlar 纤维、碳纤维、聚丙烯腈纤维
20 世纪 90 年代至今	弹性体	EPDM、NBR、CR、硅橡胶	SiO_2、Kevlar 纤维、碳纤维、聚苯并咪唑纤维

（1）树脂基内绝热材料

树脂基内绝热材料采用的基材通常是酚醛树脂和环氧树脂，从 20 世纪 50 年代起作为耐高温和耐烧蚀材料得到广泛应用，具有价格低廉、工艺性良好、粘接性能优良等优点。表 4 - 2 为国外树脂基内绝热材料应用于固体火箭发动机的典型实例。

表 4 - 2　树脂基内绝热材料的典型应用实例[1]

国别	应用实例	研制年代	壳体材料	内绝热材料
美国	射手（Archer）单级探空火箭的发动机	1961 年	钢	石棉酚醛
	侦察兵（Scout）X－5C、A、A－1、A－2、B、B－1、B－2、C、D－1、E－1、F－1、G－1 共 12 种型号运载火箭的二级发动机	1965 年	钢	由端异氰酸酯聚氨酯、环氧树脂、胺类固化剂、磨碎玻纤等组成
	北极星 A－1（Polaris A1 UGM－27A）第一代潜地弹道导弹的一级、二级发动机	1957 年	钢	SiO_2/酚醛
	潘兴 - 1、潘兴 - 1A（Pershing 1，1A）两级地地战术导弹的一级、二级发动机	1958 年	钢	SiO_2/酚醛
法国	法国空舰导弹飞鱼 Exocet AM－39 的环形助推发动机	1975 年	钢	玻璃纤维/环氧

尽管树脂基内绝热材料逐渐被弹性体基内绝热材料取代，但是在一些烧蚀环境恶劣的固体火箭发动机中仍在使用或部分使用树脂基内绝热材料。因此，为了进一步提高树脂的耐热性能，近年来国内外开展了对基体材料的改性研究。对酚醛树脂的改性方法包括：1）用具有优良热稳定性和成碳性的元素置换掉酚羟基上的氢元素，使之生成硼酚醛、磷酚醛、钼酚醛、钡酚醛等，从而可以大大提高酚醛树脂的热分解温度和碳化率[2-6]；2）通过添加耐热材料对酚醛树脂改性，如马来酰亚胺、有机硅、酚三嗪树脂等，也可在一定程度上改善酚醛树脂的柔韧性、耐热性和成碳率，从而提高其抗烧蚀性能[7-11]。对环氧树脂进行改性的主要方法包括：1）将环氧树脂与橡胶弹性体和热塑性塑料聚合物形成共混结构进行增韧，改善其脆性；2）合成新型结构的环氧树脂及新型结构的固化剂，如在环氧树

脂分子中引入含稠环的结构单元，或合成含氟的环氧树脂，以及采用新的固化剂代替传统的 DDS 等，以改善其耐湿热性。

（2）弹性体基内绝热材料

弹性体基内绝热层因成型工艺不同，又分为粘贴式和厚浆涂料两种。粘贴式绝热层是由橡胶基材与多种填料混炼均匀后制成片材，经模压成型或手工贴片粘贴到发动机内壁上，然后在一定温度（一般为150 ℃）和一定压力下进行固化。

由于贴片式弹性体基绝热层的强度适中、断裂延伸率大、密度小、绝热性能好，因此在航天运载、战略导弹和战术导弹固体火箭发动机中得到广泛应用，如美国的 MX 导弹、三叉戟导弹、民兵导弹等发动机和意大利的阿里安系列运载火箭的燃烧室均采用此类绝热层。表 4 - 3 列出了贴片式弹性体基绝热层的典型特性和应用实例。表 4 - 4 中为美国和苏联常用的几种内绝热材料的性能。

表 4 - 3　　国外贴片式橡胶绝热层的性能及应用实例[1]

基材	主要填料	国别	应用实例
NBR	石棉、SiO$_2$ 等	印度	
		日本	
		美国	
EPDM、EPDM/CR	软木	印度	
	石棉	法国/欧洲	阿里安-3、阿里安-4
		日本	H—1 运载火箭的三级发动机和捆绑助推发动机
	Kevlar 纤维	法国/欧洲	阿里安-5
		日本	缪-5（M—5）运载火箭的一级、二级、三级发动机
		美国	金牛座运载火箭的一级，德尔它-7925 运载火箭的捆绑助推发动机，大力神-4 运载火箭的改进型捆绑助推发动机，Hyflyer 小运载火箭的发动机，侏儒小型地对地洲际弹道导弹的一级、二级、三级发动机
	SiO$_2$	美国	美国和平保卫者 MX 大型固体地对地洲际弹道导弹的一级、二级、三级发动机，三叉戟 - 1（C4）潜地弹道导弹的一级、二级、三级发动机，三叉戟 - 2（D5）潜地弹道导弹的二级、三级发动机，美国潘兴 - 2 地地战术导弹的一级发动机

续表

基材	主要填料	国别	应用实例
EPDM, EPDM/CR	高硅氧纤维	美国	侦察兵 G-1 运载火箭的三级发动机
	石棉	美国	美国空军战略空对地 SRAM 的 AGM-69A/B 发动机
	Kevlar 纤维	美国	飞马座运载火箭的一级、二级、三级发动机，金牛座运载火箭的二级、三级、四级发动机
IR	石棉	日本	缪-3S2（M-3S2）运载火箭的二级、三级发动机
丁钠橡胶（Buna-N）	高硅氧、石棉	美国	侦察兵 D-1、F-1、G-1 三种型号运载火箭的一级发动机，侦察兵 B 运载火箭的四级发动机，德尔它运载火箭的三级发动机，博纳-1 上面级发动机，民兵-1A 地对地洲际弹道导弹的三级发动机
SBR	石棉	美国	侦察兵 X-2 至 D-1 共 16 种型号运载火箭的三级发动机，侦察兵 X-2B、X-4、X-4A、A、A-1、A-2 六种型号运载火箭的四级发动机，德尔它运载火箭的三级发动机
异丁橡胶	硅、石棉	美国	美国不死鸟 AIM-54A 空空导弹的另一种可选用的发动机

表 4-4　美国和苏联常用的内绝热材料及其性能[1]

国别	美国	美国	美国	苏联
性能	NBR	SBR	EPDM	P-864，P-998，РД-18[①]
密度/（g·cm^{-3}）	1.22~1.27	1.17	0.94~0.97	1.04~1.16
断裂伸长率/%	450~600	550~800	600~900	300~650
断裂极限强度/MPa	14.0	13.0~28.0	7.0	6.2~13.0
导热率/（W·m^{-1}·K^{-1}）	0.24~0.27	0.20~0.22	0.21~0.23	0.21~0.27
比热/（J·g^{-1}·K^{-1}）	1.72	1.42	1.68	1.68

①含添加剂的 NBR。

厚浆涂料型绝热层的基材通常以粘度较小的液体橡胶为主，采用浇注、喷涂、泵挤压、刮涂或涂抹工艺直接在发动机中成型[12]。国外涂料型绝热层的性能及应用实例见表4-5。厚浆涂料型弹性体绝热层材料虽已用于大力神等固体火箭发动机上，但因制品中容易出现气泡，影响绝热层质量，因此还需进一步改进。

表4-5　国外涂料型弹性体基绝热层的性能及应用实例[1]

基材	填料	热性能		物理性能			应用实例
		导热率/ $(W \cdot m^{-1} \cdot K^{-1})$	比热/ $(J \cdot g^{-1} \cdot K^{-1})$	抗拉强度/MPa	密度/$(g \cdot cm^{-3})$	伸长率/%	
PS橡胶/环氧树脂	石棉	—	—	—	—	—	侦察兵X-1、X-1A、X-2、X-2B、X-2M、X-3、X-3A、X-3C、X-3M、X-4、X-4A共11种型号运载火箭的二级发动机的前后封头部位
NBR-PS-环氧	石棉	0.278	1.39	6.20	1.18	350	大力神三级、北极星A-3一级、260SL一级、二级、三级发动机
PBAA	石棉	0.171	1.51	1.21	1.34	800	直径3.96 m的发动机
		—	1.43	6.09	1.31	400	洛克希德公司直径2.54 m的试验发动机
PBAN-环氧	石棉	0.225	1.51	5.97~11.30	1.41	—	260SL三级发动机

4.2.2　绝热层的组成与组分

绝热层材料主要由基体材料、补强填料、耐烧蚀填料、工艺助剂和硫化交联剂等组分构成。一般来说，填料要占绝热层总质量的

30%～60%。

4.2.2.1　高分子基体材料

绝热层基体材料的选择对绝热层的性能有较大的影响，对基体材料的要求是密度低、比热大、耐热性高、抗老化性能好，与推进剂药柱化学相容性好。同时，绝热层基体材料与发动机壳体有良好的粘接性能，易于施工。

常用的基体材料为合成橡胶和树脂。橡胶品种主要有 NBR、EPDM、CR、丁基橡胶、SBR、硅橡胶等；树脂基材主要是耐高温酚醛树脂。

（1）NBR

NBR 是由丁二烯和丙烯腈经乳液共聚而制得的一种高分子弹性体，具有优异的耐油性和易粘接性，而且耐热性好、透气率低，其应用十分宽泛。美国喷气公司于 20 世纪 60 年代初期开始将 NBR 广泛应用于各类固体火箭发动机中。当受到高温灼烧时，NBR 绝热层除了产生裂解反应外，丁二烯分子与丙烯腈分子受热产生键合，形成类似梯状的分子结构，烧蚀过程中形成的炭化层正是因为含有这种耐高温结构而具有相当大的强度。但是 NBR 的耐寒性和抗老化能力还不够理想。

（2）EPDM

EPDM 大分子主链为饱和结构，双键位于侧链，分子内没有极性取代基，链节较柔顺。根据第三单体种类的不同，EPDM 可分为 ENB 型 EPDM、DCPD 型 EPDM 和 HD 型 EPDM。不同型号 EPDM 结构的差别主要在于：第三单体的种类与数量、乙烯和丙烯的比例、单体单元及其序列结构、相对分子质量及其分布。

与 NBR 相比，EPDM 具有如下优点：

1）密度低，仅为 $0.86 \sim 0.87$ g/cm³（NBR 密度为 $0.94 \sim 1.0$ g/cm³）；

2）良好的耐低温性能和耐热性能；

3）优异的耐臭氧老化性能及耐候性；

4）良好的力学性能。

EPDM 的综合性能好，是良好的绝热层基体材料。以 EPDM 为基材的绝热层，密度低、延伸率高，具有良好的抗烧蚀性能和隔热性能，可长期贮存，与推进剂、钢（铝）、玻璃纤维或有机纤维增强的复合材料有很好的化学相容性，并可以降低发动机的消极质量，是近年来固体火箭发动机燃烧室广泛使用的内绝热材料。EPDM 绝热层适用范围广，可用于火箭发动机燃烧室内绝热层，也可用于火箭发动机喷管收敛段及火箭的外绝热层，还可用于双基及复合推进剂装药的包覆层。

从 20 世纪 80 年代开始，EPDM 绝热层得到了广泛的应用。但 EPDM 也存在不足，主要是硫化速度较慢，自粘性差，且粘接强度不高。

（3）硅橡胶

硅橡胶以 Si—O—Si 键为主链，具有优异的耐热性能。而且硅原子上连接的基团受热氧化后，可以生成更加稳定的 Si—O—Si 键。在有机硅高聚物表面生成了富含 Si—O—Si 键的稳定的保护层后，减轻了对高聚物内部的影响。有机硅橡胶是近年来研究和应用较多的绝热层材料，如法国火炸药公司研制的室温硫化硅橡胶已用于固体推进剂药柱的包覆层；美国 Dow - Coring 公司则开发了一种用于固体冲压发动机补燃室内绝热层的硅橡胶材料，该材料具有优异的耐高温、高压和热气流冲刷性能。

由于硅橡胶具有优异的性能，有望取代 EPDM 成为固体火箭发动机主要的绝热层基材。但是硅橡胶表面张力很低，粘度很高，在发动机绝热成型时较困难。此外，由于硅橡胶的抗撕裂强度低，且粘接性能较差，这也在一定程度上限制了它更广泛的应用。

（4）共混橡胶

固体火箭发动机对内绝热层的要求是多方面的，例如希望绝热层既耐高温又易于加工成型，既有较好的综合性能又价格低廉等。对于这种多样性的要求，单一的橡胶品种往往是难以满足的。为了获得综合性能理想的绝热层材料，研究人员除了研制、合成新的性能优良的橡胶材料外，还对现有的橡胶品种进行改性。将不同种类的橡胶加以混合，形成共混橡胶就是一条正处于发展中的改性途径。

国外对共混橡胶绝热层的研究非常广泛，共混橡胶绝热层在国外固体火箭发动机内绝热材料中的具体使用情况如表 4-6 所示。

表 4-6　国外固体火箭发动机内绝热材料基材种类[13-16]

绝热材料牌号	类型
R196	EPDM 与 IR 共混
STW 4-2868、053A	EPDM 与 CR 共混
DL1375	EPDM 与 CR 共混
DL1552A	两种 EPDM 共混
DOW 93-104	EPDM 与硅橡胶共混

（5）酚醛树脂

酚醛树脂是热固性树脂的主要品种之一，具有价格低廉、工艺性良好等优点，从 20 世纪 50 年代起即开始作为耐高温和耐烧蚀材料得到广泛应用，至今仍是树脂基烧蚀材料的主要基材。酚醛树脂的成碳率较高（为 57%～65%），一些新研制出的改性酚醛树脂成碳率甚至可达 70% 以上。酚醛树脂在热解时可生成一种具有环形结构、烧蚀性能优异的中间产物，完全碳化后的碳化层致密、稳定；所以，酚醛树脂这种最早问世的合成树脂迄今仍在耐烧蚀材料领域扮演着重要的角色。树脂基烧蚀材料通常采用复合模压、复合缠绕工艺，与不同的耐烧蚀（纤维）填料配合形成绝热层。常用的耐烧蚀填料有：碳纤维、高硅氧纤维、石棉纤维等。但是传统的酚醛树脂由于具有热氧稳定性一般、固化后呈脆性、缩聚固化会有低分子挥发物生成等缺点，因此还需要进行改性或合成新型结构的酚醛树脂才能满足更高的要求。

4.2.2.2　补强填料

为了满足发动机对绝热层提出的力学性能要求，绝热层中通常需加入补强填料。绝热层的抗拉强度、伸长率、硬度等性能在很大程度上取决于所选用填料的品种和用量。绝热层常用的补强填料是粉状填料，包括炭黑、白炭黑等。

（1）炭黑

炭黑是各种气态或液态碳氢化合物经不完全燃烧得到的微粒。采用不同原料、不同方法制得的炭黑的粒子细度、结构及表面化学活性等均有所差别，所以补强效果也不相同。按制造方法和使用特点，炭黑的分类如图 4-2 所示。

图 4-2　炭黑的分类

炉法炭黑的补强效果好，兼具良好的耐磨性与抗撕裂性，工艺性能较好，因此常用于橡胶补强。

炭黑是无定形晶体结构，炭黑的细度、结构、表面化学性质，以及炭黑在胶料中的分散程度等将显著地影响胶料的性能。在炭黑巨大稠合芳环的周边上结合有羧基、酚基、醌基、内酯基等含氧有机官能团，当炭黑用作橡胶补强剂时，这些官能团在混炼或硫化过程中能与橡胶基材反应，使结合橡胶增加。官能团对橡胶的补强作用因胶种而异，对橡胶硫化及老化性能的影响较大。

（2）白炭黑

白炭黑是指细分散的 SiO_2，按其生产方法可分为沉淀法白炭黑和气相法白炭黑。因制造条件和牌号不同，白炭黑的性能有很大区别，主要表现在粒径、比表面积、表面化学性质等方面。

白炭黑的补强效果要优于任何一种其他白色补强剂，而且随着白炭黑用量增加，硫化胶的力学性能不断提高，如图 4-3 所示。白炭黑的补强性能主要取决于白炭黑的比表面积、结构性能和表面化学性质，白炭黑只有在被橡胶良好润湿，并在橡胶中良好分散的情况下才能充分发挥其补强作用。与添加沉淀法白炭黑的胶料相比，添加气相法白炭黑的胶料有较高的硬度、定伸应力、抗拉强度和撕裂强度，但含气相法白炭黑的胶料永久变形程度较高[17]。

与炭黑相比，白炭黑的比表面积更大，粒径更小，混炼胶的粘度也更大。白炭黑的表面官能团与炭黑的表面官能团完全不同，白炭黑表面有硅氧烷或硅氧醇基团，使其表面具有很强的亲水性（炭黑一般呈疏水性），易吸水；吸水多时，胶料门尼粘度下降。

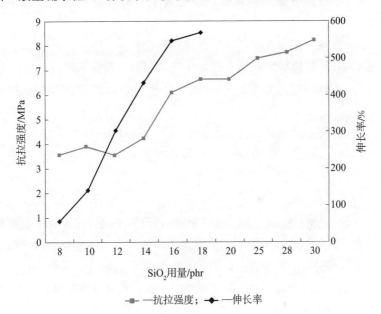

图 4-3　白炭黑（A380）用量对 EPDM 绝热层力学性能的影响

phr 为 parts per hundreds of rubber (or resin)，主要表示橡胶（或树脂）中添加剂的百分含量

（3）其他补强填料

在橡胶型绝热层中用到的其他填料还有陶土、碳酸钙、硅酸钙、钛白粉等，但它们的补强效果远不如炭黑和白炭黑，因而常作为填

充剂使用，或为了改善胶料的某些性能及降低成本而使用，在此不再详述。

4.2.2.3　耐烧蚀填料

耐烧蚀填料的主要作用是提高绝热层在高温燃气作用下的隔热效应，保护基体材料产生的碳化层在高速热气流的冲刷下，仍能保有完整性和牢固性，以降低绝热层的烧蚀率。除此之外，添加耐烧蚀填料还可调节绝热层的抗拉强度、模量和密度。

理想的耐烧蚀填料最好是能同时满足下述条件[18]：

1）获得单位效能所需的量少，即效能/价格比高；

2）本身低毒或基本无毒，燃烧时生成的有毒和腐蚀气体尽可能少；

3）与基材相容性好，不易迁移和渗出；

4）具有足够高的热稳定性，在绝热层加工温度下不分解；

5）不致过多恶化绝热层的加工性能和最后产品的物理—机械性能；

6）原料来源充足，制造工艺简便，价格低廉。

耐烧蚀填料按其形态可分为耐烧蚀纤维填料和阻燃粉状填料两类。

（1）耐烧蚀纤维

在纤维填料选择时应关注这些纤维在高温下的稳定性，一般要求纤维在高温下尽可能不发生质的变化，即使发生质的变化，也能够保持纤维形态并具有一定强度，以提高碳化层的致密性，并使碳化层不易剥落。如果纤维在高温下不能保持其形态，也要求熔融温度足够高，纤维熔融后呈极其粘稠的状态，在燃气流作用下不易蚀失。常见的耐烧蚀纤维品种有：芳纶纤维、碳纤维、玻璃纤维、石棉纤维等。

芳纶纤维是发动机内绝热材料常用的纤维材料，它具有良好的热稳定性，达到分解温度时也不熔化，但开始碳化，所以在高温下，芳纶纤维直至分解也不发生变形。另外，在低温（-60 ℃）下，芳纶纤维不发生脆化，也不发生降解。

碳纤维的耐热性能极佳,但是它的抗剪切能力差,在普通的开放式混炼、薄通和出片工艺中容易被碾碎成粉末,不能发挥纤维的骨架作用,即使采用密炼工艺,也对碳纤维本身的力学性能有较高要求,否则难以分散均匀。

玻璃纤维的耐热性好,高温下,玻璃纤维会软化和熔化,但不会燃烧。它的主要成份是 SiO_2,有助于减少烧蚀失重;缺点是性脆,耐磨性较差,在开放式混炼工艺中容易碾成粉末。

石棉纤维本身就是耐高温材料,其纤维状的骨架有效地使碳化层附着于纤维表面,产生补强作用,类似锚状的结构抓住未受到烧蚀的部分绝热层,减缓了绝热层的烧蚀。但是石棉属 1 级致癌物质,已逐渐被淘汰。

纤维用量对绝热层的耐烧蚀性能有很大影响,纤维用量增加能够提高绝热层的耐烧蚀性能,但同时也带来了绝热层的抗拉强度和断裂伸长率下降等问题(如图 4-4 所示)。因此,为了获得综合性能良好的绝热层材料,应控制配方中纤维的用量。

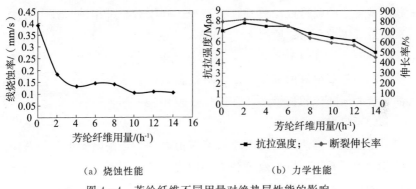

(a) 烧蚀性能　　　　　　(b) 力学性能

图 4-4　芳纶纤维不同用量对绝热层性能的影响

纤维的添加一般会使橡胶的力学性能呈现明显的各向异性(如表 4-7 所示),而且混炼完成后纤维在橡胶中的长径比越大,各向异性越明显。这是因为纤维在开放式炼胶机等设备的剪切力作用下会沿着压延方向排列,因此在胶片的压延方向和垂直压延方向上由于纤维的排列方式不同而呈现明显不同的力学行为。所以，在力学性能测试和绝热壳体贴片成型时需注意胶片的压延方向。

表 4 - 7　绝热层的力学性能

橡胶基材	纤维种类/用量	抗拉强度/MPa		断裂伸长率/%	
		垂直	平行	垂直	平行
EPDM	芳纶纤维/6 份	6.72	8.59	736	553
EPDM	芳纶纤维/10 份	4.16	7.15	277	28
EPDM	芳纶纤维/30 份	5.03	10.48	66	22
NBR	石棉纤维/30 份	8.46	13.44	599	419
NBR	芳纶纤维/8 份	10.80	12.15	641	587
EPDM	芳纶浆粕/10 份	4.01	3.98	317	252

为了减少纤维取向对绝热层力学性能的影响，在有些绝热层中则改用芳纶浆粕代替芳纶短纤维。芳纶浆粕是芳纶纤维的一个差别化品种，其化学结构与芳纶纤维相同，因此它保留了芳纶纤维的绝大部分优异性能，如耐热性、耐磨性和尺寸稳定性等性能，但由于其成型工艺的独特性又使其具有一些区别于芳纶纤维的特性。芳纶浆粕中纤维的平均长度为 2～4 mm，长径比为 60～120，表面氨基含量是芳纶纤维的 10 倍以上，易与其他聚合物形成氢键。此外，芳纶浆粕还具有很好的韧性，因此不论在如何剧烈的混合加工过程中都不会明显降低其长径比（如表 4 - 7 所示）。

（2）阻燃粉状填料

绝热层中可使用的阻燃粉状填料种类较多，按阻燃填料与被阻燃基材的关系，阻燃填料可分为添加型及反应型两大类。前者与基材中的其他组分不发生化学反应，只以物理方式分散于基材中；后者或者为高聚物的单体，或者作为辅助试剂而参与橡胶的化学交联反应，最后成为橡胶的结构单元。

按阻燃元素的种类，阻燃填料常分为卤系、有机磷系、卤—磷系、磷—氮系、锑系、铝—镁系、无机磷系、硼系、钼系等。前四类属于有机阻燃剂，后五类属于无机阻燃剂。目前绝热层中应用较多的是卤化物、有机磷、氧化锑、Al（OH）$_3$ 及硼酸锌等。

卤系阻燃剂主要是指含溴和含氯阻燃剂，包括脂肪族、脂环族、芳香族及芳香—脂肪族的含溴化合物，常用的含氯阻燃剂主要是氯化石蜡。溴系阻燃剂的优点在于对复合材料的力学性能几乎没有影响，而且与基材的相容性好，即使在苛刻的条件下也无析出现象。溴系阻燃剂的分解温度大多在 200～300 ℃，与橡胶的分解温度相匹配，因此能在最佳时刻，于气相及凝聚相同时起到阻燃作用[19]，阻燃效率高。溴系阻燃剂可以改善绝热层的烧蚀性能（如图 4-5 所示），缺点是燃烧时烟雾大，并且释放出来的卤化氢气体具有强腐蚀性，因此在精确制导武器中不宜使用添加卤系阻燃剂的绝热层。

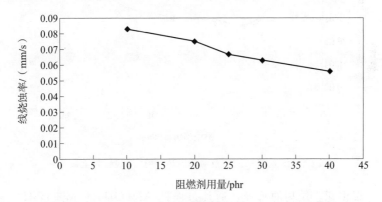

图 4-5　溴系阻燃剂对 EPDM 绝热层烧蚀性能的影响

磷系阻燃剂主要包括无机磷阻燃剂、膨胀型含磷阻燃剂、有机磷系阻燃剂、三嗪系阻燃剂等。高聚合度的 APP 是无机磷阻燃剂的典型品种，APP 的聚合度越高，阻燃效应越长久。膨胀型含磷阻燃剂是以磷、氮为主要阻燃元素的阻燃剂，由酸源、炭源和气源三部分组成。含有膨胀型含磷阻燃剂的高聚物受热分解或燃烧时，表面能生成一层均匀的多孔炭质泡沫层，可起到隔热、隔氧、阻燃和抑烟的作用。有机磷系阻燃剂中应用最多的是磷酸酯及其含卤衍生物，该类阻燃剂燃烧时生成的偏磷酸可形成稳定多聚体，覆盖于材料表面隔绝氧和可燃物，其阻燃效果优于溴化物，主要缺点是耐热性较差、挥发性较大。三嗪系阻燃剂主要是三聚氰胺及其衍生物，这类阻燃剂有多重反应功能，有优异的热稳定性、耐久性和耐候性，阻燃效果好，与高聚物相容性也好，得到了广泛应用[20]。

　　绝热层配方中添加适量磷系阻燃剂可以明显改善其烧蚀性能，但如果用量过多却会适得其反，因此必须控制阻燃剂的用量范围。图 4-6 给出了磷系阻燃剂对 EPDM 绝热层烧蚀性能的影响。

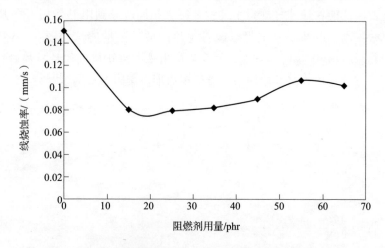

图 4-6　磷系阻燃剂用量对 EPDM 绝热层烧蚀性能的影响

　　根据化学结构的特征，通常习惯把 Al (OH)$_3$、Mg (OH)$_2$ 和 ZnBO$_3$ 等阻燃剂称为无机阻燃剂。无机阻燃剂的主要特点是在高聚物中添加量大（一般在 50% 以上），因此易导致绝热层加工性能和物理性能的下降。

4.2.2.4　工艺助剂

　　绝热层应具备良好的制备工艺，以获得均匀、柔软、光滑、尺寸稳定的绝热层片材。此外，绝热层还应具有良好的成型工艺，使片材在施工环境下易于粘贴。绝热层的这些工艺性能主要与基体材料相关，但添加适量的增塑剂、增粘树脂等工艺助剂也是获得良好工艺性能的重要手段。

（1）增塑剂

橡胶绝热层中加入增塑剂的主要作用是提高胶料的柔性，改善其加工性能。加入增塑剂后能降低橡胶绝热层粘度和弹性模量。

橡胶绝热层常用的增塑剂品种主要有：石油系增塑剂、脂肪系增塑剂和合成增塑剂。使用时要根据橡胶的极性特点选择合适的增塑剂品种，否则硫化后会由于相容性差而造成增塑剂析出。对有些要求具有高模量的绝热层，应在其加工性能满足生产要求的前提下尽量减少增塑剂的用量。

（2）增粘树脂

针对 EPDM、硅橡胶等非极性、难粘橡胶材料，常在配方中加入增粘树脂来改善其粘贴工艺，提高界面粘接强度。橡胶绝热层常用的增粘树脂有酚醛树脂、松香等。此外，有些增塑剂品种同时也是增粘剂，如古马隆树脂等。

4.2.3.5　硫化交联体系

对内绝热层来说，确定一个合适的交联体系也是配方设计的一项重要内容。交联体系主要包括硫化剂和促进剂。交联剂品种与橡胶工业所用的交联剂相同，关键是要根据基体的硫化特性和材料的热历程来选择硫化剂和促进剂的种类和用量，使制得的壳体绝热层硫化程度适宜，具有理想的力学性能和抗老化性能。

绝热材料加工中的热历程取决于制备和施工工艺，但一种绝热层不可能只在一种工艺条件下应用，例如，既可能随壳体的固化而完成硫化，也可能是经过模压预成型成为绝热层部件（如前、后人工脱粘层）粘贴到芯模上以后，再经受一次壳体固化的热历程；既可能用于小型壳体，经受的热过程较短，也可能用于大型壳体，经受的热过程较长。所以，在选择促进剂时应考虑尽量增加硫化曲线的平坦性，使壳体绝热层在多种工艺条件下都能获得良好的力学性能，同时要防止硫化剂的喷出。

不同的橡胶品种采用不同的硫化体系，常用的硫化剂品种是过氧化物和硫磺。一般情况下，过氧化物硫化剂可以单独使用，而硫磺则需要配合促进剂使用。促进剂品种包括二硫代氨基甲酸盐类、秋兰姆类、噻唑类、硫脲类等。

4.2.3.6　防老剂

橡胶种类不同，其在氧、臭氧、光、热、机械应力及微生物作用下发生的老化行为亦不同，但本质上都是降解和交联这两类反应。为了防止绝热层生胶和硫化胶在贮存和使用过程中力学性能逐渐恶化，常在配方中加入适量防老剂。由于一种防老剂往往不能防止多种因素所引起的各种老化问题，而且每一种防老剂其作用范围有限，因此需要根据生胶的结构、硫化胶的使用条件，以及重点防护的老化类型，选择一定种类的防老剂并用。

在选择防老剂时除能保证延缓橡胶老化外，最好还能满足无毒、挥发性小、不降低硫化速度、与橡胶混溶性好、不易被工作介质抽出等要求。常用的防老剂主要包括胺类和酚类，如伯芳胺、仲芳胺、二元芳胺、取代酚和多元酚等。

4.2.3　绝热层的基本性能及表征方法

4.2.3.1　密度

壳体内绝热层是发动机消极质量的一个重要部分，对复合材料壳体而言，其质量通常要占壳体总质量的 $15\% \sim 30\%$，发动机的消极质量对其总体性能有着相当大的影响，特别是顶级发动机或卫星的星上发动机。因此壳体内绝热层的密度是一项重要的技术指标，一般要求绝热层密度应尽可能地小。

绝热层材料的密度测定方法依据的是阿基米德原理，根据试样在空气和液体介质中质量由计算得到，通常以液体石蜡作为试验介质，测试温度一般为 $20\,℃ \pm 2\,℃$ 或 $25\,℃ \pm 2\,℃$。由于液体石蜡的密度约为 $0.85\ \mathrm{g/cm^3}$，因此该方法只适用于密度大于 $0.85\ \mathrm{g/cm^3}$ 绝热材料的密度测定。当绝热材料的密度小于 $0.85\ \mathrm{g/cm^3}$ 时，需选择密度更小的介质。

4.2.3.2　烧蚀性能

烧蚀性能是固体火箭发动机内绝热层的一项最重要的技术指标，是表征绝热层在高温、高压、高速燃气流作用下抗烧蚀能力的重要参数。绝热层烧蚀率低，可以减小绝热层的厚度，提高发动机质量比。烧蚀性能的优劣直接影响到固体火箭发动机工作的成败。

评定绝热层材料烧蚀性能的方法通常为静态试验方法和动态试验方法。

（1）静态试验方法

绝热层的静态烧蚀试验方法主要有氧—乙炔烧蚀法、等离子电弧法、热辐射法等，此类方法无法模拟真实发动机高温、高压的环境和燃气流成分，主要用于绝热层配方的前期筛选。

①氧—乙炔烧蚀法

氧—乙炔烧蚀试验方法是目前常用的静态烧蚀试验方法。该方法以氧气和乙炔高温燃气流代替推进剂燃气流喷射于绝热层试样表面，以测定其烧蚀率和背温。试验通常在特定条件下进行，试样面积、厚度、喷嘴与试样间的距离、冲击角度、烧蚀时间、氧气和乙炔气的压强及流量比等参数均为事先设定。氧—乙炔烧蚀试验方法设备简单、过程迅速、成本低，因此是评估绝热层烧蚀性能的常用方法，但缺点是其燃气成分、温度、气流速度均与发动机中绝热层的实际环境有差异，火焰条件不易控制，只能作为在固定的热通量范围内进行绝热层配方筛选和生产阶段绝热层质量控制的手段。

绝热层烧蚀率的表示方法包括线烧蚀率和质量烧蚀率两种，计算方法分别如式（4-1）和式（4-2）所示。

$$r = (h_0 - h_t)/t \qquad\qquad (4-1)$$

式中　r——线烧蚀率（mm/s）；

　　　h_0——绝热层试样原始厚度（mm）；

　　　h_t——绝热层试样烧蚀后厚度（mm）；

　　　t——烧蚀时间（s）。

$$r_m = (m_0 - m_t)/t \tag{4-2}$$

式中　r_m——质量烧蚀率（g/s）；

　　　m_0——绝热层试样原始质量（g）；

　　　m_t——绝热层试样烧蚀后质量（g）；

　　　t——烧蚀时间（s）。

由于氧—乙炔烧蚀试验方法不同，其试验条件（喷嘴直径、烧蚀距离、烧蚀角度）和试样尺寸亦不同，需根据具体试验方法确定。常用的烧蚀试样尺寸为Φ30 mm×10 mm，烧蚀时喷嘴直径为2 mm，烧蚀距离为10 mm，烧蚀角度为90°。

氧—乙炔烧蚀机试验装置如图4-7所示。

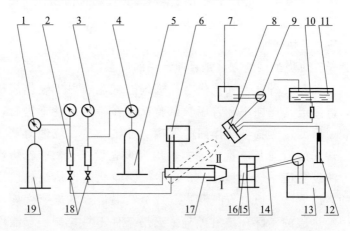

图4-7　氧—乙炔烧蚀机试验装置示意图

1—氧气减压阀；2—流量计；3—压力表；4—乙炔减压阀；5—乙炔气瓶；

6—单片机；7—电位差计；8—水冷量热器；9—冷端补偿器；10—流量计；

11—高位水箱；12—量筒；13—电位差计；14—镍铬—康铜热电偶；

15—水冷试样盒；16—试样；17—烧蚀枪；18—调节阀；19—氧气瓶；

Ⅰ—烧蚀位置；Ⅱ—测量热流位置

②等离子电弧法

等离子电弧法是以等离子射流为热源，对材料进行烧蚀的试验方法。该方法适用于固体火箭发动机用碳/碳复合材料、难熔金属及高温陶瓷等烧蚀材料的烧蚀试验。

等离子电弧法采用直流压缩电弧将氩氢或氮氢气体电离，产生电荷量相等的电子和离子束流。当束流内电子和离子再度复合时，放出巨大热能，由此产生的高温、高速喷射焰流对耐烧蚀材料表面进行烧蚀。由于等离子射流具有温度高、速度快、气氛可控、热流密度大等优点，主要用于对烧蚀性能较好的材料进行性能表征。

（2）动态烧蚀试验方法

动态烧蚀试验方法包括弯管烧蚀试验、富氧环境烧蚀试验、高温粒子冲蚀试验和模拟发动机试验，这些方法更接近真实发动机的工作状态。

①弯管烧蚀试验[21]

弯管烧蚀试验发动机的结构如图 4 - 8 所示。该方法通过试验器的结构设计，将推进剂的燃气流和高温金属粒子聚集于绝热层表面，可用于研究绝热层在极端恶劣环境下的烧蚀状况。

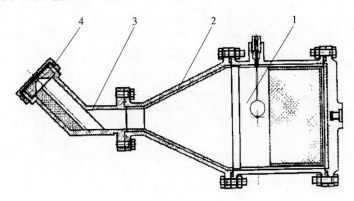

图 4 - 8　弯管烧蚀试验发动机

1—燃气发生器；2—收缩管；3—烧蚀试验段；4—喷管组件

②富氧环境烧蚀试验[22]

富氧环境烧蚀试验装置如图 4 - 9 所示。该方法用常规燃气发生器产生的燃气，与补进的氧气（氮气）、空气混合，通过控制流量，模拟固冲发动机补燃室内的压强、流量、燃气温度和富氧度等参数。

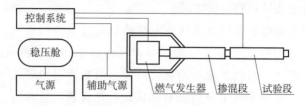

图 4 - 9　富氧环境烧蚀试验装置

③高温粒子冲蚀试验[23]

高温粒子冲蚀试验是利用以煤气与氧气为燃料的小型液体发动机对烧蚀材料进行烧蚀和绝热特性表征，可用于初始筛选和开发不同材料在相同条件下的烧蚀性能。在发动机工作过程中，将 Al_2O_3 粒子加入到羽焰中来模拟固体火箭发动机含金属粒子的出口羽流。试验环境中热通量测量范围为 $454 \sim 14\ 200\ kW/m^2$，火焰温度大约为 $2\ 200\ ℃$，带固体粒子的排出速度大约是 $2\ 000\ m/s$；最大热流量为 $1\ 250\ Btu \cdot ft^{-2} \cdot s^{-1}$（$14\ 206\ kW/m^2$），位于距喷管出口 $5.08\ cm$（2英寸）的位置；最小热流量大约为 $40\ Btu \cdot ft^{-2} \cdot s^{-1}$（$454\ kW/m^2$）。将烧蚀试样放置在试验发动机喷管出口锥下游的一个固定架内，固定架可以调整轴向距离与羽焰中心线相对的冲刷角度，一般采用 $90°$冲刷角度。通过高温粒子冲蚀试验可以获得：烧蚀率、残留质量比、试样背面的最大温升、达到最大温升所需的时间、表面温度等。

④模拟发动机试验

模拟发动机试验是采用与全尺寸发动机相同或类似的结构设计，按比例缩小后完成绝热、包覆、装药，再进行发动机试车考核，评估绝热层材料的烧蚀性能。该方法可以更真实地反映发动机的实际工作状态，通过选用不同的推进剂可以改变试验的燃温和铝粉粒子含量等条件，试验所需的压强则通过喉衬直径的设计来实现。图 4 - 10 为模拟烧蚀发动机的绝热示意图。

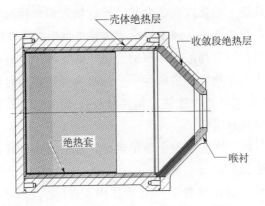

图 4 - 10　模拟烧蚀发动机的绝热示意图

4.2.3.3　力学性能

　　绝热层的力学性能应与推进剂相匹配，推进剂药柱在贮存和使用过程中要承受各种应力，如贮存时因环境温度变化而产生的热应力，因推进剂药柱自身的质量或装药结构产生的应力，以及在运输、发动机点火、导弹飞行等过程中所承受的振动、冲击应力。因此，绝热层应具有较高的抗拉强度和断裂伸长率，且模量适中，以防止推进剂药柱在应力作用下开裂损坏。绝热层的力学性能测试项目主要包括：抗拉强度、伸长率和模量等。

　　内绝热层的力学性能采用拉伸试验方法进行测试，可按具体要求选取不同的试件尺寸、试验温度和拉伸速度，一般可采用橡胶材料的拉伸试验方法。

4.2.3.4　化学相容性

　　绝热层对壳体应无腐蚀作用，与壳体、衬层、推进剂具有良好的相容性，包括化学相容性和物理相容性。化学相容性是指绝热层的成分与推进剂成分之间不发生化学反应，不影响推进剂的化学安定性。物理相容性主要是指绝热层的成分或推进剂成分之间的迁移，包括绝热层的液体组分向推进剂迁移和推进剂的液体组分向绝热层迁移。由于组分迁移引起推进剂力学性能和燃烧性能的变化，以及绝热层烧蚀性能、粘接性能的变化，所以物理相容性问题有时往往比化学相容性更为严重。通常要求固体推进剂至少可以贮存 $10\sim20$ 年，但经常存在达不到贮存年限的情况，这并不一定是由于药柱组分老化或是化学不相容产生的问题，而是由于物理相容不好造成的（如小分子增塑剂由药柱迁移至相邻材料）。因此，应防止绝热层与推进剂之间组分的迁移。

绝热层材料与推进剂的化学相容性，常采用热分析技术进行研究，具体方法如下：

首先将推进剂试样置于热分析仪内，以 $5\ ℃/min$ 的速率升温，测得其分解放热峰温度（T_p），再以绝热材料和推进剂（$1:1$）的混合样品于同样条件下测得试样的放热峰温度（T_{mix}），并按下式求得绝热材料试样与混合物试样的放热分解峰温差（ΔT）

$$\Delta T = T_p - T_{mix} \qquad\qquad (4-3)$$

若 $\Delta T \leqslant 2\ ℃$ 时，则认为绝热层与推进剂化学相容；若 $3\ ℃ \leqslant \Delta T \leqslant 5\ ℃$ 时，则认为微敏感，可短期内使用；若 $6\ ℃ \leqslant \Delta T \leqslant 15\ ℃$ 时，则认为敏感；$\Delta T > 15\ ℃$ 时，为危险[24]。

4.2.3.5　热性能

绝热层的热性能包括热导率、比热和线膨胀系数等。

绝热层的热导率应尽可能小，而比热应尽可能大，这样发动机在工作过程中才能有效阻止热流穿过绝热层向壳体传递，防止壳体过热失强或损伤电子器件。

绝热层的线膨胀系数应尽量与壳体、推进剂相适应，以减少发动机在温度交变环境中运输和贮存时的界面粘接应力。

热导率和比热可采用准稳态法测定；线膨胀系数通常利用静态热机械分析仪测定。

4.2.3.6　老化性能

内绝热层应具有良好的抗老化性能，一般来说，至少 $7\sim10$ 年内绝热层性能应无明显变化。一般采用高温加速老化试验对绝热层的老化性能进行研究。

　　试验前应根据材料性能选取老化试验的温度点，一般不少于四个，各温度点下的老化试验时间一般应延续到试件的老化性能评定指标下降到规定的极限值以下为止，每个老化温度下的取样次数不少于 8 次；取样时间间隔一般前期要短，以后逐渐加长；高温下时间间隔短，低温下时间间隔长。

4.2.3.7　工艺性能

　　内绝热层应具备良好的工艺性能，包括由原材料制备绝热层时的制备工艺性能，以及将绝热层施工于燃烧室内壁时的施工工艺性能。为了保证发动机内绝热层的成型质量，要求绝热层的制作工艺不能太复杂，施工条件要易于控制，以保证产品质量的稳定性。绝热层的成分要求无毒性、无腐蚀性，施工应尽量采取机械化、自动化。此外，绝热层硫化温度应适宜，以防止热处理后的金属壳体性能下降或复合材料壳体基体的降解。

　　表征绝热层工艺性能的参数主要有：未硫化胶的门尼粘度、焦烧性能和正硫化时间等。

　　（1）门尼粘度

　　门尼粘度是表征与控制橡胶加工性能的参数，但应特别注意的是，即使门尼粘度相近、平均相对分子质量也相近的同种橡胶，由于相对分子质量分布与支化情况的不同，也将会表现出极为不同的加工性能。因此，在评价橡胶加工性能时，不仅要在加工过程的切变速率下测定门尼粘度值，还要测定最大松弛时间。最大松弛时间可在低速门尼粘度计上进行测定。

　　（2）硫化特性

　　一般采用硫化仪测定橡胶绝热层的硫化曲线，从硫化曲线上可获得焦烧时间、最大扭矩、最小扭矩和正硫化时间等工艺参数。硫化仪的试验结果与传统物理性能，如定伸应力、门尼粘度和焦烧试验结果具有比较好的相关性，最大扭矩和最小扭矩的差值还可用于表征硫化胶的交联密度。

　　绝热层厚制品在硫化时由于各部位热传导的不同，温度差别很大，利用硫化仪就可以近似模拟胶料的实际硫化过程，为确定生产工艺条件提供依据。

4.2.4　绝热层性能调节技术

4.2.4.1　降低密度

　　由于壳体内绝热层是发动机消极质量的一个重要组成部分，因此降低内绝热层的密度具有十分重要的现实意义。常用的降低绝热层密度的技术途径主要是选用低密度基材，选用低密度、高效功能助剂，添加中空填料等。但是，由于橡胶和各种助剂本身的密度限制，加上发动机对绝热层提出的各种技术指标要求，因此不能一味地降低绝热层的密度。比如，常用的普通 EPDM 绝热层的密度约为 $1.03\ \mathrm{g/cm^3}$，通过选用低密度功能助剂可使绝热层密度降至 $0.94\ \mathrm{g/cm^3}$ 左右，若想进一步降低绝热层的密度，则需通过添加空心微珠等中空填料来实现。需注意的是，中空填料的加入会破坏橡胶材料本身的连续性，从而对材料的力学性能和烧蚀性能带来不利影响。而且，在将空心微珠掺入基材时要采用特殊的工艺方法，因为普通的炼胶工艺、出片工艺和模压硫化工艺会破坏空心微珠等中空填料的完整性，使其不能充分发挥降低密度的作用。此外，在使用中空填料时还要关注其对绝热层材料气密性的影响。

4.2.4.2　提高耐烧蚀性能

　　绝热层的烧蚀性能主要取决于基材和耐烧蚀填料，基材在高温下的烧蚀行为对炭层形态有一定影响，而添加耐烧蚀纤维和粉状阻燃填料则是进一步提高材料耐烧蚀性能的主要技术途径。纤维填料本身具有较好的耐高温性能，而且对烧蚀炭层有明显的加固作用，可以减少基体材料的进一步烧蚀。粉状阻燃填料则是通过自身分解来改变基材炭层结构，以及通过生成气体等方式起到隔热、隔氧、阻燃、冷却和抑烟的作用。在绝热层配方中，耐烧蚀纤维和粉状阻燃填料经常是同时使用的，而耐烧蚀纤维对提高绝热层材料的抗冲刷性能具有更明显的作用。一般来讲，为了保证绝热层具备良好的力学性能和工艺性能，绝热层中的耐烧蚀纤维用量不宜过多（约为3%～6%），但是在烧蚀环境恶劣的发动机中使用的耐烧蚀、抗冲刷绝热层，其配方中的耐烧蚀纤维用量往往会成倍增加（有时会达到10%～20%），此时绝热层的力学性能，特别是伸长率将显著降低，甚至低于100%以下，同时也会对工艺性能产生不利影响。因此，在确定绝热层配方时，要根据具体的工作环境来选择合适的基材和耐烧蚀填料的品种及用量，在一种材料不能全面满足指标要求时，也可以根据不同工作部位的不同要求选择几种绝热层材料同时使用。

4.3　固体火箭发动机衬层

4.3.1　衬层的发展概况

固体火箭发动机衬层技术的发展历程与复合固体推进剂技术的发展历程密切相关。当复合固体推进剂逐步从 PS 推进剂、PU 推进剂、PBAA 推进剂、CTPB 推进剂发展为 HTPB 推进剂，再到今天研究十分活跃的 NEPE 推进剂的发展历程中，衬层的发展也经历了相似的历程。

根据粘合剂的分类，衬层主要有 CTPB 衬层和 HTPB 衬层、辐射固化型衬层等。

（1）CTPB 衬层

战略、战术导弹固体火箭发动机采用 CTPB 推进剂时，为提高界面粘接性能和粘接可靠性，一般采用 CTPB 衬层。如美国陆基战略导弹民兵-3 的一级发动机采用了粘接性能优良的 CTPB 型 UF-2121 衬层，该衬层配方采用氮丙啶化合物作为固化剂[25]；民兵-3的二级和三级发动机也同样采用了以氮丙啶化合物（TMAT 和 MAPO）作为固化剂的 CTPB 型 SD-851-2 衬层[26-27]。由于采用氮丙啶类化合物固化的 CTPB 衬层的水解稳定性较差，又容易被氧化，所以 CTPB 衬层已逐渐被贮存稳定性更优的 HTPB 衬层所取代。

（2）HTPB 衬层

由于价格低廉，且具有优良的力学性能和工艺性能及较高的能量水平，HTPB 推进剂已被广泛应用于战略、战术导弹和航天类固体火箭发动机，与之配套的 HTPB 衬层的研究和应用也非常广泛。阿里安 - 5 大型固体助推器即采用了 HTPB 衬层[28]，该衬层与 HTPB 推进剂和 EPDM 绝热层的粘接性优良，粘接抗拉强度分别达到了 0.7 MPa 和 2 MPa。在 HTPB 衬层技术的发展历程中，先后研制成功了室温固化型的 HTPB 衬层[29]、无溶剂喷涂型的 HTPB 衬层[30]和触变型的 HTPB 衬层等[31-32]。特别是触变型 HTPB 衬层，不仅具有优良的粘接性能，而且衬层料浆在合适的厚度下，应用于非水平表面，在自重力作用下不会流淌，非常适合于静止预固化的包覆工艺。

（3）辐射固化型衬层

通常，衬层在浇注推进剂前必须进行预固化，预固化时间可长达 20 h 以上[33]，其固化程度必须满足推进剂浇注工艺的要求，即在推进剂真空浇注条件下衬层不流挂、不堆积、不鼓泡。因此，发动机燃烧室衬层准备过程的时间较长。为了缩短衬层的准备时间，提高效率，已成功研制出了适用于固体火箭发动机的紫外光辐射-热固化型衬层[34-37]。该类衬层含有可紫外光固化的丙烯酸酯类化合物和可热固化的 HTPB/多异氰酸酯类化合物。首先，在紫外光照射下，丙烯酸酯类化合物快速固化至适合于推进剂浇注的半固化状态，而后在推进剂固化期间，衬层表面的－OH 基和－NCO 基分别与推进剂粘合剂中的－NCO 基和－OH 基反应，实现推进剂与衬层的化学粘接。同时，HTPB 与多异氰酸酯反应，形成 PU 与聚丙烯酸酯的互穿网络衬层体系。该类衬层不仅预固化速度快，具有良好的力学性能，而且与 HTPB 推进剂和钢具有良好的粘接性能。

按功能特性分类，衬层又可分为低特征信号衬层、可检测衬层、绝热一体化衬层等。

(1) 低特征信号衬层

传统的战略、战术导弹固体火箭发动机工作过程产生的燃烧产物中含有大量的烟，以及可见光、红外线、激光、紫外线等各种能量辐射信号，它们不仅会暴露导弹的运行轨迹，易被敌方的侦察设备发现，降低导弹的突防能力和战地生存能力，而且还容易导致自身导航装置的失灵。衬层的燃烧产物也是发动机羽流信号的来源之一，低特征信号衬层的应用，对降低发动机的羽流信号，提高导弹的突防能力和生存能力具有重要意义。为此，国内外竞相开展了低特征信号衬层的研制[31,38-42]。为降低衬层的特征信号，粘合剂一般选用主链含氧量较高的预聚物，如 HTPE、HTCE 等，并配合使用双腈胺、AN、草酰胺、聚甲醛、脲素等填料。国内选用 HTPB 作为粘合剂，选用适当的消烟、抑烟填料，已研制出适用于 NEPE 推进剂的低特征信号衬层。这种低特征信号衬层，与 NEPE 低特征信号推进剂和壳体材料、EPDM 绝热材料具有优良的粘接性能。

(2) 可检测衬层

固体火箭发动机中衬层的厚度控制和衬层/推进剂界面粘接情况的检测是非常重要的。为了有助于 X 光检测衬层/推进剂界面的粘接缺陷，已研制出含高密度金属粉的衬层[43]，金属粉为粒径不大于 40 μm 的钨、铅或铀等，并开发出了一种相应可标识技术[44]，该技术采用可视或紫外线、荧光方法检测衬层的平均厚度，可应用于包覆过程中衬层厚度的控制。

(3) 绝热一体化衬层

绝热层是固体火箭发动机工作过程中保护壳体免受高温、高速燃气作用的隔热耐烧蚀材料，在发动机中的成型工艺较复杂，而衬层则是绝热层与推进剂粘接的中间层。为了简化固体火箭发动机的装药结构和成型工艺，已先后研制出料浆粘度低、可喷涂或刷涂的耐烧蚀衬层[45]；含粘接促进剂、可硫化的固体火箭发动机绝热衬层一体化弹性体；选用多聚磷酸酯低聚物，研制出了 HTPB 基限燃层/衬层[46]。这类材料的共同特点是，既具有良好的粘接性能，又具有良好的耐烧蚀性和隔热性。

4.3.2　衬层技术基础

衬层实质上是一种结构胶粘剂。粘接是一项多学科性的问题，涉及聚合物化学、表面物理化学、热力学、材料力学、结构力学等领域，粘接过程又是一个非常复杂的物理、化学过程，加之其粘接对象——推进剂和绝热材料的特殊性，使得衬层及界面粘接技术的研究内容非常广泛，既有胶粘剂研究关注的界面化学反应和物理作用，又有复合材料研究中关注的基体与填料间的界面作用，以及复合材料之间的组分迁移问题，而且粘接技术的发展与复合固体推进剂技术和绝热材料技术的发展密不可分。

所有的粘接现象都是界面结构（包括分子或原子和微区等）间相互作用的结果。由于界面现象很复杂，近60年来，关于界面作用机理的研究一直比较活跃，先后提出了多种界面作用理论[47]，每种理论都有实验数据支持，也能解释一定的界面现象。较为重要的理论有以下几种。

（1）浸润性理论

浸润性理论认为[48]，浸润是形成良好界面的基本条件之一。要获得良好的粘接，胶粘剂与被粘物必须紧密接触，消除界面缺陷或使之最小化。当胶粘剂能自发地在被粘物表面扩散时，就可获得紧密接触。评价良好润湿的判据为：胶粘剂的表面张力低于被粘物的临界润湿表面张力[49]。当胶粘剂与被粘物之间有很好的浸润性时，即使二者只有物理吸附作用，所获得的粘接强度也能超过被粘物的内聚能。虽然良好的浸润性有利于增大两相界面的有效接触面积[50]，提高粘接强度，但浸润性并非实现界面粘接的唯一条件。实际上，粘接体系中除润湿作用外，还存在其他产生良好粘接的因素[51]。

（2）化学键理论

化学键理论是应用较广，也是应用较为成功的界面作用理论之

—[49,52-57]。要使两相间实现有效、可靠的粘接，胶粘剂与被粘物的表面必须具有能相互发生化学反应的活性官能团，通过官能团间的反应形成化学键结合的两相界面。若两相界面之间不能直接进行化学反应，也可通过基体与填料的架桥剂——偶联剂（或称键合剂）的媒介作用，以化学键相结合（如图 4 - 11 所示），同样可获得良好的界面粘接效果。

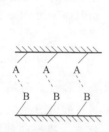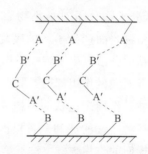

(a) 两相界面发生化学反应　　(b) 两相界面通过偶联剂以化学键相结合

图 4 - 11　界面的化学反应

(3) 弱边界层理论

弱边界层理论认为[58]：适当的粘接件产生后，其断裂发生在内聚能较弱的材料内部，既可能发生在被粘物中，也可能发生在胶粘剂中。但是粘接破坏并非总是发生在胶粘剂或被粘物中，也有界面破坏的情况。弱界面层在下列情况下对粘接起破坏作用[59]：

1) 低分子物在胶粘剂中有渗析过程，通过渗析过程迁移到粘接界面区，甚至在界面区域富集；

2) 低分子物对被粘物表面具有比胶粘剂更强的吸附力，使被粘物表面产生新的吸附平衡，并形成低分子物吸附层，对胶粘剂分子起解吸附作用。

形成弱界面层后，粘接力显著下降，粘接接头在外力作用下遭到破坏的过程必然发生在弱界面层。

产生弱界面层的过程实际上是低分子物质解吸界面区域胶粘剂分子的过程，因此，通过化学反应或通过静电力、扩散作用产生粘接力的接头不会存在弱界面层。弱界面层只有在下述三种情况同时存在时才能产生：

1）胶粘剂与被粘物间的粘接力主要来源于分子间力的作用，即主要来源于物理吸附。

2）低分子物质在胶粘剂或被粘物中有渗析行为。通过渗析作用，低分子物迁移到界面形成富集区。

3）低分子物分子对被粘物表面具有比胶粘剂分子更强的吸附力，使被粘物表面产生了新的吸附平衡，并形成了低分子物质吸附层，对胶粘剂分子发生了解吸附作用。

（4）界面酸碱作用理论[60-65]

界面酸碱作用理论认为，构成聚合物基复合材料的填料和聚合物基体可视为广义的酸和碱，根据基体和填料酸碱分量的大小可以预估两相界面的作用强弱（详见第 2 章），提出改进界面粘接性能的技术途径。

（5）机械模型理论[49]

机械模型理论认为：粘接是由于胶粘剂在粗糙基材上固化后在界面区域产生啮合力引起的。近年来，该理论又有了新的发展，认为是由于粗糙基材表面的凹凸之处被胶粘剂充填、润湿，胶粘剂固化后在界面区域形成物理镶嵌作用而有利于粘结，否则，未被润湿的部分就会变成开裂的起始点。但界面的机械作用并不是产生粘接力的原因，而是提高粘接强度的一种方法。

（6）扩散粘接理论[49]

扩散粘接理论又称为分子渗透理论，认为粘接起源于接触表面的分子扩散，扩散的结果是在基材和粘接剂之间形成一个过渡层，即界面层。在该理论中，用立体界面代替了平面界面，构成这一粘接体材料的溶解性是获得优良粘接强度的一个首要条件。

（7）配位键理论[65-66]

粘接界面的配位键是指胶粘剂与被粘物在粘接界面上由胶粘剂提供电子对，被粘物提供接受电子对的空轨道，从而形成粘接界面的空轨道。配位键理论认为粘接界面的配位键（包括氢键）是粘接力最普遍、最主要的来源，以配位键力结合是大多数粘接接头产生粘接力的主要贡献者。将 X 射线光电子能谱和离子溅射刻蚀技术相结合，已证实环氧胶粘剂与钢和 Al_2O_3 粘接的粘接界面存在配位键。粘接的配位键理论不但可以解释其他粘接理论难以解释的粘接现象，如解释聚四氟乙烯的难粘性，而且还可以按照形成配位键的规律，改善胶粘剂的性能，提高粘接强度。

（8）吸附理论[67-70]

吸附理论认为，粘接力的主要来源是粘接体系中分子的作用力，胶粘剂与被粘物表面的粘附力与吸附力具有某种相同的性质，其作用力是胶粘剂和被粘物分子在界面层相互吸附产生的。产生粘接强度的过程可分为两个阶段：第一阶段，在粘接过程中，液态胶分子借助于微布朗运动向被粘物表面富集，并逐渐靠近被粘物表面；第二阶段，当胶粘剂分子与被粘物表面分子之间的距离接近或小于 10×10^{-10} m 时，次价键力开始起作用，这种作用随距离的缩短而增强。这两个阶段不能截然分开，在胶粘剂逐渐固化过程中往往同时进行。更为普遍的吸附理论认为，胶粘剂与被粘物之间的吸附，不仅有分子间的相互作用力——次价键力，还有原子间的相互作用力——主价键力，也就是吸附是物理作用与化学作用共同作用的结果。

（9）静电理论[71-74]

静电理论又叫双电层理论，认为在胶粘剂与被粘物接触的界面上形成双电层，由于静电的相互吸引而产生粘接。但双电层的静电吸引并不会产生足够的粘接力，甚至对粘接力的贡献是微不足道的。静电理论无法解释性能相同或相近的聚合物之间的粘接。

4.3.3　衬层的性能与要求

在固体火箭发动机中涉及衬层的粘接界面包括衬层/绝热层（含人工脱粘层）、衬层/壳体、衬层/推进剂三个界面，其中，衬层与壳体和绝热层（人工脱粘层）的界面粘接问题，是一个相对较简单的普通胶粘剂的粘接问题，而衬层/推进剂的粘接界面是在复合固体推进剂的固化过程中形成的，是非常特殊而复杂的界面，也是最薄弱的界面。

为防止推进剂浇注过程中衬层料浆发生流挂和堆积，确保衬层厚度的均匀性和良好的界面粘接质量，衬层必须经过预先固化，达到足够的强度和抗变形能力后（即半固化状态），才能浇注推进剂，并在推进剂的固化过程中实现衬层与推进剂的界面粘接（这是与一般胶粘剂的最大区别）。这种粘接实际上是用推进剂料浆粘接衬层，而推进剂料浆又是一个固体含量高达 70%～90% 的高粘稠体，反应性的粘合剂体系一般不超过 10%，推进剂的力学性能极易受外界因素的影响而低于设计的性能水平，从而形成推进剂弱界面层，降低界面粘接强度。因此，要获得可靠的衬层/推进剂粘接界面，衬层必须在具有适于推进剂粘接、良好的表面特性（如良好的润湿性，较强的物理作用、可反应性等）的同时，又不得对推进剂自身的固化产生明显的不利影响（这是一般胶粘剂技术不需要考虑的因素）。

虽然固体火箭发动机性能好坏的考核重点是固体推进剂的性能水平及发动机的弹道性能和运载能力，但是衬层相关界面粘接性能的优劣却直接影响固体火箭发动机中固体推进剂性能水平的正常发挥和固体火箭发动机工作的成败。因此，衬层在固体火箭发动机技术和推进剂技术研究中是非常重要和关键的内容，是固体火箭发动机研制和复合固体推进剂工程应用中必须首先要解决的一项关键技术。

固体火箭发动机燃烧室装药在生产、运输、贮存、飞行等全寿命周期内要承受多种载荷的作用，这些载荷包括推进剂固化降温引起的热应力、推进剂的自重力、环境温度交替变化产生的热应力、点火冲击、过载等，在这些载荷的作用下，衬层必须与相邻材料可靠粘接，同时还起着传递应力的作用。因此，对衬层的基本要求包括以下几方面：

1）与推进剂相容性（包括化学相容性和物理相容性）良好；

2）与推进剂和绝热层（和/或壳体）的粘接性能优良；

3）粘接界面的持续承载能力强；

4）力学性能适当；

5）抗老化性能良好；

6）工艺适应性良好。

4.3.3.1　相容性

衬层与推进剂直接粘接在一起，要求二者之间必须具有良好的相容性，包括具有良好的化学相容性和物理相容性。

推进剂是一种高固体填充的含能材料，含有大量的氧化剂、炸药和金属燃料。化学相容性是指衬层不得影响推进剂的热分解特性、化学安定性等。选择衬层材料时首先要考核衬层与推进剂的化学相容性，通常采用的考核方法有差热分析法、真空热安定法、电子能谱法等。

物理相容性主要包括两方面，一方面是指衬层与推进剂药浆的浸润性，这是形成良好粘接的基础；另一方面是指组分的迁移，包括推进剂中组分向衬层中的迁移和衬层中的组分向推进剂中的迁移。由于组分的迁移可能引起推进剂性能的变化，以及衬层界面粘接性能和衬层自身性能的变化，因此这个问题往往比化学相容性更为突出。一般推进剂至少可以贮存 10 年以上，但发动机装药的贮存寿命往往小于推进剂的贮存寿命，这其中的一个重要原因就是界面区域组分迁移导致的推进剂和衬层材料性能的劣化，以及衬层/推进剂界面粘接性能的下降。因此，在确保良好粘接性能的前提下，需尽可能地抑制或降低界面区域组分的有害迁移。

4.3.3.2　粘接性能

粘接性能是衬层最主要，也是最关键的性能。衬层与推进剂、绝热层（人工脱粘层）或壳体之间的优良粘接性能是实现固体火箭发动机可靠工作的前提，衬层和推进剂界面之间的任何脱粘，很可能导致推进剂燃烧面非预期的扩大，燃烧室工作压强的不可控升高，最终导致固体火箭发动机工作失败，甚至发生爆炸。因此，在固体火箭发动机的设计指标中，对衬层的粘接性能要求非常高，它也是衬层研制过程中必须首先满足的关键指标。一般贴壁粘接式固体发动机要求衬层与绝热层或壳体材料的粘接强度不小于 1.5 MPa，衬层与推进剂的粘接强度不小于 0.6 MPa。

4.3.3.3　粘接持续承载能力

固体火箭发动机装药界面要承受固化降温、温度循环等过程中产生的热应力、推进剂自重力、冲击、振动等多种载荷的作用。为保证固体火箭发动机全寿命周期内装药界面粘接的完好，不仅要求衬层具有与推进剂和绝热层（或壳体）足够的初始粘接强度，还要求衬层粘接界面在多种载荷作用下不发生脱粘，即要求粘接界面具有良好的持续承载能力。

4.3.3.4　力学性能

在固体火箭发动机中，衬层也是一种承力材料，因此要求衬层具有合适的抗拉强度、断裂伸长率和弹性模量，具体的性能要求视与之配套的绝热材料和推进剂类型及装药结构而定，一般贴壁粘接式固体发动机要求衬层的抗拉强度不小于 1.5 MPa，断裂伸长率不小于 150%。

4.3.3.5　老化性能

老化是有机高分子材料普遍存在的现象。在长期的贮存过程中，有机聚合物的链段将发生降解或氧化交联，使材料的力学性能劣化，严重时将出现变硬、变脆、变软、发粘等现象。衬层也是一种高分子复合材料，为满足战略、战术导弹固体火箭发动机的设计寿命要求，衬层本身及其粘接界面必须具有良好的抗老化性能，理想状态是衬层及相关粘接界面的寿命大于固体火箭发动机装药贮存寿命。

4.3.3.6　工艺适应性

衬层多以稀浆的形式喷涂、刷涂或离心抛涂于发动机燃烧室壳体或绝热套的内表面，实际应用中具体选择何种成型工艺，需根据发动机装药的结构和尺寸大小、工艺条件确定。针对所选择的成型工艺，衬层料浆须具有良好的工艺适应性，包括适当的粘度和流变特性、足够长的料浆适用期，以满足相应的工艺实施要求。

衬层必须达到半固化状态后才能进行装药工装和模具的装配，以及推进剂的浇注，在此期间半固化衬层将不可避免地直接暴露在大气环境中。为确保良好的粘接性能，衬层必须具有足够长的粘接适用期和良好的环境适应性，以满足发动机装药工艺的要求。另一方面，衬层的后期固化是与推进剂的固化同时进行的，为缩短生产周期，降低发动机装药的固化降温热应力水平，一般要求衬层的固化温度不高于推进剂的固化温度，固化时间不长于推进剂的固化时间。

4.3.3.7　其他性能

（1）玻璃化温度

固体火箭发动机的工作温度范围较宽，特别是战术固体火箭发动机的工作温度范围更宽，一般要求在 $-40 \sim +60$ ℃范围内可靠工作，甚至某些发动机的可靠工作温度范围要求拓宽至 $-55 \sim +70$ ℃。因此，一般要求战术固体火箭发动机衬层具有较低的玻璃化温度，如不高于 -50 ℃。

（2）线膨胀系数

一般来说，材料均具有热胀冷缩的特性。为降低固体发动机装药界面的热应力，理想的状态是壳体材料、绝热层、衬层和推进剂的线膨胀系数相同或相近。但是，这几种材料的组成、性质和性能要求差别很大，线膨胀系数存在数量级的差异，其中衬层的线膨胀系数往往是最大的。由于固体发动机中衬层厚度较小，一般为 $0.5 \sim 1$ mm，所以通常不对衬层的线膨胀系数提出特殊要求。

（3）比热容和热导率

在固体火箭发动机中衬层还兼有保护壳体免受高温燃气直接作用的功能，特别是在无绝热层的区域，这一功能尤为突出。因此，比热容和热导率也是衬层设计时需要考虑的重要性能参数。

（4）密度

在固体火箭发动机中，衬层是一种消极质量，因此，要求其密度越小越好，一般要求不大于 $1.1\ g/cm^3$。

此外，一些高性能的战术固体火箭发动机和辅助动力源发动机还对衬层提出了一些特殊要求，如低特征信号固体火箭发动机往往要求衬层具有良好的低特征信号特性（如要求较高的红外、激光、可见光透过率等），以提高导弹的生存能力、突防能力和制导性能；有些辅助动力源发动机还要求衬层具有易烧蚀、低残渣等特性。

4.3.4 衬层的主要组分与功能

固体火箭发动机衬层是一种热固性粘弹性材料，一般由粘合剂、固化剂、网络调节剂、填料及其他功能助分组成。

（1）粘合剂

粘合剂的特性决定了衬层的主要性能。用于衬层的粘合剂一般是玻璃化温度较低、含多官能团的液体聚合物，常用的粘合剂有 HTPB、CTPB、PS、CTBN、HTBN、HTPE、HTCE 等。由于具有优异的力学性能和较低的玻璃化温度，且具有原料易得、价格低廉、工艺性能可调性好等优点，HTPB 是目前衬层普遍采用的一种粘合剂。

（2）固化剂

用于衬层的固化剂是根据所选择的粘合剂的类型确定的。用于 HTPB、CTBN、HTPE、HTCE 粘合剂的固化剂一般为多异氰酸酯，常用的有 TDI、IPDI、DDI 等；用于 CTPB、CTBN 的固化剂多为环氧树脂（如 E618 等）、多官能团的氮丙啶化合物 MAPO、HX-752、HX-868 等。

（3）粘接促进剂

粘接促进剂一般为推进剂中氧化剂的有效键合剂[54,75-79]。粘接促进剂的主要作用是增强衬层与推进剂中固体填料粒子界面的作用力，改善衬层/推进剂界面的脱湿状态，提高界面粘接强度。复合固体推进剂中含有大量的 AP、HMX、RDX 等固体填料，这些填料一般与粘合剂基体（如 HTPB、CTPB、PET、PEG、GAP 等）界面的作用较弱，易出现脱湿现象。如果不含粘接促进剂,衬层受力时衬层/推进剂界面易遭到破坏(如图4-12所示),衬层表面存在明显的脱湿空洞,在界面推进剂表面则裸露出大量的氧化剂粒子。因此,加入粘接促进剂,增强衬层与推进剂中氧化剂粒子的界面作用,对提高衬层/推进剂界面的粘接强度,改善界面粘接状态是非常重要的。

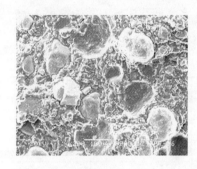 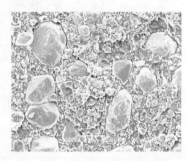

(a) 衬层表面　　　　　　　　(b) 界面推进剂表面

图4-12　无粘接促进剂的衬层/推进剂遭到破坏的界面(放大200倍)

适用于含AP推进剂衬层的粘接促进剂主要有醇胺类化合物和氮丙啶类化合物(如MAPO、HX-752、HX-868等);适用于含HMX、RDX推进剂衬层的粘接促进剂主要有醇胺类化合物(如TEA)、海因类化合物(如二羟基乙基二甲基己内酰胺)和中性聚合物键合剂(如BAG-22、BAG-100)等,其中BAG-100和BAG-22是针对NEPE推进剂和HTPB/TDI衬层的配方特点而设计的粘接促进剂(见表4-8)。

表4-8　粘接促进剂对衬层/推进剂界面性能的影响

键合剂	无	BAG-22	BAG-100
粘接强度/MPa	0.38	0.61	0.97
推进剂强度/MPa	0.54	0.54	0.86
破坏方式	衬层/推进剂界面破坏	推进剂内聚破坏	推进剂内聚破坏

(4) 网络调节剂

为了使衬层具有合适的力学性能和网络结构,一般通过加入网络调节剂来达到提高衬层力学性能和调节网络结构的目的。例如，为了提高 HTPB 衬层的断裂伸长率，一般加入二元醇类扩链剂（如乙二醇、1，4 - 丁二醇、Isonol c - 100 等）；为了提高衬层的抗拉强度，一般加入二官能团以上的多元醇（如 TMP 等）或含苯环的二元醇（如 Isonol c - 100 等）；为了提高衬层的交联密度，一般加入二官能团以上的多元醇（如 TMP 等）、多元胺或多异氰酸酯。表 4 - 9 为 Isonol c - 100 对提高 HTPB/TDI 衬层力学性能的效果。

表 4 - 9　Isonol c - 100 提高 HTPB/TDI 衬层力学性能的效果

Isonsol 含量/%	σ_m/MPa	ε_b/%	E/MPa
0	1.18	347.93	1.04
2	1.47	486.17	1.36
4	4.06	717.07	2.23
10	10.35	609.55	7.44

（5）填料

衬层中填料的作用主要包括：

1）提高衬层的力学性能；

2）赋予衬层料浆合适的工艺性能（如合适的粘度和流变性等）；

3）降低组分的迁移量；

4）减弱衬层的特征信号；

5）提高衬层的耐烧蚀性；

6）调节衬层的颜色。

按照功能分类，填料主要有以下 4 大类。

1）补强型填料：用于提高衬层的力学性能；常用的有沉淀法和气相法白炭黑（SiO_2）、补强炭黑、TiO_2、ZnO、$Al(OH)_3$ 等。由于比表面积大，表面含有大量的硅羟基，分散性好，白炭黑的补强效果非常显著（见表 4 - 10），可大幅度提高衬层的抗拉强度和弹性模量，对断裂伸长率也无明显的不利影响。

表 4-10　沉淀法白炭黑对 HTPB/TDI 衬层的补强效果

序号	SiO_2/%	σ_m/MPa	ε_b/%	E/MPa
1	0	2.10	508.87	1.50
2	2	2.54	491.30	1.71
3	4	2.95	450.10	2.16
4	8	3.71	523.53	2.49

2）工艺助剂型填料：用于调节衬层料浆的工艺性能，以获得合适的粘度和流变特性（如触变性）；常用的有沉淀法和气相法白炭黑、炭黑等。

3）消烟抑烟型填料：可以有效减弱衬层的特征信号，常用的有双腈胺、AN、草酰胺、聚甲醛、脲素等。

4）耐烧蚀型填料：如白炭黑、片状云母、Sb_2O_3、十溴联苯醚、ZnO 等。

（6）固化催化剂

为了缩短衬层的预固化时间，衬层中往往要加入固化催化剂。HTPB 衬层常用的固化催化剂主要有乙酰丙酮铁、有机锡类（如DBTDL、辛酸亚锡等）、三苯基铋等；CTPB 衬层常用的固化催化剂主要有乙酰丙酮铁、DMP-30 等。

（7）防老剂

衬层中加入防老剂是为了提高衬层抗老化性能和贮存寿命。HTPB 衬层常用的防老剂有受阻胺类和酚类，主要有防-H、甲叉4426-S 等，DLTP 也常用做辅助防老剂。

4.3.5　衬层主要性能的表征方法

固体火箭发动机衬层的主要性能包括力学性能（抗拉强度、断裂伸长率和弹性模量等）、粘接性能、密度、玻璃化温度、线膨胀系数、热导率、比热容等。

4.3.5.1　力学性能

衬层是一种结构材料，起着传递应力的作用。应用于固体火箭发动机的衬层必须具有合适的强度、伸长率、初始弹性模量或平衡模量。

抗拉强度、断裂伸长率、初始弹性模量的测试一般采用单向拉伸法，弹性模量测试采用定应力蠕变法，平衡模量测试采用应力松弛法。测试试件为哑铃型，试件厚度为（2.0±0.5）mm。

4.3.5.2　粘接性能

粘接性能是衬层最主要，也是最关键的性能，粘接性能的表征包括宏观性能的表征和微细观性能的表征。粘接界面的宏观性能的表征较为成熟[80-81]，而粘接界面微细观性能的表征仍处于探索研究阶段[82-87]。以下重点介绍宏观粘接性能的表征方法。

衬层的宏观粘接性能包括衬层与绝热层（含人工脱粘层）、衬层与壳体、衬层与推进剂等界面的粘接性能；根据施力方式的不同，衬层的宏观粘接性能又可分为单向抗拉强度、单搭接剪切强度、剥离强度等。随着固体火箭发动机的大型化，为考核衬层与推进剂粘接界面在载荷长期作用下的承载能力，固体火箭发动机设计者又提出了粘接定载性能的要求。

在制作粘接试件时，一般要求绝热层厚度为 2 mm，衬层厚度约为 1 mm。

（1）衬层与绝热层（或人工脱粘层、壳体）的粘接性能

①单向抗拉强度

衬层与绝热层（或人工脱粘层、壳体）的粘接拉伸试件一般采用 $\Phi25$ 圆柱形试件，采用单向拉伸法测试。

②单搭接剪切强度

用于单搭接剪切强度测试的试件粘接面积为 20 mm×20 mm，采用单搭接剪切法测试。

（2）衬层与绝热层（或人工脱粘层、壳体）和推进剂的联合粘接强度

①粘接抗拉强度

用于表征衬层与绝热层（或人工脱粘层）、推进剂联合粘接抗拉

强度的试件主要有 100 mm×100 mm 裂纹矩形粘接试件、Φ25 mm 圆柱形粘接试件、哑铃形粘接试件等。其中，Φ25 mm 圆柱形粘接试件由于采用手工制作，现已逐步被淘汰。

裂纹矩形粘接试件是目前普遍采用的联合粘接试件，该粘接试件在两端各预制了 20 mm 长的裂纹（脱粘区），推进剂采用真空浇注方式，可以较好地模拟固体火箭发动机装药人工脱粘层根部的受力情况。

哑铃形粘接试件主要用于表征自由装填式药柱的界面粘接性能，试件尺寸与推进剂力学性能测试试件相同，粘接方式为推进剂/衬层/绝热层/衬层/推进剂。将二面均匀涂有衬层的绝热层片（2 mm 厚）放置在推进剂方坯浇注模具的中央，浇注推进剂并固化后，按推进剂力学性能测试试件的制作方法，即可获得哑铃型粘接试件。

②单搭接剪切强度

用于粘接剪切强度测试的试件主要有 20 mm×20 mm 和 100 mm×100 mm 裂纹矩形粘接试件两种。

③剥离强度

剥离强度是表征衬层粘接界面承受线应力作用的能力。根据剥离角度不同，联合粘接剥离强度又分为 90°剥离强度和 180°剥离强度。联合粘接剥离试件的总剥离长度为（120±5）mm，剥离宽度为（25±0.5）mm，推进剂厚度为（20±2）mm，绝热层厚度为（2.0±0.1）mm，衬层厚度约为 1 mm。

计算剥离强度时，去掉起始 24 mm 剥离段和最后 12 mm 剥离段的剥离力及剥离长度，计算有效剥离段的平均剥离载荷，平均剥离载荷与剥离宽度的比值即为剥离强度，单位为 N/cm 或 N/mm。

（3）粘接定载性能

用于粘接定载性能测试的粘接试件主要有 100 mm×100 mm 裂纹矩形试件和 Φ25 mm 圆柱形试件。

将粘接试件与设计载荷串联连接后垂直悬挂于试验架上，测试在规定的环境条件下粘接试件不发生破坏的承载时间，用粘接试件的承载时间表征衬层的粘接定载性能。

由于粘接定载性能测试周期长，环境温湿度将显著影响测试结果，特别是环境湿度的影响更为显著，环境湿度升高，粘接定载性能将显著下降。因此，在粘接定载性能测试过程中须严格控制测试环境的温湿度。

4.3.5.3　热导率和比热容

用于热导率和比热容测试的衬层试样是尺寸为 100 mm×100 mm×（12.50 ±2.50）mm 的方块，衬层热导率和比热容的测试采用准稳态法。

4.3.5.4　玻璃化温度

用于玻璃化温度测试的衬层试样是尺寸为 Φ（5.0±0.5）mm×（4～8）mm 的圆柱体，玻璃化温度的测试采用 DMA 法。

4.3.5.5　线膨胀系数

用于线膨胀系数测试的衬层试样是尺寸为 Φ（5.0±0.2）mm×（15.0±0.2）mm 的圆柱体，线膨胀系数的测试采用 DMA 法。

4.3.5.6　密度

衬层的密度测定方法依据阿基米德原理，根据试样在空气和液体介质中的质量计算得到，通常以液体石蜡作为试验介质，测试温度一般为 20 ℃±2 ℃或 25 ℃±2 ℃。

4.3.6　衬层主要性能的设计技术

4.3.6.1　粘接性能

在固体火箭发动机寿命周期内，衬层将受到各种应力的作用，衬层必须牢固地将推进剂、绝热层和壳体粘接在一起而不发生脱粘，而且衬层/推进剂界面的粘接强度不得明显低于推进剂的内聚强度。因此，提高衬层的粘接性能，特别是提高衬层/推进剂界面的粘接性能，是广大科研人员关注的焦点，也是衬层配方设计的关键。提高界面粘接性能可从以下几方面入手。

(1) 选择合适的衬层粘合剂体系[88-98]

为了获得良好的粘接性能，在衬层/推进剂界面粘接设计中，需考虑衬层和推进剂中粘合剂体系的相容性和化学反应。衬层采用与推进剂相同的粘合剂和固化剂，在获得良好的物理相容性的同时，可以将界面区域两个主要部分固化速率的差别减到最小，为推进剂的粘接提供活性表面。

衬层最好选用与推进剂相同的粘合剂和固化剂，其原因：一是衬层与推进剂间的固化速度匹配，粘合剂之间可以形成化学粘接，提高界面粘接强度；二是推进剂与衬层的物理相容性最好、接触角最小，高粘稠的推进剂药浆可以润湿衬层。因此，HTPB 推进剂衬层普遍采用 HTPB 粘合剂，固化剂则视情况分别选用 IPDI、TDI 等多异氰酸酯类化合物。

但对于 NEPE 类推进剂，由于大剂量硝酸酯增塑剂的存在，衬层一般不选用聚醚类粘合剂，而选用防迁移效果良好的 HTPB 粘合剂，固化剂一般选 IPDI、TDI 或 DDI 等，通过异氰酸酯基团（—NCO）与活泼氢在界面区域的化学反应，实现化学粘接，提高界面粘接性能。例如，HTPB/DDI 衬层与 NEPE 推进剂的粘接性能非常好[95]，其 $90°$ 剥离强度可达 $9.64 \text{ N} \cdot \text{cm}^{-1}$，而一般衬层与 PEG 推进剂 $90°$ 剥离的强度仅为 $1.05 \text{ N} \cdot \text{cm}^{-1}$。

(2) 提高固化剂的含量[88-89,97-98]

对采用异氰酸酯类化合物进行固化的衬层粘接体系，由于绝热层中的水分、活性基团等要消耗衬层中的—NCO 基团，导致衬层的固化参数实际值（即—NCO 基与—OH 基含量的比值）较设计值大为下降，而且异氰酸酯固化剂，如 IPDI、TDI 等，易向绝热层迁移。为了防止界面推进剂因固化剂被额外消耗、降低设计化学配比而出现软化层，确保衬层的固化并提供足够的—NCO 基团与推进剂中的活泼氢反应，可以适当提高衬层中固化剂的含量。大量研究结果表明，这种方法对提高衬层与推进剂的粘接性能是十分有效的。如将衬层中—NCO/—OH 的比率提高至 1.5～4.5，利用磷酸氢二铵盐催化衬层中过量的—NCO 基的低聚反应，使衬层对化学计量的大幅度变化、高环境湿度和原材料中残留的水分等不敏感，表现出良好的粘接性能和粘接适应性。

（3）引入粘接促进剂[54,92,98-103]

由于推进剂中含有大量的氧化剂（如 AP、HMX 等），衬层与推进剂中氧化剂粒子界面作用的强弱，对改善衬层/推进剂界面的脱湿状态，提高衬层/推进剂界面的粘接性能是非常重要的。将推进剂中氧化剂的有效键合剂作为粘接促进剂引入衬层配方中，使衬层表面与推进剂的粘接更有活性。例如将 AP 的氮丙啶类键合剂、HX-752、HX-868 等引入衬层中，一方面是可以增强衬层与推进剂中氧化剂的界面作用，提高界面粘接性能；另一方面是防止推进剂中的键合剂向衬层中单向迁移，从而影响界面推进剂的力学性能。

（4）引入异氰酸酯封端固化剂或异氰酸酯二聚体

在衬层中加入异氰酸酯封端固化剂或异氰酸酯二聚体，可提高衬层中可与推进剂粘合剂反应的—NCO 基团的含量，增强衬层/推进剂界面的化学反应，达到提高粘接强度的目的。

例如，用水杨酸酯类化合物封端的异氰酸酯在室温下的解封速度很慢，而在较高固化温度下，如 60 ℃下，就很容易解封[104]。衬层中加入水杨酸酯封端的异氰酸酯类物质，在推进剂固化过程中解封生成的—NCO 基团与推进剂中的活泼氢反应，可显著提高衬层与推进剂界面的粘接性能。特别是由多异氰酸酯封端剂、羟基或硫醇预聚物组成的衬层具有很长的粘接适用期，在推进剂固化条件下解封后又可快速固化。

异氰酸酯二聚体的反应速度很慢[105]。加入衬层中的异氰酸酯二聚体，在预固化过程中仍可保留较多的未参与反应的二聚体，在推进剂固化过程中将缓慢地与界面推进剂粘合剂相中的活泼氢反应，形成化学粘接，不仅提高界面粘接性能，还可延长粘接适用期。

（5）利用氮烯插入反应[106-107]

氮烯插入反应是指在两种含碳氢化合物的粘接材料之间提供一种可反应的活性物质，如间苯二甲酸二（β-叠氮甲酰氧基乙酯）及同类化合物，可以与碳氢化合物发生氮烯插入反应。将间苯二甲酸二（β-叠氮甲酰氧基乙酯）和醋酸纤维素的溶液均匀涂于绝热层（如 EPDM、NBR）表面，使之在一定条件下发生氮烯插入反应后，醋酸纤维素被接枝在绝热层表面，浇注推进剂（如 NEPE 推进剂或HTPB 推进剂）后，通过醋酸纤维素表面—OH 基团与推进剂中—NCO基团的化学反应实现化学粘接。这种叠氮交联衬层打破了传统的衬层厚度概念，但这种衬层不能阻挡界面区域组分的迁移，也难以防止绝热层对界面推进剂固化的不利影响。

（6）机械增强法[108-112]

在未固化的衬层表面植入金属栅格、金属挂钩、金属筛网或弹簧、橡胶销棒、聚酰胺或聚丙烯纤维等结构材料，使之凸出于衬层表面，在半固化衬层表面浇注推进剂并固化后，由于这种结构材料增大了推进剂与衬层表面的作用面积，提高了衬层与推进剂的粘接强度，有效防止了低剪切强度下的破坏或剥离破坏。也可以将需要凸出的部分（如 EPDM 材料）与绝热层、衬层做成一个整体。

另一种机械增强方法是在衬层固化前在其表面均匀撒上药粒（粉），使之凸出于衬层表面，实现提高衬层/推进剂界面粘接强度的目的。这种方法特别适合于 NEPE 类推进剂的粘接。药粒（粉）一般由 NC、NG、HMX 等组成，浇注推进剂后，NEPE 推进剂中的硝酸酯迁移至药粒中，使其溶胀，增强了与推进剂的机械镶嵌作用，达到了提高粘接强度的目的。也可以将合适粒径的 NC 药球直接加入衬层，使之大部分埋于衬层中，部分凸出于衬层表面，浇注NEPE 推进剂后 NC 药球被推进剂中的硝酸酯溶胀，紧密地将衬层与推进剂机械结合起来，形成物理嵌接，既提高了粘接强度，又改善了受力时的粘接破坏状态（为推进剂内聚破坏）。

（8）蒸汽沉积异氰酸酯[113-114]

将已固化的绝热层表面暴露于含有均匀分布的异氰酸酯蒸汽的环境中，使异氰酸酯蒸汽沉积在绝热层表面，利用绝热层表面的—NCO基团即可实现与推进剂的粘接。适用于蒸汽沉积的异氰酸酯的相对分子质量一般小于 600，主要有 IPDI、HMDI、TDI 等，这些物质可以单独使用，也可混合使用，合适的沉积量一般为 0.001～0.1 mg/cm^2。也可将氮丙啶化合物（如 HX-752、HX-868 等）与异氰酸酯组成的反应性材料涂于 EPDM 或 NBR 等绝热材料表面，其用量一般为 0.27～5.38 mg/cm^2。这种反应性材料扩散进入绝热层中，当推进剂固化时在界面形成氨基甲酸酯键，氮丙啶化合物增强了绝热层与推进剂中 AP 氧化剂的界面作用，进一步提高了异氰酸酯衬层的粘接性能。但是，这种异氰酸酯衬层难以完全阻挡绝热层对界面推进剂固化的不利影响，可能出现界面推进剂弱化层或软化层。

4.3.6.2　防迁移性能[115-131]

绝热层、衬层和推进剂这三种材料的性质、组成差别很大，由于各组分存在浓度差，在绝热层/衬层/推进剂粘接体系中，组分的迁移是难以避免的。这些发生迁移的组分，如增塑剂、燃速催化剂、固化剂等，不仅影响材料的力学性能，而且还可能影响推进剂的燃烧性能和能量特性。例如，液态燃速催化剂的迁移可能影响推进剂的燃烧性能和发动机的内弹道性能；而 NEPE 推进剂中硝酸酯的迁移，不仅影响推进剂的能量特性，更为严重的是可能降低衬层的力学性能、阻燃性能、粘接性能和粘接可靠性，甚至降低装药贮存寿命。

（1）迁移机理

低分子物质的扩散迁移服从菲克定律

$$dm/dt = DA(dc/dx) \qquad (4-4)$$

式中　dm/dt——迁移率；

　　　dc/dx——浓度梯度；

D ——扩散系数；

A ——界面面积；

m ——迁移量；

t ——时间；

c ——迁移物浓度；

x ——与界面的垂直距离。

迁移物分布的浓度梯度，是产生迁移的驱动力。迁移是小分子通过聚合物分子之间的空隙和其他间隙而形成的，因此迁移（扩散）速度在很大程度上取决于迁移物的分子尺寸和聚合物间隙的大小，而聚合物间隙的大小在很大程度上取决于聚合物的物理状态。聚合物分子的链节流动性大时，在聚合物中存在相当可观的间隙（即自由体积），有利于小分子的通过。因此，聚合物的高弹态比玻璃态更有利于扩散迁移，非结晶型比结晶型更有利于扩散迁移，线性分子结构比体型分子结构更有利于扩散迁移。

扩散系数对温度有强烈的依赖性，温度升高，扩散系数增大；对于颗粒填充材料，扩散系数随粒子填充度的增加而下降。

实际上，迁移速率受多种因素控制，除与迁移物和聚合物的性质密切相关外，还与粘合剂浓度、溶解性、粘度、迁移物浓度，以及其他一些因素相关。在未固化的推进剂体系中，易迁移组分的迁移速率很快，迁移组分的迁移速率与其在粘合剂中的溶解性成正比，与其粘度和粘合剂中的固体含量成反比。如果在一种可迁移液体组分中有一定的溶解性，固体组分的迁移也是可能发生的。聚合物的相对分子质量不是影响迁移速率的主要因素，但分子结构（如线性分子的支链、交联密度、基团种类等）及其聚集形态（如结晶性等）是影响迁移速率的主要因素。因此，提高材料的交联密度和结晶性，可以降低迁移组分的扩散系数，从而降低组分的迁移速率。

（2）组分迁移对界面粘接性能的影响

复合固体推进剂中的低相对分子质量物质，如燃速催化剂、增塑剂等，由于客观存在浓度梯度，在固化或贮存期间势必向衬层或绝热层中发生迁移。组分迁移对界面粘接性能的影响主要包括如下方面：

1) 推进剂中燃速催化剂（如辛基二茂铁、Catocene 等）、增塑剂（如 DOS、DOA、NG 等）的迁移，导致绝热层和衬层溶胀、变软，力学性能和耐烧蚀性能大幅度下降，并改变了推进剂的燃烧性能，使推进剂收缩、变硬（模量升高），在界面区域形成局部高应力，弱化甚至破坏粘接界面，降低固体发动机装药结构的可靠性和贮存寿命。

2) 推进剂中未反应的固化剂（如 IPDI、TDI 等）向绝热层或衬层中的迁移是降低推进剂/衬层界面粘接性能，出现界面推进剂软化层或弱化层的主要原因之一。

3) 衬层中过量的 MAPO、HX‑868 等粘接促进剂向推进剂中迁移，是形成界面推进剂硬化区，导致界面出现裂纹的重要原因。

4) 衬层和绝热层中的组分迁移将影响界面粘接性能和界面推进剂的力学性能，如绝热层中的水等含活泼氢的小分子物质透过衬层向 HTPB 推进剂中的迁移，将降低界面粘接性能，形成界面推进剂软化层或弱化层。

因此，在衬层/推进剂粘接体系设计时，必须考虑绝热层、衬层和推进剂中的组分迁移问题，抑制不利于界面粘接的组分迁移。

（3）防迁移技术

为防止组分的迁移，针对迁移组分的特点和组分迁移的影响因素，可采取以下措施：

1) 增加聚合物材料与迁移物在热力学上的不相容性；

2) 提高聚合物的交联密度、结晶性及固体填充量，以降低迁移速率；

3) 采用阻挡层技术。

阻挡层技术是应用较多的一种防迁移技术，主要有以下几类。

1) 金属阻挡层：在与含卡硼烷、二茂铁或硝酸酯的推进剂粘接的材料表面上用火焰喷涂或蒸汽沉积一薄层金属阻挡层，所沉积的金属可以是钢、铝，或其他能直接用火焰喷涂或蒸汽沉积在复合材料（如绝热层、衬层）表面的金属，这种金属阻挡层可消除推进剂中卡硼烷、二茂铁和硝酸酯等组分向绝热层或衬层中的迁移，也可阻挡绝热层或衬层中的组分向推进剂中的迁移。

2）含片状轻金属的阻挡层：在含有 2%～10% 的片状薄铝片的酚类树脂型衬层-阻挡层中，其铝片浮于树脂表面附近的区域，固化后产生一层悬浮薄铝片的亚表面层，可显著降低推进剂中卡硼烷燃速催化剂等组分向衬层-阻挡层的迁移速率，而且粘接性能优良、可靠。

3）聚硅氧烷阻挡层：在推进剂药柱和限燃层之间增加一层聚硅氧烷阻挡层，抑制推进剂中硝酸酯向限燃层的迁移，防止剥离的产生和限燃层性能的降低，这种聚硅氧烷阻挡层也能应用于绝热层/衬层和推进剂药柱之间。

4）复合型阻挡层：将不同的聚合物混合使用，也可以获得良好的防迁移效果。如氨基硅氧烷预聚物-聚丙烯乙二醇二缩水甘油酯、酚醛树脂-聚乙烯醇缩乙醛树脂、聚乙烯醇缩丁醛树脂-热固性树脂（如酚醛树脂、环氧树脂）等作为 NEPE 推进剂药柱的阻挡层，可有效抑制硝酸酯向限燃层的迁移，防止因限燃层剥离性能和力学性能下降导致火箭发动机故障。

固体火箭发动机和复合固体推进剂技术的发展是衬层技术发展的先导和驱动力。虽然固体火箭发动机衬层的重要性已被充分认识并获得了高度重视，但由于其粘接对象（推进剂、绝热层）和粘接过程的特殊性，衬层/推进剂界面依然是最薄弱、最易出现问题的界面，也成为固体火箭发动机装药质量控制的重点和难点。随着推进剂性能水平的不断提高，新型 HEDM 的设计、合成和应用，推进剂品种的更新换代，使得衬层技术的研究面临着新的、更大的挑战。但是，为固体火箭发动机和推进剂技术的发展保驾护航是衬层技术研究的使命，提高界面粘接性能和粘接可靠性是衬层技术研究的永恒主题。

参 考 文 献

[1]　世界导弹与航天发动机大全. 军事科学出版社. 北京：军事科学出版社，1999.

[2]　何筑华. 硼改性酚醛树脂在摩擦材料上的应用. 贵州化工，1999（3）：11 – 12.

[3]　高俊刚，刘彦芳，王逢利. 双酚 – A 型硼酚醛树脂的结构与热分解动力学的研究. 高分子材料科学与工程，1995，11（5）：31 – 35.

[4]　赵会明，郑怀礼. 磷钼酚醛树脂的热分析研究. 工程塑料应用. 2001，29（5）：28 – 29.

[5]　刘晓洪，苟筱辉，王远亮. 钼酚醛树脂的合成与性能研究. 武汉纺织工学院学报，1997，10（3）：30 – 33.

[6]　刘晓洪，苟筱辉，王远亮. 钼酚醛树脂的结构与耐热性研究. 化学世界，1998（6）：314 – 316.

[7]　NAIR C P R, BINDU R L, NINAN K N. Thermal characteristics of addition – cure phenolic resins. Polymer Degradation and Stability, 2001 (73)：251 – 257.

[8]　BINDU R L, NAIR C P R, NINAN K N. Phenolic resins bearing maleimide groups：synthesis and characterization. Journal of Polymer Science：Polymer Chemistry, 2000 (38)：641 – 652.

[9]　伊廷会. 酚醛树脂高性能化改性研究进展. 热固性树脂，2001（4）：32.

[10]　石鲜明，吴瑶曼，余云照，等. 用作耐热材料的新型酚醛树脂的研究动向. 高分子通报，1998（4）：57 – 64.

[11]　NAIR C P R, MATHEW D, NINAN K N. Imido phenolic – triazine network polymers derived from maleimide – functional novolac. European Polymer Journal, 2001 (37)：315 – 321.

[12]　Material and processes for a l56 – inch diameter monolithic motor. AIAA – 65 – 164.

[13] McCOMB J C, HITNER J M. Technique for evaluating the erosive properties of ablative internal insulation material. N90 - 18466.

[14] COUCH H T, COHEN L S, COULER L J. Fabrication of ablator liners in combustors. USP 4084781, 1978.

[15] ROLAND S. Castable silicone based heat insulation for jet engines. Polymer Testing, 2002, 21 (1): 61 - 64.

[16] GUILLOT D G, HARVEY A R. Novel EPDM rocket motor insulation. US 2003/0220417, 2003.

[17] 橡胶工业手册编委会. 配合剂//橡胶工业手册第 2 分册. 北京：化学工业出版社，2002.

[18] 欧育湘. 实用阻燃技术. 北京：化学工业出版社，2002：133 - 134.

[19] 周政懋. 国内外阻燃剂现状及进展. 铜牛杯第九届功能性纺织品及纳米技术研讨会论文集，2009 (5).

[20] 丘哲明. 固体火箭发动机材料与工艺. 北京：宇航出版社，1995.

[21] 刘洋，何国强，等. 强冲蚀条件下 SRM 绝热层烧蚀特性实验分析. 西北工业大学学报，2005，23 (6)：746 - 749.

[22] 余晓京，何国强，等. 富氧环境下绝热层烧蚀模型. 固体火箭技术，2006，29 (2)：113 - 116.

[23] 张瑞庆. 固体火箭推进剂. 北京：兵器工业出版社，1991：389.

[24] 余凤儿. 改质聚氨酯/聚硅氧烷耐烧蚀材料研究. 国立中山大学材料科学研究所，2004：3 - 4.

[25] GRAHAM M A. Development of an improved service liner for the minuteman stage Ⅱ motor using Taguchi experimental design. ADA 279568, 1993.

[26] LEFGREN D, MIN K J, SINCLAIR J W. Bonding of propellant to insulation layer without intermediate liner. USP5273785, 1993.

[27] MARLOW M W. Concurrent evaluation of multiple material changes in two solid propellant rocket motor critical bond systems. AIAA 92 - 3725, 1992.

[28] LECOUSTRE M, MAUCOURT J. Liner material and manufacturing process for the ARIANE 5 MPS solid propellant boosters. AIAA92 - 3726, 1992.

[29] PIERCE E M, ALLEN H C. Ambient cured smokeless liner/inhibitor for

propellant. USP4209351，1980.

[30] HESS D E，STEPHENS W D. Solventless sprayable liner. Virginia：Atlantic Research Corporation Gainesville，1987.

[31] BRAUN J D. Thixotropic restrictor，curable at room temperature for use on solid propellant grains. USP4375522，1983.

[32] ALLEN H C. Thixotropic flame inhibitors for rocket propellant grain. ADD011081，1984.

[33] HUTCHENS D E. UV - curable rocket motor liner compositions. USP 5031539，1991.

[34] BOOTHE R E，HUTCHENS D E. Interpenetrating net work combination of UV and thermally cured rocket motor liner composition. USP 5377593，1995.

[35] HUTCHENS D E. Radiation curable rocket motor liner for case bonded solid propellant. USP5031539，1999.

[36] PETERSON，HEATHER M，LOVETT M B. UV - curable heat - curable polybutadiene - based urethane rubber liners for solid propellant - fueled rocket motors. US2004065075，2004.

[37] NELSONR W，LOVETT M B，POULTER L W，BONDERSON E K. Erosion resistant - low signature liner for solid propellant rocket motors. USP6054521，2000.

[38] HUTCHENS D E，NOMAN C. Low - smoke or smokeless polymer composition as combustible adhesive linings for rocket engines. USP605087A，2000.

[39] COHEN N，HUTCHENS D E. Low smoke rocket motor liner. EP555008，1993.

[40] EVANS G I，GORDON S. Combustion inhibitor for double base propellant charge. US6026749，GB1605320，DE2422603，1989.

[41] 邹德荣. TPA 对低特征信号衬层性能的影响. 上海航天，2000，（1）：40 - 43.

[42] FELIX，et al. Liner for solid propellant rocket motor. USP4821511，1989.

[43] HAWKINS M C，NELSON R W，POUTTER L W，SMALLEY R B. Method of applying propellant liner in rocket motor chamber interior. USP5985361，2000.

[44] ROGOWSKI G S, DAVIDSON T F, LUDLOW T. Elastomeric insulating liner for rocket propellant motor. USP4956397, 1990.

[45] BONDERSON E K. Erosion resistant low signature liner for rocket motors. USP6054521, 2000.

[46] SATPUTE R S, NAIR J K, DIVEKAR P K, et al. Oligomeric phosphate ester as dual purpose additives for rocket propellant inhibitor/liner application. Journal of Polymer Materials, 2001, 18 (4): 417 - 421.

[47] 蔡绪伏, 王贵恒. 高分子复合材料界面科学基础. 成都: 四川大学出版社, 2000.

[48] ROTHON R. Particulate - filled polymer composites. 北京: 世界图书出版公司, 1995.

[49] 阿方萨斯·V·波丘斯. 粘接与胶粘剂技术导论. 潘顺龙, 赵飞, 许关利, 译. 北京: 化学工业出版社, 2005.

[50] 胡福增, 郑安呐. 聚合物及其复合材料表界面. 北京: 中国轻工业出版社, 2001.

[51] 刘耀鹏. 粘接最佳条件的分析讨论. 粘接, 2007, 28 (2): 29 - 30.

[52] 欧玉春, 方晓萍. 界面改性剂在聚丙烯/高岭土二相复合体系中的应用. 高分子学报, 1996 (1): 59 - 63.

[53] 冯亚青, 王利军. 助剂化学及工艺学. 北京: 化学工业出版社, 1997.

[54] 刘学. 复合固体推进剂用键合剂的种类及其作用机理. 含能材料, 2000, 8 (3): 135 - 140.

[55] 朱锦涛. 粉体填充型聚合物基复合材料界面粘接性能研究. 湖南大学, 2002.

[56] 邓剑如, 王亚, 帅红海. 应用于填充型聚氨酯弹性体的健合剂. 聚氨酯工业, 1996 (3): 3 - 9.

[57] BIKERMAN J J. The science of adhesive joint. New York: Academic Press, 1961.

[58] 李智. 胶接接头界面理论及其表面处理技术研究进展. 材料导报, 2004, 20 (10): 48 - 52.

[59] 王孟钟, 黄应昌. 胶粘剂应用手册. 北京: 化学工业出版社, 1987: 29 - 30.

[60] FOWKS F M. Acid - base contributions to polymer - filler interaction. J. Rubber

Chemistry and Technology，1984 (9)：328－343.

[61] FLOYD L R，FOWKES F M. Spectral shifts in acid－base chemistry 1 Van Der Waals contributions to acceptor numbers. J. American Chemical Society，1990，112 (9)：3259－3264.

[62] DRAGO R S，WAYLAND B A. Double－scale equation for correlating enthalpies of Lewis acid－base interaction. J. American Chemical Society，1965 (87)：3571－3577.

[63] FOWKES F M. Chemistry and physics of interface. J. American Chemical Society，1965 (87)：1－12.

[64] 朱锦涛，邓剑如. 界面酸碱作用理论在聚合物基复合材料界面粘接性能研究中的应用. 湖南大学学报，2002，(6)：20－24.

[65] 翁熙祥. 粘接理论研究的一些新进展. 中国胶粘剂，1998，l8 (5)：38－40.

[66] MCLAREN A D. Mod. Plastics，1954，31：114.

[67] MCLAREN A D. J. Polymer Sci.，1948 (3))：652.

[68] MCLAREN A D. J. Polymer Sci.，1954 (4)：63.

[69] MCLAREN A D. Adhesion and adhesives. Soc. Chem. Ind.，1954：51.

[70] De BRUYNE N A. J. Appl. Chem.，1956 (6)：303.

[71] SKINNER S M，SAVAGE R L，RUTZLER J E Jr. Electrical phenomena in adhesion//Electron atmospheres in dielectrics. J. Appl. Phys.，1953 (24)：438－450.

[72] SKINNER S M，et al. Electrical phenomena in adhesion，further comments on electron atmospheres. J. Appl. Phys.，1954 (25)：1055－1056.

[73] MORANT M J. The electron atmosphere of dielectrics. J. Appl. Phys.，1954 (25)：1053－1054.

[74] WEST D C. Electrical phenomena in adhesion//Electron atmospheres in dielectrics. J. Appl. Phys.，1954 (25)：1054－1055.

[75] SINCLAIR J W. Chemical and physical processes in HTPB/IPDI liners. ADA279568.

[76] POULTER，et al. A robust polyurethane solid rocket propellant liner. USP 5767221，1998.

[77] LOVETT M B，KOLONKO L L. Soft HTPB liner/propellant bond line

integrity improvement. ADA 279568，1993.

[78]　庞维强，张教强，刘何，等. 醇胺类键合剂在丁羟推进剂中的应用进展. 化学推进剂与高分子材料，2005（3）：10 - 13.

[79]　HORI K，IWAMA A，FUKUDA T. Enhancement of matrix/filler adhesion in HMX/AP/HTPB composite propellant. A88 - 44459，1988.

[80]　BILLS K W，SVOB G J，PLANK R W，ERIKSSON T L. A cumulative - damage concept for propellant - liner bonds in solid rocket motors. A66 - 24705♯，1966.

[81]　DUCOTE M E. Determine of tensile and lap shear strength. USP4552706，1985.

[82]　LOVETT M B，KOLONKO L L. Soft HTPB liner/propellant bond line integrity improvement. ADA 279568，1993.

[83]　薛奇，陆云. 粘接界面微观结构研究. 粘接，1999，（增刊）：9 - 12.

[84]　HEMMINGER C S. Surface characterization of solid rocket motor HTPB liner bond system. AIAA 97 - 2995，1997.

[85]　王斌，等. 几种高性能的纤维表面性能及其对界面粘接性能的影响. 固体火箭技术，2004，27（3）：224 - 229.

[86]　高守超，张康助，郭平军. 钢与胶粘剂粘接界面的 XPS 分析. 固体火箭技术，2004（2）：154 - 156.

[87]　宋华杰，等. 氟聚物与 TATB 界面作用的 XPS 评价. 南京理工大学学报，2002，26（3）：303 - 308.

[88]　BYRD J D，WALTERS P B. Case bonding consideration for large rocket motors. AIAA 76 - 638，1976.

[89]　HASKA S B，et al. Adhesion of an HTPB - IPDI - based liner elastomer to composite matrix and metal case. J. Appl. Poly. Sci.，1998，65（12）：2355 - 2362.

[90]　HEIDI L，GIBSON S. Adhesion of solid rocket materials. Rubber World，1990（11）：34 - 44.

[91]　HASKA S B，et al. Mechanical properties of HTPB - IPDI - based elastomers. J. Appl. Poly. Sci.，1996，63（12）：2347 - 2354.

[92]　KASKA S B，PEKEL F. Adhesion properties of liner to propellant and metal in HTPB based systems. ICT 26th，1995.

[93]　LECOUSTRE M，MAUCOURT J. Liner manufacturing process for the ARIANE 5 MPS solid propellant boosters. AIAA 92 – 3728，1992.

[94]　NAVALE S B，SRIRAMAN S，WANI V S，et al. Effect of additives on liner properties of case – bonded composite propellants. Defence Science Journal，2004，54（3）：353 – 359.

[95]　WALLACE II I A，OYLER J. Nitrate ester plasticized energetic compositions，method of making and rocket motor assemblies containing the same. USP6632378，2003.

[96]　GIANTS T W. Case bond system for solid rocket motors. AD – D242297，1991.

[97]　LOVETT M B，KOLONKP L L. Soft HTPB liner/propellant bond integrity improvement. ADA289568，1993.

[98]　POULTER，et al. A robust polyurethane solid rocket propellant liner. USP 5767221，1998.

[99]　BYRD J D，HIGHTOWER J O. Adhesive liner for case solid propellant. USP4429634，1984.

[100]　HEIDI L，GIBSON S. Adhesion of solid rocket materials. Rubber World，1990（11）：34 – 44.

[101]　BENNETT S J，CARPENTER R L. Migration at interfaces. ADA139853，1983.

[102]　KAKADE S D，NAVALE S B，NARSIMHAN V L. Studies on interface properties of propellant liner for case – bonded composite propellants. Journal of Energetic Materials，2003，21（2）：73 – 85.

[103]　GERCEL B O，UNER D O，PEKEL F，et al. Improved adhesive properties and bonding performance of HTPB – based polyurethane elastomer by using aziridine – type bond promotor. Journal of Applied Polymer Science，2001，80（5）：806 – 814.

[104]　GRAHAM W H，KE B，BYRD J D，et al. Rocket motor casing lined with curable composition. USP4803019，1989.

[105]　WRIGHTSON J M. Dimer isocyanate liner compositions. USP 4338281，1982.

[106]　HENRY C D. Chemical case bond system with azido compound bonding. USP

4604248，1986.

[107]　何永祝，姜志荣. 间苯二甲酸二（β-叠氮甲酰氧基乙酯）合成及应用.
　　　　固体火箭技术，1999（2）：21 - 24

[108]　SAYLES D C. Forming cloth - lined insulator for composite interceptor
　　　　rocket motor. USP5209876，1993.

[109]　BELL F H，UTAH L. Mechanical bond between a solid rocket propellant
　　　　composition and a substrate and method of effecting such a bond. USP
　　　　4649823，1987.

[110]　BYRD J D，FIELD T. Improving case bonding of solid rocket propellant.
　　　　USP4337218，1982.

[111]　SCHAFFLING. Process for preparing a rocket motor. USP 4131051，1980.

[112]　李东林，王吉贵，牛西江. 具有双重作用的聚氨酯衬层研究. 火炸药
　　　　学报，2000（2）：37 - 39.

[113]　GOODSON F R，KNARESBORE D. Bond strength improvement between
　　　　elastomeric materials. USP5399380，1995.

[114]　LEFGREN D，MIN K J，SINCLAIR J W. Bonding of propellant to
　　　　insulation layer without intermediate liner. USP5273785，1993.

[115]　赵凤起，王新华. 双基推进剂装药包覆层间硝化甘油迁移及抑制. 固
　　　　体火箭技术，1993（2）：69 - 73.

[116]　李东林，王吉贵，仲绪玲. 推进剂中硝化甘油向包覆层迁移的研究.
　　　　火炸药，1995（2）：1 - 4.

[117]　张艳，王新华，赵凤起. 硝化甘油向包覆层迁移量的测试方法（浸渍
　　　　法）研究. 火炸药，1993（3）：39 - 43.

[118]　包昌火，陈昌珍，蓝承钊，等. 双基系推进剂包覆层的迁移和脱粘问
　　　　题. 兵工情报研究报告，BQB 86 - 0019，1986.

[119]　RHOADES R G. Method of bonding propellant containing mobile constituents.
　　　　AD - A006554，1978.

[120]　DILSIZ N，üNVER A. Characterization studies on aging properties of
　　　　acetylferrocene containing HTPB - based elastomers. Journal of Applied
　　　　Polymer Science，2006，101（4）：2538 - 2545.

[121]　BYRD J D，GUY C A. Destructive effect of diffusing species in propellant
　　　　bond systems. AIAA 85 - 1438，1985.

[122]　隋玉堂，杨兴根. 火箭发动机界面脱粘分析及检测新方法. 飞航导弹，
　　　　2001 (1)：43 - 46.

[123]　GRYTHE K F, HANSEN F K. Diffusion rate and the role of diffusion
　　　　in solid propellant rocket motor adhesion. Journal of Applied Polymer
　　　　Science, 2007, 103 (3)：1529 - 1538.

[124]　GREIDANUS P J. Diffusion of propellant components in double base
　　　　rocket propellant grain part 1：migration of ghycerol trinitrate, 2 - nitro -
　　　　di phenylamine and diethyl phthalate in a 2. 72in. Far Motor at Elevated
　　　　Temperatures, N79 - 17023, 1979.

[125]　DEE L A, EMMANUEL L J, NINOMIYA L. Solid propellant ingredient
　　　　migration studies. AD B066263, 1982.

[126]　AGRAWAL J P, AGAWANE N T, DIWAKAR R P. Nitroglycerine
　　　　migration to various unsaturated polyesters and chloropolyesters used for
　　　　inhibition of rocket propellants. Propellants, Explosives, Pyrotechnics,
　　　　1999 (24)：371 - 378.

[127]　RHOADES R G. Method of bonding propellant containing mobile constituents.
　　　　AD D006554, 1978.

[128]　SAYLES D C. Liner - barrier composition for ultrahigh burning rate
　　　　propellant. USP4304185, 1981.

[129]　REED R, CHAN M L. Inhibitor and barrier for use with high energy
　　　　rocket propellants. AD - D015023/5, 1983.

[130]　PROBSTER M, KNOTT A, HUBER W. Solid rocket propellant
　　　　composition. DE3708918, 1988.

[131]　SAYTES D C, ALA H. Impermeable liner - barrier for propellants
　　　　containing a high content of carborne burning rate accelerator. USP
　　　　4744299, 1988.

第5章 固体火箭发动机装药制造工艺

5.1 概述

火箭发动机的特点是不需要外界提供氧气（氧化剂）。根据所采用推进剂的状态及性质，火箭发动机可分为液体发动机、固液发动机和固体发动机三类。固体发动机就是采用固体推进剂的火箭发动机，其特点是结构简单，典型的固体发动机只需包含点火装置、喷管和燃烧室等三个部件。对于少数特殊用途的固体发动机，还包括推力中止装置。

点火装置通常由发火元件或电起爆器、点火药盒、点火发动机、安全机构和顶盖等组成。点火装置的主要功能是用来点燃燃烧室中的固体推进剂药柱，并使其正常燃烧。

喷管通常由收敛段、喉衬、扩张段三部分组成。喷管的主要功能是通过喷管的收敛和扩张作用，将燃烧室中的高温、高压燃气通过加速形成超声速气流，将热能转化为动能，从而产生推动火箭运动的推力。

燃烧室通常由壳体、绝热层（含人工脱粘层）、固体推进剂和衬层等四种部件（材料）组成。

1）壳体的功能包括作为固体推进剂的贮箱，作为固体推进剂的燃烧工作室，以及作为导弹的承载结构件。按照所采用的材料性质，壳体主要分为金属材料壳体和非金属材料壳体两类。

2）绝热层的功能是隔热、阻燃和抗冲刷，保证固体推进剂燃烧过程中壳体的结构完整性和承载能力。人工脱粘层的作用是用于释放推进剂药柱在固化降温和贮存温度变化时所产生的应力、应变，保证燃烧室装药结构的完整性。虽然人工脱粘层的主要作用与绝热层不同，但是对于隔热和阻燃的基本功能要求是相同的，因此，人工脱粘层与绝热层通常采用相同材料或相似材料。按材料性质绝热层主要包括 NBR 绝热层、EPDM 绝热层和硅橡胶绝热层等。

3）固体推进剂是固体发动机的能源，通过燃烧这种剧烈的化学反应将化学能转变为热能，并提供将热能转化为动能的作功工质。按照固体推进剂的性质、用途及组成特点，固体推进剂可分以为双基推进剂和复合推进剂两类；复合推进剂又可分为 PBAN 推进剂、CTPB 推进剂、HTPB 推进剂、NEPE 推进剂等。常用的复合推进剂有 HTPB 推进剂和 NEPE 推进剂。

4）衬层的作用是将性质完全不同的绝热层（含人工脱粘层）材料和/或壳体材料与固体推进剂牢固地粘接在一起，保证燃烧室装药结构的完整性，阻止燃面的非预期扩展。由于衬层的功能主要是粘接作用，因此，衬层材料的选用必须根据被粘接的绝热层和固体推进剂的材料来确定。最常用的衬层是 HTPB 类材料。

固体发动机装药制造工艺主要针对与固体推进剂有关的燃烧室制造过程，通常是指除壳体制造以外的壳体绝热、衬层涂（包）覆和固体推进剂成型等工艺过程。固体发动机装药制造工艺随固体推进剂形状、性质、用途的不同而存在差异。

双基类推进剂和早期的塑料类复合推进剂，如沥青推进剂等，其制造工艺主要采用挤压成型技术，其特点是成型过程是物理行为而非化学反应，即通过加热使推进剂变软，然后挤入专用模具中，降温后脱模即可获得所需形状的药柱。挤压成型工艺的特点是机械化程度高，成本较低，但只适应简单药型，以及用于自由装填式装药设计。

现代复合推进剂及交联改性双基推进剂与热塑性推进剂不同，成型过程属于化学交联反应，具有不可逆特点，是一种橡胶类的热固性材料。复合推进剂的制造工艺主要是利用高分子预聚物在一定温度下，通过与交联剂、固化剂等的化学反应形成交联网络结构，包裹颗粒状的固体氧化剂和金属燃料，并与交联网络结构粘接起来形成具有粘弹特性的结构材料。热固性推进剂通常采用真空浇注后再固化成型的工艺，特点是既适应贴壁粘接式装药设计，也适应自由装填式装药设计，能够满足大型固体发动机装药设计和复杂药型设计的要求。因此，本章介绍的固体发动机装药制造工艺特指采用复合推进剂的固体发动机燃烧室装药的制造过程。

现代复合推进剂技术经过几十年的发展，研制出了 PS 推进剂、CTPB 推进剂、HTPB 推进剂和 NEPE 推进剂等几代推进剂品种，已在各种不同用途的战略、战术导弹，以及航天固体发动机中得到了广泛应用。尽管大型固体发动机的最大直径达到了 6 m 多，装药量达到了数百吨，但复合推进剂成型过程却一直沿用由原材料准备、预混、混合、浇注、固化、脱模、整形等工序构成的制造工艺。虽然复合推进剂成型过程在机械化、连续化制造方面取得了一些进展，但复合推进剂的特点及固体发动机的用途决定了机械化、连续化制造此类产品的困难性。

（1）复合推进剂制造过程的危险性

复合推进剂的制造过程就是将氧化剂、粘合剂、金属燃料、燃速催化剂，以及硝胺、硝酸酯等固体、液体炸药等满足不同使用要求的物质混合均匀，并通过化学反应固化成型，形成能够满足完成规定功能要求的特定形状。摩擦、撞击等机械刺激因素，以及静电、冲击波等非机械刺激因素都可能引发复合推进剂制造过程中的安全事故，每一个工序、每一步操作都存在危险因素，任何工艺技术方面的改进都必须评估由此带来的安全风险。

（2）复合推进剂装药技术的复杂性

复合推进剂的功能就是通过燃烧过程将推进剂蕴含的化学能转化为热能，同时保证燃烧过程的有序和受控。但是，推进剂的燃烧过程非常复杂，任何制造条件的改变都会导致燃烧过程偏离设计目标值。而固体发动机装药工序多，影响因素复杂，特别是推进剂配方组成复杂，原材料组分特征的变化都会影响燃烧过程，导致燃速波动。因此，必须确保每一工序的产品特性处于受控状态。

（3）固体发动机制造和使用的特殊性

固体发动机制造过程的特点是各制造工序之间是序贯进行的，同时，固体发动机又是一次性使用产品。制造过程前工序的错误如果不能及时发现，后面的工序也难以采取纠正措施。因此，固体发动机装药质量控制和性能表征技术在固体发动机制造过程中占有重要的地位。

（4）固体发动机用途的多样性

固体发动机作为导弹武器系统的动力源，与常规武器最大的区别就是不能大批量生产，呈现出用途广泛、品种多样的特点。固体发动机装药制造工艺更适合于采用柔性工艺以适应多尺寸、多用途产品制造的需要。

典型固体发动机装药工艺流程如图 5-1 所示。

5.2　原材料准备

5.2.1　氧化剂准备

复合推进剂中广泛使用的氧化剂是 AP。AP 是复合推进剂，特别是 HTPB 推进剂中含量最多的组分，是影响推进剂性能的主要因素。AP 通常由专业厂家按照相关产品规格和标准进行生产。

AP 作为一种固体的无机盐类颗粒材料，其形貌、粒度、粒度分布及水含量对推进剂性能的影响很大。为了改善推进剂力学性能和药浆工艺性能，实现固体填料的最紧密堆积和燃烧性能控制，复合推进剂通常选用 2~4 种不同粒度的氧化剂配合使用，这一过程简称为级配。其中，粒度较大的 AP 已实现了球形化生产，由专业厂家

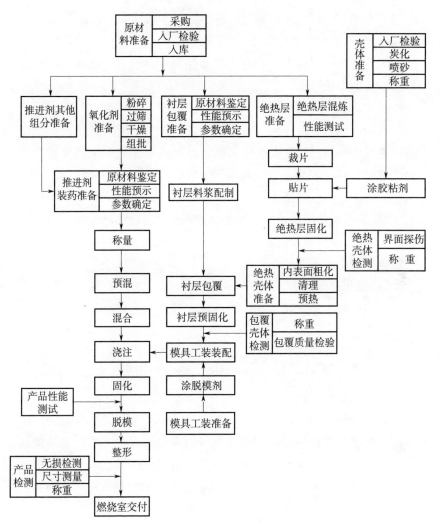

图 5-1　典型固体发动机装药工艺流程

提供产品。而细粒度的 AP 由于贮存过程中产品的某些特性，如粒度等，会发生变化，加上容易吸湿，通常只能由推进剂装药厂在生产前自行制备。因此，氧化剂准备工艺特指细粒度氧化剂的制备过程，主要包括氧化剂粉碎、过筛、干燥和组批等工序。

5.2.1.1　氧化剂粉碎[1]

5.2.1.1.1　氧化剂粉碎方法

氧化剂粉碎方法主要有流能磨和振能磨，少量氧化剂粉碎时也可用球式磨。

（1）流能磨

流能磨即通常所说的气流粉碎磨，是最为常用的氧化剂粉碎设备。流能磨利用 AP 在高速气流中的相互碰撞作用产生脆性破碎或形变破碎，同时利用不同粒度粒子离心力和速度的差异分离分级。流能磨的主要优点包括：

1）具有自动冷却效应，这是由于强烈的通风作用形成的；

2）氧化剂颗粒在离心力作用下自动分级，大颗粒在粉碎区继续被粉碎，合格的小颗粒自动流出；

3）粉碎室体积小，产品停留时间短，生产安全、效率高。

流能磨的不足之处主要体现在动力消耗大、成本较高，生产时易产生静电。

流能磨根据粉碎室的形状又可分为环管式、对喷式和扁平式等。下面以扁平式流能磨为例，简要介绍气流粉碎理论及其分级作用。

①气流粉碎理论

流能磨的气流粉碎理论是朗夫（Rumpf）及其同事提出的。朗夫利用机械弹性碰撞理论和麦克斯威速度分布理论，求得了颗粒在自由行程内相互碰撞的或然率，并应用量纲法推导出了最大冲击应力（σ_m）、冲击速度（v）、弹性模量（E）和密度（ρ）之间的函数关系式

$$\sigma_m / E = f(\rho v^2 / E) \qquad (5-1)$$

同时，朗夫等人还确认了与颗粒粉碎有关的规律：

1）颗粒在气流中的最大速度只有在较小的喷管直径条件下才能达到。

2）颗粒可达到的最大速度随粒径减小而增大。

3）粉碎机理在于被加速的颗粒与渗入气流中的颗粒之间，以及

颗粒与器壁之间的相互碰撞。

4）只有高密集的颗粒才能保证足够的碰撞几率。

5）主要粉碎区位于喷管口附近的气流区，以及相对于喷口的器壁和相邻的气流区内。

6）粉碎强度随着外加功率的增加而提高，并达到一个最大值。

7）用拉瓦尔形状的喷管所引起的加速作用能够提高粉碎效率，同时提供了颗粒速度、粒度和物料载荷之间的最佳选择。

8）喷射加料器中的颗粒速度随着气流物料载荷的减小和喷射压力的提高而增加，工作气流的粉碎强度（I）与物料速度（v）的平方和物料载荷量（G）的平方成正比，即

$$I = Kv^2 G^2 \tag{5-2}$$

②颗粒分级作用

流能磨的旋风分离器与粉碎室具有类似的结构和作用，流能磨的颗粒分级作用是利用斯托克斯（Stokes）沉降定律和牛顿第二定律在圆周运动中的应用推导出来的，筛分区的分离极限为

$$D_{K50} = \left[(18 \cdot \eta \cdot v_{r_i} \cdot r_i / (\Delta \rho \cdot v_{r_i}) \right]^{0.5} \tag{5-3}$$

式中　D_{K50}——分离的极限粒度；

　　　η——工作气体的动力粘度；

　　　v_{r_i}——旋转气体的径向速度；

　　　r_i——排气管半径；

　　　v_{r_i}——半径 r_i 处的圆周速度；

　　　$\Delta \rho$——颗粒与工作气体的密度差。

通过控制相关的工艺参数，经粉碎后达到规定粒度要求的氧化剂颗粒得到分离；而未达到规定粒度要求的氧化剂大颗粒则沉降下来，被高速气流再次带回颗粒粉碎室继续进行粉碎。

虽然气流粉碎与颗粒分级的原理和功能不同，但在扁平式气流粉碎机中，粉碎区和筛分区实际上是一体的。这种一体化设计使得流能磨的设计必须同时兼顾粉碎效率和分离效率。因为从提高筛分的效率考虑，粉碎室的高度应尽可能高些；而从提高粉碎效率考虑，

则要求粉碎室的高度尽可能低些。同时,从提高筛分的效率考虑,希望喷嘴的定位角尽量小些,但定位角变小将使颗粒在气流中加速的距离缩短,旋转的气流将会被物料堵塞,同时还会提高粉碎气流与物料的摩擦损失。提高喷嘴的定位角,可以使颗粒加速的距离增长,旋转气流也不会被物料所堵塞,但粉碎区将向中心扩展,使筛分效率降低。

流能磨通常包括氧化剂自动输送装置、旋风分离器、自动加料装置、气流粉碎室、粉尘捕集器等部件。流能磨的特点是自动化程度高,可连续生产,生产能力可达到 $30\sim120$ kg/h,产品粒度通常在 $2\sim30$ μm 可调。一般选用针形氧化剂作为制备细粒度氧化剂的原材料,也可以采用大粒度的球形氧化剂作为原材料。为了获得满足使用要求的细粒度氧化剂,同时保证粉碎过程的安全性,物料粉碎所需的压缩空气必须进行除水、除油、除尘,同时还需加热。

(2) 振能磨

当细氧化剂的粒度要求不大于 2 μm 时,流能磨一般难以实现这一目标,采用振能磨进行湿法粉碎可以解决该问题。振能磨实际上是一个填满磨珠的振动斗。将氧化剂装入振能磨中,同时加入磨珠和惰性的研磨剂,在一定条件下振动一定时间,取样分析粒度,当粒度达到规定的要求时出料,烘干产品,并回收研磨剂。振能磨可获得粒度在 $0.4\sim1.4$ μm 范围内的细粒度氧化剂。

振能磨的粉碎原理主要是磨损效应,而不是压碎和打碎作用。磨珠通过磨的振动作用产生不规则的运动,从而通过摩擦作用将氧化剂颗粒的棱角磨下来。磨珠一般采用长径比为 $1:1$ 的氧化铝圆柱。研磨剂包括便于回收的惰性媒剂和助磨剂。研磨剂的作用是便于粉碎操作,同时防止氧化剂重新结块。

采用振能磨制备的细氧化剂粒度小,极易吸湿,必须严格控制环境的湿度。同时,振能磨的温度也要控制在空气的露点以上,但必须低于惰性媒剂的沸点。

（3）球式磨

当细氧化剂的需求量较少时，可直接采用球式磨进行制备。球式磨结构简单，在可密封的圆形陶瓷罐中加入一定数量的瓷球和粗氧化剂，然后在球式磨上滚动一定时间，通过瓷球的摩擦、挤压作用，使粗氧化剂破碎，从而获得所需粒度的细氧化剂。

5.2.1.1.2　细粒度氧化剂的特征

与含有表面活性剂的球形氧化剂不同，粉碎后的细粒度氧化剂由于比表面积大，形状不规则，具有流散性差的特点。同时，细粒度氧化剂的吸湿性、结块性和安全性也发生了很大变化。

（1）流散性

流散性是粉体流变行为的重要表征参数。与球形氧化剂相比，细氧化剂的流散性很差，甚至失去流散性，从而对氧化剂的制备过程、加料过程，以及推进剂药浆混合过程产生显著影响。在氧化剂加料过程中，细氧化剂会形成拱门式的"拱形"结构，这种结构由于能够承载堆积在它上面的粉体质量，从而阻止粉体的流动。为了克服这种现象，通常需在加料漏斗上加装振动器来破除"拱门"结构，改善粉体的流动。在推进剂混合过程中，由于细氧化剂表面不规则且比表面积大，能够阻止液体组分在其表面的润湿，造成推进剂药浆干散、发硬，难以混合均匀；同时，易导致药浆局部受力不均匀而带来安全风险。

细氧化剂的流散性可用休止角进行表征。测量休止角最简单的方法是在平坦的表面上把粉体堆成一堆，然后测量料堆边缘与水平面的夹角。休止角小的粉体具有易流性，当休止角达到 70° 左右时，粉体将失去流动性。

（2）吸湿性和结块性

AP 是一种强酸弱碱盐，其吸湿性是显而易见的。特别是细氧化剂因比表面积大且表面不规则，更加容易吸湿并导致结块，从而改变细氧化剂的粒径和粒形，严重影响推进剂药浆的流变特性和推进剂的燃烧特性，导致导弹的弹道性能不稳定。

　　AP 的结块分为隐性结块和显性结块两类，其差别主要体现在宏观上能否观察到粒度的变化。由于氧化剂粒度的测量并不是直接测量，细氧化剂粒度的变化并不容易监测到，可以说细氧化剂结块程度的表征和测量非常困难，但从推进剂燃速变化则很容易证实因结块导致的粒度增大。

　　改善细氧化剂的结块性可从粉体本身的防潮处理和选择合适的贮存条件等两个方面采取措施。防潮处理方法包括球形化处理、干燥处理、包覆处理等。粉体球形化后，由于粉体间只在切点处相互接触，且由于球体表面相对光滑，因而也不易结块。干燥处理由于阻止了氧化剂吸湿，因而也不易结块。对粉体表面进行包覆处理显然能够有效改善细氧化剂的结块性。用于包覆处理的试剂包括聚丙烯树脂、松香、石腊等防潮包覆剂，十二烷基磺酸钠、硬脂酸等表面活性剂包覆剂，以及 HX-868、HX-752 等键合剂包覆剂。可根据实际情况进行贮存条件的选择，既有现产即用的，也有采用高温存放和真空存放的。短时间存放可以放在 40 ℃以上的密闭容器中，当贮存温度达到 80 ℃以上时，可以长期存放而不结块。如果采用真空低温条件，贮存时间可达一年之久。

　　(3) 危险性

　　细氧化剂由于比表面积大且表面形状不规则，对各种刺激的响应程度显著提高，因而具有更大的潜在危险性。特别是采用大量细氧化剂的高燃速推进剂，其危险性的增加是显而易见的。因此，在细氧化剂的生产和使用过程中，应更加注意安全问题。

5.2.1.2　氧化剂干燥

　　AP 吸潮后，一方面会改变颗粒的表面性质，影响液体组分在表面的润湿性，进而影响推进剂药浆的工艺性能和推进剂力学性能；另一方面，由于推进剂中某些组分，如二异氰酸酯类固化剂对水分敏感，少量的水分即可造成固化剂的额外消耗，进而影响推进剂的力学性能。因此，氧化剂干燥是氧化剂准备工艺的重要任务，一般要求氧化剂中水分含量控制在 0.05% 以下。

5.2.1.2.1　氧化剂干燥原理

通常物料中所含的水分可分为自由水和平衡水两类。物料在与具有一定温度和湿度的空气接触时，将排出或吸收水分并达到一个平衡值，此时含水量称为平衡水。物料中所含水分大于平衡水的部分称为自由水。不同物质的平衡水是不同的，干燥过程中只能除去自由水。

物料的干燥过程通常可分成两个阶段。第一阶段是等速干燥阶段。因为含水的物料表面通常有足够的水分可供蒸发，并且此时物料内部可以迅速向物料表面供应水分，该阶段的干燥速度是由物料表面的汽化作用来控制的。干燥速度可由下式给出

$$\mathrm{d}\omega / \mathrm{d}\tau = K_{\mathrm{t}} \cdot (\tau - \theta) \cdot F \qquad (5-4)$$

式中　$\mathrm{d}\omega / \mathrm{d}\tau$——单位时间的去湿量；

　　　　F——干燥的表面积；

　　　　K_{t}——汽化系数；

　　　　τ——空气等干燥介质的温度；

　　　　θ——物料的表面温度。

当物料表面湿含量高时，θ 为一定值。在 τ 不变的情况下，由式（5-4）可知，干燥速度为一常数，因此，此阶段为等速干燥阶段。

第二阶段是降速干燥阶段。当物料内部水分向表面扩散速度小于表面的蒸发速度时，此阶段的干燥速度由内部扩散速度来控制。此时，干燥速度可由下式表示

$$N = -D \cdot \mathrm{d}c / \mathrm{d}t \qquad (5-5)$$

式中　N——扩散速度；

　　　　D——扩散系数；

　　　　$\mathrm{d}c / \mathrm{d}t$——单位时间的去湿量。

由于干燥过程中物料内部的水分将越来越少，因而干燥速度会越来越慢。因此，此阶段为降速干燥阶段。

如上所述，在等速干燥阶段，物料中的水含量保持不变，此时，物料中的水被源源不断地除去。当物料内部的水向表面供应的扩散

速度小于表面蒸发速度时，进入降速干燥阶段，此时，物料中的水含量不断降低，直到降至该条件下的平衡水含量为止。因此，影响物料干燥速度的因素包括物料性质、干燥介质性质和干燥设备结构等三个方面。物料的性质包括物料的物理结构、化学组成、物料形状、粒度、物料层的厚度、物料的最初含水量、物料的平衡含水量、物料的温度等。干燥介质的性质包括干燥介质的温度、湿度和流动速度，以及干燥介质与物料的接触情况等。

5.2.1.2.2　干燥设备

干燥设备种类繁多，用途各异。按操作压力干燥设备可分为常压干燥和减压干燥；按操作方式可分为间歇式和连续式；按传热方式可分为传导、对流和辐射式；按干燥结构可分为箱式、传送带式、滚筒式、流化床式等。复合推进剂原材料常用的干燥设备主要是真空干燥器和流化床干燥器。

（1）真空干燥器

AP 在较高的温度下容易分解，具有潜在的安全风险，因此，采用真空干燥器较为合适。

水的沸点与真空度的关系如表 5-1 所示。在真空度为 2.27 kPa 时，水的沸点只有 20 ℃。因此，真空干燥的优点是干燥速度快，物料表面温度低，物料不会分解，生产操作安全。

表 5-1　水的沸点与真空度的关系

真空度/kPa	101.32	69.99	47.20	31.06	19.73	12.27	5.87	4.43	2.27	1.20
水的沸点/℃	100	90	80	70	60	50	40	30	20	10

（2）流化床干燥器

流化床干燥器是利用固体的流态化现象，使固体颗粒与干燥介质充分接触。当干燥介质以一定速度从堆积固体物料的床层流出时，固体颗粒的位置将有所变化。当气流速度增加到某个值时，床层变松，略有膨胀，但固体颗粒仍处于接触的临界状态，此时固体颗粒达到了临界流化状态。当气流速度继续提高时，固体颗粒的运动趋于激烈，进入流化状态，此时物料达到"沸腾"（流化）状态。当气流速度更高时，将有一部分固体颗粒被气流带走，并且随着气流速度的增大，带走的颗粒将增多，此时物料已处于输送状态。

流化床干燥器的结构根据物料性质的不同而存在差异。流化床进行物料干燥时，其操作速度应介于临界流化状态和输送状态之间。与真空干燥器相比，流化床干燥器可以实现物料的连续干燥，具有大批量烘干的能力。此外，当操作速度达到输送状态时，流化床干燥器还可以同时实现物料的干燥和颗粒分级。

5.2.1.3　氧化剂过筛

氧化剂过筛对保证装药质量和生产安全非常重要。无论是球形氧化剂还是粉碎后的细氧化剂，在进入推进剂混合工序之前都需要过筛，目的是去除结块成团的不合格原料及各种外来的杂质，特别是金属异物。结块成团的不合格原料及杂质将影响推进剂的工艺性能和力学性能，金属异物可能在混合过程引发安全事故。

5.2.1.4　氧化剂组批

大型固体发动机装药或大批量生产的小型固体发动机装药，需要同时采用多锅推进剂药浆进行浇注，或者需要进行非连续的多锅次装药。为保证不同锅次之间推进剂性能的稳定和重现，必须控制或保证不同锅次所用氧化剂的一致性。由于氧化剂用量很大，不论球形氧化剂还是自行粉碎的细氧化剂，都只能以限量的批次进行供应，因此，使用前对氧化剂进行组批是保证推进剂性能稳定和重现的重要措施。

由于氧化剂用量非常大，要实现众多批次氧化剂的均匀组批是相当困难的，并且组批操作也存在安全风险。随着计算机技术的发展，可以应用运筹学中的目标规划数学模型来解决原材料组批这种多变量、多指标、多目标的组配问题。利用目标规划组配计算法，通过选用不同的单批进行组配，使不同锅次之间原材料的性能趋于一致，这样可以在不增设组批工序和增加组批设备的情况下，直接通过预混和混合工序，使每锅药浆中的物料与其他锅中的物料性能保持一致[2]。

5.2.2　推进剂其他组分的准备

除氧化剂外，复合推进剂中的其他组分包括金属铝粉、粘合剂、固化剂、增塑剂、键合剂、防老剂、安定剂、燃速调节剂、固化催化剂、工艺助剂等。与氧化剂相比，其他组分在复合推进剂中的含量相对较小，因此，准备工作相对较为简单，归纳起来包括以下几个方面：

1）检验原材料指标是否符合要求。

2）过筛去除异物与杂质。固体组分如硝胺炸药等需过 20 目筛以去除异物。液体组分一般用双层纱布过滤，粘合剂可采用 Φ4 mm 的钢板筛进行过滤。

3）烘干水分或对原材料进行预烘。草酸铵降速剂可参照细氧化剂进行粉碎和烘干。用量较多的原材料如氧化剂、铝粉、粘合剂等，使用前一般需在混合温度下预烘 12 h 以上。

5.2.3　非推进剂组分的准备

燃烧室装药制造过程包括壳体绝热、衬层包覆、推进剂装药等工艺。不仅推进剂装药工艺需要进行推进剂组分的准备，壳体绝热工艺和衬层包覆工艺也需要进行绝热层、衬层用原材料的准备。这些非推进剂组分的准备工作主要包括检验原材料指标是否符合要求，以及对原材料进行烘干除水等处理。

5.3　壳体绝热与包覆工艺

5.3.1　壳体绝热工艺

壳体绝热工艺包括两方面的内容：一是绝热层材料本身的加工；

二是绝热层材料在发动机壳体内成型。

5.3.1.1　绝热层加工

　　绝热层材料通常由基材和填料组成。加入填料可以增强绝热层的热性能和炭化特性、导热性和烧蚀性，同时还能改善绝热层的抗拉强度、伸长率、硬度等物理性能和工艺性能。绝热层材料加工就是将填料和基材混合均匀的过程，通常包括塑炼和混炼两个阶段。塑炼就是在机械力、氧、热等作用下使大分子的橡胶在炼胶机上发生分子链断裂以降低基材粘度，使高分子橡胶塑化。混炼就是将绝热层中其他各种组分，如硫化剂、补强剂、填料等加入塑炼后的橡胶中，通过混炼使之成为均匀的橡胶材料。无论是塑炼还是混炼，关键是要控制好辊距、辊温、薄通次数、材料加入时机、炼制时间等工艺参数。例如，辊温高胶料流动性好，但辊温过高会使材料出现焦烧现象，辊温过低则会增加设备负荷。辊距大小不仅决定着炼胶的效率，而且小辊距多次薄通将会使短纤维被切断，从而降低抗烧蚀性能。

　　绝热层加工使用的设备有开式炼胶机、密闭式炼胶机和捏炼机。开式炼胶机投资少、设备机动性好，只是环境污染大、劳动强度高。但开炼工艺具有灵活机动的特点，特别适合小批量生产及工艺研究。密炼工艺特别适用于胶料配方品种变换少、生产批量大的规模化生产。由于密炼工艺只是用于将补强剂、功能填料等加入混炼胶料中，硫化剂等的加入通常也是在开炼机中完成的，因此，密炼和开炼通常需要结合应用。捏炼机结合了开式炼胶机和密闭式炼胶机的优点，具有生产效率高、自动化程度高、劳动强度小的特点，作业环境得到明显改善。但捏炼对胶料的粘度有较高要求，通常在硅橡胶等低粘度橡胶混合过程中应用较多。

　　混炼好的绝热层通常需要使用开炼机和压延机进行辗片。表面光滑、柔韧性好的绝热层片材施工时不易脱粘，因此，为了保证片材的表观质量，辗片前需在开炼机上对绝热层材料进行适当的热炼，然后在压延机上进行辗片，形成合适厚度的片材。

5.3.1.2 绝热层成型

绝热层的主要功能是防止壳体达到危及其结构完整性的温度，对绝热层的性能要求除了隔热外，还包括限燃、抗冲刷、密封等。由于绝热层是一种惰性材料，是固体发动机的消极质量，在固体发动机燃烧室中所占质量和体积越小越好。因此，发动机中不同部位的绝热层厚度是不一样的。绝热层成型工艺的任务就是按设计尺寸要求对壳体进行热防护，防止脱粘的出现，并满足规定的尺寸公差要求。

固体发动机壳体分为金属壳体和非金属复合材料壳体两类，对应的绝热层成型工艺是不同的。金属壳体绝热层成型工艺包括金属壳体清理、人工脱粘层的制作、片材粘贴、燃烧室机口配合尺寸保证、绝热层固化等工作，它在壳体成型后进行，是装药制造工艺的一部分。而非金属复合材料壳体绝热层成型工艺与壳体成型工艺同时进行，即绝热层是与壳体一体成型的，它是壳体制造工艺的一部分。

（1）金属壳体清理

金属壳体清理包括金属壳体内表面除油和内表面喷砂。

金属壳体内表面除油处理包括溶剂清理法和高温炭化法。溶剂清理法是利用化学物质之间的相似相溶原理，选用汽油或乙酸乙酯等溶剂进行浸泡、清洗，达到除油的目的。高温炭化法是利用高温加热时，使浸入金属晶格中的油污和内表面的油污变成气体进行挥发或炭化，达到除油的目的。金属壳体的高温炭化法是一种通用的除油方法，但是当壳体有些部件（如复合材料缠绕外挂件、树脂粘接外挂件等）不能承受高温时，仍需采用溶剂清理法。

金属壳体内表面喷砂处理的目的是除掉内表面的炭化层或氧化层，同时增大内表面的粗糙度，以提高粘接性能。喷砂处理分为干法喷砂和湿法喷砂两种方法。干法喷砂是利用压缩空气将直径 3~5 mm 的石英砂从喷砂装置的喷嘴中喷射到壳体内表面。干法喷砂装置包括自动送砂、砂粒自动分级、粉尘过滤等部分，喷出后的石英砂通过吸入回路，经过滤分离粉尘后可循环使用。湿法喷砂是采用高压磨料水射流技术对壳体内表面进行清理。常压水经高压泵增压后形成高压水射流，高压水射流在喷头混合室，形成一定的真空度，将砂罐中的砂抽吸到混合室并与高压水混合，经喷嘴喷出形成能量高度集中的磨料射流。为了防止壳体再次生锈，湿法喷砂的磨液中需要添加防锈剂。

为了提高金属壳体与绝热层之间的粘接作用，防止喷砂处理后的金属壳体内表面生锈，喷砂处理后应及时清理干净，并喷（刷）涂一层粘接性能良好的底涂胶粘剂。

（2）人工脱粘层制作

由于壳体的热膨胀系数与推进剂的热膨胀系数相差一个数量级，在推进剂固化降温过程中，推进剂药柱的收缩量远大于壳体的收缩量，由此会产生相当大的热应力，使推进剂装药芯孔内表面形成裂纹，或使燃烧室头部或尾部的推进剂与绝热层之间脱开。设置人工脱粘层的目的就是在进行绝热层设计时，在头部或尾部等易脱粘部位，事先采用不易粘接的低表面能材料设置人工脱粘片，当发动机固化降温时使绝热层与人工脱粘层从事先设定的位置脱开，避免燃烧室头部或尾部的推进剂与绝热层之间脱粘。

人工脱粘层的制作过程是在绝热层与人工脱粘层之间刷涂隔离剂，或者加上耐高温的人工脱粘片，如聚四氟乙烯膜，使层间在受力情况下能够分离。发动机的人工脱粘层/绝热层可以在模具上通过整体预成型模压成一体。大型发动机的人工脱粘层一般采用 U 形结构，既可以采用整体模压成型，也可以手工在壳体内搭接成型。

（3）片材粘贴

传统的金属壳体内绝热层成型方法为手工贴片粘贴成型工艺，包括贴片准备、刷胶、贴片等过程。

①贴片准备

贴片准备可以根据发动机型面，利用计算机软件进行绝热层分层、分段的尺寸设计，然后制作样板，并按样板进行绝热层下料。

尺寸设计时要求考虑块与块之间采取倒边搭接的方式，层与层之间应错过块与块之间的搭接处。同时，还应考虑严格控制绝热层的厚度，并预留加压固化时的压缩量。

②刷胶

先将片状绝热层粘接面用溶剂清理干净，然后在粘接面上刷涂胶粘剂。为了提高粘接质量，必须控制胶粘剂的使用粘度、刷胶遍数、刷胶厚度、晾置时间和环境温湿度。

③粘片

将绝热层片材按规定的位置手工粘贴在发动机的内表面。贴片时一定要按顺序进行，注意接头处的搭接，赶掉残存的气泡，压实贴牢，并应控制环境的温湿度，同时应注意防止灰尘、汗水等污染被粘表面。

手工贴片由于影响因素多，容易形成缺陷。手工贴片不仅生产效率低，而且返工率高，特别是对直径比较小的战术导弹固体发动机，根本无法采用手工贴片的成型工艺。因此，对小开口的战术导弹固体发动机，通常采用内绝热层、人工脱粘层预成型技术，通过工装在燃烧室内定位，利用气囊同时加压和加热固化，实现内绝热层整体成型。

（4）燃烧室机口配合尺寸保证

燃烧室机口配合尺寸，一方面利用成型工艺环和工装来保证，另一方面可选用固化后硬度较大的绝热层材料通过机械整形来保证，还可以采用手工粘贴成型或者先模压预成型再粘贴的工艺。

（5）绝热层固化

绝热层只有经过高温、加压固化后才能具有良好的粘接性能、力学性能和耐烧蚀性能。绝热层加压固化的方法包括使用热压釜加压硫化法、气囊充气加压法和模具直接加压法等。小型发动机可以采用热压釜加压硫化法和模具直接加压法。气囊充气加压法是最常用的方法，能够改善绝热层的表观质量，增加绝热层的致密性，减少界面脱粘。但在绝热层固化时应注意固化过程中防止气囊破裂，一旦不能密封，固化压强将快速降低，并导致绝热层产生发泡现象。

对于大型发动机或是采用硬质绝热层的发动机，为了避免因降温过快而导致脱粘，降温过程必须严格控制降温速度。

5.3.2　衬层包覆工艺

衬层包覆工艺包括两方面的内容：一是衬层料浆的配制；二是将衬层均匀涂覆在绝热壳体的内表面，并预固化。

5.3.2.1　衬层料浆配制

衬层料浆配制是将组成衬层的配方组分按规定的加料顺序加入混合机中，按预定的时间和转速混合均匀的过程，必要时可加入适量的溶剂，将衬层料浆稀释至满足工艺要求的粘度。

小量衬层料浆的配置也可以采用手工混合完成。

5.3.2.2　衬层涂覆

衬层的主要功能是确保绝热层（和/或壳体）和推进剂之间不发生脱粘。但因衬层材料也是固体发动机消极质量的一部分，在确保界面粘接可靠的情况下，衬层的厚度不宜太厚，一般为 0.5～1.0 mm，通常通过控制衬层的涂覆量来控制厚度。衬层涂覆工艺的任务就是按设计的厚度将衬层均匀涂覆在绝热层或壳体的内表面，并预固化，既要防止衬层流挂，也要防止推进剂真空浇注过程中衬层鼓泡而出现质量问题（如脱粘等）。

衬层包覆工艺包括绝热壳体烘干除水、衬层涂覆和衬层预固化等过程。

（1）烘干除水

烘干的目的是确保绝热层中的水分或其他物质对界面粘接性能不会产生有害影响。因此，绝热壳体的烘干条件根据绝热材料的性质和壳体绝热情况进行决定。但由于发动机中各部位的绝热层厚度是不同的，烘干条件的确定应以绝热层的脱水特性及最大厚度为依据，通常以一定温度下烘若干小时来表示。

（2）涂覆衬层

涂覆衬层的方法比较多，有气动喷涂、离心抛涂和刷涂等。

①气动喷涂

气动喷涂时，先将绝热壳体安装在喷涂加热炉中，并以一定速度旋转。采用压缩空气把料浆从储料罐压出送到喷嘴处，同时采用另一路压缩空气使其雾化。通过喷涂车的前进、后退，以及喷枪的摆动，将雾化后的料浆均匀分散在绝热壳体内表面。发动机不同部位衬层厚度的控制通过控制喷涂的次数和衬层质量来实现。气动喷涂过程可以实现程序控制，主要控制喷涂车的速度、壳体旋转的速度、衬层料浆的粘度，以及控制喷涂压力、温度等参数。

②离心抛涂

离心抛涂是通过高速旋转将衬层料浆均匀抛撒于发动机燃烧室内表面的一种包覆工艺，分为卧式离心和立式离心两种方式。立式离心包覆主要适用于发动机带有弧度的头部和尾部的包覆，卧式离心包覆适用于发动机筒体部分的包覆。两种离心包覆的工艺基本相同。首先将保温罩升至合适的温度，然后将包覆料浆分次放入发动机内或抛涂盘中，开动离心旋转装置，借助离心力将衬层抛开并均匀涂覆。包覆过程分多次进行，主要控制温度、转速和时间，关键要控制好衬层料浆的粘度，太稠衬层料浆不易流动，难以涂匀；太稀衬层料浆则易流挂，通常需用乙酸乙酯等溶剂将其调至合适的粘度。

③刷涂

刷涂工艺适用性强，尤其适用于直径较小、长径比大等难以喷涂的发动机。刷涂可以采用无溶剂或少溶剂料浆。刷涂后将包覆壳体置于保温罩内，保持壳体以一定的速度旋转，防止衬层流挂，直至达到半固化状态为止。

（3）衬层预固化

衬层预固化的目的是保证推进剂药浆真空浇注过程中衬层不会

出现流挂、堆积、鼓泡等可能造成质量问题的现象。因此，衬层预固化的程度，即半固化状态的控制，是衬层包覆工艺中最重要的工作。

衬层预固化程度是控制衬层流挂、堆积、鼓泡等与包覆质量有关的工艺参数，传统的衬层半固化状态以"粘手不拉丝"来进行定性判断，因此，实际上的预固化程度控制因人而异，由此产生的装药质量问题也时有发生。最新研究表明，一种比较科学的方法是采用直接测量衬层表面的粘附力来进行定量监测，并以某一时刻的粘附力不高于上一时刻的粘附力来判断衬层是否已达到半固化状态。

5.4　燃烧室装药工艺

5.4.1　称量及预混工艺

称量工艺就是采用精度满足要求的衡器，按照固体推进剂配方的设计加入量和规定的加料顺序，依次称取各组分。预混工艺就是将除氧化剂、炸药以外的所有固体组分与除固化剂外的所有液体组分混合成均匀的预混料浆的过程。预混的主要目的就是使金属铝粉表面包覆一层液体组分，避免混合过程中氧化剂与金属铝粉之间产生直接摩擦，提高混合过程的安全性。此外，预混过程也可以减轻混合工艺的负担，不仅有助于含量较小的功能组分分散均匀，也可以缩短混合工艺的时间。

对于小批量装药，可直接采用手工操作完成称量；对于大批量装药，宜采用自动称量并实现远距离自动控制。自动称量过程中，粘合剂、增塑剂等粘液组分首先经组批槽组批后进入保温料斗。称量时，粘液由保温料斗自动进入粘液自动秤，通过粘液秤按减量法自动称量后，加入混合锅内。为保证称量精度和提高称量效率，保温料斗的下料阀分为快速下料和慢速下料两种，操作时先快后慢。当粘液质量符合要求时，用接料盘接料并关闭下料阀门。

铝粉和 AP 等固体组分的称量应与原材料准备工艺同时进行，在完成过筛和去除杂质后，即可自动称好并放入加料料斗保温、保存。

预混既可以直接在混合锅内进行，也可以采用专用预混机并按规定的预混工艺要求进行操作。对预混机的要求相对简单，能够满足高速旋转，完成升、降操作和正、反转操作即可。预混过程应防止铝粉粉尘飞扬，预混结束后应保证无可见未包覆铝粉。

5.4.2　混合工艺

混合工艺的目的是将氧化剂、炸药等固体组分与预混料浆和剩余组分等通过复杂的物理和化学过程分散均匀，形成具有良好流动性、流平性的推进剂药浆。复合推进剂中固体组分含量相当高，同时大部分组分具有相当大的危险性，因此，混合工艺是复合推进剂生产过程中最危险的工序，大部分的安全事故均发生在混合过程。

复合推进剂是一种高固体填充的复合材料，同时也是一种具有高危险性的含能材料。复合推进剂的各种固体和液体原材料由于密度相差很大，而且固体组分的颗粒大小也不同，混合过程既要防止分层和沉积，又要保证固体颗粒分散开来并被液体组分均匀包覆，同时还要确保混合过程的安全性。因此，复合推进剂的混合工艺是一个非常复杂的物理和化学过程，既不同于一般粉体材料的混合，也不同于一般液体和悬浮材料的混合。作为一种高固体填充的复合材料，在加入固化剂之前，几乎处于不流动的干混状态，主要是固体和液体组分的混合以及液体组分在固体组分表面上的润湿过程。加入固化剂后，变成了一种对剪切速度和温度敏感的具有宾厄姆（Bingham）塑性特征的高粘性流体，主要是各种物料的混合和固化体系的化学反应过程。基于复合推进剂混合过程的流变特征，以及作为含能材料自身所具有危险性的特征，决定了传统意义上的混合设备难以满足使用要求。一方面，混合的安全性要求对混合设备的动力特性有严格的要求；另一方面，在较低的转速条件下，流动性差且具有高粘性的流体在离开桨叶后，其动能迅速衰减，无法形成湍流带动周围流体运动，降低了混合的效率，因而必须采用特制的混合设备和混合工艺。这类混合设备通常采用双桨叶设计，通过桨叶与桨叶之间以及桨叶与锅壁之间对混合机内各部位的推进剂药浆施加剪切、挤压、拉伸或撕裂作用，使液体组分包覆在固体颗粒表面并使各种组分混合均匀。

　　已经应用的混合设备有卧式混合机和立式混合机。早期使用的卧式混合机，采用反向运动的一对 S 形桨叶，其特点是适应性较强，特别适用于高粘度推进剂的混合。但卧式混合机最大的缺点是桨叶的轴瓦浸在推进剂药浆中，混合过程中存在药浆渗入轴瓦并导致燃烧或爆炸的风险。同时，在药浆出料或清理设备时卧式混合机需拆卸桨叶，使用不方便。立式混合机采用了可换混合锅式设计，克服了药浆出料和设备清理不便的缺点。作行星运动的一对桨叶的传动部件安装在立式混合机上部，不与药浆接触，消除了卧式混合机存在的安全隐患。因此，立式混合机已取代卧式混合机成为复合推进剂制造的通用混合装备。

　　无论卧式混合机还是立式混合机，具有的共同特点都是间断式操作。对于大型固体发动机装药或大批量固体发动机装药，国外除了使用大型立式混合机外，还使用了具有连续式生产特点的螺旋挤压式混合系统。

　　复合推进剂的混合过程不仅与混合设备及混合工艺密切相关，而且与推进剂配方有关。由于推进剂配方组成和流动状态的复杂性，对推进剂物料的混合过程进行数学上的描述和模拟非常困难，只能对混合过程中药浆的受力及流变情况进行简单分析。

5.4.2.1　卧式混合机中推进剂药浆的受力及流变分析[1]

　　卧式混合机的特点是两个 S 形的桨叶转动轴位置固定，并以不同的转速在固定位置作反向的圆周运动。混合过程中，无论是正转操作还是反转操作，推进剂药浆在桨叶与桨叶之间以及桨叶与锅壁之间分别受到挤压力、拉伸力和剪切力等三种力的作用，从而将固体颗粒分散在液体组分中，使各种固体组分和液体组分混合均匀，并使液体组分包覆在固体颗粒表面。

卧式混合机中推进剂药浆的流变分析可利用描述流体运动的纳维—斯托克斯方程，并结合卧式混合机的具体情况进行。基于合理的简化和假设，可对卧式混合机推进剂药浆的流变性进行粗略分析，并用于指导混合工艺的优化。

假定桨叶顶端的棱宽为 L，桨叶与锅壁的间隙为 h，桨叶半径为 r，转速为 ω，则：

桨叶顶端的线速度（U）

$$U = \pi \cdot \omega \cdot r \qquad (5-6)$$

桨叶顶端与锅壁之间距离锅壁为 y 点的药浆速度（U_y）

$$U_y = U \cdot (1 - y/h) \qquad (5-7)$$

由式（5-6）和式（5-7）给出的速度公式，可求得表征混合机生产能力大小的药浆体积流量（Q）

$$Q = 0.5 \times U \cdot h \qquad (5-8)$$

桨叶与锅壁之间的药浆平均速度（$\bar{U}$）

$$\bar{U} = 0.5 \times U \qquad (5-9)$$

药浆受到的剪切应力（τ）

$$\tau = \eta \times \mathrm{d}U/\mathrm{d}y = -U \times \eta \times 1/h = -2 \times Q \times \eta/h^2 \quad (5-10)$$

混合机的最大功率（$p_{\max}$）

$$p_{\max} = F \times U = \tau \times L \times U = 4 \times Q^2 \times \eta \times L/h^3 \quad (5-11)$$

根据上述分析结果，可以对提高卧式混合机混合效果和生产能力的途径进行分析。

（1）通过提高功率来提高混合效果

根据式（5-6）、式（5-10）和式（5-11），可以得到

$$p_{\max} = \pi^2 \times \omega^2 \times r^2 \times \eta \times L/h \qquad (5-12)$$

由式（5-12）可知，提高功率主要通过提高转速来实现。但转速提高后混合过程的危险性也随之增加，因此，混合机的转速不宜

太高，必须在兼顾提高混合效果和保持混合过程的安全性之间进行选择，即在能够保证混合安全的前提下，选择尽可能高的转速对提高混合效果有利。

（2）通过减小间隙来提高混合效果

由式（5-11）可知，混合机的最大功率在体积流量不变时，与间隙的三次方成反比，即间隙显著影响混合效果，减小间隙可以显著提高混合效果。不过，减小间隙的同时意味着动力消耗将大增，并且也将导致混合过程的危险性显著提高。因此，混合机的间隙也应选择在合适的范围内。

（3）通过提高药浆粘度来提高混合效果

由式（5-11）可知，混合机的最大功率在转速、混合机尺寸、体积流量等不变时，与药浆的粘度成正比，即提高药浆粘度有利于提高混合效果。但粘度的提高意味着剪切应力的提高，混合过程的危险性将增加。因此，混合过程中必须将药浆控制在合适的粘度范围内，亦即混合过程中药浆粘度太小将不利于混合均匀，粘度过大将导致混合过程危险性增大，只有保证推进剂药浆有合适的粘度，即保持一定程度的干混状态，才能保证混合效果。

（4）通过提高混合机尺寸来提高生产能力

由于生产能力的大小由体积流量决定，根据式（5-6）和式（5-8）可以得到

$$Q = 0.5 \times \pi \times \omega \times r \times h \qquad (5-13)$$

显然，提高生产能力的途径有三条：一是提高转速，二是增大间隙，三是增大半径（提高混合机尺寸）。由于提高转速和增大间隙的途径因安全性问题受到限制，因此，提高生产能力通常只能依靠增加混合机尺寸的方法。

实际上，由于卧式混合机中的桨叶与锅壁间有相当高的剪切力，加上轴承浸在推进剂药浆中，具有相当大的安全隐患，而且卧式混合机出料和清理工作比较困难，因此，采用增大卧式混合机尺寸的方法来提高生产能力是不可取的，效果也是有限的。更大容量的混

合机一般均采用立式混合机。

5.4.2.2　立式混合机的工作特性和受力分析[3]

　　与卧式混合机相比，一是立式混合机桨叶采用悬臂结构，克服了卧式混合机轴承浸在推进剂药浆中导致安全隐患的致命缺点；二是立式混合机传动系统采用行星轮系，近心桨和远心桨在绕自身轴线自转的同时，还绕轮系的轴线公转，即桨叶的运动轨迹是自转和公转的合成轨迹，其棱边上的任意一点都是以锅壁为渐近线的内摆线。而卧式混合机的主动桨和从动桨由于绕固定轴运动，其棱边上的任意一点都是以锅壁为圆周的同心圆线。

　　由于桨叶棱边上各点的运动轨迹不同，使得卧式混合机和立式混合机的受力状况完全不同。卧式混合机中，桨叶两端面与混合锅两轴承面之间、桨叶棱边与混合锅底之间发生周期性的摩擦和剪切作用，桨叶运动一周，桨叶两端面与两轴承面上任意一点之间将重复作用一次；超过二分之一长度的桨叶棱边与混合锅底之间将重复作用一次。因此，卧式混合机中药浆受力主要以剪切力为主，但由于两桨叶转速不同，正向运动时药浆也同时受到了挤压作用。立式混合机中由于近心桨与锅壁之间没有接触，远心桨棱边与锅壁之间、近心桨与远心桨之间在任意时候都只有一点保持最小间隙，而两桨叶底部与锅底之间尽管也发生周期性的摩擦和剪切作用，但因桨叶底部棱边上任意一点的运动轨迹都是内摆线，使得锅底任意一点重复受到摩擦和剪切作用的周期大大延长，因此，立式混合机中桨叶与锅壁及锅底之间的剪切作用与卧式混合机相比大大降低，立式混合机中药浆的受力情况主要是在正转过程中向底部方向的挤压作用（也可称捏合作用）。

　　卧式混合机和立式混合机在受力方面的差别，可通过在小型混合机中进行高燃速推进剂的混合操作表现出来。由于高燃速推进剂中加入了大量细粒度的氧化剂，加入固化剂前药浆呈现明显的发硬现象。此时在卧式混合机中，发硬的药浆因挤压作用弱经常出现药浆架桥，桨叶空转等现象；而在立式混合机中，则因药浆过硬无法挤压而导致死机、转速不稳等现象。

正是由于立式混合机采用了行星运动的桨叶设计，远心桨棱边上任意一点的运动轨迹都是以锅壁为渐近线的内摆线，因此无法进行类似卧式混合机的简化计算。不过，由于任一时刻只有一点与锅壁的距离处于最小间隙状态，立式混合机的安全性与卧式混合机相比有本质上的区别。加上立式混合机采用悬臂结构，传动系统处于混合机上部不接触推进剂的区域；同时，立式混合机可以实时监测混合过程中桨叶承受的扭矩的变化，用来监控和保证混合过程的安全性。另外，立式混合机采用了可换混合锅设计，消除了卧式混合机存在的安全隐患和使用上的不便，使得立式混合机迅速取代卧式混合机成为复合推进剂的通用混合设备，也为提高推进剂装药生产能力创造了条件。据报道，国外最大的立式混合机容量达到了 8 000 L，单锅推进剂的生产量达到 13 t，用于欧洲大型运载火箭阿里安-5 助推器的生产。不过，该型立式混合机采用了三桨设计方案，因为混合机容量增大将造成桨叶直径增加，采用三桨可以减小桨叶直径，避免因容量增加带来桨叶棱边上线速度的增加。

5.4.2.3　连续混合系统的组成和原理[4]

采用大型立式混合机可以大幅度提高复合推进剂的生产能力，使得装药量达到数百吨的大型运载火箭固体助推器也能够顺利生产。但立式混合机容量增大后，将导致混合时间增加，混合强度增大，过程清理等操作变得更加困难，生产效率将降低。特别是每一时刻处于危险操作状态的推进剂总量达到十多吨，一旦发生事故，后果不堪设想。因此，对大批量的重复装药，采用连续混合工艺具有更高的生产效率及安全和成本优势。主要表现在：

1) 混合工艺的连续化使整个生产过程实现自动化，可提高生产效率，减轻劳动强度。

2) 连续混合可使进行危险操作的推进剂装药量大幅度降低，危险操作时间大幅度缩短。据报道，生产一台航天飞机用 ASRM，若采用分批混合工艺，单锅推进剂装药量在 2.7～12.7 t 之间，生产

544 t 推进剂需要的危险操作时间约 287 h。如果采用连续混合浇注工艺，混合过程中的任何时候只有大约 680 kg 推进剂受到机械作用，危险操作时间降到 48 h。连续混合浇注工艺对改善安全性和提高生产效率的作用是显而易见的。

3）复合推进剂混合过程中推进剂药浆的状态随时间会发生显著改变，连续混合装置可以根据推进剂药浆的变化情况改变结构设计，适应推进剂药浆状态的变化。

4）连续混合装置通常采用螺旋挤压方式，可以用于混合更高粘度的推进剂药浆。

连续混合工艺装备由连续送料装置、螺旋挤压式混合机、除气装置、输送装置和连续检测装置等组成。该系统通过连续送料装置将已精确称量的固体、液体物料输入到连续的螺旋挤压式混合机中，混合后的推进剂药浆经除气装置除气后，由输送装置在管路中保持 30 min 以上的输送时间，经在线的连续检测装置或离线的快速分析验证合格后，被送入浇注工序。

（1）连续送料装置

连续送料装置包括固体送料机、液体送料机和预混药浆送料机。为了保证连续操作，首先要求连续送料装置必须运行可靠，能够在较长时间内连续送料。固体物料必须使用特殊设计的漏斗并配备振动装置。其次，应配备两个以上的送料料斗。第三，能够灵活调节流量。第四，设备必须有实时记录仪，用于监测整个过程的送料情况，满足对推进剂组分的精度要求。

（2）螺旋挤压式混合机

螺旋挤压式混合机装有断续刮板的单根螺旋杆。螺旋杆在由特殊装置驱动作旋转运动的同时，沿轴向方向作往复运动，从而将物料边混合边向前输送。这种混合机的转速为 30～90 r/min，利用夹套内的水来控制温度。螺旋挤压式混合机的关键功能是保证物料能按规定的精度送入，同时采取措施防止不符合要求的物料进入管道中。验证试验表明，连续混合机最终混合物的固体含量最大偏差小于 1%。

（3）除气装置

除气装置由一个有外套的真空室组成，真空室内有一个锥形螺旋作旋转运动。锥形螺旋一方面能将推进剂药浆表面尽可能地暴露在真空中，以除去吸附的气体；另一方面将除气后的药浆送至推进剂管道中。

（4）输送装置

输送装置主要由输送泵和管道组成。由于推进剂药浆的粘度较高，通常采用单螺旋泵来输送。对于远距离输送，可在管道系统中串联安装升压单螺旋粘性泵，以维持输送推进剂药浆的压力。

（5）连续检测装置

连续检测装置有在线的连续监测设备，如 γ 射线密度计。通过连续、在线监测特征物质的变化来分析、判断推进剂的质量情况。也有离线的快速分析方法，如各种物质的鉴定试验，用于确保推进剂进入浇注工序前能够保证推进剂药浆符合相关规范要求。

虽然连续生产线在大批量生产时确有安全和成本上的优势，并在实践中得到了验证，但立式混合机因具有通用性强和适应性强的优点，特别适合多品种、小批量的导弹武器生产。加上立式混合机具有工艺和生产组织上的灵活性，迄今为止，间歇式生产的立式混合机仍是世界各国广泛使用的推进剂混合设备。

5.4.2.4 其他的混合系统

快速混合设备的基本原理是在湍流状态下，将推进剂组分混合在与其相溶性小的惰性载体溶液中。由于载体密度小，易挥发，当湍流平息后，产品就沉积下来，得到混合均匀的药浆。通过干燥技术并结合真空浇注工艺，可除去惰性载体溶液。理论上，快速混合工艺是一种相对安全、均匀和经济的混合方法，具有生产效率高，以及能快速启动和停车的特点，但如何找到能够适应所有组分要求的惰性载体，以及如何完全去除惰性载体均存在一定难度。

连续气动混合机主要由一根多孔管组成，经计量并由气体输送的固体和液体物料喷入多孔管中，使固体和液体物料发生随机运动以达到混合均匀的目的，经过一台高效离心分离器除去药浆中的大部分气体后，再通过真空浇注进一步除去气体。这种方法的生产工序存药量极少，且气动混合机内没有机械传动部件，安全性较高。

连续蠕动混合装置主要由一根胶管组成，经计量后的物料进入胶管后，通过外部有规律的挤压混合均匀。与螺杆挤压机相比，连续蠕动装置消除了物料与机械部件的直接接触，混合过程更安全。

5.4.3　浇注工艺

为了满足各种飞行器弹道设计要求，固体发动机燃烧室药型设计越来越复杂，由此给芯模和工装设计、装配和浇注工艺带来更大的挑战。加上复合推进剂性能不断提高，推进剂药浆的流变性能更加复杂，使得浇注工艺成为固体发动机燃烧室装药的关键工序。

浇注工艺的主要任务是将混合工艺制得的推进剂药浆安全、无气孔地浇入到已装配好芯模和工装的包覆燃烧室中。常用的浇注方法有真空浇注法、插管浇注法和底部浇注法等，但应用最广泛的是真空浇注法。

5.4.3.1　真空浇注法

真空浇注法的优点体现在两个方面，一是直接利用真空压差和自重使推进剂药浆流入燃烧室中，二是直接利用真空条件去除推进剂药浆中的气体，使推进剂药柱中的残留气体降到最低程度。不过，由于真空浇注过程中药浆的驱动力仅为真空压差和推进剂自重，因而真空浇注工艺对推进剂药浆的流变性能有较高的要求，即推进剂药浆本身必须具备较好的流动性和流平性。具体来说，药浆表观粘度必须在一定的范围内，而药浆在低剪切应力下的屈服值必须低于某个值。对流动性较差的推进剂药浆，因容易产生气孔而不宜采用真空浇注工艺。

真空浇注装置主要由放置包覆燃烧室的真空浇注缸、带保温和控制浇注速度的浇注料斗、真空系统和温度控制系统等组成。真空浇注缸内可配置液压升降装置，用来调节燃烧室在浇注缸中的位置，以适应不同长度和直径燃烧室的浇注。浇注速度的控制是通过阀门的开、关和开启程度来实现的。既可以采用手工进行控制，也可以采用胶管阀进行远距离自动控制。浇注过程温度的控制通常是通过热水系统来实现的，如果浇注缸同时作为装药燃烧室就地固化炉，除了加热系统外，还需配置冷水系统，以保证推进剂固化时进行程序升温和降温控制。

真空浇注工艺除了将推进剂药浆直接浇入包覆燃烧室外，实际上还包括装药芯模和工装的准备，涂脱模剂，以及模具和工装装配等工作。虽然燃烧室药型设计是由发动机设计人员提出的，但实际的装药模具和工装必须结合浇注工艺的具体情况由工艺人员来进行设计和加工。这些模具和工装主要包括组合芯模、底座、固定装置、沸腾圈、吊具等，在首次投入使用前必须进行试装配，以确保各部位符合要求。脱模剂的涂覆工作对保证产品质量和后续脱模工作的安全性至关重要，必须确保与推进剂药浆接触的芯模和各类工装表面全部涂覆脱模剂，做到不漏涂、不流挂、涂覆均匀，同时要做到防止已涂覆脱模剂的芯模和工装表面被污染。另外，为了保证后续脱模工作的顺利进行，可在装药芯模表面预先烧结一层聚四氟乙烯膜。装配工作是将装药芯模放入燃烧室中，并将各种工装依次安装并定位。装配工作完成后应进行仔细检查，然后将燃烧室安装到浇注缸中，进行预抽真空和保温系统检查，确保浇注准备工作到位。

真空浇注过程中主要的工艺控制参数有真空度、浇注速度和浇注温度；其他控制参数还包括浇注前的抽真空时间和保温时间，浇注完成后继续抽真空时间，解除真空系统的放气时间等。

（1）真空度

真空度不仅是真空浇注过程中药浆的驱动力，同时也是去除药浆中气体的手段，保持较高的真空度对浇注工艺是非常有利的。考虑到过高的真空度不仅将带来动力系统的运行压力，也有可能造成推进剂中部分组分的挥发损失，因此浇注过程真空度一般维持在

2.2~4.4 kPa 即可。为了提高真空除气效果和效率，浇注过程应采用花板使推进剂药浆形成细小的药条。

（2）浇注速度

浇注速度是直接影响药柱质量的关键工艺参数。从生产周期、生产效率和对推进剂药浆的使用期要求考虑，浇注速度快是有利的。但过快的浇注速度将导致药浆中的气体不能完全除去，同时造成推进剂药浆的沸腾高度偏高，容易使燃烧室药柱中产生气孔。此外，过快的浇注速度还会造成流入燃烧室的药浆来不及流平，使推进剂药浆形成堆积，并产生气孔和瑕疵。若花板的小孔直径为 2~3 mm，则浇注速度以每分钟每孔 3~7 g 为宜。实际操作过程中，可根据推进剂药浆的流变特点和具体的燃烧室结构，在浇注前期、中期和后期分别选用不同的浇注速度。

（3）浇注温度

浇注温度主要依据混合温度和固化温度来确定，通常与混合温度相同。由于推进剂药浆的流变性能和适用期均与温度有关，浇注过程中同样应严格控制药浆的浇注温度。

5.4.3.2　其他浇注方法

由于发动机的结构特点各不相同，推进剂药浆的流变特性相差甚远，除了真空浇注方法得到广泛应用外，其他的浇注方法，如插管浇注、底部浇注、加压浇注等也得到了应用。

插管浇注法是早期固体发动机采用的浇注方法，设备简单、成本低、使用方便。插管浇注法采用压缩 N_2 作为驱动气体，推动推进剂药浆通过管路经插管进入发动机燃烧室内。显然，这种方法在浇注推进剂前必须对药浆先行除气，同时因浇注后期不再除气会导致药浆中有一定数量的气孔。此外，插管浇注过程中必须有一种自动控制插管提升的调节器，保证插管随推进剂药面上升而上升，防止插管被深埋在推进剂药浆中。

底部浇注法也是早期的浇注工艺方法，与插管浇注法类似。底部浇注法只是利用软管将浇注缸与燃烧室底部连接起来，通过压力将推进剂药浆从燃烧室底部压入。

　　加压浇注法是在真空浇注工艺的基础上，在浇注料斗下增加了一个真空脱气室。脱气后再采用 N_2 加压，可增大推进剂药浆流动的驱动力。如果将加压浇注法与插管浇注法结合起来，可以对药型复杂的燃烧室进行加压浇注。

　　总之，固体发动机浇注工艺方法的选择应与发动机具体的结构特点和推进剂药浆的流变特性结合起来，目的是满足不同用途的固体发动机的制造需要。

5.4.4　固化工艺

　　固化就是燃烧室中的复合推进剂药浆在一定温度和时间内完成交联固化反应的过程。PS 推进剂作为第一代交联型复合推进剂，采用硫磺作为交联固化剂，因此，固化也称为硫化，并沿用至今。相对来说，固化工艺是固体发动机制造过程中较为简单的过程，通常分为两类：一类针对大型固体发动机，浇注工序完成后采用就地固化方式，即在浇注装置内完成推进剂药浆的固化过程；固化过程中的温度通过燃烧室外壁周围和装药芯模内通热空气来维持。另一类针对中小型固体发动机，浇注工序完成后将燃烧室运往专门的固化保温间进行集中固化。根据燃烧室直径和长度来确定是否需采用芯模通热风，或直接对保温间进行恒温控制。

　　固化工艺的主要控制参数有固化温度和固化时间。固化温度越高，反应速度越快，相应固化时间就越短，越有利于提高生产效率。但固化温度越高，固化后降温过程产生的热应力也越大，对燃烧室装药结构的完整性越不利。从固体发动机设计和使用角度考虑，固化温度应越低越好，对降低装药的热应力水平越有利。此外，过高的固化温度还存在安全风险，推进剂固化反应过程中将产生一定的热量，当产生的热量不能及时排散时，可能导致推进剂内部的热量积累，进而使温度进一步升高，从而带来严重后果。

　　固化温度是复合推进剂配方的重要设计参数。由于复合推进剂的交联固化反应历程复杂，存在各种竞争反应和副反应，温度的改变会导致固化反应历程的变化，从而影响推进剂的正常固化，以及固化后推进剂的性能。因此，必须严格控制推进剂的固化温度，并保证固化过程中温度场的均匀性。

固化时间是根据推进剂性能何时达到最佳状态来确定的，该状态通常称为正硫化点。复合推进剂通常采用伸长率与最大抗拉强度的乘积达到最大值来判断是否达到了正硫化点。燃烧室装药制造工艺中，一般通过监测伸长率与最大抗拉强度的变化情况来确定固化降温时间。

燃烧室装药固化降温过程中产生热应力必须满足三个条件：一是固化温度与贮存温度存在温度差，这是产生热应力的根本原因；二是壳体材料，诸如钢的线膨胀系数为 $1.1 \times 10^{-5}/℃$，推进剂材料，诸如 HTPB 推进剂的线膨胀系数约为 $10.6 \times 10^{-5}/℃$，两者相差十倍，由此造成固化降温时两者的收缩量不一样；三是推进剂必须与壳体材料粘结在一起，使推进剂的形变受到约束。上述三个条件只有共同作用才会导致燃烧室装药产生热应力，由此也可提出消除燃烧室装药热应力的方法：

1）采用自由装填的包覆药柱，由于收缩不会受到约束，其热应力通常不予考虑。

2）在燃烧室两端部设计人工脱粘层结构，以减少对药柱收缩的约束，这是降低热应力并得到实际应用的有效方法。

3）通过降低固化温度从本质上消除热应力。国内外相关人员均开展了大量此类探索工作，主要是采用高活性官能团物质并结合加入固化催化剂的方法来降低固化温度。但降低固化温度的途径不仅影响化学反应速度及历程，导致推进剂力学性能发生变化，同时也影响推进剂混合和浇注工艺，实际应用尚有一定困难。

4）采用加压固化来抵消因壳体材料与推进剂材料的热膨胀系数不同而产生的收缩应力。从原理上分析这是一个非常有效的方法，并不涉及复合推进剂配方和燃烧室装药结构的改变。有资料报道，国外对采用复合材料壳体的燃烧室装药开展过加压固化研究。

5.4.5　脱模与整形工艺

脱模与整形工艺就是从固化好的燃烧室装药中取出芯模，并对推进剂装药进行适当修整，使其满足装药燃烧室设计尺寸要求的过程。

脱模的主要设备是顶芯装置和起重装置或吊具。脱模过程中，先将固化好的装药燃烧室安装在脱模工位上，用千斤顶或液压顶芯装置将主芯模松动，之后用起重装置或吊具取出芯模。脱模工艺需要注意的事项包括两个方面：一是脱模前需先清理掉工装和模具表面的推进剂药块，起吊芯模前需割开封口材料，确保人工脱粘层完全分离，以防止产生裂纹；二是要预先控制好脱模力，防止因意外原因导致推进剂药柱与工装和模具之间发生粘接而强行脱模带来的安全风险。脱模力的控制根据经验确定，主要由脱模面积和单位面积所需的脱模力决定。此外，脱模力的大小还与模具的复杂性、长径比、降温时间和环境温度，以及推进剂品种有关。

早期的装药结构相对简单，燃烧室两端装药型面通常采用定位环和装药工装进行保证，因此直接使用整形刀和量尺进行简单的手工修整即可。随着装药结构复杂程度的增加，有些药柱需要进行开槽等精确加工，为了提高生产效率，保证整形过程的安全性，目前已逐渐采用能够进行远距离控制的数控整形机械取代了传统的手工整形。需要注意的是，整形过程中必须做好安全防护，特别是控制好进刀量。同时应先完成空车运行，防止损伤燃烧室中其他非整形面或药面。

参 考 文 献

［1］　张景春．固体推进剂化学及工艺学．北京：国防科技大学出版社，1987.

［2］　苏昌银．大型发动机推进剂原材料质量控制目标规划组配计算．航天科技报告，HT－890386.

［3］　许章忠，等．立式混合机桨叶运动轨迹分析．宇航学报，1996，17（3）.

［4］　KEATING J W, et al. A review of the continuous mixing process for composite propellant. ICT international Jahrestagung，1978.

第6章 固体火箭发动机装药安全与寿命评估

6.1 概述

随着固体推进剂广泛应用于战略导弹武器及航天工程，固体火箭发动机的装药量也越来越大，如大型运载器的固体火箭发动机的装药量将超过 100 t。随着装药量的增加，固体火箭发动机相应的工艺装备和容量将不可避免地要增加或扩大，工艺流程和工艺参数也会发生相应的变化，这些因素都会给大型固体火箭发动机装药带来一些新的安全问题。随着装药尺寸的增加，即使对于临界直径较大的 AP/HTPB 推进剂，其产品尺寸将接近或远远超过固体推进剂的爆轰临界直径。装药尺寸的增加，将导致固体推进剂装药的散热性变差，由热分解产生的热量向环境的散失将更加困难，进而可能由于热量的积累而导致固体推进剂发生燃烧或爆炸。随着生产规模的扩大，固体火箭发动机装药过程中可燃性气体（如各类溶剂）及粉尘（如铝粉或氧化剂）的浓度会显著升高，发生气体或粉尘爆炸的可能性将显著增加。基于上述因素，进行固体火箭发动机装药过程危险因素分析，开展固体火箭发动机装药过程工艺安全性评估，研究固体火箭发动机装药过程安全控制技术都是非常必要的。

固体火箭发动机是固体导弹武器的主要动力源，主要由燃烧室装药、喷管、顶盖等组成。燃烧室装药则由复合材料（或钢、铝合金材料）壳体、固体推进剂药柱和绝热层等组件构成。制约固体火箭发动机寿命的关键因素是燃烧室装药（也可称为固体火箭发动机装药）的寿命。固体火箭发动机装药在使用过程中会受到各种载荷的作用，如温度、湿度、过载、重力、压力以及振动、撞击等，这些载荷的影响将导致装药的老化及损伤，从而影响整个固体火箭发动机装药的寿命。因此，燃烧室装药的贮存寿命评估及延寿技术是固体发动机寿命评估的重要组成部分。

6.2　固体火箭发动机装药安全评估

6.2.1　固体火箭发动机装药安全性分析

固体火箭发动机装药的主要工序包括壳体准备、粘合剂准备、氧化剂准备、燃料准备、预混、混合、浇注、固化、脱模、整形、无损检测、总装与检测、气密性检验、喷漆、废药销毁等[1-2]。

（1）壳体准备

壳体准备包括壳体喷砂、除锈、绝热层粘贴、衬层喷涂等工序。由于各个工序大量使用可燃性溶剂，可能存在气体爆炸的危险；使用高压容器和高压介质，存在物理爆炸及机械伤害的危险；绝热层硫化等工序存在高温灼伤的危险。由于壳体准备过程中不接触固体推进剂，因此与接触固体推进剂的工序相比，相对比较安全。

（2）粘合剂准备

随着固体推进剂技术的发展，用于粘合剂的高分子预聚物品种也越来越多，如 CTPB、HTPB、PEG、PET、GAP 等。CTPB、HTPB 主要用于惰性粘合剂体系，PEG、PET、GAP 主要用于含能粘合剂体系，如采用硝基增塑剂或硝酸酯增塑剂的粘合剂体系。由于硝基增塑剂或硝酸酯增塑剂对热、机械、静电等刺激较为敏感，加之 GAP 等含能粘合剂自身具有燃烧及爆炸危险性，因此粘合剂准备过程中存在一定的危险性。

（3）氧化剂准备

氧化剂是固体推进剂的重要组分之一，常用的氧化剂包括 AP、KP、AN、KN、ADN、NHF、TAGN 等，通常把 HMX、RDX、CL - 20 等猛炸药也列入氧化剂的范畴。氧化剂准备主要包括组批、干燥、粉碎、过筛、称量等工序。氧化剂在准备过程中应避免与有机物、还原剂相接触，否则会导致燃烧或爆炸事故。在氧化剂粉碎、过筛、称量等工序中，可能产生大量的粉尘，并产生较高的静电积累，进而引发燃烧或爆炸事故。某些氧化剂（如 AP）还可能与一些材料（如 Cu）发生化学反应，形成更为敏感的爆炸性物质。

（4）燃料准备

固体推进剂的燃料主要包括 Al、Mg、B、Zr、金属氢化物（如 AlH_3）等，燃料准备包括组批、称量和预混过程。由于大部分燃料的粒度较细，容易漂浮在空气中形成爆炸性混合物。部分燃料的反应活性较高，容易与水或其他物质发生化学反应。

（5）预混

预混过程为粘合剂和燃料的混合过程。除燃料粉尘在空气中形成爆炸性混合物以外，部分燃料可能由于相容性问题，导致预混过程中与含能粘合剂混合物的感度升高。

（6）混合

混合工序是将固体推进剂组分按照一定加料工艺均匀混合，形成具有较好工艺性能药浆的过程，是固体推进剂生产过程的重要工序之一。混合过程中固体推进剂药浆会受到混合机桨叶强烈的摩擦和挤压作用，是固体推进剂生产过程中最危险的工序。通过对国内外固体推进剂安全生产事故的不完全统计，混合工序发生的安全事故最多，约占固体推进剂安全事故的 60%。混合过程的主要危险性包括：异物进入混合锅，氧化剂被有机物污染，药浆进入混合机轴承（如卧式混合机）或齿轮箱，加料过程静电积累，组分不相容或药浆感度较高，药浆工艺性能差导致混合机桨叶变形等。

（7）浇注

浇注是复合固体推进剂成型的主要方法，包括真空花板浇注、加压插管浇注、底部挤压浇注和振动浇注等。相比其他浇注方式，真空花板浇注较为安全、方便，且药浆浪费较少。固体推进剂的浇注过程相对较为安全，但在浇注阀门的开闭、工装清理和吊装等操作中仍存在着不安全因素，尤其是固体推进剂药浆进入工装螺纹后危险性极高。浇注阀门一般采用旋塞阀、球阀和胶管阀，胶管阀最为安全，因此在固体火箭发动机装药中被广泛采用。

（8）固化

固化是在较高温度下使固体推进剂药浆发生化学交联反应，使之按设计的结构成型的过程。固化过程的主要危险来自于固化温度过高或局部过热。

（9）脱模

脱模是为了实现所设计的药柱结构，通过顶、拔、卸等方法将浇注前安装在火箭发动机燃烧室壳体内的芯模和工装拆卸下来的过程。脱模过程中存在芯模、工装与固体推进剂药柱之间的相对移动，使固体推进剂受到摩擦、剪切、拉伸、挤压等作用力。由于存在摩擦和剥离作用，脱模过程也可能发生因静电放电导致的安全事故，因此脱模过程存在较大的危险性，应实行隔离操作。

（10）整形

整形指采用手工或机械加工的方法将固化和脱模后的燃烧室装药去除与设计相比多余的部分，使固体推进剂药柱达到设计要求的几何形状和尺寸要求。整形过程直接对固体推进剂进行切割等操作，存在摩擦、挤压、静电等外界刺激，且存在金属刀具与金属壳体碰撞产生火花的可能性，因此整形过程的危险性较高，尤其是对于感度较高的高燃速固体推进剂。

（11）无损检测

固体火箭发动机一般采用高能 X 射线、激光、超声波等方法进行无损检测。无损检测工序不对固体推进剂进行机械加工，其安全性较好，目前也尚无无损检测工序发生安全事故的报道，但无损检测工序存在因吊装操作失误导致的跌落、碰撞等危险事故。

（12）总装与检测

固体火箭发动机的总装与检测过程不对固体推进剂直接进行操作，但随着火箭发动机燃烧室喷管和点火装置的安装，火箭发动机已处于推进状态，因此一旦发生安全事故可能会造成更大的破坏。

（13）气密性检验

气密性检验是在火箭发动机内充以示漏气体，在规定的温度和压力条件下保持一定时间，观察火箭发动机内压力的变化，以确定是否漏气。气密性检验工序较为安全，但存在火箭发动机因耐压强度不够发生解体而产生碎片飞散的危险。

（14）喷漆

火箭发动机喷漆过程使用大量可燃性溶剂，容易与空气形成爆炸性的混合物，加之此时火箭发动机内已装填了固体推进剂，因此喷漆过程具有一定的危险性。

（15）废药销毁

在固体火箭发动机装药过程中，不可避免地会产生一些废料（如原材料、固体推进剂药浆）或废品（如报废发动机），并且大部分无法回收和再利用，因此必须及时进行安全销毁。废药销毁方法包括爆炸法、燃烧法、溶解法和化学分解法。爆炸法适用于大量的硝酸酯、战斗部装药等的销毁；燃烧法适用于木屑分散的硝酸酯、散装炸药（如 RDX、HMX 等）、固体推进剂药柱等的销毁；溶解法适用于销毁部分或全部易溶于水的物质（如 AN 等）；化学分解法适用于水溶液中 RDX、HMX、硝酸酯的销毁。对于固体火箭发动机的销毁，目前通常采用高压水切割的方法，但这种方法的危险性较大，国内外曾发生过多起安全事故。

6.2.2　固体火箭发动机装药安全评估方法

6.2.2.1　装药危险等级分类

（1）国外危险等级分类方法

联合国《关于危险货物运输的建议书——试验和标准手册》[3]《关于危险货物运输的建议书——规章范本》[4]将危险品分为 9 类，弹药和火炸药归入第 1 类爆炸品。按不同的危险程度，进一步将危险品又分为 6 级，分别为：1.1 级，整体爆轰危险；1.2 级，非整体爆轰，但有碎片危险；1.3级，整体燃烧危险，有较小的冲击波或碎片危险；1.4级，中度火焰，无冲击波或碎片危险；1.5级，甚钝感爆炸性物质，存在整体爆轰危险；1.6级，极钝感爆炸性制品。

美国国防部将火炸药的危险性分为7个等级。1级：具有着火危险，指存在很大着火危险而无爆轰危险的材料，除着火危险外没有破坏或中毒危险，如未带战斗部装药的轻武器弹药、导火索、点火器和电点火管等；2级：具有着火危险，在贮存状态下发生剧烈燃烧时不会熄灭，但燃烧仅局限于使容器破碎，产生的冲击波不会传播或危害到弹药库以外的地方；3～6级：具有综合危险，主要危险是破片、毒性或爆轰，可以包括其中的一种或多种危险，如带弹头的轻武器和手榴弹等；7级：具有整体爆轰危险。

美国陆军部、海军部、空军部和国防部后勤局于1972年制定了《国防部弹药和爆炸物危险性分类规程》（TB 700－2），到目前为止已进行了四次修订，其最新版本为2005年版[5]。《国防部弹药和爆炸物危险性分类规程》将危险品分为6类，其中1.1级为整体爆轰；1.2级为非整体爆轰，产生碎片；1.3级为整体燃烧，产生较少冲击波或碎片；1.4级为产生中度火焰，无冲击波或碎片；1.5级为甚钝感爆轰性物质，具有整体爆轰危险；1.6级为极钝感爆轰性制品。

《国防部弹药和爆炸物危险性分类规程》还规定了材料临时危险性的分类方法，但前提是必须得到联合国试验系列3试验结果的支持，即爆炸物管理局撞击试验、ABL摩擦试验、75 ℃热稳定性试验、小型燃烧试验。要通过1.3级临时危险性分类，还需要进行卡片试验和火帽感度试验。卡片试验的试样管长度为140.0 mm、外径为47.6 mm，内径为36.5 mm，验证板厚度为9.5 mm。如果聚甲基丙烯酸甲酯卡片间隙大于或等于17.78 mm时，试验结果为正响应，则该材料的临时危险性分类为1.1级，否则为1.3级。美国陆军军备研究开发和工程中心的固体推进剂冲击波引发试验可以作为炮用发射药临时危险性分类的替代试验，如果在聚甲基丙烯酸甲酯卡片间隙大于或等于7.6 mm时反应前沿稳态传播，则该炮用发射药的临时危险性分类为1.1级；

如果反应前沿传播速度衰减，则该炮用发射药的临时危险性分类为 1.3 级。火帽感度试验中，如果采用标准雷管时为正响应，则该材料的临时危险性分类为 1.1 级，否则为 1.3 级。

美国运输部将火炸药的危险性分为 A、B、C 三个类别。A 类为具有爆炸危险的物质，相当于 DOD 7 级；B 类为具有燃烧或点燃危险的物质，相当于 DOD 2 级；C 类为危险性很小的物质。

美国州商业委员会将火炸药的危险性分为 A、B、C 三个类别。如果卡片试验中醋酸纤维素卡片的厚度大于 17.5 mm 或临界爆压小于 6 980 MPa，或爆轰试验（雷管试验）中铅柱发生蘑菇状变形，或撞击感度试验中在 3.63 kg 落锤、101.6 mm 落高试验条件下 10 次试验中有 1 次以上爆发，或点火开放燃烧试验中产生爆轰，则材料为 A 类，相当于 DOD 7 级。如果点火开放燃烧试验中试样未发生爆轰，75 ℃ 热稳定性试验中未发生爆炸、燃烧或明显分解，爆轰试验（雷管试验）中铅柱未发生蘑菇状变形，卡片试验中醋酸纤维素卡片厚度小于 17.5 mm 或临界爆压大于 6 980 MPa，则材料为 B 类，相当于 DOD 2 级。在一般情况下，仅发生缓慢燃烧的材料属于 C 类。

法国参考联合国标准，将爆炸物分为 1.1、1.2、1.3、1.4、1.5 等 5 级。1.1 级为整体爆轰危险；1.2 级为抛射危险，无整体爆轰危险；1.3 级为整体燃烧危险，伴有较小的爆炸波和抛射体，无整体爆轰危险；1.3 级又分为 1.3a 和 1.3b 两个亚级，1.3a 级燃烧时放出大量的辐射热，1.3b 级燃烧相当缓慢或者依次燃烧，燃烧时伴有较小的爆炸波和抛射体；1.4 级无显著危险；1.5 级的爆轰危险与 1.1 级相当，但较不敏感。

前西德采用土堰试验法将爆炸物分为 1.1、1.2、1.3、1.4 等 4 级，分类的判据如下：标准药柱引爆后，只要有一个试样发生殉爆，则其危险等级为 1.1 级，具有整体爆轰危险，相当于 DOD 7 级；若试样均未发生殉爆，则其危险等级为 1.3 级，具有整体燃烧危险，相当于 DOD 2 级。

对于装填固体推进剂的火箭发动机，通过联合国系列试验进行危险等级分类具有一定的难度，美国《国防部弹药和爆炸物危险性分类规程》给出了一种通过 3 种规格卡片试验进行危险等级分类的方法。卡片试验 1 为联合国系列试验 2（a）（ⅲ），卡片试验 2 为联合国系列试验 7（b），卡片试验 3 为超大规模卡片试验。联合国系列试验 2（a）（ⅲ）、系列试验 7（b）在美国《国防部弹药和爆炸物危险性分类规程》中均有详细介绍，在此仅简单介绍超大规模卡片试验。超大规模卡片试验的试验装置如图 6 - 1 所示，其采用 Φ25.4 mm×25.4 mm 的 A - 5 炸药作为传爆药柱，Φ50.8 mm×50.8 mm 的 B 炸药作为扩爆药柱，Φ203.5 mm×203.5 mm 的 B 炸药作为起爆药柱，卡片为聚甲基丙烯酸甲酯，验证板为 406 mm×406 mm×38.1 mm 钢板，试样管采用内径为 177.8 mm、外径为 203.2 mm、高为 406.4 mm 的无缝钢管。如果固体推进剂在联合国系列试验 2（a）（ⅲ）中发生爆轰，则火箭发动机的危险等级为 1.1 级；如果固体推进剂在联合国系列试验 2（a）（ⅲ）中没有发生爆轰，则进行联合国系列试验 7（b）；如果固体推进剂在联合国系列试验 7（b）中发生爆轰，则火箭发动机的危险等级为 1.1 级；如果固体推进剂在联合国系列试验 7（b）中没有发生爆轰，则进行超大规模卡片试验；如果固体推进剂在超大规模卡片试验中发生爆轰，则火箭发动机的危险等级为 1.1 级；如果固体推进剂在超大规模卡片试验中没有发生爆轰，则火箭发动机可以作为 1.3 级的候选物。

　　（2）国内危险等级分类方法

　　我国参照联合国标准制定了《危险货物运输——爆炸品分级程序》（GB 14371 — 1993）[6] 和《危险货物运输——爆炸品分级试验方法和判据》（GB 14372 — 1993）[7]。将爆炸品的危险等级分为 1.1～1.6 级，各个等级的危险性与联合国标准基本一致。《危险货物运输——爆炸品分级程序》中的各项试验方法按照《危险货物运输——爆炸品分级试验方法和判据》执行。国家民用爆破器材质量监督检验中心对上述标准进行了修订，修订后的标准为《危险货物运输——爆炸品认可、分项程序及配装要求》（GB 14371—2005）

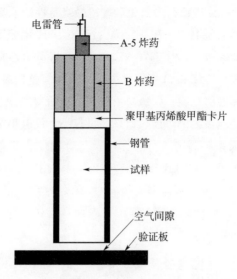

图 6-1　超大规模卡片试验示意图

和《危险货物运输——爆炸品认可、分项试验方法和判据》（GB/T 14372—2005）。

　　在借鉴和参考美国《国防部弹药和爆炸物危险性分类规程》的基础上，我国制定了国家军用标准《复合固体推进剂危险等级分类方法》（GJB 6195—2008）[8]，包括撞击感度试验、摩擦感度试验、75 ℃热稳定性试验、点火开放燃烧试验、雷管试验、卡片试验。将复合固体推进剂的危险等级分为 1.1 级和 1.3 级，其中 1.1 级为整体爆轰危险，1.3 级为整体燃烧危险。

6.2.2.2　厂房危险等级分类

　　兵器系统于 1990 年颁布了《火药、炸药、弹药、引信及火工品工厂设计安全规范》[9]，将危险厂房划分为 4 类 7 级，分别为 A 级、B 级、C 级和 D 级。A 级指贮存或生产具有爆炸特性且破坏能力较大的危险品的厂房，A 级又分为 A_1 级、A_2 级和 A_3 级；B 级指贮存或生产具有爆炸特性，但在特定条件下破坏能力不大的危险品的厂房；C 级指贮存药量较大、危险性也较大的厂房，C 级又分为 C_1 级和 C_2 级；

D级指贮存或生产具有氧化和缓慢燃烧特性的危险品的厂房。

兵器系统制定了行业标准《小量火药、炸药及其制品危险性建筑设计安全规范》（WJ 2470—1997）[10]，将危险性建筑物等级划分为 A_x 级、B_x 级、C_x 级和 D_x 级。其中，A_x 级具有整体爆轰危险；B_x 级具有局部爆轰和抛射危险；C_x 级具有剧烈燃烧及燃烧转爆轰危险；D_x 级具有局部燃烧或爆轰的可能，但是药量很小，没有整体爆轰危险。

航天系统制定了行业标准《复合固体推进剂厂房危险等级和安全距离的确定》（QJ 3144—2002），将复合固体推进剂厂房的危险等级分为1.1级（整体爆轰级）、1.2级（碎片危险级）、1.3级（整体燃烧级）、1.4级（燃烧级）、1.5级（甚钝感爆炸级）和1.6级（极钝感弹药级）。

6.2.2.3　工艺危险等级分类

关于固体推进剂生产过程的危险等级分类，《美国陆军军用品条例》（AMC REC 385 - 100）[11]、《火药、炸药、弹药、引信及火工品工厂设计安全规范》《复合固体推进剂厂房危险等级和安全距离的确定》（QJ 3144—2002）等标准进行了明确的规定，但其分类方法存在差异。《火药、炸药、弹药、引信及火工品工厂设计安全规范》将工艺危险等级分为 A、B、C、D 等 4 个等级，《美国陆军军用品条例》（AMC REC 385 - 100）及《复合固体推进剂厂房危险等级和安全距离的确定》（QJ 3144—2002）则将工艺危险等级分为1.1、1.2、1.3、1.4、1.5、1.6 等 6 个等级，如表 6 - 1 所示。

表 6 - 1　固体推进剂工艺危险等级分类

序号	工序名称	1.1级推进剂	1.3级推进剂	1.5级推进剂	备注
1	硝酸酯合成	1.1		1.1	
2	钝化液配制	1.1		1.1	
3	粘合剂制备	1.1		1.1	
4	粘合剂组批	1.3		1.3	
5	硝酸酯废酸处理	1.2		1.2	

续表

序号	工序名称	1.1 级推进剂	1.3 级推进剂	1.5 级推进剂	备注
6	硝酸酯废水处理	1.2		1.2	
7	有机氧化剂准备	1.1	1.1	1.1	炸药准备
8	无机氧化剂准备	1.3	1.3	1.3	细 AP 准备
		1.4	1.4	1.4	粗 AP 准备
9	预混物制备	1.1	1.1	1.1	含有炸药和细 AP
			1.4		含有铝粉
		1.3			含有铝粉和含能粘合剂
10	混合	1.1	1.1	1.1	
11	浇注	1.1	1.3	1.6	
12	固化	1.1	1.3	1.6	
13	脱模	1.1	1.3	1.6	
14	整形	1.1	1.3	1.6	包括喷涂防护层
15	发动机总装	1.1	1.3	1.6	
16	发动机检测	1.1	1.3	1.6	
17	发动机试车	1.1	1.1	1.6	
18	理化分析试验	1.4	1.4	1.4	
19	销毁	1.1	1.3	1.1	

6.2.2.4　工艺安全性评估方法

（1）工艺安全性单项评估方法

①静电安全性

在固体火箭发动机装药过程中，固体推进剂药浆或装药可能受到的外界刺激较多，包括撞击、摩擦、静电、热等，但与固体推进剂安全性关系较为密切的主要是静电和机械两类外界刺激。在固体火箭发动机装药过程的各个阶段，都不同程度地存在静电危险性，尤其是在原材料粉碎、过筛、加料及脱模、整形等工艺过程中，静电压可能高达上万伏。表 6 - 2 为 AP 粉碎过程的静电压检测结果，由此可知 AP 粉碎过程中的静电危险性较高。

表 6 - 2　AP 粉碎过程的静电压检测结果

阶段	机身/V	料袋/V
粉碎开始	4 000	12 000
粉碎中期	3 000	7 000
粉碎后期	3 000	8 000

　　静电安全性评估一般采用安全系数法，安全系数依据式（6-1）进行计算

$$K = E_{50}/E_{潜能} \qquad (6-1)$$

式中　K——安全系数；

　　　E_{50}——50％爆发的点火能（J）；

　　　$E_{潜能}$——系统的放电潜能（J）。

　　系统的放电潜能依据式（6-2）进行计算

$$E_{潜能} = \frac{1}{2}CV^2 \qquad (6-2)$$

式中　$E_{潜能}$——系统的放电潜能（J）；

　　　C——被测系统电容（F）；

　　　V——被测系统静电电压（V）。

　　固体火箭发动机装药过程中给出的安全电压通常为安全系数为某一设定值时的电压，如果系统实测电压超过安全电压，则应采取必要的消除静电措施。由于不同工序的静电危险性不同，因此结合不同工序的特点设定相应的静电安全系数是必要的。

　　②机械安全性

　　机械刺激在固体火箭发动机装药过程的各个工序中普遍存在，如粉碎工序（摩擦、剪切、撞击等）、过筛工序（摩擦、撞击等）、加料工序（摩擦、跌落等）、混合工序（摩擦、剪切、挤压等）、浇注工序（摩擦、跌落等）、脱模工序（摩擦等）、整形工序（摩擦、剪切等）等，因此机械安全性是固体火箭发动机装药过程需关注的重点之一。

　　由前述可知，混合工序是固体推进剂生产过程中最危险的工序。

混合过程中，除热等外界刺激以外，固体推进剂药浆受到来自混合机桨叶的强烈挤压和摩擦作用，这种挤压和摩擦作用如果超过了某一阈值，固体推进剂药浆就会发生非预期的反应。加之立式混合机混合锅具有的密闭性，会加剧固体推进剂反应的剧烈程度，从而对周围设施、环境、人员造成更严重的破坏和损伤。下面以混合工序为例，介绍固体火箭发动机装药过程机械安全性的评估方法。

混合过程安全系数（S）为固体推进剂药浆的安全挤压应力与混合过程的最大挤压应力之比，依据式（6-3）进行计算

$$S = P_{max}/\tau_{max} \qquad (6-3)$$

式中　S——安全系数；

　　　P_{max}——固体推进剂药浆的安全挤压应力（MPa）；

　　　τ_{max}——固体推进剂药浆在混合过程中受到的最大挤压应力（MPa）。

安全系数值反映了固体推进剂混合过程的风险大小。当安全系数大于 3 时，表明固体推进剂药浆对机械刺激不敏感，工艺过程比较安全；当安全系数在 1～3 时，表明固体推进剂药浆对机械刺激相对敏感，工艺过程存在较大危险；当安全系数小于 1 时，表明固体推进剂药浆对机械刺激非常敏感，工艺过程非常危险。

固体推进剂药浆的安全挤压应力 P_{max} 可以结合具体的工艺参数，采用高速旋转摩擦仪进行测试；混合过程的最大挤压应力 τ_{max} 可以依据式（6-4）进行计算，也可以通过在混合机上布置传感器进行测试

$$\tau_{max} = KM_{max} \qquad (6-4)$$

式中　τ_{max}——最大挤压应力（MPa）；

　　　K——混合机力学参数 [MPa/（N·m）]；

　　　M_{max}——最大扭矩（N·m）。

（2）工艺安全性综合评估方法

我国在对国外 DOW 化学火灾、爆炸指数评价法等危险性评价方法进行深入研究的基础上，结合我国固体火箭发动机装药的工艺

特点，基于"三圆环事故致因"理论建立了固体推进剂工艺安全性评价方法，数学模型如式（6-5）所示

$$H = \sum_{i=1}^{m} \sum_{j=1}^{n} B_i B_j \prod_{k=1}^{3} (1 - B_k) \qquad (6-5)$$

式中　B_i——第 i 种物质危险性评价值，$B = \alpha \times r$，其中 α 为固体推进剂的综合感度值，r 为不同工艺过程中固体推进剂的物量危险值；

　　　　B_j——第 j 种工艺的危险性评价值；

　　　　B_k——人员、工艺、设备、建筑结构、安全管理抵消因子。

　　固体推进剂工艺安全性评价方法通过模糊数学处理、无量纲化处理、等级参数处理等方法解决了固体推进剂综合感度的计算问题，突破了固体推进剂工艺安全性多因素耦合和工艺危险性无法量化评价等技术难点，不仅可以给出工序的工艺危险等级，而且可以给出工序的工艺危险度。对于危险等级相同的工序也可以进行准确的危险性评价，既实现了工艺安全性的定量评估，又可以为各工序的安全防护提供有针对性的指导。典型固体推进剂的工艺安全性评价结果如表 6-3 所示，各工序的工艺危险等级和危险度与国内外固体推进剂安全事故统计结果具有较好的一致性，说明固体推进剂工艺安全性评价方法具有较好的普适性。

表 6-3　典型固体推进剂的工艺安全性评价结果

项目			预混	混合	浇注	固化	脱模	整形
HTPB/AP/Al 推进剂	高燃速	危险等级	4	2	3	4	3	2
		危险度	0.31	0.72	0.43	0.23	0.56	0.72
	低燃速	危险等级	4	3	4	4	4	4
		危险度	0.22	0.42	0.29	0.24	0.37	0.36
PEG/NE/HMX/AP/Al 推进剂		危险等级	2	2	1	2	2	1
		危险度	0.72	0.24	0.91	0.32	0.22	0.42
国内外固体推进剂安全事故统计结果			1%	51%	5%	13.5%	11.5%	25%

6.2.3　固体火箭发动机装药安全要求及控制技术

6.2.3.1　固体火箭发动机装药安全管理要求

对于拟进行装药的固体推进剂配方，应明确各种原材料的燃烧、爆炸危险性及毒性，为原材料处理提供安全技术指导；应全面开展配方组分之间的相容性试验，暴露混合体系的热分解特性、燃烧特性、爆炸特性，在此基础上确定固体推进剂的加料及混合工艺；应结合工艺特点全面开展固体推进剂药浆及产品的热分解特性、燃烧特性、爆炸特性及安全特性试验，制定相应的安全操作规程和工艺规程，经过安全评估及安全评审后方可进行装药。

6.2.3.2　静电安全控制及防护技术

固体火箭发动机装药过程中，工艺过程中搅拌、接触－分离、摩擦、剥离等操作较多，AP、HMX、RDX 等原材料均为静电绝缘体，因此在各工序操作中容易产生静电积累，加之固体推进剂在静电放电作用下容易发生燃烧或爆炸，因此静电是导致固体推进剂发生燃烧或爆炸的重要危险源之一，也是固体推进剂安全防护的重要内容。对于由于静电放电引发安全事故的场所，根据物质的危险程度可以将静电危险场所划分为 1 级、2 级和 3 级。1 级是指静电点火能小于等于 1.0 mJ 的场所，2 级是指静电点火能大于 1.0 mJ 小于等于 100.0 mJ 的场所，3 级是指静电点火能大于 100.0 mJ 的场所。按照上述标准，固体火箭发动机装药过程属于 2 级或 3 级静电危险场所。

根据静电产生的机理，可以从减少静电产生和加快静电泄露两个方面进行静电安全防护。固体火箭发动机装药过程中，静电的产生可以源自两个方面，一是在各工序中由于工艺操作导致的静电，如气流粉碎、过筛、加料、脱模、整形等工艺过程，在此将其统称为工艺静电；二是操作人员的人体静电，主要是由于行走、操作或与其他物体接触、分离，或因静电感应、电荷吸附等原因使人体正负电荷失去平衡，在宏观上出现某种极性电荷的积累，导致人体对地电位不为零。

　　加快静电泄露即提高电荷的消散速度，静电消散主要通过两种途径进行。一是通过空气，使物体所带的电荷与空气中的异性电荷中和；二是通过大地，使物体所带的电荷向大地泄露。由于静电具有高电位、强电场、瞬间大电流等特点，使得物质偶电层的大小、分子排列状态发生了显著变化，因此物质传导静电的性能与通常意义上的导电性能不同。根据导电性将物质分为导体、半导体、绝缘体，从传导静电的角度将物质分为静电导体、静电亚导体、静电绝缘体。静电导体与一般意义上的导体及大部分半导体的电阻率相当，静电亚导体、静电绝缘体与一般意义上的绝缘体及少部分半导体的电阻率相当。

　　固体火箭发动机装药过程的静电安全控制措施主要包括：使用静电导体或静电亚导体合理接地或搭接，工艺过程采用抗静电处理技术，静电危险场所尽量避免使用静电绝缘体，提高工艺环境的相对湿度，控制可燃性气体及粉尘浓度等几个方面。静电接地是指通过导体、静电导体或制品使带电物体与大地在电气上可靠连接，从而使带电物体与大地电位接近。静电接地是消除静电积累最有效的方法。静电接地可以分为直接接地和间接接地，当接地对象为导体时，采用金属导体直接接地，接地电阻应不大于 100 Ω；当接地对象为静电导体、静电亚导体时，采用间接接地，接地电阻应控制在 $10^6 \sim 10^9$ Ω 范围内。

　　提高空气湿度既可以降低产生静电的几率，又可以加快静电的消散速度。对于 RDX、HMX 等炸药，相对湿度低于 50％时的静电泄露比较慢，相对湿度在 65％～85％之间的静电泄露效果较好。提高空气湿度虽然是一种有效的控制静电的方法，但由于固体推进剂生产过程对湿度的控制较为严格，因此在实际应用中受到了一定的限制，目前仅在炸药处理的相关工序得到应用。采用消电器消除静电是一种较为实用的方法，例如离子风消电器具有作用距离远、适用范围广等优点。

抗静电处理技术包括化学方法和物理方法。化学方法通过添加抗静电剂（如表面活性剂）来改变静电非导体的起电性能和电荷泄露性能，在 AP 和 HMX 中加入微量的烷基磷酸钠、季铵盐、聚氧次乙基烷基醚、聚环氧丙烷氧乙烷丙二醇、磷酸三钙、硬脂酰胺丙基二甲基羟乙基胺、三〔1-（2-甲基）氮丙啶基〕氧化膦等物质可以作为抗静电剂。物理方法包括导电性物质填充技术、电子束或离子束辐射技术、层压复合技术等，相关的产品可以作为盛放固体推进剂原材料的容器、包装或转运袋。

固体火箭发动机装药过程中，气流粉碎、过筛、称量、加料等工艺过程的静电压较高，应通过设备接地、采用防静电技术、提高相对湿度等方法综合控制静电的产生和消散。所有生产工序中均应做到设备可靠接地，混合过程应尽量减少粉体物料的飞扬，浇注、固化、整形过程应注意防护人体静电，脱模过程应注意防止剥离产生静电，总装、检测工序应防止对火箭发动机复合材料壳体的摩擦。人体静电与人员着装、活动，对地电阻和相对湿度等因素密切相关，人体静电防护可以通过防静电鞋、防静电工服、防静电地面来实现。此外，应通过防静电腕带、静电释放装置及时释放人体静电。

6.2.3.3 气体和粉尘爆炸安全控制及防护技术

可燃性气体按照爆炸极限可以分为两级：爆炸下限小于等于 10% 的可燃性气体为一级可燃性气体，如 H_2、甲烷、乙炔等，属甲级火灾危险品；爆炸下限大于 10% 的可燃性气体为二级可燃性气体，如 CO、NH_3 等，属乙级火灾危险品。评价可燃性气体危险性的主要参数有爆炸极限、最小点火能、最大试验安全间隙、最小点燃电流比、燃烧热、分解热等，爆炸极限范围越宽、最小点火能越小、最大试验安全间隙越小、最小点燃电流比越小、燃烧热和分解热越大，则可燃性气体危险性越大。影响可燃性气体爆炸极限的因素包括温度、压力、真空度、惰性介质、容器、点火源等。随着温度、压力和点火能量的增加，爆炸极限范围越宽，可燃性气体爆炸危险性就越大；随着真空度和惰性介质的增加，爆炸极限范围变窄，可燃性气体爆炸危险性也随之降低。

在固体火箭发动机装药过程中使用的可燃性气体较少，使用较多的是易挥发的可燃性液体。可燃性液体指闪点低于 61 ℃的液体物质。在固体火箭发动机装药过程中经常使用的可燃性液体包括苯乙烯、甲苯、乙醇、乙酸乙酯、二甲苯、丙酮、汽油等，这些可燃性液体受热挥发形成的蒸气，与可燃性气体的危险性是相同的。评价可燃性液体危险性的参数主要有闪点、爆炸极限、自燃点等，闪点越低、爆炸极限范围越宽、自燃点越低，可燃性液体危险性越大。此外，大部分可燃性液体的电阻率较高，一般在 $10^{10} \sim 10^{15}$ Ω·m 范围内，在运输、灌注、流动过程中易产生静电积聚，进而因静电点火导致燃烧或爆炸。

可燃性粉尘也可以在空气中形成爆炸性混合物，如铝粉、镁粉、煤粉、粮食粉尘、棉麻粉尘等。在固体火箭发动机装药过程中，除铝粉、镁粉以外，还可能存在氧化剂、炸药等粉尘。评价粉尘爆炸危险性的主要参数包括爆炸极限、最小点火能、最低着火温度等，爆炸极限范围越宽、最小点火能越小、最低着火温度越低，粉尘爆炸危险性越高。与气体爆炸相比，粉尘爆炸虽然感应期长、压力上升缓慢，但燃烧时间长，产生的能量大，破坏程度高。由于初次粉尘爆炸产生的冲击波可能将堆积的粉尘扬起并悬浮在空气中，重新形成达到爆炸极限的混合物，因此粉尘爆炸存在二次爆炸的可能性。

影响可燃性粉尘爆炸极限的因素包括粉尘粒度、可燃性混杂物（叠加效应）等。随着粉尘粒度的降低，爆炸下限降低，可燃性粉尘爆炸危险性将增加；随着惰性介质的增加，爆炸极限范围变窄，可燃性粉尘爆炸危险性将降低。由于氧化剂及炸药能够自身供氧，因此惰性介质对于氧化剂及炸药粉尘的"惰化"没有效果。两种可燃性物质与空气形成爆炸性混合物会产生叠加效应，混合物的爆炸极限比单一爆炸性物质更低，因而具有更大的危险性。

在固体火箭发动机装药过程的壳体准备过程中，绝热层粘贴、衬层喷涂、喷漆过程及工装模具清理都需要使用大量的可燃性液体作为溶剂，其蒸气会在空气中形成爆炸性的混合物，AP、HMX、RDX、Al 等固体原材料的粉尘在空气中也可能形成爆炸性的混合物，因此控制可燃性气体及粉尘的浓度是非常必要的。对于可燃性气体（含液体蒸气）、粉尘等爆炸性物质的分类、分级、分组及爆炸危险场所的分区，相关标准规定得较为详细，在此不再叙述。

6.2.4　其他安全控制要求

除静电、可燃性气体和粉尘以外，固体火箭发动机装药过程中还存在很多其他危险源，如高温灼伤、机械伤害、压力容器、高压介质，以及危害职业健康的粉尘、毒物和辐射等，在此不再一一介绍。

为了确保固体火箭发动机装药过程的安全性，应采取如下安全控制措施：

1）加强工房和厂房的通风，配置粉尘除尘系统，以降低空气中可燃性气体和粉尘的浓度，防止发生气体和粉尘爆炸，并保障操作人员的职业健康；

2）固体火箭发动机装药过程中，对于可能发生燃烧或爆炸并存在可燃性气体和粉尘的工作环境，应按照相关标准要求配置和使用防爆电气设备；

3）固体火箭发动机装药工房、厂房应按照相关标准要求配置防雷、防静电设施，安装静电在线检测系统和消除静电装置，配备人体静电释放装置；

4）加强固体火箭发动机装药过程工艺技术的研究，实现固体火箭发动机装药过程的机械化、自动化、远程控制和隔离操作，提高固体火箭发动机装药过程的本质安全度；

5）加强固体火箭发动机装药过程的安全管理，实行定员、定量制度，杜绝交叉作业和低层次违章现象的出现。

6.3　固体火箭发动机装药寿命评估与延寿

6.3.1　固体火箭发动机装药贮存过程中主要失效模式

固体火箭发动机的寿命主要取决于燃烧室的工作性能，包括化学和物理性能、内弹道性能，以及结构完整性等。造成燃烧室工作性能下降或失效的主要原因为：材料老化、内部组分迁移、湿度、温度和载荷等。表6-4为固体发动机装药贮存过程中的主要失效模式及可能的原因。

表6-4　固体发动机装药贮存过程中的主要失效模式及可能的原因

失效模式	原因分析	可能的影响
推进剂/衬层界面脱粘	材料老化、吸湿、组分迁移及载荷作用等引起粘接性能降低	内弹道性能异常，压强增高，发动机失效
药柱表面裂纹	材料老化及载荷作用引起力学性能下降	
药柱内部孔洞与裂纹	推进剂内部气体累积，引起微裂纹/微孔洞扩展	
药柱变形	推进剂力学性能下降，受载荷作用药柱变形过大	

6.3.2　影响固体火箭发动机装药贮存寿命的主要因素[1-2,12-13]

依据配方组成特征，可将复合固体推进剂分为三类：A类推进剂，如三组元 HTPB 推进剂等，贮存性能相对稳定；C类推进剂，如硝酸酯增塑高能推进剂等，贮存性能相对不稳定；B类推进剂，贮存性能稳定性介于 A 类和 C 类推进剂之间。影响固体火箭发动机装药贮存寿命的主要因素包括以下几个方面。

（1）化学老化

固体发动机装药的化学老化（以下简称老化）在很大程度上取

决于贮存温度及材料的老化特性，贮存温度越高固体发动机装药的化学老化速度越快，其老化过程可用阿累尼乌斯方程描述。固体发动机装药所用推进剂主要由粘合剂、氧化剂、金属燃料、固化剂、防老剂等组成，这些组分本身受温度的影响程度各不相同。

1）不同的粘合剂（如 PBAN、CTPB、HTPB、PEG、PET 等）在化学特性、链结构、物理结构等方面存在较大差异，这些差异很大程度上决定了其受温度影响的程度。在固体发动机装药的化学老化过程中，粘合剂或交联或降解或二者竞争，其中温度是影响粘合剂老化速率的一个最重要因素。

2）在固体推进剂中，氧化剂所占的比例通常在 $60\%\sim75\%$ 之间（质量百分数），有的甚至更高，它对推进剂的老化具有显著影响。常用的氧化剂有 AP、HMX、RDX、AN 等，不同的氧化剂因热稳定性不同对推进剂老化性能的影响也不相同。

此外，推进剂中氧化剂的含量、粒度、纯度等对推进剂老化性能也有一定的影响。HMX 自身比较稳定，添加到含 AP 的推进剂中，对推进剂老化性能无不良影响。

AP 氧化剂对不同类型推进剂老化性能的影响也不完全相同：如 A 类推进剂老化过程中，AP 粒子对粘合剂有缓慢氧化作用（如高氯酸、初生态氧等），这些物质通过扩散与粘合剂分子相接触，促使粘合剂发生老化反应；而在 C 类推进剂老化过程中，AP 却有利于改善推进剂贮存性能的稳定性。

3）固化剂与粘合剂反应形成推进剂的交联网络，推进剂老化性能随所用固化剂不同而有较大差异。CTPB 推进剂常用固化剂为 MAPO、BITA 等，使用不同固化剂的 CTPB 推进剂老化性能亦不相同。HTPB 推进剂常用固化剂为 IPDI、TDI 等，单就老化性能而言以采用 IPDI 粘合剂的体系为好。

（2）组分迁移

为提高或改善推进剂的性能，一般都添加增塑剂。增塑剂通常为小分子酯类物质，如 DOS、DOA、IDP 等。高能推进剂为了提高能量，引入了大量含能增塑剂，如 NG、BTTN、TMETN、TEGDN、DEGDN等。由于在发动机装药中这些小分子物质存在浓度差，以及不同材料（推进剂、衬层、绝热层）的极性差异，在贮存过程中它们会在推进剂内部发生迁移，缓慢地迁移到衬层（绝热层）中，致使推进剂与衬层（绝热层）界面粘结强度降低，严重的会导致界面脱粘等。弹道性能调节剂还可使界面附近推进剂燃速增大，导致推进剂药柱径向燃速出现差异。一般情况下，自然温度下推进剂贮存 4 年左右，组分迁移才可达平衡。

（3）环境湿度

固体推进剂中水分可导致一系列物理、化学反应，如在水分作用下，AP、HMX 的晶粒将会发生改变，从而导致高分子材料与其粘接发生变化。当发动机壳体受热或在温度较高的环境中，水分会进入发动机内部，或者进入没有防水技术措施的发动机壳体中。一般情况下，水分主要进入绝热层和推进剂表面，在水分作用下推进剂物理、化学稳定性将降低，强度以及伸长率将发生变化。

一般而言，对于 A 类推进剂，如 HTPB 推进剂，在 RH50％以下可保持力学性能稳定；对于 C 类推进剂，配方不同，适宜推进剂贮存的湿度也存在差异，超出各自的适宜贮存湿度范围，推进剂力学性能将劣化。

（4）气体析出

推进剂在贮存过程中不断发生化学反应，并放出气体，主要成分为 N、C 等的氧化物。气体的析出不仅有可能导致推进剂微观结构发生变化，而且释放的气体有可能导致推进剂形成空穴，并随着空穴压力的增大，最终导致微裂纹的产生与扩展，导致推进剂结构的完整性遭到破坏。

（5）载荷作用

贮存过程中，发动机装药承受的载荷主要包括重力载荷、温度载荷。载荷破坏推进剂高分子基体与固体填料的键合作用，破坏推进剂/衬层界面的粘接。贮存时间增加，将导致推进剂高分子基体与固体填料的键合作用及推进剂/衬层界面粘接性能下降。过去人们仅关注大载荷对推进剂的破坏，但实际上小载荷也可能导致推进剂出现微损伤，而且微损伤的累积会造成推进剂未到最大载荷时即遭到破坏。

（6）内部结构

固体推进剂装药的内部结构（药型）是多样的，如圆管型、星型、组合型等。不同药型的推进剂装药薄弱点不同，寿命评估工作的重点应关注推进剂装药的薄弱点。通常，最容易遭到破坏的部位是通道内表面和推进剂/衬层界面。

6.3.3 固体火箭发动机装药贮存寿命评估

固体火箭发动机装药贮存寿命定义为[14-15]：在规定的条件下贮存时，满足规定性能要求的最长时间。固体发动机装药的贮存寿命是通过试验与分析，找到一个期限，在这个期限之内发动机装药性能可满足规定的要求；反之，超出这个期限就不能满足规定的要求。

规定寿命一般指使用方对导弹武器所提出的最低使用期限。延寿寿命是指导弹武器超出规定寿命后额外满足规定要求的期限。

固体发动机寿命评估和延寿是一项十分复杂和综合性的系统工作，美国、俄罗斯等开展了较系统的研究工作。为了确定固体发动机的寿命，美国于 1959 年即对民兵战略导弹的固体发动机实行了"老化监测计划"[16]。美国空军于 20 世纪 70 年代又推出了"长期寿命分析计划"[17]，主要包括四个方面的内容：失效模型分析、超载试验、失效概率分布和加速老化试验。1998 年，美国空军研究实验室和海军航空武器中心提出了"综合高性能火箭推进技术计划"（IHPRPT），将寿命预估技术作为其重要组成部分，主要目标是减少推进剂老化模型、材料缺陷及非线性本构方程的不确定性，提高固体发动机寿命预估的精度[18]。我国在固体火箭发动机的失效机理、加速老化试验以及结构完整性分析等方面，也开展了大量的研究工作[19-22]。本节主要针对固体发动机装药贮存寿命评估与延寿，介绍基本的试验和评估方法。

6.3.3.1　发动机装药贮存寿命评估程序

在发动机装药贮存寿命评估中，首先应根据任务的需求和以往积累的历史试验数据，确定发动机装药贮存寿命的具体评估方法。具体程序如下：

1）根据任务书的需求和推进剂研制的阶段，确定发动机装药贮存寿命评估的大体方向。对于研制初期的推进剂及其装药，如果仅需初步了解发动机装药贮存寿命，可采用"简略"的发动机装药贮存寿命评估方法；对于进入生产阶段的推进剂及其装药，如果需要较准确了解发动机装药的贮存寿命，那么可采用较"详细"的发动机装药贮存寿命评估方法；对于即将到达服役期限的发动机装药，如果需要了解其还可能延长的贮存期限，则可采用发动机装药延寿评估方法。

2）进行固体推进剂和发动机装药的化学安定性评估。固体推进剂化学安定性评估包括热自燃、体积开裂评估。依据推进剂的化学安定性评估结果，给出发动机装药的化学安定性评估结果和热安全寿命。对于 B 类和 C 类稳定性较差的固体推进剂必须开展化学安定性评估，对于 A 类稳定性较好的固体推进剂可选择性地开展化学安定性评估。

3）确定材料的老化活化能。由于发动机装药的材料大部分为高聚物、有机小分子、含能组分等，其性能受温度影响较大，因此确定材料的性能变化或老化活化能是发动机装药高温加速老化试验的关键点之一。老化活化能的测定方法很多，包括抗拉强度法、伸长率法、热分析法、热失重法等，这些方法均是通过测定不同温度下材料性能参数或理化参数的变化，然后推算出材料的老化活化能。

表 6－5 给出了发动机装药相关材料老化活化能取值范围，表6－6 给出了三类固体推进剂老化活化能取值范围和老化温度范围。

表 6 - 5　发动机装药相关材料老化活化能范围

材料名称	测定老化活化能的表征参数	老化活化能/（10^3 J·mol^{-1}）
胶、密封胶	物理特性变化	50～63
绝热层	抗拉强度变化	66～84
	伸长率变化	66～101
包覆层	气体生成量变化	29～42
复合材料壳体	断裂强度变化	62～84

表 6 - 6　固体推进剂老化活化能范围及老化温度范围

类型	老化活化能/（10^3 J·mol^{-1}）		老化温度/℃
A 类	75～105		40～80
B 类	E_σ	～142	40～70
	E_ε	～108	
	E_E	200～210	
C 类	104～126		40～70

注：E_σ 表示抗拉强度法测定的老化活化能；E_ε 表示伸长率法测定的老化活化能；E_E 表示弹性模量法测定的老化活化能。

4）选择固体发动机装药的破坏准则。固体发动机装药结构完整性分析的一个重要步骤就是确定发动机装药是否将遭到破坏，或者是发动机装药给定的状态与破坏状态的差距。因此，为了表征和预测发动机装药的破坏就需要所谓的破坏准则（失效判据）。

图 6 - 2、图 6 - 3 给出了影响破坏准则选择的因素以及基本的破坏类型，需要根据载荷状态、材料类型、破坏类型等因素选择合适的破坏准则。表 6 - 7 概括地对比了各种破坏准则适用的破坏类型、材料、加载类型等。需要强调指出的是，表 6 - 7 中的应用轮廓仅是粗略的向导，例外的情况是存在的。一般选择破坏准则应遵循的原则是：对于固体推进剂的破坏来说，采用以应变为基础的破坏准则；而对于脱粘类型的破坏来说，采用以应力为基础的破坏准则。

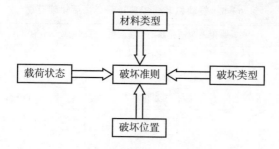

图 6-2　影响破坏准则选择的因素

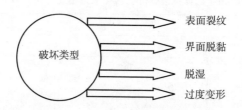

图 6-3　四种基本的破坏类型

表 6-7　不同破坏准则的应用

破坏准则	适用破坏类型	材料	载荷	应用特点
最大主应变准则	表面裂纹扩展	复合推进剂 双基推进剂	热/压力/旋转	对复合推进剂相当保守；对双基推进剂非常保守
等效应变准则	裂纹扩展	复合推进剂	热/压力	与最大主应变准则相比，具有较小的保守性
最大主应力准则	推进剂与壳体之间的粘接	绝热层/衬层/推进剂界面	热/压力/重力	经常直接被用来预测药柱裂纹
等效应力准则	推进剂与壳体之间的粘接	绝热层/衬层/推进剂界面	热/压力	—
最大偏应力准则	推进剂与壳体之间的粘接	绝热层/衬层/推进剂界面 复合推进剂 双基推进剂	压力	经常直接被用来预测药柱失效，结果相对乐观

续表

破坏准则	适用破坏类型	材料	载荷	应用特点
应变能失效准则	裂纹扩展	复合推进剂 双基推进剂	热/压力	—
Stassi/Mises 包 络线失效准则	灾难性裂纹扩展	复合推进剂 双基推进剂	热/压力	—
Smith 包络线 失效准则	灾难性裂纹扩展	复合推进剂	热/压力	经常被用来预测 脱湿
以耐久性应变为 基础的失效准则	裂纹扩展	复合推进剂	热	—

5）确定固体发动机装药破坏位置的初始性能。在发动机装药结构完整性分析中，确定了发动机装药各破坏位置适用的破坏准则后，仍需进一步明确各破坏位置所对应的初始性能。推进剂贮存过程中发动机装药的主要失效模式见表 6-4 所示，它分别对应的初始性能有：推进剂/衬层粘接界面的初始扯离强度，固体推进剂的初始最大抗拉强度和最大伸长率等。

6）计算固体发动机装药结构强度。在发动机装药结构完整性分析中，结构强度计算是一个必不可少的环节。发动机装药结构强度计算一般采用有限元法，有限元模型简化假设的合理性、单元网格划分的协调性等将在很大程度上影响数值模拟的计算时间和精度。因此，根据发动机装药的几何特征（如对称性等）、载荷情况和所关注的危险部位，可以选择不同的有限元计算模型，如平面应力或应变模型、平面轴对称模型、三维轴对称模型等。对于网格划分来讲，单元网格必须保证变形连续、协调。

7）计算发动机装药结构强度寿命。发动机装药结构强度寿命计算方法有很多种，如安全系数法、累积损伤法等。各种计算方法各有优缺点，如安全系数法的不足是没有考虑到载荷作用时间和累积损伤，而累积损伤法的缺点是没有考虑载荷的加载顺序。因此，可根据实际情况选择合适的发动机装药结构强度寿命计算方法。

6.3.3.2　发动机装药贮存寿命评估方法

依据发动机装药贮存寿命评估实际需求，可把贮存寿命评估方法分为三种类型："简略"发动机装药贮存寿命评估方法、"详细"发动机装药贮存寿命评估方法和发动机装药延寿评估方法。

（1）"简略"发动机装药贮存寿命评估方法

针对研制初期的推进剂及其装药，为尽早了解其贮存性能，防止在配方研制及发动机设计中由于贮存性能不佳而出现颠覆性的问题，可采用"简略"发动机装药贮存寿命评估方法对发动机装药的贮存寿命进行评估，其流程如图 6-4 所示。

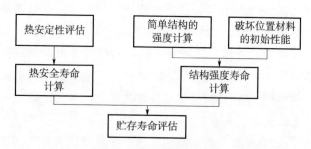

图 6-4　"简略"发动机装药贮存寿命评估流程

"简略"发动机装药贮存寿命评估方法的具体步骤如下：

1）确定基本信息。需要初步确定材料类型（含推进剂/衬层/绝热层/壳体等）、载荷状态、发动机用途等基本信息。

2）化学安定性评估。针对固体发动机装药所采用的推进剂，开展化学安定性评估，给出推进剂及其装药的热安全寿命。

3）结构强度计算。对于简单结构发动机装药（如圆柱型内孔结构），可建立轴对称有限元模型进行计算，获得发动机装药危险部位的诱导载荷，如 Mises 等效应力应变（σ_{eqv} 或 ε_{eqv}）等。

4）破坏位置材料的初始性能获取。依据强度计算的结果，获得发动机结构危险部位（即可能的破坏位置）所对应的材料初始性能，如标准拉速下推进剂/衬层/绝热层联合粘接试件的扯离强度，以及固体推进剂哑铃型试样的最大抗拉强度、伸长率等；另外，也可采用高温加速老化法对推进剂/衬层/绝热层标准粘接试件、推进剂试样进行加速老化，获得等当不同贮存年限下标准粘接试件、推进剂等的力学性能数据。

5）安全系数的确定。根据已有的或其他同类型推进剂、粘接界面的试验数据初步确定发动机装药的安全系数 η。

6）结构强度寿命确定。由于研制初期发动机装药结构的不确定性，"简略"评估方法仅采用安全系数法确定发动机装药的结构强度寿命。对于不同贮存年限的发动机装药，若 $\eta \geqslant 1$ 则表明发动机装药结构完整不失效；若 $\eta < 1$ 则表明发动机装药结构不完整，可能会失效。因此，取 $\eta = 1$ 时的发动机装药贮存年限为其结构强度寿命。

7）贮存寿命评估。根据推进剂及其装药的热安全寿命和结构强度寿命的计算结果，综合评估发动机装药的贮存寿命，通常选择两者的最小值作为发动机装药的贮存寿命。

（2）"详细"发动机装药贮存寿命评估方法

针对研制后期的推进剂及其装药，为了获得发动机装药的贮存寿命，可采用"详细"发动机装药贮存寿命评估方法进行评估，其流程如图 6-5 所示。

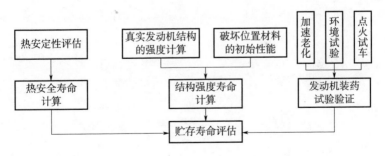

图 6-5　"详细"发动机装药贮存寿命评估流程

"详细"发动机装药贮存寿命评估方法的具体步骤如下：

1）确定基本信息。需要明确材料类型（含推进剂/衬层/绝热层/壳体等）、贮存环境、发动机用途、发动机详细的结构尺寸等基本信息，同时还需要明确使用方对发动机装药贮存寿命的具体要求。

2) 化学安定性评估。针对固体发动机装药所采用的推进剂，开展化学安定性评估，给出推进剂及其装药的热安全寿命。

3) 结构强度计算。依据发动机装药的详细结构尺寸，采用有限元方法建立模型，获得发动机装药危险部位的诱导载荷，如 Mises 等效应力应变（σ_{eqv} 或 ε_{eqv}）等。

4) 破坏位置材料的初始性能获取。依据强度计算的结果，获得发动机结构危险部位（即可能的破坏位置）所对应的材料初始性能。对于不同贮存年限下材料的性能数据，可采用等当加速老化后样品的性能数据。

5) 安全系数、损伤因子的确定。研制后期装药结构设计的确定，可根据该发动机装药试验数据的多寡，来确定发动机装药的安全系数 η 和损伤因子 D。

6) 确定发动机装药的结构强度寿命。对于不同贮存年限的发动机装药，若 $\eta \geqslant 1$，则表明发动机装药结构完整不失效；若 $\eta < 1$，则表明发动机装药结构不完整，可能会失效。

因此，取 $\eta = 1$ 时的发动机装药贮存年限为其基于安全系数法的结构强度寿命。

同理，取损伤因子 $D = 1$ 时发动机装药贮存年限为其基于累积损伤法的结构强度寿命。

在实际的寿命预估过程中，可以把两种方法得出的结构强度寿命进行平均，保守做法是按照最差的结构强度寿命进行评定。

7) 发动机装药的加速老化。依据固体推进剂/试件等当加速老化系数进行发动机装药高温（一般不超过 65 ℃）加速老化试验。安排一系列的发动机装药（共 i 个）准备加速老化，每个子样对应一个等当常温贮存年限 t_0^i，依据热安全寿命和结构强度寿命计算结果，可以在失效范围附近布置较多的子样，然后依据等当老化时间 t_y^i 依次取样。

8) 等当老化后发动机装药的环境试验。为了考核发动机装药经过长期贮存后继续承受给定环境载荷的能力，需要进行环境试验。

环境试验通常包括高低温试验等。环境试验完毕后，需进行探伤，观察发动机装药是否存在脱粘和裂纹等。

9）发动机装药的静态点火试车。按照要求开展规定条件下的静态点火试车试验，测试压力-时间曲线等关键参数是否满足技术指标的要求。

10）发动机装药试验验证。如果常温贮存 t_0' 年的发动机装药环境试验后结构完好，静态点火试车满足要求，则表明发动机装药可以常温贮存 t_0' 年；反之，则表明发动机装药不能贮存 t_0' 年。另外，为了准确地评估发动机装药贮存寿命，还需结合规定条件下的长期自然贮存试验结果进行验证。

11）依据发动机装药的热安全寿命、结构强度寿命及发动机装药的试验验证，综合评估发动机装药的贮存寿命。

（3）发动机装药延寿评估方法

对于即将到达或已经到达规定寿命的固体发动机装药，可能大部分还可继续使用（贮存），但这些装药究竟能否继续使用（贮存），或还能贮存多长时间，需要进行发动机装药延寿评估。

进行发动机装药延寿评估时，试验发动机装药数量、是否存有随机试样/件、历史试验数据是否详尽等，对发动机装药延寿评估结果可靠性有直接影响。因此，针对历史试验数据较为详尽、子样较少的发动机装药延寿评估，其流程如图 6-6 所示。

对历史试验数据较为详尽、子样较少的发动机装药延寿评估的步骤如下：

1）确定基本信息。根据需方提供的技术资料，详细调研发动机装药在贮存和使用过程中的载荷历程，明确期望的延寿寿命（τ 年）、试验发动机装药的数量、发动机装药的材料属性和历史试验数据等。

2）解剖样本或随机试样/件的性能测试。若发动机装药存有随机试样/件或可以解剖，测定解剖样本或随机试样/件的力学性能，同时还可进行推进剂试样稳定剂含量、交联密度、燃速等测定。

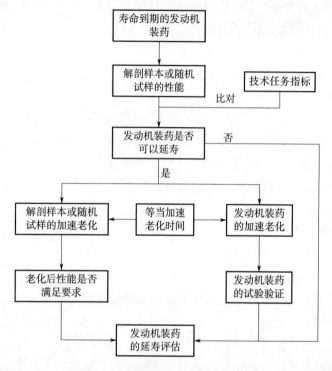

图 6-6　发动机装药延寿评估的流程

3）发动机装药是否可以延寿的判定。若发动机装药的解剖样本或随机试样/件的各项性能满足技术指标的要求，则发动机装药有进一步延寿的可能；若各项性能指标不满足技术指标的要求，则发动机装药无须延寿。

4）试样及发动机装药的加速老化。若发动机装药有延寿的可能性，则需开展解剖样本或随机试样/件和发动机装药等当高温加速老化（老化温度一般不超过 65 ℃），加速老化系数由已知历史数据得到，通过加速老化系数，可以计算出发动机装药延寿 τ 年所对应的高温加速等当老化时间 t_y。

5）老化后试样的性能测定。测定老化后的解剖样本或随机试样/件的各项性能，查验各项性能指标是否满足技术指标的要求。

6) 等当老化后发动机装药的试验验证。发动机装药经等当时间老化后，进行环境试验、探伤检测以及静态点火试车试验，观察发动机装药结构是否完整，压力-时间曲线等是否满足技术指标要求。另外，为了准确地评估发动机装药延寿寿命，还需结合规定条件下的长期自然贮存试验结果进行评估。

7) 发动机装药的延寿评估。如果老化后解剖样本或随机试样/件各项性能满足技术指标的要求，且环境试验后发动机装药结构完整，压力-时间曲线等指标满足技术指标要求，那么表明该发动机装药到达规定寿命后仍可延长寿命 τ 年；如果两者中有一条不满足要求，那么表明该发动机装药不满足延寿 τ 年的要求。

6.3.4　固体火箭发动机装药寿命评估的相关理论和方法

6.3.4.1　活化能的理论基础及测定方法

活化能为化学动力学计算中最重要的参数之一，一般采用阿累尼乌斯公式（6-6）进行计算

$$K = Ae^{-\frac{E}{RT}} \tag{6-6}$$

式中　K——温度 T 下的化学反应或性能变化速率常数（d^{-1}）；

A——指前因子；

T——化学反应温度（K）；

R——气体常数（$J \cdot K^{-1} \cdot mol^{-1}$）；

E——表观活化能（$J \cdot mol^{-1}$）；

如果已知温度 T_i 和 T_{i+1} 下的反应速度 K_i 和 K_{i+1}，由式（6-7）可得出活化能 E

$$E = \frac{-R\ln\left(\dfrac{K_{i+1}}{K_i}\right)}{\dfrac{1}{T_{i+1}} - \dfrac{1}{T_i}} \tag{6-7}$$

依据活化能的理论基础，采用不同的试验设备和试验手段，通过建立材料性能参量变化率与温度的关系，均可测定活化能，但寿命评估更适宜采用老化活化能。活化能的测定方法包括以下几种。

（1）最大抗拉强度及伸长率变化法

通过材料最大抗拉强度变化率和伸长率变化率测定活化能的方法基本一致，以最大抗拉强度变化率法为例予以说明。

某材料最大抗拉强度变化率随温度的变化曲线如图 6 - 7 所示，在 T_i，T_{i+1}，T_{i+2}，…温度下材料最大抗拉强度变化率劣化到同一值（$\xi\%$）时所需的时间分别为 τ_i，τ_{i+1}，τ_{i+2}，…。

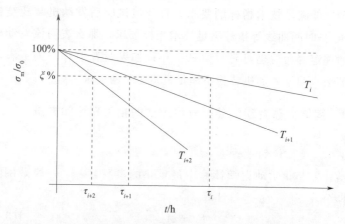

图 6 - 7　不同温度下强度随老化时间的变化规律

由式（6 - 7）可知，两两温度组合即可求出材料的活化能，因此可得

$$E_j = \frac{-R\ln\left(\dfrac{\tau_{i+1}}{\tau_i}\right)}{\dfrac{1}{T_{i+1}} - \dfrac{1}{T_i}} \tag{6 - 8}$$

为了精确计算活化能，可采用均值法最后得出平均活化能。该方法适用于试验温度数量 $n \geqslant 2$ 的情况，n 越大，活化能计算得越精确。

对于试验温度数量 $n \geqslant 3$ 的情况，也可采用 $\lg \tau \sim \dfrac{1}{T}$ 进行线性回归分析，然后再求出活化能 E。

（2）热分析法

①TG 曲线法

通过 TG 曲线，并按式（6 - 9）计算，求活化能

$$\frac{\mathrm{dlg}\,\beta}{\mathrm{d}\frac{1}{T_m}}=-\,0.\,457\,\frac{E}{R} \tag{6 - 9}$$

式中　β——升温速率（$K \cdot min^{-1}$）；

　　　T_m——TG 热效应峰峰温（K）；

　　　R——气体常数（$J \cdot K^{-1} \cdot mol^{-1}$）；

　　　E——表观活化能（$J \cdot mol^{-1}$）。

选择三个以上的升温速率，对 $\lg\beta \sim \frac{1}{T}$ 进行回归分析或作图，即可求出活化能 E。

②DSC 曲线法

利用 DSC 曲线，并按基辛格（Kissinger）公式求得活化能

$$\frac{\mathrm{dln}\,\dfrac{\beta}{T_m^2}}{\mathrm{d}\dfrac{1}{T_m}}=-\,\frac{E}{R} \tag{6 - 10}$$

式中　β——升温速率（$K \cdot min^{-1}$）；

　　　T_m——为峰温温度（K）；

　　　E——活化能（$J \cdot mol^{-1}$）；

　　　R——摩尔气体常数（$J \cdot K^{-1} \cdot mol^{-1}$）。

③DTA 图谱法

利用 DTA 图谱，并可按式（6 - 11）计算活化能

$$\frac{\mathrm{dln}\,\Delta T}{\mathrm{d}\dfrac{1}{T}}=-\,\frac{E}{R} \tag{6 - 11}$$

式中　ΔT——温差（K）；

　　　T——温度（K）；

　　　E——活化能（$J \cdot mol^{-1}$）；

　　　R——摩尔气体常数（$J \cdot K^{-1} \cdot mol^{-1}$）。

（3）动态力学性能法

①玻璃化温度法

采用动态力学分析仪（DMA）测得不同频率下的玻璃化温度，并按式（6-12）求出活化能

$$\lg f = -0.434\ 3\ \frac{E}{RT_g} + C \qquad (6-12)$$

式中　f——动态测试所用频率（Hz）；

　　　T_g——玻璃化转变温度（K）；

　　　E——活化能（J·mol^{-1}）；

　　　R——摩尔气体常数（J·K^{-1}·mol^{-1}）；

　　　C——常数。

②动态模量法

利用动态力学分析仪进行动态模量测试。根据试样在不同老化温度下动态模量随老化时间的变化，求出相应变化速率，将不同温度下模量变化速率带入式（6-12），即可求出活化能

$$E = \frac{R\ln \dfrac{K_2}{K_1}}{\left(\dfrac{1}{T_2} - \dfrac{1}{T_1}\right)} \qquad (6-13)$$

式中　E——活化能（J·mol^{-1}）；

　　　R——摩尔气体常数（J·K^{-1}·mol^{-1}）；

　　　C——常数；

　　　T_i——老化温度（K）；

　　　K_i——温度 T_i 下的化学反应或性能变化速率常数（d^{-1}）。

动态模量法具有样品用量少（样品尺寸小且可反复使用）、准确性高（样品反复使用，减少了样品间的误差）等特点[23-26]，是一项很好的寿命预测技术，对于研究表面老化和界面老化将更为有效。

6.3.4.2　强度计算方法

（1）有限元模型及网格

对于燃烧室装药结构强度计算来讲，有限元模型假设的合理性、单元网格划分的协调性在很大程度上影响数值模拟的精度和效率。根据燃烧室装药的几何特征（如对称性等）、载荷情况以及所关注的危险部位，可以选择不同的有限元计算模型进行简化假设，如平面应力或应变模型、平面轴对称模型、三维轴对称模型等。对于网格划分来讲，可根据有限元模型来确定，但单元必须保证变形连续、协调。图 6-8 给出了典型固体发动机燃烧室的几何结构示意图，图 6-9 给出了该燃烧室装药的有限元网格模型。

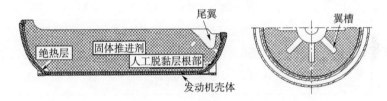

图 6-8　典型固体发动机燃烧室的几何结构示意图

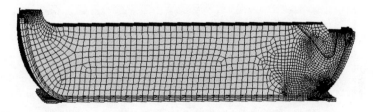

图 6-9　典型固体发动机燃烧室的有限元网格模型

（2）材料参数

固体推进剂、衬层、绝热层及壳体材料参数的选择很大程度上决定了有限元法结构强度计算的准确性。固体推进剂、衬层及绝热层的材料参数可以通过各种相关试验获得，对于壳体材料，可以通过试验或查阅相关手册获得。表 6-8 给出了某发动机燃烧室装药的相关材料参数。

表 6 - 8　某燃烧室装药的相关材料参数

名称	稳态模量 E/MPa	泊松比 μ	密度 ρ/ (g·cm^{-3})	线膨胀系数/ (10^{-4} m·℃$^{-1}$)
推进剂	1.0	0.499 5	1.800	0.78
衬层	0.9	0.496 0	0.998	1.64
绝热层	2.4	0.496 0	1.030	1.03
钢壳体	2.1×10^5	0.270 0	7.800	0.10

（3）载荷

依据发动机燃烧室装药所承受的实际载荷，对有限元模型的计算载荷进行简化假设，其基本原则是：尽可能地与实际载荷一致。

（4）结构强度分析

通过有限元计算程序（如 ANSYS，MSC 及 ABAQUS 等）进行发动机燃烧室装药的结构强度计算，找出燃烧室装药的危险部位和其对应的诱导应力（如 Mises 等效应力和应变）。其中，Mises 等效应力和应变可分别由式（6-14）和式（6-15）表示。

$$\sigma_{eqv} = \frac{\sqrt{2}}{2} \sqrt{(\sigma_1 - \sigma_2)^2 + (\sigma_2 - \sigma_3)^2 + (\sigma_3 - \sigma_1)^2} \quad (6-14)$$

$$\varepsilon_{eqv} = \frac{\sqrt{2}}{3} \sqrt{(\varepsilon_1 - \varepsilon_2)^2 + (\varepsilon_2 - \varepsilon_3)^2 + (\varepsilon_3 - \varepsilon_1)^2} \quad (6-15)$$

式中　σ_1，σ_2，σ_3——三向主应力（MPa）；

　　　ε_1，ε_2，ε_3——三向主应变（%）。

6.3.4.3　寿命计算方法

计算固体发动机装药结构强度寿命的方法主要有两种：一种为安全系数法（应力法），另一种为累积损伤法。通常把强度、变形或应力与某一时刻的值进行比较的方法称为安全系数法；而把计算材料在制作和使用过程中可能受到损伤，导致微裂纹以及破坏的方法称为累积损伤法。安全系数法的缺点是没有考虑到载荷作用时间和累积损伤，而累积损伤法的缺点是没有考虑力的加载顺序。通常按照安全系数法计算寿命是假定推进剂为弹性材料，而按累积损伤法计算寿命时认为推进剂为塑性材料。一般而言，安全系数法计算出的寿命高于实际寿命，累积损伤法计算出的寿命低于实际寿命。

(1) 安全系数法

由于试验中存在的固有偏差以及真实载荷不能得到完全模拟等一些不确定因素，将会引起结构完整性评估的偏差，因此在实际应用中引入了安全系数来考虑这些不确定因素的影响。各国对安全系数的定义各不相同，本节将采用式 (6-16) 定义的安全系数

$$\eta = \frac{(\text{KDF}_{\text{total}})(Z_{\text{allowable}})}{Z_{\text{inclued}}} \qquad (6-16)$$

式中　$\text{KDF}_{\text{total}}$——不可抗拒因子；

　　　$Z_{\text{allowable}}$——破坏位置材料的初始性能，一般通过单向拉伸试验获得；

　　　Z_{inclued}——发动机装药结构的诱导载荷，一般通过有限元法数值计算获得。

设定安全系数的目的是要给系统留一定的余量，安全系数的数值一般为 1~2。一般对固体推进剂性能了解得越充分，对载荷了解得越精确，需要的安全系数就越小。

由于发动机装药的寿命可能受到老化、原材料的批次，以及混合搅拌的锅次、应变速率、温度和载荷状态等多种因素的影响，故使用不可抗拒因子 ($\text{KDF}_{\text{total}}$) 就是为了考虑上述不确定因素对材料性能的影响，如式 (6-17) 所示

$$\text{KDF}_{\text{total}} = \text{KDF}_{\text{ageing}} \cdot \text{KDF}_{\text{variability}} \cdot \text{KDF}_{\dot{\varepsilon}} \cdot \text{KDF}_T \cdot \text{KDF}_{\text{multiaxiality}} \cdots$$
$$(6-17)$$

①老化

通过自然贮存或高温加速老化试验，可以获得推进剂和衬层粘接体系不同老化时间下的最大抗拉强度 (σ_{m}^t) 或伸长率 (ε_{m}^t)，然后与初始态的最大抗拉强度或伸长率之比即为老化不可抗拒因子 $\text{KDF}_{\text{ageing}}$，如式 (6-18) 所示。由于迁移发生在整个老化过程中，因此实际上老化不可抗拒因子也考虑了组分迁移的影响

$$KDF_{\text{ageing}} = \frac{\sigma_{\text{m}}^t}{\sigma_{\text{m}}^0} \quad 或 \quad \frac{\varepsilon_{\text{m}}^t}{\varepsilon_{\text{m}}^0} \qquad (6-18)$$

式中　KDF_{ageing}——老化不可抗拒因子，单位为无量纲；

　　　　t——老化时间（d）；

　　　　σ_m^t——老化 t 天时样品的抗拉强度（MPa）；

　　　　ε_m^t——老化 t 天时样品的伸长率（%）；

　　　　σ_m^0——未老化状态样品的抗拉强度（MPa）；

　　　　ε_m^0——未老化状态样品的伸长率（%）。

②可变性

为了考虑原材料批次间、混合物料锅次间以及同批样品测试结果之间的偏差等，需要选取不可抗拒可变性因子（$KDF_{variability}$），如式（6-19）所示

$$KDF_{variability} = 1 - \frac{\kappa\sigma_s}{\overline{\chi}} \qquad (6-19)$$

式中　$KDF_{variability}$——不同原材料批次、混合物料锅次等不可抗拒可变性因子或影响系数，无量纲；

　　　　$\overline{\chi}$——推进剂或粘接界面的性能数据均值；

　　　　σ_s——推进剂或粘接界面性能数据的标准偏差；

　　　　κ——经验系数，一般取值为 3。

③应变速率

应变速率的不可抗拒可变因子按式（6-20）计算

$$KDF_{\dot{\varepsilon}} = \frac{\sigma(\dot{\varepsilon})}{\sigma(\dot{\varepsilon}_{CT})} \qquad (6-20))$$

式中　$KDF_{\dot{\varepsilon}}$——应变速率不可抗拒可变性因子或应变速率系数；

　　　　$\sigma(\dot{\varepsilon}_{CT})$——标准试样以速率 $\dot{\varepsilon}_{CT}$ 拉伸时的抗拉强度（MPa）；

　　　　$\sigma(\dot{\varepsilon})$——使用状态下拉伸速率为 $\dot{\varepsilon}$ 时试样的抗拉强度（MPa）；

　　　　$\dot{\varepsilon}$——使用状态下拉伸速率（一般发动机装药贮存时 $\dot{\varepsilon}$ 为 $1.2\times10^{-3}\ s^{-1}$，发射时 $\dot{\varepsilon}$ 为 $1.1\ s^{-1}$）（mm·min^{-1}）。

（4）温度

温度不可抗拒可变性因子按式（6-21）计算

$$KDF_T = \frac{\sigma(T)}{\sigma(T_{OT})} \qquad (6-21)$$

式中　KDF$_T$ ——温度不可抗拒可变性因子或温度影响系数，无
　　　　　　　量纲；

　　　$\sigma(T_{OT})$ ——标准试样在参考温度 T_{OT} 下的抗拉强度（MPa）；

　　　$\sigma(T)$ ——标准试样在试验温度 T 下的抗拉强度（MPa）。

⑤载荷状态

固体推进剂及衬层界面在不同受载状态下，其抗拉强度和伸长
率均不相同。一般获取的材料性能数据均通过单轴拉伸试验得到，
但是实际上燃烧室装药在低温和内压下均为多轴应力状态，如在通
道内表面固体推进剂处于一种近似双轴应力状态，而在推进剂/衬层
界面则处于一种三轴应力状态。因此，一般采用不可抗拒因子
（KDF$_{\text{multiaxiality}}$）把燃烧室装药实际的多轴应力状态与单轴试验数据联
系起来。试验结果表明，KDF$_{\text{multiaxiality}}$取决于固体推进剂的类型，其
取值在 $0.65 \sim 0.85$ 之间变化。

（2）累积损伤法

材料的持久寿命 τ_L 是指材料在载荷作用下不失效的持续时间。

固体火箭发动机在寿命过程中经历不同载荷，任何一种载荷都
可以导致其内部结构遭到破坏，如推进剂细/微观粘接遭到破坏，纤
维之间横、纵向粘接遭到破坏。当固体推进剂受到载荷作用后，高
分子基体与填料的键合作用被破坏/弱化，或分子链开始断裂，然后
逐渐累积形成微裂纹和微孔洞。而微裂纹和微孔洞的扩展，将破坏
药柱的结构完整性，最终可能导致结构/性能失效。

固体推进剂在不同载荷（即不同应力 σ）作用下的持久寿命可
以由下式表示

$$\tau_L = B\sigma^{-m} \tag{6-22}$$

式中　σ ——作用载荷，一般处于脱湿点和最大抗拉强度之间；

　　　B，m ——常系数，对每一种材料，B 和 m 不相同；

　　　τ_L ——载荷 σ 下的持久寿命。

假如装药在某一阶段承受的载荷为 σ_i，而 σ_i 作用时间为 t_i，那
么载荷 σ_i 引起的损伤为 D_i，如式（6-23）所示。

$$D_i = 1 - \left(1 - \frac{t_i}{\tau_i}\right)^{\frac{1}{\beta}} \tag{6-23}$$

式中　β——材料参数。

根据累积损伤理论，当发动机在服役期内载荷引起的疲劳损伤大于 1，即发动机装药遭到破坏，如式（6-24）所示

$$D_i = \sum D_i > 1 \tag{6-24}$$

6.2.4.4　等当老化时间计算方法

等当老化时间一般定义为：发动机装药在温度 T_y 下加速老化时间 t_y 等效于其在温度 T_0 下贮存了 t_0 年。由阿累尼乌斯公式可得，等当老化时间 t_y 为

$$t_y = t_0 \exp\left[-\frac{E}{R}\left(\frac{1}{T_y} - \frac{1}{T_0}\right)\right] \tag{6-25}$$

一般发动机装药的加速老化系数 k_y 也可由式（6-26）转化而来，记为

$$k_y = \frac{t_0}{t_y} = \exp\left[\frac{E}{R}\left(\frac{1}{T_y} - \frac{1}{T_0}\right)\right] \tag{6-26}$$

参 考 文 献

[1] 侯林法. 复合固体推进剂. 北京：宇航出版社，1994.

[2] A·达维纳. 固体火箭推进剂技术. 张德雄，姚润森，等，译. 北京：宇航出版社，1997.

[3] 联合国. ST/SG/AC. 10/11/ Rev.5，关于危险货物运输的建议书：试验和标准手册. 5 版. 纽约和日内瓦，2009.

[4] 联合国. ST/SG/AC. 10/1/Rev. 16，关于危险货物运输的建议书：规章范本. 16 版. 纽约和日内瓦，2009.

[5] 美国国防部. TB 700 - 2/NAVSEAINST 8020.8A/TO 11A - 1 - 47/ DLAR 8220.1，国防部弹药和爆炸物危险性分类规程，2005.

[6] 中华人民共和国国家质量监督检验检疫总局. GB 14371—2005 危险货物运输——爆炸品认可、分项程序及配装要求.

[7] 中华人民共和国国家质量监督检验检疫总局. GB/T 14372—2005 危险货物运输——爆炸品认可、分项试验方法和判据.

[8] 国防科学技术工业委员会. GJB 6195—2008 复合固体推进剂危险等级分类方法.

[9] 兵器工业总公司. 火药、炸药、弹药、引信及火工品工厂设计安全规范，1990.

[10] 兵器工业集团公司. WJ 2470—1997 小量火药、炸药及其制品危险性建筑设计安全规范.

[11] 美国陆军军用品条例. AMC REC 385 - 100 火药、炸药、弹药、引信及火工品工厂设计安全规范，1995.

[12] 彭培根，刘培琼，等. 固体推进剂性能及原理. 国防科学技术大学，1987.

[13] 张景春. 固体推进剂化学及工艺. 国防科学技术大学，1987.

[14] 胡昌寿. 航天可靠性设计手册. 北京：机械工业出版社，1998.

[15] 李久祥，申军，侯海梅，王学进，等. 装备贮存延寿技术. 北京：中国

宇航出版社，2007.

[16] LUND E F. Minuteman long range service life analysis overview. AIAA - P - 76 - 716.

[17] FILLERUP J. Service life prediction technology program. AD - A397950, Air Force Research Laboratory，2002.

[18] GERALD A，GOLLINGWOOD. Solid rocket motor service life prediction using nonlinear viscoelastic analysis and probability approach. AD - A330303，1996.

[19] 罗天元. 国外弹药贮存寿命试验与评价技术概述. 理论与试验研究，2005（2）.

[20] 邢耀国，马银民. 用长期贮存定期检测法预测药柱使用寿命. 推进技术，1999（10）.

[21] 王玉峰，李高春. 固体火箭发动机海洋环境下的贮存及寿命预估. 火炸药学报，2008（12）.

[22] 邢耀国，董可海. 固体火箭发动机寿命预估研究的发展与展望. 固体火箭技术，2001，24（3）.

[23] 张昊，等. 固体推进剂贮存寿命非破坏性评估方法（II）——动态力学性能主曲线监测法. 固体火箭技术，2006（3）.

[24] 丁汝昆，唐承志. 丁羟推进剂加速老化中动态弹性模量与力学性能的变化. 推进技术，1998，19（3）：86 - 88.

[25] 杨根，彭松，张峰涛，等. 固体推进剂动态储能模量主曲线计算应力松弛模量. 推进技术，2010，31（5）：581 - 586.

[26] 池旭辉，庞爱民，彭松，等. NEPE 推进剂用 HTPB 衬层老化研究（I）——化学环境对衬层老化行为的影响. 固体火箭技术，2010，33（3）：294 - 298.

第7章 复合固体推进剂技术发展趋势

7.1 概述[1-2]

从复合固体推进剂诞生，并经过 70 余年的发展，得到了广泛的应用。随着世界导弹武器的进展，以及人类探索宇宙的发展新趋势，对复合固体推进剂提出了新要求，国外对此开展了系统性的研究。本章通过对国外有代表性的研究计划进行介绍，以及分析其主要技术进展和研究现状，阐明复合固体推进剂技术研究方向和发展趋势。

7.2 国外复合固体推进剂技术发展现状

7.2.1 国外复合固体推进剂技术的最新发展[3-5]

7.2.1.1 国外复合固体推进剂的主要发展计划（项目）

（1）综合高性能火箭推进技术计划

美国的综合高性能火箭推进技术计划旨在研究具有革命性、可重复使用、快速响应、价格便宜的技术，以改进美国的火箭推进体系。该计划涉及了可持续性战略导弹、长使用寿命及增强的机动性、航天器性能、运载火箭推进以及高性能战术导弹。

据综合高性能火箭推进技术计划确定的近期目标，下一代战略导弹用高能固体推进剂的能量水平将比现有高能推进剂有较大幅度的提高，预计标准理论比冲将提高 2%～5%，密度比冲提高 3%～8%。2020—2030 年，复合固体推进剂的比冲将会增加到大约 2 940～3 038 N·s/kg（300～310 s）。

面对 21 世纪复合固体推进剂的发展，综合高性能火箭推进技术计划提出了 2000—2010 年欲达到的目标，如表 7-1 所示。

表 7-1 综合高性能火箭推进技术计划战术导弹固体推进系统十年发展目标

技术水平	实测比冲/s			质量比
	低特征信号推进剂	少烟推进剂	有烟推进剂	
1999 年水平	233	239	247	0.50～0.80
2000 年推进剂能量增加 3%	240	246	254	提高 10%
2005 年推进剂能量增加 7%	249	256	264	提高 20%
2010 年推进剂能量增加 15%	268	275	284	提高 30%

美国有人认为，综合高性能火箭推进技术计划中大多数改善导弹推进系统的目标在较长时间内无法实现，主要困难是高燃烧室工作压强和高能推进剂配方的应用受到喷管喉部烧蚀性能的限制。目前，美国战略导弹用固体火箭发动机的工作压强在 14 MPa 以下；战术火箭发动机由于工作时间短、壳体尺寸较小、排气羽流相对洁净、燃温较低等原因，其实际工作压强最高可达 37.5 MPa 以上。

2000 年 11 月综合高性能火箭推进技术计划第一阶段研制工作结束时，ATK 公司用一台直径 2.337 m，长 7.62 m，总重 54.4 t 的发动机进行地面试车，成功地演示了预定目标。其中，推进剂方面的改进主要是采用了含 RDX 的 1.3 级 HTPB 推进剂（固含量 91%），推进剂比冲提高 1.1%，推进剂对质量比及可靠性增长的贡献分别为 1.9% 和 3.1%，但成本有少许增加（1.8%）。2007 年 6 月，美国完成了低成本、高固体含量 NEPE 推进剂的全尺寸战略发动机演示，推进剂性能与三叉戟 Ⅱ（D5）相当，但由于采用 RDX 替代了 HMX，使成本显著降低。以上两次试验代表了目前美国实用化战略导弹用固体火箭发动机的最高水平。

另外，在综合高性能火箭推进技术计划第二阶段计划中，重点评估了以 AlH_3 和 ADN 为主的含能组分，但由于成本等多方面的原因，这些高能推进剂配方在近期无法实现实用化。总体而言，美国综合高性能火箭推进技术计划中相当多的固体推进项目是为美国下一代战略导弹做准备工作的。

（2）21 世纪固体火箭推进剂主要发展目标规划

美国在《国防技术领域计划》中详细制定了 21 世纪固体火箭推进剂主要发展目标的近、中、远期规划。

表 7 - 2　美国防部近期的战术（低特征信号）推进系统演示计划

应用/任务	目标与预计进度		
	近期（1~2 年）	中期（3~5 年）	远期（6 年以上）
近程和中程防空任务中的高机动推进	CL - 20 微烟发动机性能演示（248 s）	高燃烧室压力（27.5 MPa）下 CL - 20 微烟推进剂的燃烧演示	洁净爆炸性元素发动机性能演示（比冲 252 s）
中程和远程防空和攻击面目标的防区外推进	—	金属化 CL - 20 推进剂性能演示	—
火箭弹用推进	演示推进弹道（34.5~41.4 MPa，$n<0.6$）	高燃烧室压力复合材料的发动机演示（270.5 s）	钝感推进剂发动机样机演示

（3）军用关键技术项目

在 21 世纪初，美国国防部实施了"军用关键技术"项目（2002—2035 年），很多领域都涉及了高能固体推进剂。

在战术推进技术中，提高推进剂能量和发动机装填质量分数的主要应用目标是实现超高速。对于动能弹 KEM，速度大于 5 马赫，在 5 km 处动能大于 25 MJ，关键原材料为高强度复合材料和高能推进剂（比冲大于 280 s）。在双/可变推力推进部分，强调固体火箭发动机的设计要适合不同武器的飞行要求；在火箭发动机部分提出的关键技术是在受到慢速烤燃、快速加热、子弹冲击、碎片冲击等刺激时，具有低易损性。

在航天推进技术中，认为在今后的 10~15 年内，相关技术成熟后，助推用的高能固体推进剂的比冲应提高 4%~10%，密度提高 2%。

高能推进剂技术发展的关键技术参数如下：

1）大型固体助推推进剂（1.3 级复合推进剂）的比冲提高到 2 548 N·s/kg（260 s）；

2）战术推进剂中微烟（低特征）、少烟和有烟推进剂的比冲分别提高到 2 597 N·s/kg、2 626.2 N·s/kg 和 2 704.8 N·s/kg（265 s、268 s 和 276 s）；

3）固体推进剂的微波衰减要减少 10 dB 或更多。

美国国防部"军用关键技术"计划中给出的 HEDM 目标和效益如表 7-3 所示。

表 7-3　HEDM 的目标与效益

应用	目标	效益
低特征信号的战术导弹推进	· 比现有的发动机有更高的性能 · 没有可见或凝结尾迹的信号特征 · 红外信号特征减少 90% · 雷达截面积小于发射平台 · 不增加危险性 · 无燃烧不稳定性 · 燃烧速度可调节	· 增加射程（防空导弹增加370 km，反舰导弹增加 927 km）、速度（增加 2 倍声速）和有效载荷 · 增加突袭因素，并提高杀伤能力 · 减少可跟踪性和易损性 · 减少由于己方导弹引起的灯火管制，而不增加危险性或降低可靠性
潜射巡航弹的推进系统	· 性能比现有助推器提高 50% · 增加发射深度 · 降低羽流的信号特征	· 推进系统性能提高 17%，因而射程比目前的战斧巡航导弹增加 50% · 允许在更深的潜水深度发射 · 降低发射的可探测性
战略导弹的推进系统	· 保持或超过现有的高信号特征的金属化推进剂的性能 · 没有原始或次级羽流信号特征	· 增加射程、速度和有效载荷 · 扩大潜艇在海洋中的隐蔽范围 · 减少发射被发现的危险 · 减少对发射平台造成的危险
无污染助推器推进	· 比目前性能提高 100% · 洁净推进剂 · 稳定燃烧	· 单级入轨 · 有效载荷增加 50% · 可接受的按指令发射系统 · 对发射场地无污染 · 降低大气污染
轨道转移飞行器推进	· 比目前的性能提高 100% · 洁净推进剂 · 燃烧稳定	· 有效载荷增加 50% · 发射成本降低 50% · 飞行器无污染

（4）美国战术导弹领域潜在技术转移项目

目前，美国国防部正在研制中的低特征信号推进剂应用项目如表 7 - 4 所示。

表 7 - 4　美国战术导弹领域潜在技术转移项目（2003 年）

现状	5 年后	10 年后	15 年后
陶氏反坦克导弹	未来导弹集成	陶氏后继型	—
视距内反坦克导弹	紧凑型动能导弹	视距内反坦克导弹 P3I	未来作战武器
斯拉姆 鱼叉导弹	增程型斯拉姆	高生存性弹体	—

（5）ASNR - TMP 计划

从 20 世纪 90 年代起，美国和欧洲联合开展的 ASNR - TMP 计划，其长期目标是发展满足战术导弹通用要求的高能钝感低特征信号推进剂：

1）6.89 MPa 标准比冲大于 2 356 N · s/kg（240 s），密度大于 1.60 g/cm³。

2）微烟雾信号，AGARD AA 级。

3）低感应爆轰敏感性，达到联合国 1.3 级分类标准（40 mm 隔板试验 70 片卡片，相当于 7 GPa 的爆轰压强）；满足钝感弹药（IM）要求。

4）其他的技术目标包括燃速大于 8 mm/s，压强指数小于 0.5，并具有良好的工艺性能，具有可接受的化学安定性和力学性能等。

围绕 ASNR - TMP 计划，美、英、德、法等各国开展了大量卓有成效的工作，形成了 AN/CL - 20/TMETN/BTTN/PGN，TMETN/BTTN/ORP - 2（端羟基硝酸酯硝胺）/AN、NEPE 等微烟低易损性推进剂配方体系，已实现了预期的研究目标，并获得正式应用，对提高新一代战术导弹的射程和机动能力，提高隐身和突防能力、生存能力和战斗效能都具有重要意义。

（6）绿色或清洁推进剂火箭计划

绿色或清洁推进剂实际上就是将固体推进剂中的 AP 和主要用

在双基推进剂中作为弹道调节剂的铅化合物进行替代。这方面研制的重要计划有美国的 SERDP（战略环境研究与发展项目）和欧洲的 EUCLID 项目中的洁净推进剂项目。通过研究以 AN、ADN、CL - 20、HNF 等氧化剂替代 AP 的可能性，获得了不低于 AP 推进剂性能的结果。新开发的推进剂均可达到高的理论比冲和体积比冲，优化固体含量后推进剂比冲范围在 2 352～2 744 N · s/kg（240～280 s），玻璃化温度至少在 - 30 ℃ 以下，GAP/TMETN/BTTN/ADN 推进剂具有低至 - 50～ - 60 ℃ 玻璃化转变温度，GAP/CL - 20 推进剂力学性能良好。

在第一阶段研究基础上，确定了以下四类推进剂进行深入优化研究：GAP/ADN、GAP/CL - 20、PNMMO/ADN、PNMMO/HNF。研究的最终目标是新型清洁火箭推进剂组分进入中试生产规模程度，以满足未来火箭发动机的需求。

（7）欧洲未来运载器预备项目（FLPP）

欧洲未来运载器预备项目于 2001 年启动，其目的是为欧洲 2020 年左右运行的下一代运载器的研制作准备，在固体推进剂方面的研究包括低成本推进剂和高能推进剂。低成本推进剂着重研究评估了 AN 等的应用，由意大利 AVIO 公司主持；高能推进剂项目的研究重点是 HNF 的应用，荷兰 TNO 公司做了大量工作。

（8）固体推进剂组分计划

除了氧化剂和燃料研究外，美国还在进行一项固体推进剂组分计划。目标是研制新型、超高性能固体推进剂组分，使发动机比冲增加 117.6 N · s/kg（12 s），推进剂密度增加 6%。

这一时期研究工作的重点集中于新型高能或超高能物质的探索和合成。在先进的高能固体推进剂配方研究中，近期主要还是立足于 NEPE 推进剂能量的再提高；下一代高能固体推进剂能量水平将有较大幅度的提高，预计标准理论比冲会提高 2%～5%，密度比冲提高 3%～8% 左右。

7.2.1.2　国外复合固体推进剂技术发展现状

为了满足固体战略、战术导弹和航天发动机的发展需求，国外复合固体推进剂技术的发展具体呈现出以下特点。

(1) HTPB 中能推进剂仍是目前装备的主流，其性能改进和延寿是目前研究的重点

由于综合性能、可靠性和成本等方面的原因，以 HTPB 推进剂为代表的中能固体推进剂，是在战略、战术导弹和航天火箭发动机中应用最广泛的品种。根据国外在研计划和现役系统的改进计划可以看出，HTPB 推进剂在 2030 年前仍将占据主要地位；而 CTPB 推进剂将在太空探索和航天推进系统中发挥重要作用。

围绕武器装备和航天系统对固体推进剂技术的需求，国外 HTPB 等中能固体推进剂也在不断进行性能改进，其主要发展趋势包括：

1) 延长贮存寿命、提高可靠性是战略导弹和航天推进用 HTPB 推进剂的主要发展要求。

经过改进和延寿计划，美、俄、法的新一代战略武器型号使用寿命普遍达到 15 年以上，最长甚至达到 25～30 年。根据长寿命、免维护的技术要求进一步改进推进剂性能，提高其可靠性，在战略导弹领域具有极其重要的经济与军事价值。

2) 发展低成本环保型中能推进剂，是大型固体助推器等航天发射领域对固体推进剂技术的现实需求。

随着人们环保意识的增强，以及大型固体发动机应用的增加，环保型推进剂的需求越来越急迫。国外正在加强在这方面的研究，改进的 HTPB/RDX/AN/Al 推进剂性能接近传统的 HTPB 三组元推进剂，有可能应用于阿里安-5 大型固体助推器的后续型号中。

3) 安全性（低易损性）改进是战术导弹用中能固体推进剂发展的主要方向。

固体推进技术发展的挑战在于增加推进能量和密度，而不增加敏感性。为了降低导弹武器的敏感性，低易损性推进剂是欧美等国 21 世纪以来在战术导弹推进领域关注的首要问题。按照钝感弹药试

验标准，HTPB 推进剂在受到热、机械等刺激的综合作用（如慢速烤燃、高速碎片冲击等）时反应的剧烈程度不可接受，直接影响了其使用平台和操作人员的安全。因此，国外近年来一直在发展 HTPB 中能推进剂的替代品种，如基于改进型 NEPE 推进剂的 HTPE 推进剂，以及低成本、可熄火的 HTCE 推进剂等；这些研制完成了多次全尺寸发动机演示验证，通过全部 IM 试验考核，并已在改进型海麻雀（ESSM）、超高速反坦克导弹（HATM）等型号中获得应用，显著改善了导弹武器的综合安全性能。

4）在其他性能方面，强调根据应用需求拓宽性能水平，满足高性能、精细化能量管理的需求。

针对高压强固体发动机的工作特点，必须开展高压下燃烧特性研究，解决现有低燃速、中燃速和高燃速推进剂高压压强指数偏高，燃速催化剂品种单一的瓶颈问题。降低高压下压强指数，提高发动机高压下的工作可靠性，是 HTPB 推进剂技术研究急待解决的难题。

不同的战术固体发动机在对能量提出了更高要求的同时，也对推进剂燃速提出了越来越高的要求。现代反坦克导弹、反导动能拦截器等要求推进剂燃速不低于 80 mm/s，而某些战术导弹的续航段推进剂燃速不高于 4 mm/s。因此，必须开展超高燃速和特低燃速推进剂技术的研究，以满足战术导弹对固体推进剂能量和燃速的需求。同时，各类战术武器的设计越来越多地采用单室双推力设计，即助推和巡航都由一台发动机来完成。为了实现能量精细化管理，达到大的推力比，要求推进剂具有双压强指数。这类能量管理类推进剂的研究需求也在不断增加。目前，以德国正在研制开发的 HFK2000 超速动能导弹为代表，集中反映了 HTPB 推进剂性能改进方面的上述需求。

（2）NEPE 推进剂的改进是现役高能固体推进剂的发展重点

作为成熟的现役高能固体推进剂品种，NEPE 推进剂仍得到国外广泛重视，不断对其进行性能改进，以满足新一代战略、战术导弹的应用需求。为了提高 NEPE 推进剂的能量水平，国外主要进行以下三方面的研究：一是使用性能更好的新型含能增塑剂，二是增加固体含量，三是提高比冲效率。

2007 年 6 月，美国在下一代潜射导弹固体发动机演示验证中使用的高固体含量 NEPE/RDX/AP/Al 推进剂，配方性能与三叉戟 Ⅱ (D5) 相当（密度 1.85 g/cm³，比冲接近 255 s）；通过 RDX 替代 HMX，显著降低了成本；通过提高固体含量，保证了推进剂密度，这类推进剂代表了美国战略导弹用高能固体推进剂的最新实用水平。另外，美国、印度近年来开始探索研究含锆的高密度比冲高能推进剂，可为战略导弹推进技术的发展提供新的支持。

在战术导弹领域，NEPE 推进剂的改进也在持续进行，重点是满足战术武器低特征信号和低易损性的要求。例如，原 Thiokol 公司研制出了钝感改性 NEPE 推进剂配方，保持了 NEPE 推进剂优异的力学性能、粘结性能，在装填有 24 kg 改性 NEPE 推进剂模拟发动机中进行了钝感试验，通过了全部考核，低易损性显著优于 HTPB 推进剂。法国 SNPE 公司研制了一系列高能低特征信号钝感推进剂 Nitramites，为了消除其对冲击波的敏感性，采取了低敏感度高能增塑剂。

美国近年来大力发展的 HTPE 推进剂，在成本、综合性能与 HTPB 推进剂相当的情况下，推进剂能量性能比 HTPB 推进剂略有提高（含 Al 助推器配方比冲大于 248 s，低特征信号配方 240～243 s），安全性能得到全面改善，满足 1.3 级和钝感弹药的低易损性要求，同时具有良好的低温力学性能和高压燃烧性能，能够全面改进导弹武器战斗效能和生存能力。除了正式应用于 ESSM 和 HATM 以外，HTPE 推进剂还用于标准导弹、PAC - 3 等导弹及 GEM - 60 运载发动机的改进演示试验。

(3) 以 GAP、CL - 20 等为代表的高能固体推进剂研究方兴正艾

以含能粘合剂 GAP、BAMO、PGN 及高能氧化剂 CL - 20、

ADN 等的应用为代表的新一代高能固体推进剂，比冲可比目前 NEPE 推进剂提高 2%左右，是国外近 10 年来的研发重点，并开始应用于某些战术导弹。

1）含能粘合剂/CL-20 推进剂发展验证接近成熟，满足战术导弹高能、钝感、低特征信号的要求，开始逐步获得应用。

CL-20 可以有效地克服低特征信号推进剂能量低的缺陷。其中 1.1 级 CL-20 推进剂比冲可达 2 652 N·s/kg，远远超过常规的少烟、微烟推进剂。德国研制的 CL-20/AP/GAP 少烟推进剂，其性能可满足主动制导 HVMs 的性能要求，比冲 2 500 N·s/kg，密度比冲 4.4～4.5 MN·s/m³。德国 ICT 研究的 AN/CL-20/TMETN/BTTN/PGN 低易损性微烟推进剂（无 Al），能够满足 IM 火箭发动机的需求，AGARD 特征信号达到 AA 级或 BA 级，危险等级为 1.3 级，推进剂比冲与 HTPB（18%Al）推进剂相当。美国的 AN/CL-20/GAP 高能钝感低特征信号推进剂已成功地通过了战术导弹火箭发动机试验，拟在海尔法、陶、侧风等型号中使用。

2）ADN 推进剂是战术导弹低易损性微烟化的途径之一，对此开展了大量研究。

俄罗斯是目前唯一在武器型号（战略导弹）中实际应用 ADN 推进剂的国家，已有年产千吨的 ADN 工厂。美国锡奥科尔公司解决了 ADN 基推进剂的一系列问题，认为它已达到推进剂所用氧化剂的质量要求。据报道，美国计划在近年内使 ADN 的年产量达到 500 t 级规模，成本达到 20～30 美元/千克。

美国已基本确定用 ADN/高能粘合剂/Al 组成的复合推进剂作为综合高性能火箭推进技术计划用的推进剂品种，实现综合高性能火箭推进技术计划第二阶段和第三阶段目标，使航天助推器和变轨发动机比冲分别提高 4%和 8%。美国海军空战中心武器分部研制的含能粘合剂/ADN 高能低特征信号推进剂，标准理论比冲 2 594 N·s/kg（265 s），推进剂在 6.89～55.12 MPa 范围内燃速-压强曲线为直线，压强指数无突跃，适合高压、高性能火箭发动机。

表 7 - 5　低特征信号固体推进剂比冲比较

推进剂品种	比冲/（N·s/kg）	排气温度/K
1.3 级少烟推进剂	2 431（247.9 s）	1 455
1.3 级微烟推进剂	2 388（243.5 s）	1 339
1.1 级微烟推进剂	2 418（246.6 s）	1 249
1.1 级含 CL - 20 高能无金属推进剂	2 652（270.4 s）	1 950

德国 ICT 报道了其研制的 ADN/CL - 20 低特征信号推进剂，采用混合增塑剂 BTTN/METN/GAPA，密度 $1.76 \sim 1.77$ g/cm^3，具有高燃速低压强指数的特点，推进剂具有良好的综合性能，适用于主动寻的高速战术导弹。

3）HNF 推进剂也是国外研究的重点，但实现实用化困难较大。

HNF 推进剂具有能量高、无污染、环境友好、感度适中的特点，是满足未来导弹推进剂的候选品种，自 20 世纪 90 年代以来，重新得到国外的重视，美国、荷兰在此方面开展了大量研究工作，并取得一定进展。但法国著名的推进剂专家阿兰·达维纳在 2003 年指出："虽然在 HNF 合成工艺上取得一些改进，但作为推进剂在应用方面存在的所有其他问题仍然存在，HNF 除了作为 1.1 级的炸药外，在推进剂上的应用可能性是很低的"。

4）叠氮含能粘合剂 GAP 等已发展成熟，有利于降低高能推进剂的特征信号和易损性，已经成为下一代战略、战术导弹用高能固体推进剂的发展基础。

支链含叠氮基的聚醚预聚体具有较高的生成焓，密度大，成气性好，与硝胺类氧化剂搭配具有可提高燃速等优点，多种叠氮聚醚粘合剂在国内外推进剂配方研究中获得应用，GAP 推进剂为目前高能、低特征信号、钝感推进剂的最佳品种。

叠氮低特征信号推进剂比冲均高于典型的 1.3 级复合推进剂，且火焰温度适中，是新一代高能固体推进剂实现危险等级 1.3 级和低易损性的基础。

（4）下一代高能（理论比冲 280～300 s）固体推进剂技术研究已经起步

固体推进剂高能化是战略导弹 SRM 发展的重要方向之一，近年来国外探索能量更高的固体推进剂的研究工作十分活跃。这些研究主要集中在两个方面，一是固体推进剂能量特性的研究；二是新型含能材料的研制。目前，国外正积极探索实现比冲大于 2 744 N·s/kg（280 s）的技术途径，为下一代高能固体推进剂的发展提供基础。国外高能推进剂部分配方如表 7-6 所示。

表 7-6　国外高能推进剂的计算比冲

粘合剂	增塑剂	氧化剂	添加剂	金属燃料	比冲/（N·s/kg）
PEG	NG	—	HMX	Al	2 685.2
PEG	NG	AP	HMX	Al	2 646
BN-7	BTTN	—	HMX	Al	2 714.6
PEG	BTTN	ADN	—	Al	2 714.6
PEG	BTTN	ADN	—	AlH_3	2 851.8
BN-7*	BTTN	ADN	—	AlH_3	2 881.2
BN-7	BTTN	ADN	—	Be	2 842
NC	NG	AP	HMX/TAZ	Be	2920.4
BN-7	BTTN	ADN	—	BeH_2	>3 038
BN-7	BTTN	—	HNFX	BeH_2	>3 038
NF 基粘合剂	—	—	—	BeH_2	>3 038
OF 粘合剂	—	—	—	BeH_2	>3 038

* BN-7—端羟基（3，3-二叠氮甲基氧杂丁烷-3-硝酸酯基甲基氧杂丁烷）共聚醚。

归纳起来，国外在发展下一代高能固体推进剂方面所采取的技术途径包括以下几个方面。

①新型含能粘合剂

新型含能粘合剂，如 BN-7、PBBP（可比 GAP 推进剂比冲提高 10 s）、NF_2 类粘合剂等，均有在叠氮粘合剂基础上显著提高推进剂比冲的能力。

②新型氧化剂

近年来，以美国科学家为首，积极进行新型 HEDM 的合成与开发，并取得一定进展。在高能氧化剂方面，主要包括：1）氟胺化合物，CL－22 可提高推进剂比冲 7.5％；FBN 配方最高比冲值可达 2 850 N·s/kg（290 s）；2）张力环化合物，其中双环亚丙基和三环戊烷的比冲分别为 3 069.36 N·s/kg（313.2 s）和 3 102.68 N·s/kg（316.6 s）；3）多硝基立方烷及 TNAZ；4）氮杂环化合物，DNAF 单元推进剂的比冲比 CL－20 高 19.49N·s/kg，用其取代 AP 或 AN 后能大幅度提高推进剂的能量，降低特征信号和减少环境污染，是低信号推进剂理想的氧化剂之一；另外，杂环化合物还包括长链呋咱、大环呋咱和稠环呋咱；5）富氮类含能材料推进剂，四硝基双吡唑、二硝基双三唑和硝基双氮-氧化-三唑-四唑等，它们均具有高密度（2.2～2.3 g/cm³）、高生成焓（＞400 kJ/mol）的特性，在推进剂配方中用它们取代 HMX、RDX 后能大幅度增加推进剂的比冲和密度比冲。

③新型金属燃料

新型金属燃料，如 AlH_3、Al_4H_6、Be、BeH_2 等，均具有显著提高推进剂能量的能力。其中，AlH_3 近年来重新成为国外研究热点，美、俄在其合成工艺改进方面都取得了突破性进展，能够为新一代高能固体推进剂的研发提供直接支持。而通过新型组合氧化剂的使用，也可以解决 BeH_2 燃烧产物毒性大的问题，是 2 940 N·s/kg（300 s）以上配方研制的可能技术途径之一。

总体而言，国外下一代高能（280～300 s）固体推进剂的研制还刚刚起步，其发展成熟和应用可能在 10～20 年以后。随着以上技术途径的发展成熟，相关研究成果必然会辐射到高能钝感低特征信号推进剂的研制中，为新型战术导弹提供先进的推进剂技术基础。

（5）新概念物质的引入将使推进技术发生革命性变化

包括原子簇、化学键激发态、分数量子能等在内的新概念，有可能给推进技术带来革命性的飞跃。

近年来，美国、日本等对原子簇 C_{60}，N_{60} 等进行了合成研究。据预测其性能将比液体氢氧推进剂的比冲提高 20%，可高达 5 390 N·s/kg。

其他新型高能量物质探索研究还包括化学键激发态（H_4、FN_3、Li_3H）、高能基态（$\alpha - N_2O_2$、O_6、ClF_5O）、亚稳态（Lin、N_5^+、H_3^+、H^-、Rg_nX^-）、超价态（$FKrOKrF$、NH_4^-、NF_4^-、CH_5^-），以及具有高张力（MgC_2、B_2Be_2、N_2CO）等物质的理论探索。其中，被认为可用于固体推进剂的有 FN_3、Li_3H、ClF_5O、MgC_2、B_2Be_2、N_2CO、NF_4^- 等。理论计算表明，这些组分的引入可以大幅度提高固体推进剂的能量特性，如用 FN_3 取代 AP，可使推进剂能量提高 49～98 N·s/kg；ClF_5O 可使推进剂能量提高 196 N·s/kg 以上。

7.2.2　国外冲压与超燃冲压推进剂发展现状

7.2.2.1　国外超燃冲压领域的主要发展计划及项目

基于超燃冲压发动机的研究成果，美国于 1996 年开始，针对高超声速导弹、高超声速飞机和空天飞机的研制工作调整高超声速技术的研究目标，提出了更为现实的全方位高超声速武器和先进航天器研制计划。其中涉及的内容主要有：

（1）"可担负得起的快速反应导弹演示"计划

军方集中目标加速发展高超声速巡航导弹。按照该计划，2004 年进入工程制造发展阶段，2010 年开始装备军队。导弹在空中发射或由战舰、潜艇发射，发动机用碳氢燃料，飞行马赫数为 6～8，航程 740～1 110 km，主要用于摧毁坚固深埋的有防护目标和地下指挥部。

（2）海、空军的高超声速导弹计划

美国海军正在执行的 HiSSM 计划，其高超声速导弹巡航马赫数为 7，航程 1 100 km，战斗部可以侵彻 5～11 m 的混凝土。按照该计划，2004—2008 年进行工程研制，2010 年达到初步作战能力。

继 NASP 计划后，美国空军决定将其高超声速研究集中在马赫数为 4～8 范围内导弹用碳氢燃料超燃冲压发动机上。这项新工作称为 HyTech，当前发动机关键技术计划称为空军碳氢超燃冲压发动机技术计划，发动机内流通道利用燃料冷却。该发动机与高超声速导弹采用一体化设计，航程为 1 400 km，2000—2003 年在阿诺德试验中心完成全尺寸地面试验，2007 年完成样弹的飞行试验，2010 年完成整个计划。

（3）高超声速飞机研制计划

美国正在积极开展用于全球快速反应的高超声速飞机的概念和方案研究。美国军方认为，高超声速轰炸机将能使空军在数小时之内对世界上任何地点的目标实施打击。波音公司、洛克希德•马丁和诺思罗普•格鲁曼等公司正在进行马赫数为 5～10 的高超声速飞机的研究。

（4）高超声速飞行器试验计划

NASA 制定了一项为期 5 年（1995—2000 年）、耗资 1.5 亿美元的高超声速飞行器试验计划，该计划被称为 Hyper‐X 计划，旨在演示验证一种以双模态超燃冲压发动机为动力的高超声速飞行器（代号 X‐43）。该计划的实施使美国超燃冲压发动机技术的研究工作从地面试验跨入飞行试验阶段。从某种意义上讲，X‐43 是世界上第一种用吸气式超燃冲压发动机作动力的高超声速飞机。

7.2.2.2　固体冲压发动机用推进剂现状

（1）含硼富燃料推进剂

固体含硼富燃料推进剂研究始于 20 世纪 70 年代。至今为止，德国是国外解决了硼粉燃烧难题、使含硼富燃料推进剂走向实用化的唯一国家。其研制的实用化含硼富燃料推进剂主要组成为：$HTPB/AP/B/Mg-Al$，主要性能为：体积热值大于 50 MJ/dm^3，密度大于 1.60 g/cm^3，压强指数为 0.4～0.5。采用该推进剂的 Meteor 空空导弹由欧洲六国集团联合研制，于 1997 年进入型号研制阶段，至 2008 年 3 月已成功进行了多次高空发射试验，于 2010 年完成装备。Meteor 空空导弹是首个采用含硼富燃料推进剂流量可调固体冲压发动机技术的战术导弹。

由于要满足固体冲压导弹大攻角、宽空域、远程攻击的要求，

VFDR 已成为目前固冲导弹的首选方案，可以充分发挥固体冲压发动机的能量优势，可使中远程空空导弹的射程比目前提高 3 倍。

（2）固体碳氢富燃料推进剂

目前，国外固体碳氢富燃料推进剂主要有两类：

1）由美国研制，已实用化的中能碳氢富燃料推进剂，主要组成为碳氢粘合剂＋氧化剂，其体积热值约为 32 MJ/dm³。该碳氢富燃料推进剂已应用于美国海军的超声速掠海靶弹 SSST，是采用 VFDR 作为动力装置批量装备部队的第一个也是唯一的固体冲压导弹，具有里程碑的意义。美国在 SSST 上取得的成果将会推进 AMRAAM 和 HSARM 的 AGM－88E 的研制步伐。

2）由美、德和南非等国重点攻关的纯碳氢燃料（可称之为高能固体碳氢燃料），主要包括 PB、PS、HTPB、PMMA 等，其质量热值达到 40 MJ/kg 以上，主要用于固体燃料冲压发动机 SFRJ，应用领域主要是火炮冲压增程和双模态固体超燃冲压发动机。目前国外的研究重点是要解决燃料在低压和高速横向气流中的点火和火焰稳定性问题，以及获得合适的燃料退移率。

固体碳氢燃料具有燃烧效率高、残渣少、特征信号低等优点。中能碳氢富燃料推进剂完全可以取代 Mg－Al 富燃料推进剂，用于 VFDR，可作为 100～200 km 战术导弹备选动力装置，作为 DR 的燃料，可用于火炮冲压增程。

（3）硼浆燃料

为对付未来随时可能出现的威胁，扩展空空导弹的作战功能，西方国家和俄罗斯在研制和装备第四代空空导弹的同时，都在不遗余力地进行第四代后空空导弹的预先研究，以求在未来的空战中占据优势。美国正在实施基于冲压技术的下一代空空导弹技术计划，即"先进吸气双射程导弹"计划，该计划已于 1996 年 11 月启动。所谓双射程是既可以近距格斗，又能超视距拦截目标，兼备近距格斗导弹和远程拦射导弹的双重功能，其设计要求是能在射程远至 185 km，近至 450 m 与高机动目标交战，动力装置采用可变流量冲压发动机。双射程导弹和远程导弹代表着下一代空空导弹的发展方向，将是 21 世纪上半叶主要空中优势兵器。

硼浆燃料由 B/氧化剂/液体燃料/凝胶剂等主要组分组成，通过调节浆状燃料的流量来实现发动机推力调节，属于冷调节，不同于固体含硼富燃料的热调节，即通过热的一次燃气的流量变化来实现发动机推力的调节。因此，对流量调节阀的要求降低了。硼浆燃料是满足双射程空空导弹的优选燃料。

（4）吸热碳氢燃料

高超声速飞行器（超过马赫数为 5）是未来军民用航空器的战略发展方向，被称为继螺旋桨、涡轮喷气推进飞行器之后航空史上的第三次革命。超燃冲压发动机是实现高超声速飞行器的首要关键技术，是各国竞相发展的热点领域之一。

20 世纪 90 年代，超燃冲压发动机技术取得了重大突破，目前已从概念和原理探索阶段进入了以飞行器为应用背景的技术开发阶段。到 2025 年，以超燃冲压发动机为动力的高超声速轰炸机和空天飞机将有可能投入使用。

由于超燃冲压发动机在飞行时，大量的气动热可能使飞行器表面的温度高于材料的承受能力，因此必须对空气动力作用的表面进行主动强化冷却，使壁面温度低于材料允许温度。当前普遍认为，对于体积受限的军用导弹，吸热型碳氢燃料是唯一可供高超声速飞行器使用的燃料。

目前国内外获取吸热碳氢燃料的途径有两条：1）在现有合成燃料 JP - 10 中加入各类添加剂，如催化剂、引发剂、其他合成高密度碳氢燃料等进行改性；2）对原油进行馏分切割，获取母体燃料，然后加入各类添加剂改性。

国外重点研究对象是 JP - 10 等合成燃料的改性。研究涉及以下内容：

1）催化裂解研究。与热裂解相比，催化裂解需要的反应温度低，吸热反应速度快，产物的选择性高，同时生成的产物点火延迟期短，燃烧速率快，不易结焦。

2）防结焦研究。在高热流和温度下，由碳氢化合物的热不稳定性可引发碳沉积，即结焦。国外在减少、清除结焦方面开展了大量的工作。

7.2.3 国外航天推进用特种推进剂技术发展现状

7.2.3.1 "绿色"推进剂技术

（1）赋型固体推进剂

CSP 是将常温下呈液态或气态的组分通过低温冷冻的方法变成固体，通过药型设计，用作固体推进剂药柱。1998 年起，德国航天中心和欧洲空间局就发起了以固态 H_2O_2 为氧化剂，以碳氢聚合物为燃料的 CSP 推进剂技术的研究。计算表明，用 CSP 代替阿里安-5 火箭助推器推进剂，运载能力相同时，总起飞质量减轻约 30%；若保持起飞质量相同，有效载荷可提高 47%。如果采用 CSP 作为第一级推进剂，其成本至少比阿里安-5 低 12%。由此可见，CSP 不仅具有性能上的优势，在成本上也极具优势。

目前欧洲重点研究的 CSP 配方是以冷冻的 H_2O_2 作为氧化剂，以 PE、PU、HTPB 作为燃料。德国航天研究所已设计制造了 1 kg 级 CSP 试验发动机 A1-X1，成功进行了燃烧试验。

法国 SNPE 对 CSP 进行了改进，提出了 RSP 概念，其原理与 CSP 相同，主要是采用较低浓度的 H_2O_2 取代高浓度 H_2O_2，并添加 Al 粉，将冷冻温度由 -60 ℃ 左右提高到了约 -20 ℃，制成复合药柱，显著降低了 CSP 制备难度，成功进行了点火试验。

（2）ADN/水液体单元推进剂

ADN 本身是一种高能固体氧化剂，密度高，高温稳定性好，主要用作高能固体火箭推进剂的氧化剂。因为 ADN 具有较高的吸湿性，可以将其溶解于水中，再添加适当的燃料和添加剂，形成单组元液体推进剂。在选择合适的燃料、添加剂及配比的条件下，ADN 基液体单组元推进剂比冲高于 HAN 基单组元推进剂，稍高于无水肼单组元推进剂，但密度比冲远高于无水肼，这对于小卫星特别重要。

作为有毒肼类单组元液体推进剂的替代者，自 20 世纪 90 年代中期以来，瑞典、德国等国就开始研究 ADN 基液体单组元推进剂，其中瑞典的研究处于领先水平。目前，瑞典 Eurenco – Bofors 公司已经建立了生产 ADN 液体单组元推进剂的工厂，一直在积极计划进行"高性能绿色推进"飞行演示试验。

（3）Al/H_2O 淤浆推进剂

Al/H_2O 淤浆推进剂主要由 H_2O（氧化剂）、金属燃料（Al、Mg、Al – Mg 合金等）、辅助氧化剂（AP、KP、ADN 等）、凝胶剂、燃烧促进剂等组分按一定比例混合在一起制成淤浆，以取代常规固体推进剂或液体推进剂用于空间推进；Al/H_2O 淤浆燃烧生成的氢气可用作各种推进系统的动力源，也可用于氢燃料电池的氢气源。Al/H_2O 比为 1∶1 的 Al/H_2O 淤浆推进剂真空比冲高达 300 s，高于常规固体推进剂。

俄罗斯、美国、日本等国家的研究人员相继开展了 Al/H_2O 淤浆的制备、贮存、点火－燃烧特性、燃烧波结构等方面的研究。

7.3　复合固体推进剂技术主要发展趋势

随着军事技术的进步和武器装备体系的迅猛发展，未来 20 年间，军用动力系统，包括战略导弹发动机、战术固体发动机、冲压特种发动机、航天固体助推器、临近空间飞行器、星箭伺服/轨控系统、深空探测及航天救生等领域，将对固体推进剂技术的发展提出性能提升和更新换代的强烈需求。

概括来说，战略核威慑、精确打击、运载火箭、深空探测等的发展对固体推进剂技术的主要要求为高能、钝感、低特征信号、洁净和低成本。主战导弹系统要实现远程打击、隐蔽和高效摧毁的目的，需要推进剂具有更高的能量，确保导弹武器系统具有更远的射程、更大的威力、更小的尺寸。其中，新一代 HEDM 的发展与应用，事关专业技术发展及武器装备升级的制高点，将推动固体动力系统性能跃迁。以 HEDM 为代表的新型含能材料合成及应用技术的发展进步，将对复合固体推进剂及含能燃料其他领域起到牵引带动作用，提供打破固体推进剂技术发展平台期的关键，成为攀登复合固体推进剂技术下一个高峰的基石。

1）高能——需要固体推进剂的能量性能再上新台阶，促进固体动力技术的整体更新换代，为提高固体导弹实战化能力提供充分技术支持。

2）低特征信号、洁净化——降低导弹的信号特征，使武器平台具有更强的系统隐身能力，提高武器平台的整体生存能力。

3）钝感化——实现固体动力系统的低易损性，提高武器平台的战场生存能力和整体安全性，使其具有更大的活动空间和更强的实战能力。

4）低成本——在保证性能和功能的前提下，实现高性能固体推进剂和先进含能材料的廉价化。此外，长寿命、高可靠性、简便的安全使用及维护性能等，是固体推进剂相关技术低成本化更重要的内涵。

随着化学合成等相关专业基础技术的不断进步，新一代 HEDM 的合成技术取得长足进步，为固体推进剂的持续发展积累了源动力。发展、应用 HEDM，探索新的能量层次，反映了包括固体推进剂技术在内的含能材料的发展规律。先进 HEDM 的合成及应用技术的进步，将推动固体推进剂技术全面发展，并提供突破其技术发展瓶颈的可能。新的能量层次的探索研究将为动力技术的跨越发展提供新机遇。

此外，界面粘接、贮存老化、安全性能、热防护材料等技术的发展，将推动动力系统向高性能、高可靠性、长寿命、高安全性等综合性能最优方向发展。

参 考 文 献

[1]　DAVENAS A. Development of modern solid propellants. Journal of Propulsion Power，2003，Vol 19（6）.

[2]　NAIR U R，et al. Advances in high energy materials. Defense Science Journal，2010，60（2）：137－151.

[3]　庞爱民，郑剑. 高能固体推进剂技术未来发展展望. 固体火箭技术，2004，27（4）.

[4]　张德雄，张衍，王伟平. 高能量密度材料（HEDM）研究开发现状及展望. 固体火箭技术，2005，28（4）：284－288.

[5]　McSPADDEN，HUGH J. An overview of solid rocket propellant evolution within the USA. 41st AIAA/ASME/SAE/ASEE Joint Propulsion Conference & Exhibit，Tucson，AZ，USA. 10－13 July 2005：1－11.